建筑设计原理
与实际应用

主　编　王宝君　郭晓宁　刘　作
副主编　王祖远　朱红静　周兰兰　韩建友　张　驰

U0323020

中国水利水电出版社
www.waterpub.com.cn

内 容 提 要

本书科学系统地阐述了建筑设计中环境、功能、空间、形式、结构、材料、技术、构造等方面的知识，同时就设计专门建筑——如商业建筑、居住建筑、餐饮建筑、办公建筑、幼儿园建筑等实际应用方面做了拓展性的论述。本书在编写上将理论与实践结合，并在此基础上做到了与时俱进、开拓创新、通俗易懂三大原则，从而使本书具有重要的理论价值和实践意义，供建筑设计学习者不断地向更高的设计殿堂迈进作参考。

图书在版编目（ＣＩＰ）数据

建筑设计原理与实际应用 / 王宝君，郭晓宁，刘作
主编. -- 北京：中国水利水电出版社，2014.9（2022.10重印）
ISBN 978-7-5170-2420-0

Ⅰ. ①建… Ⅱ. ①王… ②郭… ③刘… Ⅲ. ①建筑设计 Ⅳ. ①TU2

中国版本图书馆CIP数据核字(2014)第199653号

策划编辑：杨庆川 责任编辑：杨元泓 封面设计：崔 蕾

书　　名	建筑设计原理与实际应用
作　　者	主 编 王宝君 郭晓宁 刘 作
	副主编 王祖远 朱红静 周兰兰 韩建友 张 驰
出 版 发 行	中国水利水电出版社
	（北京市海淀区玉渊潭南路 1 号 D 座 100038）
	网址：www.waterpub.com.cn
	E-mail：mchannel@263.net（万水）
	sales@mwr.gov.cn
	电话： (010)68545888（营销中心）、82562819（万水）
经　　售	北京科水图书销售有限公司
	电话：(010)63202643、68545874
	全国各地新华书店和相关出版物销售网点
排　　版	北京鑫海胜蓝数码科技有限公司
印　　刷	三河市人民印务有限公司
规　　格	185mm×260mm 16 开本 26.5 印张 678 千字
版　　次	2015年4月第1版 2022年10月第2次印刷
印　　数	3001-4001册
定　　价	89.00 元

凡购买我社图书，如有缺页、倒页、脱页的，本社发行部负责调换

版权所有·侵权必究

前　言

　　建筑作为人类生活的庇护所，散布大地，我们身在其中，并乐在其中。建筑设计作为一门专门学科，随着社会发展与时代进步，其设计范畴不断扩展，设计内涵不断延伸，建筑师必须从动态、发展、前瞻的角度来进行设计思考。为了促进我国建筑设计事业的与时俱进、开拓创新，编者把从先师们那儿淘来的宝贵学识与自身的建筑设计教学经验和建筑设计实践体会，经过理论层面的总结和实践层面的运用，将其成果集成《建筑设计原理与实际应用》一书。

　　本书在借鉴和参考经典理论知识的基础上，试图更加细化、科学、系统地阐述建筑设计中环境、功能、空间、形式、结构、材料、技术、构造等方面的知识，同时就设计专门建筑——如商业建筑、居住建筑、餐饮建筑、办公建筑、幼儿园建筑等实际应用方面做了拓展性的论述。

　　本书共设置十一章，总体可以分为两大部分：第一部分为第一至第七章，讲述建筑设计原理的相关内容；第二部分为第八至第十一章，分门别类地讲述建筑设计的实际应用专题。

　　建筑设计原理部分包括：第一章，建筑概述；第二章，建筑设计的基本理论；第三章，建筑设计中的空间尺度；第四章，建筑设计的方法与手法，许多有成就的设计大师和有作为的青年建筑师之所以有深厚的设计功力，就在于他们在建筑设计的学习与实践中掌握了正确的设计方法；第五章，建筑设计的美学与造型法则，建筑设计必须注重对建筑美学中的统一与变化、对比与协调以及比例与尺度等造型法则的遵守，只有建筑功能与形式的完美结合才能造就一栋优秀的建筑；第六章，建筑的细部设计，包括建筑的平面、剖面、内部、外部的设计；第七章，建筑装饰设计，是建筑设计的深化，它的工作宗旨是不断地完善人们使用的各个空间环境，为人们提供各种优质的室内外空间环境。

　　建筑设计实际应用部分包括：第八章，商业建筑设计，包括专类商业建筑和符合商业建筑的设计；第九章，居住建筑设计，内含青年公寓、老年住宅、农村住宅的设计；第十章，餐饮建筑设计，内含各类餐饮建筑的设计；第十一章，其他专题设计，包括办公建筑、旅馆建筑、幼儿园建筑的设计。这部分内容意在每一种专题建筑的设计中强调基础理论的应用性，将第一部分理论应用于建筑设计的实践当中。

　　本书在编写当中具有以下特点。一是理论与实践紧密结合，强调本书的应用价值，避免空洞的理论，言之无物；二是语言通俗易懂，避免居高临下的说教，而是以通俗的语言、平和的口气将建筑设计原理的相关理论、知识深入浅出地描述出来；三是建筑案例经典，在论述建筑设计思维方法与构思中，所涉及的案例尽量选用中外名师佳作或当今惊世精品，以便为学习者拓展视野，增长见识；四是书中插图以照片与钢笔画相结合的方式来呈现，有些论述注重表现建筑物的实貌，即用照片；有些则注重的是建筑设计的结构解析，这时用钢笔画更能够清晰地呈现建筑的结构。

　　本书在编写过程中参考并借鉴了大量学者的著作，在此，对他们表示衷心的感谢！由于编者水品所限，书中肯定会存在一些错误与不足，在此深表歉意，并恳请广大专家、学者批评指正，当不胜感激！

编　者

2014 年 6 月

目　录

第一章　概述

第一节　建筑的含义与分类

一、建筑的含义

什么是建筑？这对一般人来说，也许是个很简单的问题：建筑就是房子。但当我们接触建筑，并把它当作一门学问来研究的时候，就会怀疑这个貌似确切的答案。房子是建筑物，但建筑物不仅仅是房子，它还包括不是房子的一些其他对象，如纪念碑是建筑物但不能住人，不能说是房子；传统建筑中的砖塔也属于建筑物，但同样不能说成是房子。那么什么是建筑呢？《辞汇》对建筑的注释是："造房屋、道路、桥梁、碑塔等一切工程。"《韦氏英文词典》对建筑的解释是："设计房屋与建造房屋的科学及行业，创造的一种风格。"关于这一问题学术界仍然在争论着，这里将有关建筑是什么的一些相关提法分别总结如下，当然这并不能说已经涵盖了建筑的全部，因为建筑的内涵仍在发展之中，答案也会在每位建筑实践者心中随着设计实践经验的积累逐渐建立和完善起来。

（一）建筑的原始含义

建筑的原始含义是"庇护所"。原始人构筑建筑物和动物营造巢穴的目的是一样的，是为了寻求或创造一个使人们免受风霜雨雪和敌兽侵袭的场所。从这个角度上讲，建筑首先包含人类生活需要的成分，即功能成分，如我国西安附近的半坡村原始社会遗址。据考古分析，这些建筑就是原始人利用自然材料，按照自己的生活活动需要而构筑的。斜坡屋顶不会倒塌，又可以排泄自然雨水；屋顶上有开口（在侧面开口），可以排出烟气，也可以采光，但雨水却进不来；室内地面下凹，有利于保温采暖；出入口做门，既方便出入，又能防止敌兽侵袭。这种房子可以看做是建筑的雏形，原始人凭借经验，言传身教，把这种建筑工程技术一代代传下来，并且不断改进和完善，形成我们今天所看到的建筑物。

建造房屋是人类最早的生产活动之一，原始人类为了躲避风雨、寒暑和防止其他自然现象或野兽的侵袭，需要寻找或构筑一个栖身或躲避侵袭的安全场所，这就是建筑的起源。随着阶级的出现，"住"也发生了分化，平民与贵族的居住与生活方式均发生了改变；生产形式的扩展，使"住"的形式也增多了。房屋的集中形成了街道、村镇和城市，建筑活动的范围也因此而扩大，个体建筑物的建构与城市建设乃至在更大范围内为人们创造各种必需环境的城市规划工作，均属于建筑的范围。

建筑包括建筑物和构筑物。随着社会的发展，建筑技术的不断提高，建筑已渐渐脱离开防御功能的作用，而发展成为不仅用来满足个人和家庭的生活需要，而且在整个社会活动中承担着巨大的功能作用。一般来说，凡供人们在其中生产、生活或从事其他活动的房屋或场所都叫作"建筑物"，如住宅、学校、影剧院、工厂等；而人们不在其中生产、生活的建筑，则叫作"构筑物"，如水塔、烟囱、堤坝等。我们在这里重点介绍的建筑环境设计的主要对象是"建筑物"。

（二）建筑的空间组成含义

建筑从组成角度分析，是由有形的实体与无形的虚空形成的空间。

老子在《道德经》中说道："埏埴以为器，当其无，有器之用；凿户牖以为室，当其无，有室之用，故有之以为利，无之以为用。"（埏埴：意思是用水和泥；户：门；牖：窗户）这句话的意思是说，要围成一定的空间，必然要使用各种物质材料，按一定的技术方法才能形成，但各种空间对于人来说，具有使用价值的不是围成空间的壳，而是空间本身。所以"有"是一种手段，真正是靠"虚"的空间来起作用。"有"与"无"相辅相成共同构筑了建筑。

"建筑是空间"这种提法并不排除类似纪念碑式的建筑，纪念碑作为空间来说，是与房子相对存在的。房子是实的空间包围、覆盖虚的空间，而纪念碑则是虚空间反包围实空间。

（三）建筑的时空组成含义

建筑从时空角度分析，是由三维的空间实体与时间组成的统一体。

建筑作为空间实体，不是一个与时间无关的、凝固不变的东西。建筑的时间含义可以概括为以下几个方面：一是建筑的存在是有时间性的。古代建筑在完成它的历史使命之后只能成为古迹、历史博物馆或被重建、改建移作他用。二是对建筑的使用具有时间性。人们对建筑的使用始终是在时间存在中进行的，正是这种体验建筑的时间性，建筑设计的空间序列理论才有理论依据。三是建筑的使用功能具有时间性。随着时间的推移，人们的生活需求也会发生变化，建筑的使用功能继而发生变化，即使是同一个建筑物，如伊斯坦布尔的圣索菲亚大教堂最初是东正教的教堂，后改为伊斯兰教清真寺，现在为国家历史博物馆，随着社会、历史和时代的变迁，其功能也发生了改变。四是对建筑的审美具有时间性。有些建筑形式初次出现时轰动一时，但过三年五载人们就不感兴趣了，而有些古代建筑，即使到了今天，人们仍然为之赞叹不已。

（四）建筑的其他含义

关于什么是建筑，还有一些其他提法，如18世纪德国哲学家谢林说"建筑是凝固的音乐"，无疑是把建筑当作一种艺术来看待；意大利建筑师奈维认为，建筑是一个技术与艺术的综合体；现代建筑大师勒•柯布西耶提出建筑是"住人的机器"；还有一些建筑史学家提出"建筑是一部石头的史书"（针对西方建筑），当然，针对中国建筑也可以提出"建筑是一部木头的史书"，这些提法都从不同侧面反映了建筑的不同特征。

由此可见，建筑是为人们活动提供的场所；是一门工程；是一门科学；是一个行业……建筑涉及多个学科与行业，而围绕它的中心议题是"人"，建筑是人们每天接触，十分熟悉之物，人们也因此赋予建筑丰富的诠释：建筑是房子；建筑是空间的组合；建筑是石头的史书；建筑是凝固的音乐；建筑是技术与艺术的结合；建筑是首富含哲理的诗……

二、建筑的分类

建筑以其庞大的形体历久而弥新，对人类的物质与精神生活产生了持久而深远的影响，构成了人类历史的一种特定的物质存在形式。建筑设计，是人类用以构造人工环境的最悠久、最基本的手段。古往今来人类需求的变化和发展，建筑的类型日趋丰富，建筑设计的种类繁多，不同的建筑种类有不同的功能和作用，需要采取不同的设计办法。现就主要的门类分述如下。

（一）按建筑的使用功能分类

1. 居住建筑

居住建筑指供人们居住、生活的建筑，包括公寓、宿舍和民居、小区、别墅等，如图 1-1 所示为江南情漪园住宅小区，图 1-2 所示是位于上海长宁路中山公园的凯欣豪宅区。

图 1-1　江南情漪园住宅小区　　　　图 1-2　上海凯欣豪宅区

2. 公共建筑

公共建筑主要是指提供人们进行各种社会活动的建筑物，其中包括以下具体的类别。

（1）行政办公建筑，如机关、企业单位的办公楼等。

（2）文教建筑，如学校、图书馆、文化宫、文化中心等。

（3）托教建筑，如托儿所、幼儿园等。

（4）科研建筑，如研究所、科学实验楼等。

（5）医疗建筑，如医院、诊所、疗养院等。

（6）商业建筑，如商店、商场、购物中心、超级市场等。

（7）观览建筑，如电影院、剧院、音乐厅、影城、会展中心、展览馆、博物馆等，如图 1-3 所示为 2008 年设计建成的中国国家大剧院场馆。

（8）体育建筑，如体育馆、体育场、健身房等。

（9）旅馆建筑，如旅馆、宾馆、度假村、招待所等，如图 1-4 所示是世界十大高层建筑之一——阿联酋迪拜塔。

（10）交通建筑，如航空港、火车站、汽车站、地铁站、水路客运站等。

（11）通信广播建筑，如电信楼、广播电视台、邮电局等。

（12）园林建筑，如公园、动物园、植物园、亭台楼榭等。

（13）纪念性建筑，如纪念堂、纪念碑、陵园等。

图 1-3　中国国家大剧院　　　　　　图 1-4　阿联酋迪拜塔

3. 工业建筑

工业建筑，是供工业生产所用的建筑物的统称，包括各类厂房和车间以及相应的建筑设施，还包括仓库、高炉、烟囱、栈桥、水塔、电站和动力站以及其他辅助设施等。

4. 农业建筑

农业建筑主要是指用于农业、牧业生产和加工的建筑，如温室、畜禽饲养场、粮食与饲料加工站、农机修理站等。

（二）按建筑的规模分类

1. 大量性建筑

大量性建筑主要是指量大面广、与人们生活密切相关的那些建筑，如住宅、学校、商店、医院、中小型办公楼等。

2. 大型性建筑

大型性建筑主要是指建筑规模大、耗资多、影响较大的建筑，与大量性建筑比，其修建数量有限，但这些建筑在一个国家或一个地区具有代表性，对城市的面貌影响很大，如大型火车站、航空站、大型体育馆、博物馆、大会堂等。

（三）按建筑的层数分类

1. 住宅建筑的层数划分

住宅建筑中，低层为 1 ~ 3 层；多层为 4 ~ 6 层；中高层为 7 ~ 9 层；高层为 10 ~ 30 层。

世界上对高层建筑的界定，各国规定有差异。我国《民用建筑设计通则》（GB　50352—2005）规定，民用建筑按层数或高度的分类是按照《住宅设计规范》（GB　50096—1999）、《建筑设计防火规范》（GB　50016—2006）《高层民用建筑设计防火规范》（GB　50045—1995）为依据来划分的。简单说，10 层及 10 层以上的居住建筑，以及建筑高度超过 24 米的其他民用建筑均为高层建筑。根据 1972 年国际高层建筑会议达成的共识，确定高度 100 米以上的建筑物为超高层建筑。表 1-1 列出几个国家对高层建筑高度的有关规定。

表 1-1　高层建筑起始划分界限表

国名	起始高度	国名	起始高度
德国	＞ 22 米（至底层室内地板面）	英国	24.3 米
法国	住宅：＞ 50 米，其他建筑：＞ 28 米	俄罗斯	住宅：10 层及 10 层以上
日本	31 米（11 层）	美国	22 ～ 25 米或 7 层以上
比利时	25m（至室外地面）		

2. 公共建筑及综合性建筑的层数划分

建筑物总高度在 24 米以下者为非高层建筑，总高度在 24 米以上者为高层建筑（不包括高度超度 24 米的单层主体建筑）。建筑物高度＞ 100 米时，不论住宅或公共建筑均为超高层建筑。

3. 工业建筑（厂房）的层数划分

单层厂房、多层厂房、混合层数的厂房。

（四）按民用建筑耐火等级划分

在建筑设计中，应对建筑的防火与安全给予足够的重视，特别是在选择结构材料和构造做法上，应根据其性质分别对待。现行《建筑设计防火规范》（GB　50016—2006）把建筑物的耐火等级划分成四级，一级耐火性能最好，四级最差。性质重要的或规模较大的建筑，通常按一、二级耐火等级进行设计；大量性或一般的建筑按二、三级耐火等级设计；次要或临时建筑按四级耐火等级设计。

1. 构件的耐火极限

对任一建筑构件按时间—温度标准曲线进行耐火实验，从受到火的作用时起，到失去支持能力或完整性被破坏或失去隔火作用时为止的这段时间，称为耐火极限，用小时（h）表示。不同耐火等级建筑物相应构件的燃烧性能和耐火极限不应低于表 1-2 的规定。

表 1-2　建筑物构件的燃烧性能和耐火极限[①]（单位：h）

名称		耐火等级			
构件		一级	二级	三级	四级
墙	防火墙	不燃烧体 3.00	不燃烧体 3.00	不燃烧体 3.00	不燃烧体 3.00
	承重墙	不燃烧体 3.00	不燃烧体 2.50	不燃烧体 2.00	难燃烧体 0.50
	非承重外墙	不燃烧体 1.00	不燃烧体 1.00	不燃烧体 0.50	燃烧体

---

① 邢双军 . 建筑设计原理 [M]. 北京：机械工业出版社，2008

名称	耐火等级			
构件	一级	二级	三级	四级
楼梯间的墙 电梯井的墙 住宅单元之间的墙 住宅分户墙	不燃烧体 2.00	不燃烧体 2.00	不燃烧体 1.50	难燃烧体 0.50
疏散走道两侧的墙	不燃烧体 1.00	不燃烧体 1.00	不燃烧体 0.50	难燃烧体 0.25
房间隔墙	不燃烧体 0.75	不燃烧体 0.50	难燃烧体 0.50	难燃烧体 0.25
柱	不燃烧体 3.00	不燃烧体 2.50	不燃烧体 2.00	难燃烧体 0.50
梁	不燃烧体 2.00	不燃烧体 1.50	不燃烧体 1.00	难燃烧体 0.50
楼板	不燃烧体 1.50	不燃烧体 1.00	燃烧体	燃烧体
屋顶承重构件	不燃烧体 1.50	不燃烧体 1.00	燃烧体	燃烧体
疏散楼梯	不燃烧体 1.50	不燃烧体 1.00	不燃烧体 0.50	燃烧体
吊顶（包括吊顶搁栅）	不燃烧体 0.25	难燃烧体 0.25	难燃烧体 0.15	燃烧体

注：（1）除本规范另有规定者外，以木柱承重且以不燃烧材料作为墙体的建筑物，其耐火等级应按四级确定。

（2）二级耐火等级建筑的吊顶采用不燃烧体时，其耐火极限不**限**。

（3）在二级耐火等级的建筑中，面积不超过100平方米的房间隔墙，如执行本表的规定确有困难时，可采用耐火极限不低于0.3小时的不燃烧体。

（4）一、二级耐火等级建筑疏散走道两侧的隔墙，按本表规定执行确有困难时，可采用0.75小时不燃烧体。

2. 构件的燃烧性能

按建筑构件在空气中遇火时的不同反应将燃烧性能分为三类。

（1）非燃烧体：用非燃烧材料制成的构件。此类材料在空气中受到火烧或高温作用时，不起火、不炭化、不微燃，如砖石材料、钢筋混凝土、金属等。

（2）难燃烧体：用难燃烧材料做成的构件，或用燃烧材料做成，而用非燃烧材料作保护层的构件。此类材料在空气中受到火烧或高温作用时难燃烧、难炭化，离开火源后燃烧或微燃立即停止，如石膏板、水泥石棉板、板条抹灰等。

（3）燃烧体：用燃烧材料做成的构件。此类材料在空气中受到火烧或高温作用时立即起火或燃烧，离开火源继续燃烧或微燃，如木材、苇箔、纤维板、胶合板等。

（五）按建筑的耐久年限分类

建筑物的耐久年限主要是根据建筑物的重要性和规模大小来划分，作为基本建设投资、建筑设计和材料选择的重要依据，见表1-3。

表1-3　按主体结构确定的建筑耐久年限分级

级别	耐久年限	适用于建筑物性质
一	100年以上	适用于重要的建筑和高层建筑
二	50～100年	适用于一般性建筑
三	25～50年	适用于次要建筑
四	15年以下	适用于临时性建筑

（六）按主要承重结构材料分类

（1）砖木结构建筑：如砖（石）砌墙体、木楼板、木屋盖的建筑，如图1-5所示为砖木结构建筑的婺源民居。

（2）砖混结构建筑：用砖墙、钢筋混凝土楼板层、钢（木）屋架或钢筋混凝土屋面板建造的建筑。

（3）钢—钢筋混凝土结构建筑：建筑物的主要承重构件全部采用钢筋混凝土。如装配式大模板滑模等工业化方法建造的建筑，钢筋混凝土的高层、大跨、大空间结构的建筑，如图1-6所示。

（4）钢筋混凝土结构建筑：如钢筋混凝土梁、柱，钢屋架组成的骨架结构厂房。如图1-6所示是钢筋混凝土的梁、柱。

（5）钢结构建筑：如全部用钢柱、钢屋架建造的厂房。

（6）其他结构建筑：如生土建筑、塑料建筑、充气塑料建筑等。

图1-5　婺源民居

图1-6　钢—钢筋混凝土结构

第二节　建筑的发展

建造房屋是人类最早的生产活动之一，随着社会的不断发展，人类对建造房屋的功能和形式的要求也发生了巨大的变化，建筑的发展反映了时代的变化与发展，建筑形式也深深地留下了时代的烙印。建筑史上，一般将世界建筑分为西方建筑和东方建筑，它们分别是砖石结构与木结构所反映的两个不同的建筑文化形态。

一、中国建筑的发展

（一）中国古代建筑

我国古代建筑经历了原始社会、奴隶社会和封建社会三个历史阶段，其中封建社会是形成我国古代建筑形式的主要阶段。

原始社会建筑发展极其缓慢，在漫长的岁月里，我们的祖先从建造穴居和巢居开始，逐步地掌握了营建地面房屋的技术，创造了原始的木架建筑，满足了最基本的居住和公共活动要求。

在距今已有六七千年历史的浙江余姚河姆渡遗址中，就发现了大量的木制卯榫构件，说明当时已有了木结构建筑，而且达到了一定的技术水平（图1-7）。从我国的西安半坡遗址可以看出距今五千多年的院落布局及较完整的房屋雏形。

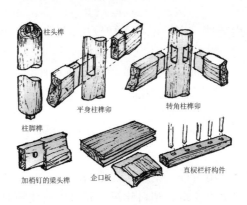

图1-7 木制卯榫构件

中国在公元前21世纪到公元前476年为奴隶社会，大量奴隶劳动力和青铜工具的使用，使建筑有了巨大发展，出现了宏伟的都城、宫殿、宗庙、陵墓等建筑。考古发现中显示，夏代已有了夯土筑成的城墙和房屋的台基，商代已形成了木构夯土建筑和庭院，西周时期在建筑布局上已形成了完整的四合院格局。

中国封建社会经历了三千多年的历史，在这漫长的岁月中，中国古代建筑逐步形成了一种成熟的、独特的体系，不论在城市规划、建筑群、园林、民居等方面，还是在建筑空间处理、建筑艺术与材料结构方面，其设计方法、施工技术等，都有卓越的创造与贡献。

长城被誉为世界建筑史上的奇迹，它最初兴建于春秋战国时期，是各国诸侯为相互防御而修筑的城墙。秦始皇于公元前221年灭六国后，建立起中国历史上的第一个统一的封建帝国，逐步将这些城墙增补连接起来，后经历代修缮，形成了西起嘉峪关、东至山海关，总长6700千米的"万里长城"。

兴建于隋朝，由工匠李春设计的河北赵县安济桥是我国古代石建筑的瑰宝，在工程技术和建筑造型上都达到了很高的水平。其中单券净跨37.37米，这是世界上现存最早的"空腹拱桥"，即在大拱券之上每端还有两个小拱券。这种处理方式一方面可以防止雨季洪水急流对桥身的冲击，另一方面可减轻桥身自重，并形成桥面缓和曲线（图1-8）。

图 1-8　河北赵县安济桥

唐朝是我国封建社会经济文化发展的一个顶峰时期，著名的山西五台山佛光寺大殿建于唐大中十一年（875年），面阔七开间，进深八架椽，单檐四阿顶（图1-9）。是我国保存年代最久、现存最大的木构件建筑，该建筑是唐朝木结构庙堂的范例，它充分地表现了结构和艺术的统一。

图 1-9　山西五台山佛光寺大殿

山西应县佛宫寺释迦塔位于山西应县城内建于辽清宁二年（1056年），是我国现存唯一最古与最完整的木塔（图1-10），高67.3米，是世界上现存最高的木结构建筑。

图 1-10　山西应县木塔

到了明清时期，随着生产力的发展，建筑技术与艺术也有了突破性的发展，兴建了一些举世闻名的建筑。明清两代的皇宫紫禁城（又称故宫）就是代表建筑之一，它采用了中国传统的对称布局的形式，格局严整，轴线分明，整个建筑群体高低错落、起伏开阔、色彩华丽、庄严巍峨，体现了王权至上的思想（图1-11）。

图 1-11　皇宫紫禁城

民居以四合院形式最为普遍，而且又以北京的四合院为代表。四合院虽小，但却内外有别、尊卑有序、讲究对称。大门位置一般位于东南，进了大门一般设有影壁，影壁后是院落，有地位的人家，可有几进院落，普通人家则相对简单。进了院子，一般北屋为"堂"，即正房；左右为"厢"，堂后为"寝"，分别有接待、生活、住宿等功用（图1-12）。

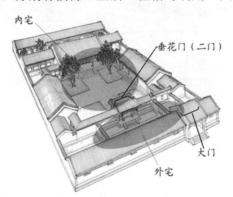

图 1-12　北京四合院

"曲径通幽处，禅房花木深。"这是诗中的园林景色，"枯藤老树昏鸦，小桥流水人家"这是田园景色的诗意。中国园林就是这样与诗有着千丝万缕的联系，彼此不分，相辅相成。苏州园林是私家园林中遗产最丰富的，最为著名的有网狮园、留园、拙政园（图1-13）等。

图 1-13　苏州拙政园

（二）中国近代建筑

中国近代建筑大致可以分为三个发展阶段。

1. 19 世纪中叶到 19 世纪末

该时期是中国近代建筑活动的早期阶段，新建筑无论在类型上、数量上、规模上都十分有限，但它标志着中国建筑开始突破封闭状态，迈开了向现代转型的初始步伐，通过西方近代建筑的被动输入和主动引进，酝酿着近代中国新建筑体系的形成。

该时期的建筑活动主要出现在通商口岸城市，一些租界和外国人居留地形成的新城区。这些新城区内出现了早期的外国领事馆、工部局、洋行、银行、商店、工厂、仓库、教堂、饭店、俱乐部和洋房住宅等。这些殖民统治者输入的建筑以及散布于城乡各地的教会建筑是本时期新建筑活动的主要体现。它们大体上是一二层楼的砖木混合结构，外观多为"殖民地式"或欧洲古典式的风貌，北京陆军部南楼的立面形式就是这个时期的典型风格（图 1-14）。

图 1-14　北京陆军部南楼立面

2. 19 世纪末到 20 世纪 30 年代末

该时期为近代建筑活动的繁荣期。19 世纪 90 年代前后，各主要资本主义国家先后进入帝国主义阶段，中国被纳入世界市场范围。在建筑领域的表现为租界和租借地、附属地城市的建筑活动大为频繁；为资本输出服务的建筑，如工厂、银行、火车站等类型增多；建筑的规模逐步扩大；洋行打样间的匠商设计逐步为西方专业建筑师所取代，新建筑设计水平明显提高。

在这样的历史背景下，中国近代建筑的类型大大丰富了，居住建筑、公共建筑、工业建筑的主要类型已大体齐备；水泥、玻璃、机制砖瓦等新建筑材料的生产能力有了明显发展；近代建筑工人队伍壮大了，施工技术和工程结构也有较大提高，相继采用了砖石钢骨混合结构和钢筋混凝土结构。这些都表明，近代中国的新建筑体系已经形成，并在此基础上发展，在 1927 年到 1937 年间，达到繁盛期。

这个时期的上海典型的居住建筑形式为石库门里弄住宅。石库门里弄的总平面布局吸取欧洲联排式住宅的毗连形式，单元平面则脱胎于中国传统三合院住宅，将前门改为石库门，前院改为天井，形成三间二厢及其他变体（图 1-15）。

北京的商业建筑往往是在原有基础上的扩大。对于某些商业、服务行业建筑，如大型的绸缎庄、澡堂、酒馆等，单纯的门面改装仍不能满足多种商品经营和容纳更多人流的需要，因此，出现了在旧式建筑的基础上，扩大活动空间的尝试。它们的共同特点是在天井上加钢架天棚，使原来室外空间的院子变成室内空间，并与四合院、三合院周围的楼房连成一片，形成串通的成片的营业厅。北京前门外谦祥益绸缎庄就是这类布局的代表性实例。

图 1-15　石库门里弄住宅

1925 年南京中山陵设计竞赛，是中国建筑师开始传统复兴的设计活动探索的开始。中山陵选用了获竞赛头奖的中国建筑师吕彦直的方案。这是中国建筑师第一次规划设计大型纪念性建筑组群，也是中国建筑师规划、设计传统复兴式的近代大型建筑组群的重要起点。

3.20 世纪 30 年代末到 40 年代末

该时期中国陷入了 12 年之久的战争状态，近代化进程趋于停滞，建筑活动很少。20 世纪 40 年代后半期，通过西方建筑书刊的传播和少数新回国建筑师的影响，中国建筑界加深了对现代主义的认识。梁思成于 1946 年创办清华大学建筑系，并实施"体形环境"设计的教学体系，为中国的现代建筑教育奠定了基础。只是处在国内战争环境中，建筑业极为萧条，现代建筑的实践机会很少。总的来说，这是近代中国建筑活动的一段停滞期。

（三）中国现代建筑

1949 年新中国成立以来，随着国民经济的恢复和发展，建设事业取得了很大的成就。1959 年在新中国成立 10 周年之际，北京市兴建了人民大会堂（图 1-16）、北京火车站、民族文化宫等首都十大建筑，从建筑规模、建筑质量、建设速度都达到了很高水平。

图 1-16　北京人民大会堂

在我国 20 世纪 60 年代到 70 年代的广州、上海、北京等地兴建了一批大型公共建筑，如 1968 年兴建的 27 层广州宾馆，1977 年兴建的 33 层广州白云宾馆，1970 年兴建的上海体育馆（图

1-17）等建筑，都是当时高层建筑和大跨度建筑的代表作。

图 1-17　上海体育馆

　　进入 20 世纪 80 年代以来，随着改革开放和经济建设的不断发展，我国的建设事业也出现了蓬勃发展的局面。1985 年建成的北京国际展览中心（图 1-18）是我国最大的展览建筑，总建筑面积 7.5 万平方米。1987 年建成的北京图书馆新馆，建筑面积 14.2 万平方米，是我国规模最大、设备与技术最先进的图书馆。1990 年建成的国家奥林匹克体育中心总建筑面积 12 万平方米，占地 66 万平方米，包括 20000 座的田径场，6000 座的游泳馆，2000 座的曲棍球场等大中型场馆，以及两座室内练习馆，田径练习场，足球练习场，投掷场和检录处等辅助设施。其中游泳馆（英东游泳馆）建筑面积 38000 平方米，建筑风格独特，设备性能良好，附属设备完整，是具有世界一流水准的游泳馆。20 世纪 90 年代后，我国还兴建了一大批超高层建筑，如上海的金茂大厦等，标志着我国高层建筑发展已达到或接近世界先进水平（图 1-19）。

图 1-18　北京国际展览中心

图 1-19　上海金茂大厦

二、西方建筑的发展

（一）原始社会时期建筑

　　原始人最初栖居形式有巢居和穴居，随着生产力的发展，开始出现了竖穴居、蜂巢形石屋、圆形树枝棚等形式。这个时期还出现了不少宗教性与纪念性的巨石建筑，如崇拜太阳的石柱、石环等。

（二）奴隶制社会时期建筑

在奴隶制时代，古埃及、西亚、波斯、古希腊和古罗马的建筑成就比较高，对后世的影响比较大。古埃及、西亚和波斯的建筑传统都曾因历史的变迁而中止。唯古希腊和古罗马的建筑，两千多年来一脉相承，因此欧洲人习惯于把希腊、罗马文化称为古典文化，把它们的建筑称为古典建筑。

1. 古埃及建筑

古埃及是世界上最古老的国家之一，在这里产生了人类第一批巨大的纪念性建筑物。其建筑形式主要有金字塔、方尖碑、神庙等。

金字塔（图 1-20）是古埃及最著名的建筑形式，它是古埃及统治者"法老"的陵墓，距今已有 5000 余年的历史。散布在尼罗河下游两岸的金字塔共有 70 多座，最大的一座为胡夫金字塔。胡夫金字塔建于公元前 2613—前 2494 年的埃及古王国时期，是法国 1889 年建起埃菲尔铁塔之前世界上最高的建筑，其用 230 万块重 2.5 吨的巨石砌成，高达 146.4 米，底面边长 230.6 米。

方尖碑（图 1-21）是古埃及人崇拜太阳的纪念碑。常成对竖立于神庙的入口处，高度不等，已知最高者达 50 余米，一般修长比为 9 ：1—10 ：1，用整块花岗岩制成，碑身刻有象形文字的阴刻图案。

图 1-20　金字塔　　　　　　　　图 1-21　方尖碑

神庙在古埃及是仅次于陵墓的重要建筑类型之一。神庙有两个艺术处理的重点部位，一个是大门，群众性的宗教仪式在其前面举行，因此，艺术处理风格力求富丽堂皇，和宗教仪式的戏剧性相适应；另一个是大殿内部，皇帝在这里接受少数人的朝拜，力求幽暗而威压，和仪典的神秘性相适应。卡拉克的太阳神庙是规模最大的神庙之一，总长 366 米，宽 110 米，前后一共建造了六道大门。大殿内部净宽 103 米，进深 52 米，密排 134 棵柱子。中央两排 12 棵柱子高 21 米，其余的柱子高 12.8 米，柱子净空小于柱径，用这样密集的柱子，是有意制造神秘的压抑人的效果。

2. 古代西亚建筑

古代西亚建筑包括公元前 3500—前 539 年的两河流域，又称美索不达米亚，即幼发拉底河与底格里斯河流域的建筑，公元前550—637年的波斯建筑和公元前1100—前500年叙利亚地区的建筑。

古代两河流域的人们崇拜天体和山岳，因此他们建造了规模巨大的山岳台和天体台。如今残留的乌尔观象台（图1-22），是夯土的外面贴一层砖，第一层的基底尺寸为65米×45米，高约9.75米；第二层基底尺寸为37米×23米，高2.5米，以上部分残毁，据估算总高大约21米。

琉璃是美索不达米亚人为防止土坯群建筑遭暴雨冲刷和侵袭而创造的伟大发明，这应当说是两河流域的人在建筑上最突出的贡献。公元前6世纪前半叶建起来的新巴比伦城，重要的建筑物已大量使用琉璃砖贴面。如保存至今的新巴比伦的伊什达城门（图1-23），用蓝绿色的琉璃砖与白色或金色的浮雕作装饰，异常精美。

图1-22　乌尔观象台　　　　　　图1-23　伊什达城门

而后兴起的亚述帝国，在统一西亚、征服埃及后，在两河流域留下了规模巨大的建筑遗址。如建于前705年的萨垠王宫，建设于距离地面18米的人工砌筑的土台上，宫殿占地约17公顷，30个院落210个房间。

3. 古希腊建筑

古希腊是欧洲文化的摇篮，古希腊的建筑同样也是西欧建筑的开拓者。它的一些建筑物的型制，石质梁柱结构构件和组合的特定的艺术形式，建筑物和建筑群设计的一些艺术原则，深深地影响着欧洲两千年的建筑史。古希腊建筑的主要成就就是纪念性建筑和建筑群的艺术形式的完美处理，正如马克思评论古希腊艺术和史诗时说，它们"……仍然能够给我们以艺术享受，而且就某方面说还是一种规范和高不可及的范本"。

古希腊纪念性建筑在6世纪大致形成，到公元前5世纪趋于成熟，公元前4世纪进入一个型制和技术更广阔的发展时期。

于公元前5世纪建成的雅典卫城（图1-24）是古希腊建筑的代表作，卫城位于今雅典城西南。卫城，原意是奴隶主统治者的驻地，公元前5世纪，雅典奴隶主民主政治时期，雅典卫城成为国家的宗教活动中心，自雅典联合各城邦战胜波斯入侵后，更被视为国家的象征。每逢宗教节日或国家庆典，公民列队上山进行祭神活动。卫城建在一陡峭的山岗上，仅西面有一通道盘旋而上。建筑物分布在山顶上一片约280米×130米的天然平台上。卫城的中心是雅典城的保护神雅典娜的铜像，主要建筑有帕特农神庙（又称雅典娜神庙）、伊瑞克先神庙、胜利神庙以及卫城山门。建筑群布局自由，高低错落，主次分明，无论是身处其间或是从城下仰望，都可看到较为完整与丰富的建筑艺术形象。卫城在西方建筑史中被誉为建筑群体组合艺术中的一个极为成功的实例，特别是巧妙地利用地形方面的杰出成就。

图 1-24　雅典卫城复原图

古希腊留给世界最具体而且直接的建筑遗产是柱式。柱式就是石质梁柱结构体系各部件的样式和它们之间组合搭接方式的完整规范，包括柱、柱上檐部和柱下基座的形式和比例。有代表性的古典柱式是多立克、爱奥尼和科林斯柱式。多立克柱式刚劲雄健，用来表示古朴庄重的建筑形式；爱奥尼柱式清秀柔美，适用于秀丽典雅的建筑形象；科林斯柱式的柱头由忍冬草的叶片组成，宛如一个花篮，体现出一种富贵豪华的气派。

4. 古罗马建筑

古罗马帝国是历史上第一个横跨欧、亚、非大陆的奴隶制帝国。罗马人是伟大的建设者，他们不但在本土大兴土木，建造了大量雄伟壮丽的各类世俗性建筑和纪念性建筑，而且在帝国的整个领土里普遍建设。3 世纪是古罗马建筑最繁荣的时期，也是世界奴隶制时代建筑的最高水平。

古罗马人在建筑上的贡献主要有：

（1）适应生活领域的扩展，扩展了建筑创作领域，设计了许多新的建筑类型，每种类型都有相当成熟的功能型制和艺术样式。

（2）空前地开拓了建筑内部空间，发展了复杂的内部空间组合，创造了相应的室内空间艺术和装饰艺术。

（3）丰富了建筑艺术手法，增强了建筑艺术表现力，增加了许多构图形式和艺术母题。

这三大贡献，都以另外两项成就为基础，即完善的拱券结构体系和以火山灰为活性材料制作天然混凝土。混凝土和拱券结构相结合，使罗马人掌握了强有力的技术力量，创造了辉煌的建筑成就。

古罗马的建筑成就主要集中在有"永恒之都"之称的罗马城，以罗马城里的大角斗场、万神庙和大型公共浴场为代表。古罗马万神庙（图 1-25）是穹顶技术的成功一例。万神庙是古罗马宗教膜拜诸神的庙宇，平面由矩形门廊和圆形正殿组成，圆形正殿直径和高度均为 43.3 米，上覆穹隆，顶部开有直径 8.9 米的圆洞，可从顶部采光，并寓意人与神的联系。这一建筑从建筑构图到结构形式，堪称为古罗马建筑的珍品。

古罗马大角斗场（图 1-26）是古罗马帝国强大的标志。大角斗场是角斗士与野兽或角斗士之间相互角斗的场所，建筑平面呈椭圆形，长轴 188 米，短轴 156 米，立面高 48.5 米，分为 4 层，下三层为连续的券柱组合，第 4 层为实墙。它是建筑功能、结构和形式三者和谐统一的楷模，有力地证明了古罗马建筑已发展到了相当成熟的地步。

图1-25 古罗马万神庙

图1-26 古罗马大角斗场

（三）封建社会时期建筑

12—13世纪，西欧建筑又树立起一个新的高峰，在技术和艺术上都有伟大成就而又具有非常强烈的独特性，这就是哥特建筑。

哥特式建筑是垂直的，据说有感于森林里参天大树，人们认为那些高高的尖塔与上帝更接近。哥特式建筑与"尖拱技术"同步发展，使用两圆心的尖券和尖拱也大大加高了中厅内部的高度。在这一时期建造的法国巴黎圣母院为哥特式教堂的典型实例（图1-27）。它位于巴黎的斯德岛上，平面宽47米，长125米，可容纳万人，结构用柱墩承重，柱墩之间全部开窗，并有尖券六分拱顶、飞扶壁。建筑形象反映了强烈的宗教气氛。

图1-27 法国巴黎圣母院

（四）文艺复兴时期建筑

文艺复兴是"人类从来没有经历过的最伟大、进步的变革"。这是一个需要巨人，亦产生巨人的伟大时代，这一时期出现了一大批在建筑艺术上创造出伟大成就的巨匠，达·芬奇、米开朗基罗、拉菲尔、但丁……这些伟大的名字，是文艺复兴时代的象征。

文艺复兴举起的是人文主义大旗，在建筑方面的表现主要有：

（1）为现实生活服务的世俗建筑的类型大大丰富，质量大大提高，大型府邸成了这个时期建筑的代表作品之一。

（2）各类建筑的型制和艺术形式都有很多新的创造。

（3）建筑技术，尤其是穹顶结构技术进步很大，大型建筑都用拱券覆盖。

（4）建筑师完全摆脱了工匠师傅的身份，他们中许多人是多才多艺的"巨人"和个性强烈的创作者。建筑师大多身兼雕刻家和画家，将建筑作为艺术的综合，创造了很多新的经验。

（5）建筑理论空前活跃，产生一批关于建筑的著作。

（6）恢复了中断数千年之久的古典建筑风格，重新使用柱式作为建筑构图的基本元素，追求端庄、和谐、典雅、精致的建筑形象，并一直发展到19世纪。这种建筑形式在欧洲各国都占有统治地位，甚至有的建筑师把这种古典建筑形式绝对化，发展成为古典主义学院派。

这一时期的代表性建筑有罗马圣彼德大教堂（图1-28）。它是世界上最大的天主教堂，历时120年建成（1506—1626年），意大利最优秀的建筑师都曾主持过设计与施工，它集中了16世纪意大利建筑设计、结构和施工的最高成就。它的平面为拉丁十字形，大穹顶轮廓为完整的整球形，内径41.9米，从采光塔到地面为137.8米，是罗马城的最高点。这座建筑被称为意大利文艺复兴时期最伟大的"纪念碑"。

图1-28　罗马圣彼德大教堂

（五）近现代时期建筑

19世纪欧洲进入资本主义社会。在此初期，虽然建筑规模、建筑技术、建筑材料都有很大发展，但是受到根深蒂固的古典主义学院派的束缚，建筑形式没有发生大的变化，到19世纪中期，建成的美国国会大厦仍采用文艺复兴式的穹顶。但社会在进步，技术在发展，建筑新技术、新内容与旧形式之间矛盾仍在继续。19世纪中叶开始，一批建筑师：工程师、艺术家纷纷提出各自见解，倡导"新建筑"运动。到20世纪20年代出现了名副其实的现代建筑，即注重建筑的功能与形式的统一，力求体现材料和结构特性，反对虚假、烦琐的装饰，并强调建筑的经济性及规模建造。对20世纪建筑作出突出贡献的人很多，但有四个人的影响和地位是别人无法替代的，一般称为"现代建筑四巨头"，他们分别是格罗皮乌斯、勒·柯布西埃、密斯·凡·德·罗和赖特。

格罗皮乌斯的"包豪斯"校舍（图1-29）体现了现代建筑的典型特征，形式随从功能；勒·柯布西埃的萨伏伊别墅（图1-30）体现了柯布西埃对现代建筑的深刻理解；密斯·凡·德·罗的巴塞罗那德国馆（图1-31）渗透着对流动空间概念的阐释；赖特的流水别墅（图1-32）是对赖特的"有机建筑"论解释的范例。

图 1-29 包豪斯校舍

图 1-30 萨伏伊别墅

图 1-31 巴塞罗那德国馆

图 1-32 赖特的流水别墅

随着社会的不断发展，特别是 19 世纪以来，钢筋混凝土的应用、电梯的发明、新型建筑材料的涌现和建筑结构理论的不断完善，高层建筑、大跨度建筑相继问世。特别是第二次世界大战后，建筑设计出现多元化时期，创造了丰富多彩的建筑形式及经典建筑作品。

罗马小体育馆的平面是一个直径 60 米的圆，可容纳观众 5000 人，兴建于 1957 年，它是由意大利著名建筑师和结构工程师耐尔维设计的。他把使用要求、结构受力和艺术效果有机地进行了结合，可谓体育建筑的精品（图 1-33）。

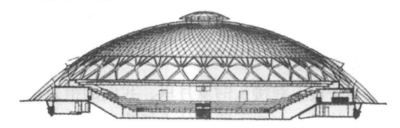

图 1-33 罗马小体育馆

巴黎国家工业和技术中心陈列馆平面为三角形，每边跨度 218 米，高度 48 米，总建筑面积 90000 平方米，是目前世界上最大的壳体结构，兴建于 1959 年（图 1-34）。

图 1-34 巴黎国家工业和技术中心陈列馆

纽约机场候机厅充分地利用了钢筋混凝土的可塑性，将机场候机厅设计成形同一只凌空欲飞的鸟，象征机场的功能特征。该建筑于 1960 年建成，由美国著名建筑师伊罗·萨里宁设计（图 1-35）。

图 1-35　纽约机场候机厅

中世纪最高的建筑完全是为宗教信仰的目的而建，到 19 世纪末的埃菲尔铁塔显示的是新兴资产阶级的自豪感。现代几乎所有的摩天大厦都是商业建筑，如在"911"事件中已经倒塌的纽约世界贸易中心双子塔。

第三节　与建筑相关的各种要素

早在公元前 1 世纪，古罗马建筑师维特鲁威就在其论著《建筑十书》中表明，"实用、坚固、美观"为构成建筑的三大要素，而如今这三要素又通过建筑的功能、建筑的技术和建筑的形象体现了出来。

一、建筑的功能

建筑的功能主要是指建筑的用途和使用要求，而随着社会生产和生活的发展，将产生出有不同功能要求的建筑类型，不同的建筑类型又有着不同的建筑特点与不同的使用要求。

建筑是供人们生活、学习、工作、娱乐的场所，不同的建筑有不同的使用要求，如影剧院要求有良好的视听环境，火车站要求人流线路流畅，工业建筑则要求符合产品的生产工艺流程等。

建筑不仅仅要满足各自的使用功能要求，而且还应满足人体活动尺度、人的生理和心理的要求，为人们创造一个舒适、安全、卫生的环境。

（一）满足人的活动尺度

人体的各种活动尺度与建筑空间有着十分密切的关系。为了满足使用活动的需要，应该了解人体活动的一些基本尺度。如幼儿园建筑的楼梯阶梯踏步高度、窗台高度、黑板的高度等均应满足儿童的使用要求；医院建筑中病房的设计，应考虑通道必须能够保证移动病床顺利进出的要求等。家具尺寸也反映出人体的基本尺度，不符合人体尺度的家具对使用者会带来不舒适感。

人体基本尺度是人体工程学研究的最基本的数据之一。人体工程学主要以人体构造的基本尺寸（又称人体结构尺寸，主要是指人体的静态尺寸，如身高、坐高、肩宽、臀宽、手臂长度等）为依据，通过研究人体对环境中各种物理、化学因素的反应和适应力，分析环境因素对生理、心理以及工作效率的影响程度，确定人在生活、生产等活动中所处的各种环境的舒适范围和安全限度，并进行系统数据比较与分析。人体基本尺度也因国家、地域、民族、生活习惯等的不同而存在较大的差异，如日本市民男性的身高平均值为 1651 毫米，美国市民男性身高平均值为 1755 毫米，英国市民男性身高平均值为 1780 毫米。

人体基本动作的尺度，是人体处于运动时的动态尺寸，因其是处于动态中的测量，在此之前，我们可先对人体的基本动作趋势加以分析。人的工作姿势，按其工作性质和活动规律，可分为站立姿势、坐倚姿势、跪坐姿势和躺卧姿势（图 1-36）。

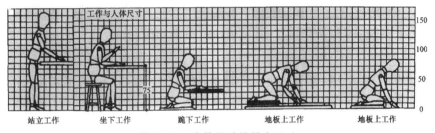

图 1-36　人体活动的基本尺寸

（二）满足人的生理要求

人的生理要求是人们对阳光、声音、温度等外界物理因素的要求，落实到建筑上主要包括对建筑物朝向、保温、防潮、隔热、隔声、通风、采光、照明等方面的要求。它们都是满足人们生产生活所必需的条件。

随着生活水平的不断提高，人们对建筑提供的能满足生理需要的要求也越来越高。同样随着物质生产技术的不断提高，满足上述生理要求的可能性也会日益增大，比如使用新型的建筑材料、采用先进的建筑技术都有可能改善建筑的各项性能（图 1-37）。

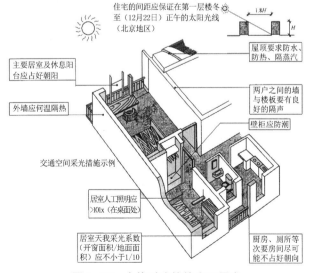

图 1-37　人体对建筑的生理需求

（三）满足人的心理要求

建筑中对人的心理要求的研究主要是研究人的行为与人所处的物质环境之间的相互关系。不少建筑因无视使用者的需求，对使用者的身心和行为都会产生各种消极影响。如居住建筑私密性与邻里沟通的问题，老年居所与青年公寓由于使用主体生活方式和行为方式的巨大差异，对具体建筑设计也应有不同的考虑，如若千篇一律，将会导致使用者心理接受的不利。

各类建筑在使用上常有某些特点。火车站必须以旅客的活动顺序来安排空间序列，合理安排售票厅、候车室、进出站口和其他交通的配合状况。展览场所要以参观者顺利参观所有展品为前提，不遗漏也不会过多重复。旅馆的设计要充分考虑公共空间和私人空间的互不干扰。电影院和歌剧院设计的重点则在声音效果上，务必确保完美的音质。一些实验室对于温度和湿度有特别的要求，它们直接影响着建筑的功能使用。在工业建筑中，建筑的规模和高度往往取决于设备的数量和大小，一些设备和生产工艺对建筑的要求十分苛刻，而建筑的使用过程也常常由产品的加工顺序和工艺流程来确定，这些都是工业建筑设计中的关键点。

二、建筑的技术

建筑的技术主要包括建筑材料、结构、设备、施工技术等。建筑不可能脱离建筑技术而存在，建筑结构和建筑材料构成建筑的骨架，建筑设备是保证建筑物达到某种要求的技术条件，建筑施工是保证建筑物实施的重要手段。随着社会发展和科学技术水平的提高，建筑技术也将不断发展提高，随之促进建筑各方面的改造。

（一）建筑结构

人们建造房屋是为了围合室内空间来达到一定的使用目的，为了这个目的，人们一定要充分发挥建筑材料的力学性能，要通过多种材料的组合使之能够合理传递载荷，能抵御自然界的风霜雨雪及各种灾害现象。建筑结构的坚固程度直接影响着建筑的使用寿命和安全性。

建筑功能要求多种多样，不同功能要求都需要有相应的建筑结构来提供与之对应的空间形式。功能的发展和变化促进了建筑结构的发展。当然建筑结构的发展更受到社会生产力水平的制约，落后的生产力条件下不可能有先进的建筑结构体系。从原始社会至今，建筑的结构也经历了一个漫长的发展过程。

1. 梁板结构

以墙和柱承重的梁板结构是最古老的结构体系，至今仍在沿用。这种结构体系由两类基本构件组成（图1-38），一类构件是墙柱，一类是梁板。它的最大特点是：墙体本身既起到围隔空间的作用，同时又要承担屋面的载荷。受到结构的限制，一般不可能取得较大的室内空间。近代随着钢筋混凝土梁板的出现，梁板结构又开始发挥出它的潜力，预制钢筋混凝土构件的方式和大型板材结构、箱形结构（图1-39）都是在这种古老的结构上发展而来。

图 1-38　梁板结构　　　　　　图 1-39　箱形结构

2. 框架结构

框架结构也是一种古老的结构体系。它的最大特点是把承重的骨架和用来围护、分隔空间的帘幕式墙面明确分开。我国古代的木构架也是一种框架结构（图 1-40）。除了木材，砖石也可以砌筑成框架结构，比如在 13—15 世纪欧洲的高直式建筑。现代的钢筋混凝土框架结构更是一种最普遍采用的结构体系（图 1-41）。

图 1-40　中国传统建筑的木结构　　图 1-41　现代建筑的钢筋混凝土结构

3. 穹隆结构

古代建筑结构中还有一种是拱券的结构，穹隆结构作为古老的大跨度建筑也有许多令人叹为观止的作品遗存至今（图 1-42）。

4. 大跨度结构

人类在漫长的建筑发展过程中从来没有停止过对大跨度结构的探寻。近代材料科学的发展和结构力学的盛起，相继出现的桁架结构、钢架结构和悬挑结构（图 1-43），这些结构大大增加了空间的体量。

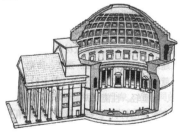

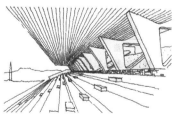

图 1-42　穹隆结构（罗马万神庙）　　图 1-43　悬挑结构

5. 壳体结构

第二次世界大战结束以后，受到仿生学的影响，建筑结构体系中又迎来新的一员——壳体结构（图1-44）。壳体结构正是因为合理的外形，不仅内部应力分布均匀，又可以保持极好的稳定性，壳体结构尽管厚度小却可以覆盖很大的面积。

6. 悬索结构

悬索结构（图1-45）用受拉的传力方式代替了传统的受压的传力方式，大大发挥了材料的强度。

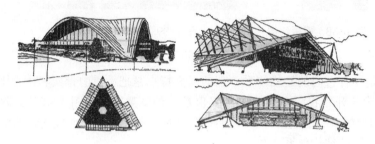

图1-44　壳体结构（巴黎工业展览馆）　图1-45　悬索结构（美国斯克山谷滑冰场）

7. 网架结构

网架结构具有刚性大、变形小、应力分布均匀、能大幅度减轻结构自重和节省材料的特点。

8. 剪力墙结构和井筒结构

今天我们所能看到的摩天大楼则采用了剪力墙结构或井筒结构（图1-46）。高层建筑，特别是超高层建筑既要求有很大的抗垂直载荷能力，又要求有相当高的抗水平载荷的能力。剪力墙结构和井筒结构很好地解决了这个课题。

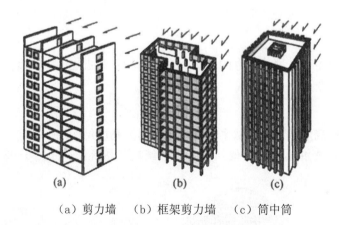

（a）剪力墙　（b）框架剪力墙　（c）筒中筒

图1-46　剪力墙结构和井筒结构

9. 其他建筑结构

另外，像帐篷式建筑（图1-47）、充气式建筑（图1-48）也开始出现在人们的视野里。除了以上的建筑结构形式外，在科学技术日新月异的今天，人类对建筑结构的创造还会继续下去。

图 1-47　帐篷式建筑　　　　　　　图 1-48　充气式建筑

（二）建筑材料

　　建筑材料是建筑工程不可缺少的原材料，是建筑的物质基础。建筑材料决定了建筑的形式和施工方法。建筑材料的特性包括强度、防潮、膨胀、耐久性、装饰效果、维修、耐火程度、加工就位、重量和隔热隔声。从表 1-4 可以看出，完美的建筑材料应该是强度大、自重轻、性能优并且便于加工就位。而事实上，没有在各项指标上都能尽如人意的"全能型材料"。每种建筑材料都有它的优点和不足。为了弥补材料的缺陷，出现了越来越多的复合材料。在混凝土中加入钢筋，能获得较强的抗弯性能；铝材或混凝土内设置的泡沫塑料、矿棉等夹层材料能提高隔声和隔热效果。

表 1-4　几种材料特性的比较

材料种类	强度	防潮	膨胀	耐久性	装饰效果	维修	耐火程度	加工就位	重量	隔热隔声
木材	中	差	优	中	优	中	差	优	优	差
胶合木	优	差	优	中	优	差	差	优	优	好
砖砌体	优	好	好	好	中	优	优	中	中	差
钢筋混凝土	优	优	优	优	中	优	优	差	差	差
钢材	优	优	中	优	差	优	中	中	差	差
铝材	优	优	好	优	优	好	优	好	优	差

　　建筑材料的数量、质量、品种、规格以及外观、色彩等，都在很大程度上影响建筑的功能和质量，影响建筑的适用性、艺术性和耐久性。新材料的出现，促使建筑形式发生变化、结构设计方法得到改进、施工技术得到革新。现代材料科学技术的进步为建筑学和建筑技术的发展提供了新的可能。

　　为了使建筑满足适用、坚固、耐久、美观等基本要求，材料在建筑物的各个部位，应充分发挥各自的作用，分别满足各种不同的要求。如高层或大跨度建筑中的结构材料，要求是轻质、高强的；冷藏库建筑必须采用高效能的绝热材料；防水材料要求致密不透水；影剧院、音乐厅为了达到良好的音响效果需要采用优质的吸声材料；大型公共建筑及纪念性建筑的立面材料，要求较高的装饰性和耐久性。

　　材料的合理使用和最优化设计，应该是使用于建筑上的所有材料能最大限度地发挥其本身的效能，合理、经济地满足建筑功能上的各种要求。

　　在建筑设计中，常常需要通过对材料和构造上的处理来反映建筑的艺术性。如通过对材料、造型、线条、色彩、光泽、质感等多方面的运用，来实现设计构思。建筑设计的技巧之一，就是要通过设计人员对材料学知识的认识和创造性的劳动，充分利用并显露建筑材料的本质和特性。要善于利用材料作为一种艺术手段，加强和丰富建筑的艺术表现力。要注意利用建筑和建筑群的饰面材料及其色彩处理，巧妙地选用材料，美化人们的工作和居住环境。

（三）建筑施工与设备

人们通过施工把建筑从设计变为现实。建筑施工一般包括两个方面：一是施工技术，即人的操作熟练程度、施工工具和机械、施工方法等；二是施工组织，即材料的运输、进度的安排、人力的调配等。

装配化、机械化、工厂化可以大大提高建筑施工的速度，但它们必须以设计的定型化为前提。目前，我国已逐步形成了设计与施工配套的全装配大板、框架挂墙板、现浇大模板等工业化体系。

设计工作者不但要在设计工作之前周密考虑建筑的施工方案，而且还应该经常深入施工现场，了解施工情况，以便与施工单位共同解决施工过程中可能出现的各种问题。

建筑除了土建施工以外还需一些设备使之完善，以创造适合人居的环境，建筑设备主要有以下几个系统：

（1）保证建筑的热、光、声的物理环境控制系统。

（2）给水排水系统（冷水贮存、加压及分配，热水供应，消防给水，污水排放，雨水的集合与控制等）。

（3）暖通空调系统（供暖与空调、高层建筑的防火排烟等）。

（4）建筑电气及供电系统（室内外配线、电器照明、动力、防雷等）。

（5）弱电火灾自动报警系统（电话及音响、有线电视等）。

随着生产和科学技术的发展，各种新材料、新结构、新设备的运用和施工工艺水平的提高，新的建筑形式将不断涌现，同时也更好地满足了人们对各种不同功能的需求。

三、建筑的形象

建筑的形象主要在建筑群体、单体，建筑内部、外部的空间组合、造型设计以及细部的材质、色彩等方面予以体现。这些艺术要素处理得当，便会产生良好的艺术效果，并且能满足人们对审美艺术和精神功能之要求。建筑形象因社会、民族、地域的不同而不同，它反映出了绚丽多彩的建筑风格和特色。建筑形象主要通过以下手段加以体现：

（1）空间——建筑有可供使用的空间，这是建筑区别于其他造型艺术的最大特点。

（2）形和线——和建筑空间相对存在的是它的实体所表现出的形和线。

（3）色彩和质感——建筑通过各种实际的材料表现出它们不同的色彩和质感。

（4）光线和阴影——天然光或人工光能够加强建筑的形体起伏以及凹凸的感觉，从而增添它们的艺术表现力。

运用上述表现手段时应注意美学的一些基本原则，如比例、尺度、均衡、韵律、对比等。总之，建筑形象的问题涉及文化传统、民族风格、社会思想意识等多方面的因素，并不单纯是一个美观的问题。

　　总的说来，上述的三个要素，功能要求是建筑的主要目的，材料、结构等物质技术条件是达到目的的手段，而建筑形象则是建筑功能、技术和艺术内容的综合表现。对于不同性质的建筑物，三者之间会有着不同的辩证关系，它是可变的，关键还要看设计者的辩证把握。实践证明，优秀的建筑作品都体现出了良好的辩证关系。采用不同的处理手法，可以产生不同风格的建筑形象。

第二章 建筑设计的基本理论

第一节 建筑设计的含义与特点

一、建筑设计的含义

建筑设计是指建筑物在建造之前，设计者按照业主提出的建设任务，把施工过程和使用过程中所存在的或可能发生的问题，事先作好通盘的设想，拟定好解决这些问题的办法、方案，用图纸和文件表达出来的过程。建筑设计作为备料、施工组织工作和各工种在制作、建造工作中互相配合协作的共同依据，便于整个工程得以在预定的投资限额范围内，按照周密考虑的预定方案，统一步调，顺利进行，并使建成的建筑物充分满足使用者和社会所期望的各种要求。

建筑设计是一个时代背景下一定的社会经济、技术、科学、艺术的综合产物，是物质文化与精神文化相结合的独特艺术。建筑作为一个物质实体，它占有一定的空间，并耸立于一定的环境之中。一个独立的建筑体，其本身必须具有完整的形象，但绝不能不顾周围环境而独善其身。建筑的个体美融于群体美之中，与周围环境相得益彰，建筑与周边环境共同构成良好的人居环境。

二、建筑设计的特点

建筑设计的内容决定了这是一门复杂而综合的学科。它既不同于制图技法的训练，也有别于形态构成之类的练习。归纳起来建筑方案设计有以下几个特点。

（一）创作性

所谓创作是与制作相对照而言的，制作是指遵循一定的操作技法，按部就班的造物活动，其特点是行为上的可重复性和可模仿性，如建筑制图、工业产品制作等，而创作属于创新、创造范畴，所依赖的是主体丰富的想象力和灵活开放的思维方式，其目的是以不断地创新来完善和发展其工作对象的内在功能或外在形式。

建筑设计的创作性是人（设计者和使用者）及建筑（设计对象）的特点属性所共同要求的。一方面，建筑师面对的是多种多样的建筑功能和千差万别的地段环境，必须表现出充分的灵活开放性才能够解决具体问题与矛盾；另一方面，人们对建筑形象和建筑环境有着多品质和多样性的要求，只有依赖建筑师的创新意识和创造力才能把属纯物质层次的材料设备点化成为具有一定象征意义和情趣格调的真正意义上的建筑。

图 2-1　新郑国际机场管理有限公司办公楼概念方案设计

（二）综合性

建筑设计是科学、哲学、艺术以及文化等各方面的综合，不论建筑的功能、技术、空间、环境等任何一个方面，都需要建筑师掌握一定的相关知识，才能投入到自由创作中去。因此，作为一名建筑师，不仅是建筑作品的主创者，更是各种现象与意见的协调者，由于涵盖层面的复杂性，建筑师除具备一定的专业知识外，必须对相关学科有着相当的认识与把握，有广泛的知识积累才能胜任本职工作。

（三）社会性

建筑方案是由多个要素形成的，因此，针对特定基地环境的设计方案不一定只有一个，如何择取最优秀的方案，这就看一些具体的条件了，如业主的某种偏爱、造价问题、环境问题……建筑的社会性要求建筑师的创作活动必须综合平衡建筑的社会效益、经济效益与个性特色的关系，努力寻找一种科学、合理与可行的结合点，才能创造出尊重环境、关怀人性的优秀作品。

（四）多元性

建筑并不是独立存在的，它与世间万物有着千丝万缕的联系，为人类提供生存空间的建筑包含着人的各种需求及各种人的需求，表现为建筑的多元性。

（五）复杂性

建筑是由一个个结构系统、空间系统等构成的人类生活空间，在这里，各系统等构成了人类生活的空间，各系统及其系统的组成部分都具有独立的特性，并且相互之间在整体上呈现出众多的矛盾性，多种矛盾在建筑的整体中寻求统一和协调的过程亦构成建筑的复杂性。

第二节　建筑设计的内容、原则与程序

一、建筑设计的内容

修建一幢建筑物，必须经过一个完整的工作过程，选择修建地址并进行勘测基地，提供有关地质、气象、水文等资料，然后进行设计。建筑物的设计包括三方面的内容：即建筑空间设计、结构设计和设备设计。

（一）建筑空间设计

建筑空间设计是在总体规划的前提下，根据建设任务要求和工程技术条件进行房屋的空间组合设计和细部设计，并以建筑设计图的形式表示出来。建筑空间设计一般由建筑师来完成，包括建筑内外空间的组合，环境与造型设计以及细部的构造做法的技术设计。建筑空间设计是房屋设计的龙头，并与建筑结构和建筑设备相协调。它的具体内容主要是通过下列设计来完成的。

1. 建筑总平面设计

建筑总平面设计主要是根据建筑物的性质和规模，结合自然条件和环境特点（包括地形、道路、绿化、朝向、原有建筑设计和设计管网等等），来确定建筑物或建筑群的位置和布局，规划基地范围内的绿化、道路和出入口以及布置其他的总体设施，使建筑总体满足使用要求和艺术要求。

2. 建筑平面设计

建筑平面设计主要是根据建筑物的使用功能要求，结合自然条件、经济条件、技术条件（包括材料、结构、设备、施工）等，来确定房间的大小和形状，确定房间与房间之间以及室内与室外空间之间的分隔与联系方式和平面布局，使建筑物的平面组合满足实用、经济、美观、流线清晰和结构合理的要求。

3. 建筑剖面设计

建筑剖面设计主要是根据功能和使用方面对立体空间的要求，结合建筑结构和构造特点，来确定房间各部分高度和空间比例；考虑垂直方向空间的组合和利用；选择适当的剖面形式；进行垂直交通和采光、通风等方面的设计，使建筑物立体空间关系符合功能、艺术和技术、经济的要求。

4. 建筑立面设计

建筑立面设计主要是根据建筑物的功能和性质，结合材料、结构、周围环境特点以及艺术表现的要求，综合地考虑建筑物内部的空间形象、外部的体形组合、立面构图以及材料的质感、色彩的处理等诸多因素，使建筑物的形式与功能统一，创造良好的建筑造型，以满足人们的审美要求。

（二）结构设计

结构设计的主要任务是配合建筑设计选择切实可行的结构方案，进行结构选型、结构计算、结构布置与构件设计，并用结构设计图表示，目的是保证建筑物的绝对安全。结构设计通常由结构工程师完成。

建筑结构设计主要是对房屋建筑的各组成构件，确定材料和构造方式，来解决建筑的功能、技术、经济和美观等问题。它的具体设计内容主要是包括对基础、墙体、楼地面、楼梯、屋顶、门窗等构件进行详细的构造设计。

值得注意的是，建筑空间设计中，总平面设计以及平、立、剖各部分设计是一个综合考虑的过程，并不是相互孤立的设计步骤；而建筑空间设计与结构设计，虽然两者具体的设计内容有所不同，但其目的和要求却是一致的，即都是为了建造一个实用、经济、坚固、美观的建筑物，因此设计时也应综合起来考虑。

（三）设备设计

设备设计是指建筑物的给水、排水、采暖、通风和电气照明等方面的设计，它是保证房屋正常使用及改善物理环境的重要设计。这些设计是由有关的工程师配合建筑设计完成，并分别以水、暖、电等设计图表示。

以上几方面的工作既有分工，又密切配合，形成为一个整体。各专业设计的图纸、计算书、说明书及预算书汇总，就构成一个建筑工程的完整文件，作为建筑工程施工的依据。

二、建筑设计的原则

随着生产力的发展、社会的进步，建筑物早已超出了一般居住的范围，建筑类型日益丰富，建筑的造型也发生了巨大的变化，形成了不同历史时代、不同地区、不同民族的建筑。早在1953年，我国就制定了"适用、经济，在可能条件下注意美观"的建筑方针以及一系列的政策，这对当时的建筑工作起到了巨大的指导作用。随着社会的发展与进步，在1986年，由建设部制定并颁发了《中国建筑技术政策》，明确指出"建筑业的主要任务是全面贯彻适用、安全、经济、美观的方针"。

"适用、安全、经济、美观"与建筑构成的三要素是相一致的，反映了建筑的本质，同时也结合了我国的具体情况，所以说，它不但是建筑业的指导方针，也是评价建筑优劣的基本准则。

（一）符合政策

建筑设计是一项政策性很强而且内容又非常广泛的综合性工作，同时也是艺术性较强的一项创造。为此，建筑设计必须首先符合以下政策要求。

（1）坚持贯彻国家的方针政策，遵守有关法律、规范、条例。

（2）结合地形与环境，满足城市规划要求。

（3）结合建筑功能，创造良好环境，满足使用要求。例如，图2-2的濮阳市委党校。

（4）充分考虑防水、防震、防空、防洪要求，保障人民的生命财产安全，并做好无障碍设计，创造众多便利条件。

（5）保障使用要求的同时，创造良好的建筑形象，满足人们的审美要求。

（6）考虑经济条件，创造良好的经济效益、社会效益、环境效益和节能减排的环保效益。

（7）结合施工技术，为施工创造有利条件，促进建筑工业化。

图 2-2　濮阳市委党校

（二）功能适用

功能适用是指恰当地确定建筑面积，提供功能合理的布局，必需的技术设备，良好的设施以及保温、隔热、隔声的环境，如图 2-3 的焦作市骨灰堂。

图 2-3　焦作市骨灰堂

（三）结构安全

结构安全是指建筑结构的安全度，建筑物耐火及防火设计，建筑物的耐久年限等。例如，图 2-4 的乌海市中医院。

图 2-4　乌海市中医院

（四）成本经济

成本经济主要是指经济效益，它包括节约建筑造价、降低能源消耗、缩短建设周期、降低运行、维修和管理费用等。既要注意建筑物本身的经济效益，又要注意建筑物的社会和环境综合效益。列如，邳州市福利中心规划。

图2-5　邳州市福利中心规划

（五）形象美观

形象美观是指在适用、安全、经济的前提下，把建筑美和环境美列为设计的重要内容。并在内部及外部空间组合、建筑形体、立面式样、细部处理、材料及色彩关系上，构成一定的建筑形象，为人们创造良好的工作和生活条件，如图2-6。

图2-6　乌海市滨河风情街概念性规划设计

三、建筑设计的程序

建筑设计的程序是一项严密的控制系统工程，从项目实施的开始到结束，必须遵循一定的规范，建筑设计的程序就是统一部署建筑工程的完整的计划蓝本，它是在建筑师、设计师、艺术家的严密策划中，通过文字和蓝图将各项工程技术措施制成设计文件，以作为工程实施过程中的依据。它与基本建筑规程有紧密联系，包括设计的前期工作和按照蓝图施工之后实践对设计的验证和评价。

建筑设计一般的程序是：工程建筑项目的可行性研究、建筑设计任务书编制、设计招标与投标、工程基地踏勘与调查研究、建筑方案设计、建筑模型制作、初步设计、工程地质勘查、技术设计、施工图设计、工程设计预（概）算、工程设计技术交底、竣工验收、设计回访等。

现就与艺术设计范畴有关的要点分述如下。

（一）工程项目可行性研究

这一阶段要求对工程建设项目在技术与经济上的合理性和可行性进行全面的分析比较和论证，以期达到最佳经济效果，这是提供投资部门决策的主要依据。一般可分为以下四个阶段。

1. 投资项目鉴定阶段

这一阶段是通过对建设项目有关方面调查资料的分析，鉴别该项目是否合理和必要，是否有失误的可能，从而迅速进行选择。分析的顺序一般为：社会环境功能分析，技术装备功能分析，空间、结构功能分析，装修尺度功能分析等。

2. 初步可行性研究阶段

这一阶段要求用较短的时间、较少的精力和费用，对建筑项目所能发挥的近、远期社会效益作粗略的研究。根据需求预测、确定拟建项目的合理规模和等级类别。

3. 技术经济可行性研究阶段

对建筑项目进行深入地技术经济考证，调查资源、能源、原材料、交通、设备、劳动力和自然环境、运输条件的落实情况。确定建筑地址和设计方案，设置组织系统和人员培训，预计建设年限，并在安排工程进度等方面拿出细致的规划。

4. 评价阶段

从社会经济角度出发作出评价和比较，包括估算投资费用、资金周转计划、资本盈利率等。最后，以"工程发展规划评价"为题，提出可行性研究报告，按隶属关系呈报上级主管部门进行审批。

负责可行性研究的单位要经过资格审定，并将对工作成果的可靠性和准确性承担责任。

（二）建筑设计任务书的制定

建筑设计项目内涵的复杂性决定了实施项目程序制定的难度。这个难度的关键在于设计最终目标的界定。通俗的说法是建筑物如何使用如何建筑，这个最基本的问题方向的确定，直接关系到项目实施的结果。

就建筑师、设计师而言，都希望自己的设计概念与构思方案能够完整体现，但在现实生活中，建筑物的使用功能还是占据主导地位，空间的艺术形式毕竟要从属于功能。这就决定了设计师不能单凭自己个人的喜好去完成一个项目。设计师与艺术家的区别在于：前者必须以客观世界的一般标准作为自己设计的依据；后者则可以完全用主观感受去表现世界。这一区别也是建筑设计的重要特征之一。

建筑设计任务书是建筑单位根据生产和生活要求所拟定的基本建设任务计划性文件，是建设单位确定基本建设项目和编制设计文件的主要依据。所有新建、改建或扩建的项目，都要根据国家和地区国民经济的长远规划和布局，按照项目的隶属关系，由主管部门组织计划、设计，由勘查单位具体编制。其内容包括：

（1）建设的目的和根据，建设的规模及其效能。工业建筑的效能是指厂房投产后的产品规划和纲领、生产方法和工业原则；民用建筑则是指为人民生活服务的各项功能指标。

（2）资源、能源、原材料、水文、地质、运输等方面协作配合的条件。

（3）综合利用和环境保护。

（4）建筑地点、地区和占用土地的估算。

（5）防灾抗震要求。

（6）建筑工期。

（7）投资控制数额。

（8）劳动定员控制数。

（9）规定要达到的经济效益和技术要求等。

（三）建筑设计方案

建筑设计方案的产生应该是建立在明确设计概念的基础上的，在项目实施的程序中确定方案会出现不同的模式。理想的模式是已与甲方签订了正式设计合同，可以就设计的概念与甲方进行深入探讨。确定方案的过程顶多是一个图面形式的反复过程。但在现阶段市场经济和激烈竞争机制下，由甲方直接委托设计的可能性越来越小。而招标、竞标成为确定设计方案的主要方式。因此，严格的投标程序能够保证优秀设计方案的脱颖而出。

设计方案是根据任务要求拟出的设想图，是建筑创作意图的具体化和形象化表现，如图2-7所示。在建筑设计领域中，建筑师发挥出匠心独具的创造性构思，将时代物质条件、环境和精神因素的影响，与社会生活、活动的需要有机地结合到建筑平面和空间的组织中去，实现其从形象思维到形体构成的关键性飞跃，从而勾画出理想中拟建的造型图形。

图2-7　建筑创作意图的具体化和形象化表现

对每一项建筑或建筑群一般都要提出若干个不同深度和布置方式的方案，以资分析比较，并最终选择或归纳成一个合理的最佳方案。建筑设计方案的图形包括建筑平面、立面、剖面、透视或鸟瞰图。确定方案的过程，绝不是一个纯学术的技术与美学讨论，社会环境的政治、经济、人际关系因素，人工环境的构造、设备、功能关系因素，都将对确定方案的决策过程产生重大影响。因此，一个具体的项目工程，其方案的决定必然是各种因素的高度统一。

方案图形的绘制过程本身就是一个设计概念的深化过程，是一个诉诸于公众、诉诸于甲方表达众多要素、打动人心的极好机会，设计者不能轻易地懈怠这个环节。

　　模型制作，是初步方案出台以后或者作为方案设计的一个方面与图形设计同时进行的一项工作，如图 2-8 所示为草图与手工工作模型相结合的推敲过程（中心为手绘草图过程，环绕其四周的为不同阶段的手工工作模型）：a. 折板屋顶；b. 不同阶段的折板屋顶形式推敲工作模型；c. 将不同阶段的折板屋顶与主体模型结合；d. 不同阶段的折板屋顶；e. 中庭内折板屋顶之阴影分析；f. 折板屋顶外观；g. 不同阶段的折板屋顶；h. 中庭内折板屋顶之空间效果；i. 手绘草图推敲建筑平面功能。

图 2-8　在图形设计的同时进行初步方案的模型制作

　　有时在设计的过程中作为一种重要的手段，可以按照目标要求进行任意改变，较之在图纸上用笔反复斟酌要方便灵活得多，而且能显示真实感。初步设计阶段的模型制作，作为探究性的塑造手段，可简略、随意些。初步设计完成后，在制作（供审定用）方案展示模型时，就必须按真实比例、色彩、质感、环境甚至室内及构造细部作具体精致的表现。

　　建筑方案的模型制作，要力求充分体现出建筑设计创作所要表达的思想、意境和理想氛围。通常使用易于加工的薄质片状或轻质块状材料，如硬纸板、胶合板、金属薄片、塑料、有机玻璃、泡沫塑料、油泥等。按照设计图纸或设计构想，依照一定比例缩小成建筑单体或群体的造型模样，以此反复研究和推敲建筑体型，以及建筑空间关系与周围环境的设计效果。

（四）建筑技术设计

　　在建筑方案确定后，便进入技术设计阶段。其任务是在各工种相互协调一致的工作状态下进行建筑设计规范化措施的确定，编制拟建工程中各项有关设计图纸、说明和概算等。

技术设计经主管部门审核批准后，作为绘制施工图、准备主要建筑材料和设备订货的依据，并作为查找基本建设进度和工程款项分期拨付的文件。在施工进程中，大型工程、复杂功能建筑的建筑构件和设备管道相互穿插。为避免各相关工种彼此矛盾，必须拟定详细精确的施工图和说明书，而技术设计将有助于这两项工作。

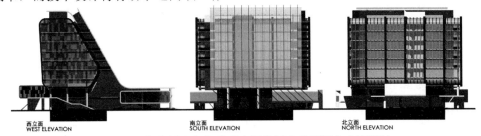

西立面　WEST ELEVATION　　南立面　SOUTH ELEVATION　　北立面　NORTH ELEVATION

图 2-9　新郑国际机场管理有限公司办公楼概念方案设计

1. 技术设计的规范

建筑设计的规范措施，是对新建筑物所作的最低限度技术要求的规定，是由国家制定的建筑法规体系的组成部分，在建筑设计中必须遵循。建筑法规分三个层次：

（1）法律。主要涉及行政和组织管理。

（2）规范。侧重于综合技术要求和标准。

（3）标准。侧重于单项技术要求。

建筑设计规范的内容和体例一般分为如下两部分：

（1）行政实施部分，规定建筑主管部门的职权，如进行设计审查和颁发施工及使用许可证；议事、上诉或进行仲裁等。

（2）技术要求部分，按照用途和构造对建筑物的分类分级；规定各类建筑物的使用荷载，建筑面积、高度、层数的限度；有关建筑构造的要求；常规的统一技术措施及其他某些特殊的专门规定；对防火与疏散问题的规定等。

与建筑设计密切相关的结构、材料、供暖、通风、照明、给排水、消防、通信、动力等专业都具有各自的设计技术规范。对于这些规范，几项重要的如建筑结构设计、建筑结构选型、材料选择与利用等将分别进行说明。

2. 建筑结构设计

建筑结构设计是建筑设计中最基本的环节，如图 2-10 所示。所谓建筑结构，就是建筑物中由承重构件，如梁、柱、墙、桁架、楼盖和基础等所组成的体系，即含有技术因素的建筑物的构成体系，用以承受作用在建筑物上的各种荷载。

建筑结构必须具有足够的强度、刚度、稳定性和耐久性，以适应使用要求。从使用的建筑材料上区分，建筑结构有：木结构、钢结构、钢筋混凝土结构、砖石结构、薄膜结构（如帐篷与充气薄膜结构）等；从结构体系上区分有：骨架结构、砖混结构、筒体结构、框架结构、网架结构、壳体结构，板柱结构、悬索结构、悬挂结构、装配结构、剪刀墙结构体系法。随着工程科学的不断发展，建筑结构技术愈来愈趋向先进、发达。

图 2-10　建筑结构设计

3. 建筑结构选型

建筑结构选型是建筑结构设计中的重要环节之一。根据建筑物的不同用途和可能条件，综合考虑建筑结构和施工等方面的问题，并经过技术经济比较，合理确定建筑结构体系，选择其结构材料和构件。

建筑结构选型的原则，是从实际出发，因地制宜，就地取材（充分利用工业废料、节约木材、钢材和水泥），技术先进，经济合理，安全适用，施工方便。优先采用预制装配式结构，选用国家、地区或部门的定型构件，提高标准化、工业化水平。对有特殊要求（如防震、防腐蚀、恒温等）的建筑结构，应视具体情况作特殊考虑。

4. 材料的选择利用

建筑材料的选择与设计密切相关。其类型、价格、产地、厂商、质量等要素制约着艺术设计的展开和工程技术的实施。在一个相对稳定的时间段内，某一类材料用得广泛，这类材料就是流行的时尚。这种流行实际上是人们审美能力在建筑艺术设计方面的一种体现。

一般而论，建筑材料的使用总是与不同部分的使用功能要求和一定的审美概念相关，似乎很少与流行的时尚发生关系。但是，随着各种新型材料的不断涌现，以及社会的攀比和从众心理，在材料的选择和使用上居然也泛起流行的浪潮。材料的色彩、图案、质地是选择的重点。在实际的项目工程中选择材料要切实注意以下几点：

（1）设计中首先要考虑到不同材料的性能和特性。材料的特性大致分为以下几个方面：

①物理特性，如重量、热学（导热、热涨性能）、电学（导电、电阻）、声学（隔音、消音）、光学（光泽透明度）等。

②化学特性，如耐久、耐腐蚀性等。

③力学特性，如弹性、塑性、黏性、韧性、黏度、硬度等。

④感觉特性，与人的生理、心理相关的特性，如冷暖、贵贱、色彩等。

⑤经济特性，设计是商品，就要考虑成本。材料的经济与设计品位问题，是有关消费接受的重要因素之一。

⑥其他特性，包括时间性、污染性、组合性、协调性等。

（2）设计中要体现材料的形式美，还要注意天然材料在色彩、纹样上的差异，应充分利用材料固有的形式特色，包括材料本身的肌理美，在设计中应当充分地进行发掘。

（3）设计中要重视材料的各种环保要求：

①这样的设计方案会不会造成材料能源的浪费？

②设计用的材料是否可以回收利用？

③设计中，有没有过度地滥用材料？

④设计活动是否影响整个生态平衡？

⑤设计是否合乎环境标准？

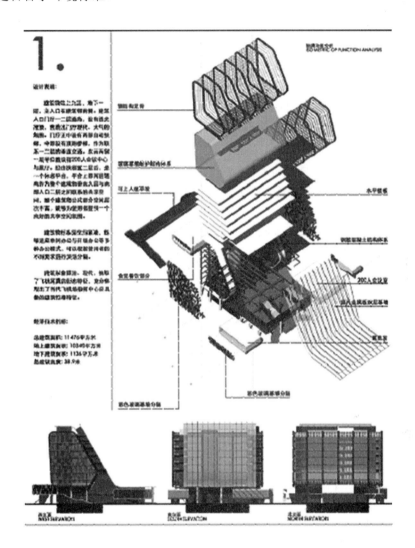

图 2-11　新郑国际机场管理有限公司办公楼概念方案设计

（五）建筑施工图设计

施工图是建筑设计方案确定后的设计图。如果说设计之初、方案确定之前的"草图"阶段是以"构思"为主要内容，而方案一经形成并进入研究阶段的"建筑构图"是以"表现"为主要内容，则施工图在方案完全确定后，将成为工程实施的蓝本，所以要以"标准"为主要内容。这个标准是施工唯一的科学依据。再好的构思、再美的表现，如果离开标准的控制则可能面目全非。施工图的制作是以材料构造体系和空间尺度体系为基础的。

1. 施工图

当设计方案完全确定下来以后，准确无误地实施就主要依靠施工图阶段的深化设计。施工图设计需要把握的重点主要表现在以下四个方面。

（1）不同材料类型的使用特征。设计师不可能做无米之炊，建筑材料如同画家手中的颜料，应切实掌握材料的物质特性、规格尺寸，确定相应的最佳的表现形式。

（2）材料连接方式的构造特征。建筑界面的艺术表现与材料构造的连接方式有着必然的联系，可以充分利用构造特征来表达预想的设计图。

（3）环境艺术系统设备与空间构图的有机结合。环境系统设备部件包括建筑内部装修的结构、空调风口、暖气造型、管道走向等，应考虑如何使其成为空间界面构图的有机整体。

（4）界面与材料过渡处理方式。人的视觉注视焦点多集中在线形的转折点，空间界面转折与材料过渡的处理成为表现空间的关键。

一套完整的施工图纸应包括三个层次的内容：界面材料与设备位置、界面层次与材料构造、细部尺度与图案样式。

①界面材料与设备位置。在施工图里主要表现在平、立面图中。与方案图不同之处是，施工图里的平、立面图主要表现地面、墙面、建筑顶部的构造样式、材料分界与搭配比例，要标注各局部（建筑细部）的各类位置。常用的施工图平、立面比例为1：50，重点界面可放大到1：20或1∥10。

②界面层次与材料构造。在施工图里主要表现在剖面图中。这是施工图的主体部分，严格的剖面图绘制主要侧重于剖面线的尺度推敲与不同材料衔接的方式。常用的施工图比例为1：5。

③细部尺度与图案样式。在施工图里主要表现在细部节点详图中。在建筑"大样图"（详图）中如果某一部分由于比例过小而内容复杂、不能表达清楚时，将该部分另用较大的比例（一般用1：1～1：10）绘制的图代替。以1：1绘制的图又称"足尺图"。这种建筑详图也是整套设计图纸中不可缺少的部分。

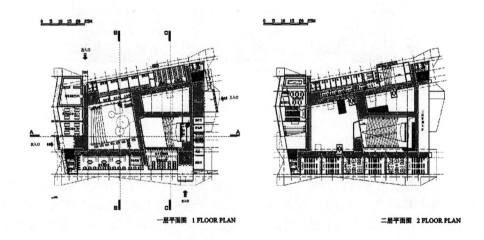

一层平面图　1 FLOOR PLAN　　　　　　二层平面图　2 FLOOR PLAN

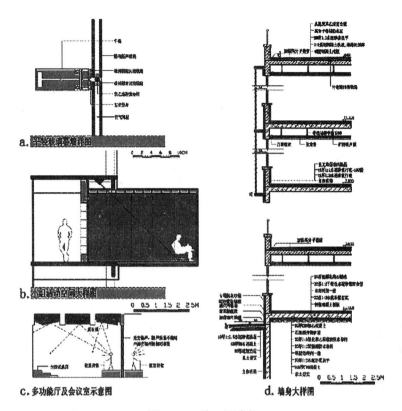

图 2-12　施工图案例

2.竣工图

竣工图是根据施工结束后工程实际情况所绘制的建筑图（全套图纸）。竣工图的绘制规格和要求类似于施工图，应有全套建筑图的格式。在建筑工程施工过程中，因各种原因有时需改动原施工图，因此必须作出最后的建筑实体的图面形式，就成为竣工图。它也作为工程验收的资料和技术档案。

第三节　建筑构思、策划与表达

一、建筑构思

（一）主题构思

做设计搞创作如同写文章一样，首先要进行主题构思。无论是事或物，必须先对它的主题进行有深度的思考，以求有正确的认识和深刻的了解，这样才能产生某种理念。假如设计时没有主题的构思，思考就没有对象，设计就缺少灵魂，只能是排排房间（设计）或排排房子（规划）而已，把设计规划变为一种机械性的工作，而失去了设计创作的愿意。正如有的建筑师所说："好的设计是要有重要的主题和潜台词的。"

在设计时，一定要重视主题构思，在未认清主题之前，要反复琢磨、冥思苦想。只有对主题有深刻的了解之后，才能产生适当的观念，否则那种观念是无的放矢、不切实际的。另一方面我们也要避免把建筑创作变成一种概念的游戏，高谈阔论，也不要刻意地追求某种理念，牵强附会，只有自己了解其含义，别人都看不懂，也无法看出设计者的美妙"联想"。

观念的产生需要有一定条件和得体的方法，以下几点可作参考。

1. 调查认知、深刻思考

设计前要进行调查研究，要体察入微，又要观察其貌，合二求好，这样才能真正求解，才可能作出良好的设计。如果不深入洞察，则观念就会失之空洞；如果只研究局部而不顾其他，则观念就会失之于偏离。

2. 积累知识、利用知识

知识是创作的工具，是创作的语言，一切有关的知识不仅要知得多，而且要懂得如何去应用它。在产生观念之前，应以知识为工具，借以认清主题、分析内容、了解情况，才能有正确的观念。以上海火车站设计为例，必须了解：铁路旅客车站的管理办法、使用方式、铁路旅客站的历史及当前的发展趋势；旅客车站的平面空间布局模式及其特点和优点；了解交通流线的组织方式和节地的设计方式，有关的规划和设计的条例及其经验等。借用这些知识，针对设计的现实问题，可以借他山之石，激发自己的灵感，产生自己的"想法"。

有了观念之后，如何将其实施，仍然要以知识为工具，借助于平时积累的设计语言，才能作出具体的方案来。

因此设计构思必须要有充分的知识作为基础，否则连观念都弄不清，或主题都抓不住，盲目设计自然不会产生好的结果。

3. 发散思维、丰富联想

建筑创作的思维一定要"活"，要"发散"要"联想"，要进行多种想法多种途径的探索。因此，方案设计一开始，必须进行多方案的探索和比较，在比较中鉴别优化，同时在创作过程中，不能自我封闭、故步自封，通过交流、评议，开阔自己的思维，明确创作的方向，完善自己的观念。

4. 深厚的功力、勤奋的工作

建筑设计良好的观念固然重要，但是没有深厚的功力，缺少方法、技法，缺少一定的建筑设计处理能力，也很难把好的观念通过设计图纸——建筑语言表达出来。同时，也需要勤奋的工作，像着了"迷"似的钻进去，就可能有较清醒的思路从"迷"中走出来。

（二）环境构思

我们所设计的任何一幢建筑物，其体形、体量、形象、材料、色彩等都应该与周围的环境（主要是建成环境及自然条件等）很好地协调起来。建筑地段的环境尽管千差万别，但也可以把它们归纳为两大类，即城市型的环境与自然型的环境。前者位于喧闹的市区、街坊、干道或建筑群中，一般地势平坦、自然风景较少、四周建筑物多；后者则位于绿化公园地带，环境幽美的风景区或名胜古迹之地，林荫密茂，自然条件好，或地势起伏、乡野景致，或傍山近水、水乡风光。我们的设计立意就要因地制宜，以客观存在的环境为依据，顺应自然、尊重自然。

1. 城市环境构思

在城市环境中，建筑基地多位于整齐的干道或广场旁，受城市规划的限定较多。这种环境中是以建筑为主。此时建筑构思可使建筑空间布局趋于紧凑、严整；有时甚至封闭或半封闭；有时设立内院，创造内景，闹处寻幽；有时积零为整，争取较大的室外开放空间，增加绿化；有时竖向发展，开拓空间，向天争地或打入地下，开发地下空间；有时对于多年树木，"让步可以立根"，采取灵活布局，巧妙地保留原有树木，以保护城市中难得的自然环境。

同时，也要特别注意与四周建筑物的对应、协调关系，要"应前顾后"，左右相瞩，正确地认定自己在环境中的地位与作用。如果是环境中的"主角"，就要充分地表现，使其能起到"主心骨"的作用；如果不是"主角"，就应保持谦和的态度"克己复礼"，自觉地当好"配角"，作好"陪衬"，不能个个争奇斗艳，竞相突出。

在城市环境中进行单体设计时，在考虑环境的同时，还要有城市设计的观念。从建筑群体环境出发，进行设计构思与立意，找出设计对象与周围群体的关系，如与周边道路的关系，轴线的关系，对景、借景的关系，功能联系关系以及建筑体形与形式关系等。只有当设计与城市形体关系达到良好的匹配关系时，该建筑作品才能充分发挥自身的、积极的社会效益和美学价值。否则，一味以"我为中心"，不顾左邻右舍，这样"邻里关系"自然不会融洽。无论单体设计如何精妙，如果它与周围建筑形体要素关系非常紊乱，那就绝不是一个好的设计。因为孤立于城市空间环境的建筑很难对环境作出积极的贡献。我国很多城市中的沿街建筑都是一幢一幢的，单看每一幢可能还不错，但是相互之间缺乏联系，缺乏整体感，这是因为孤立的设计，缺乏城市设计观念。

2. 自然环境构思

在自然型环境中，其地段特点显然与城市环境特点不一，建筑物设计的立意"根据"也就不一。在这种环境中，总体布局要根据"因地制宜"，"顺应自然"，"近水楼台先得月"等观念来立意，结合地貌起伏高低，利用水面的宽敞与曲折，把最优美的自然景色尽力组织到建筑物最好的视区范围内。不仅利用"借景"和"对景"的风景，同时也要使建筑成为环境中的"新景"，成为环境中有机的组成部分，把自然环境和人造环境融为一体。

在自然型环境中设计，一定要服从景区的总体要求，极力避免"刹景"和"挡景"的效果。如果说，当建筑物位于闹市区时，首先是处理好它与街道及周围建筑物的协调问题；那么，当建筑物位于自然风景区时，设计构思则应主要考虑如何使建筑与自然环境相协调。一般来讲，在这种环境中，应以自然为主，建筑融于自然之中，常采用开敞式布局，以外景为主。为使总体布局与自然和谐，设计时要重在因地成形，因形取势，灵活自由地布局，避免严整肃然的对称图案，更忌不顾地势起伏，一律将基地夷为平地的设计方法。要"休犯山林罪"，注意珍惜自然，保护环境。为了避免"刹景"，一般要避免采用城市型的巨大体量，可化整为零，分散隐蔽，忽隐忽现，"下望上是楼，山半拟为平屋"的手法。

此外，在风景区中，建筑布局不仅要考虑朝向的要求，还要考虑到景向的要求；不仅要考虑建筑内部的空间功能使用，还要考虑视野开阔、陶冶精神的心理要求。在对朝向与景向问题上，一般宜以景向为主，做到"先争取景，妙在朝向"，使二者统一起来。同时，建筑本身也要成为景区的观赏点，即从内视外，周围景色如画；而从外视内，"月榭风亭绕"，使建筑入画，融合于景色之中，有时还需要注意第五立面——屋顶的设计。

在这方面有成功的经验，也有失败的教训。杭州是我国的风景旅游城市，但西湖的部分宾馆建设却使美好的西湖受到损害。20世纪50年代的杭州饭店，被人称为"新建大庙"，与自然风貌格格不入；60年代的西泠饭店，过分的体量把旁边的孤山似乎变成了"土丘"；70年代的旅游大厦，也近湖滨布置，设计体量巨大方整，怎能不碍以自然山水美为主的西湖环境呢！

20世纪90年代的北京植物园展览温室的方案设计也是立足于环境进行构思的。该展览温室位于北京著名的游览区香山脚下的植物园内，三面环山，景色宜人，与贝聿铭设计的香山饭店隔山相望。这个植物园展览温室方案创作是以"绿叶对根的回忆"为构想意象，独具匠心地设计了根茎交织的倾斜玻璃顶棚以及曲线流动的造型，仿佛一片飘然而至的绿叶落在西山脚下。而中央四季花园大厅又如含苞待放的花朵衬托在绿叶之中，使整个建筑通透、轻快，融于自然之中。

（三）功能构思

1. 功能的需求

在进行功能构思时，建筑师与业主或使用者进行讨论，可以了解更多的信息，加强对业主意图的了解，深化对功能使用的理解，可以获得有助于解决问题的信息。业主和使用者一般不太善于表达他们需要什么，建筑师在讨论沟通的过程中，可以发现他们的意愿、需要，最关注什么，甚至可以发现他们美好的创意，引发我们创作构思的火花。

同时，建筑计划和设计是相互依赖的。在设计的整个过程中，讨论有利于引导我们的方案构思和设计。规划构思的灵感也许就出现在这个交流的过程中，可能受任何一句话、一个建议或一件事、一个东西的激励，就可能导致建筑师脑海里突然闪现出灵感。一个解决"功能"方面难点的方案往往就这样产生了。

2. 功能的解决

从功能着手进行构思首先要了解功能，此外，我们还必须了解各类型建筑功能的要求及解决的方式：即该类型建筑的一般平面空间布局的设计模式是什么，每一种模式有什么特点、优点和缺点，在什么情况下应用比较合适，在这方面历史上有哪些经典之例，……参考这些积累的知识，并在知己知彼的情况下，作为创新和突破传统模式的基础和出发点。譬如国内图书馆建筑传统的布局模式都是阅览在前，书库在后，出纳目录扼守在二者之间，通常都采用水平的布局方式。因此，形成了"一"、"工"、"日"、"田"型多种平面形式，这必然会有朝向不好的部分，出纳目录要扼守中间，处于最不好的部位，冬冷夏热，不通风，条件就最差。采用垂直布局就可能从根本上避免了上述弊端。

3. 功能的定位

功能构思一个重要的问题是"功能定位"。功能定位一般在业主的计划中是明确的，但是设计者对其的认识深度会影响着设计构思的准确性，对于一些综合性的建筑更要深入了解。北京恒基中心的设计是一个很好的例证。它建于北京火车站前街东部地段，开发这块地段的一个重要的意图就是为北京火车站服务，做多功能经营。北京火车站人流总共每日30万人次，为此，设计要考虑客流量的出路，缓解站前广场巨大的人流压力。设计者领悟到这不是单体建筑设计，其"功能定位"应是"混合使用中心"，因为它具有多种使用功能，集办公、宾馆、商业、娱乐和公寓为一体。根据这样的分析定位，设计者除了做好办公、商业、宾馆……单项功能分区外，还特别设计了一个大的内院，对内它是公共空间，把建筑群各个部分有机地组织在一起，对外它与城市空间沟通，形成开放空间，成为"城市的起居室"。它正是根据"混合使用中心"的功能定位而提出"城市起居室"的设计构思。

（四）技术构思

1. 结构的技术构思

技术因素在设计构思中占有重要地位，尤其是建筑结构因素。因为技术知识对设计理念的形成至关重要，它可以作为技术职称系统，帮助建筑师实现好的设计理念，甚至能激发建筑师的灵感，成为方案构思的出发点。一旦结构的形式成为建筑造型的重点时，结构的概念就超出了它本身，建筑师就有了塑造结构的机会。

结构构思就是从建筑结构入手进行概念设计的构思，它关系到结构的造型，建筑的建造方式，以及建构技术和材料等因素。结构形式是建筑的支撑体系，从结构形式的选择引导出的设计理念，充分表现其技术特征，可以充分发挥结构形式与材料本身的美学价值。在近代建筑史中不少著名的建筑师都利用技术因素（建筑结构、建筑设备等）进行构思而创作了许多不朽的作品。例如意大利建筑师（也是工程师）奈尔维（P. L. Nervi）利用钢筋混凝土可塑性的特点，设计了罗马小体育馆，并于 1957 年建成。他把直柱 59.13 米的钢筋肋形球壳的网肋设计成一幅"葵花图"；并采用外露的"Y"形柱把巨大装配整体式钢筋混凝土球壳托起，整个结构清晰、欢快，充分表现了结构力学的美。

基于结构的设计构思，在大跨度和高层建筑中尤为重要。因为在这两种空间类型的建筑中，结构常常起着设计的主导作用。钢筋混凝土结构除了可塑性外，钢筋混凝土薄壳结构还有大跨度的特点，它为建筑师创造大跨度、大空间的建筑提供了技术支撑条件。建筑师利用这一特点，把建筑形式和结构形式有机地结合起来，创作了很多经典的作品。

2. 设备的技术构思

技术因素中除了结构因素以外，还有各种设备，也可以从建筑设备的角度进行设计概念的构思。就空调来讲，采用集中空调设施和不采用集中空调的设施——采用自然通风为主，二者设计是不一样的，因而也就有不同的建筑构思方案。例如，20 世纪 50 年代流行的模数式图书馆采用大进深、方形的图书馆平面，它就是基于空调设施的应用而出现的设计模式。今天建筑要求节省能源，创造健康的绿色建筑，这又是一种回归自然的思路了。图书馆的进深不能过大，可采用院落式，以创造较好的自然采光和自然通风的条件。

（五）仿生构思

仿生学作为一门独立的学科于 1960 年正式诞生。仿生学的希腊文（Bionics）意思是研究生命系统功能的科学。仿生学是模仿生物来设计技术系统或者使人造技术系统具有类似于生物特征的科学。确切地说，它就是研究生命系统的结构、特点、功能、能量转换、信息控制等各种优异的特征，并把它们应用于技术系统，改善已有的工程技术设备并创造出新的工艺过程、建筑造型、自动化装置等技术系统的综合性科学。

生物出自于生存的需要，力图使自己适应生存环境，利于自身发展，外在环境以某种方式作用于生物，彼此相互选择。自然界的生物体就是亿万年物竞天择的造化结果——高效、低耗和生态永远是人工产品追求和模仿的目标。建筑应该向生物学习，学习其塑造优良的构造特征，学习其形式与功能的和谐统一，学习它与环境关系的适应性，不管是动物还是植物都值得研究、学习、模仿。

生物体都是由各自的形态和功能相结合，而成为具有生命力的有机体。生物体的各种器官不仅仅要进行生命活动所必需的新陈代谢作用，而且要承受外界和自身内部的水平和垂直荷载。哺乳动物通过骨骼系统承受自身的重量和外界其他作用力；植物则通过自身的枝、干、根来抵抗水平和垂直作用的各种荷载。把生物的"生命力原理"——以最少的材料、最合理的结构形式取得最优越的效果，应用于建筑和结构，使其无论在形态上还是结构性能上都得到大大提高，都更富有生命力。鸡蛋表面积小，但容积最大化，蛋壳很薄，厚跨比为1:120，却具有很高的承载力；竹子细而高，具有弹性的弯曲，可抵抗巨大的风力和地震力；蜘蛛丝直径不到几微米，抗拉强度大得惊人。

生物的形态和结构是自然演化形成的，从仿生学的角度去研究和发展新的建筑形态和新的结构形式，无疑为建筑创作开辟了一条新的创作途径，这不言而喻将是合理的和简捷的。

（六）空间构思

空间概念是从三维的角度表达一种思想的方式，它表达得越明确，建筑师的理念就越显得有说服力。建筑师每个新的设计都理应带来空间的创新。这种创新和特定设计任务的各种限定条件相关，受其影响促成了建筑师相应的设计理念，并最终转化为空间——概念的空间。因此空间构思是每个设计不可缺乏的核心。

空间构思首先是概念构思（图2-13），必须富有挑战性，能激起反响，能为多元的诠释留有空间，但不要像某些设计者把设计方案说成是像什么什么、只有他知道别人根本看不出来的某种具象形式……那是形而上学的思维。不要只停留在平面形式或立面造型，重要的是着眼于内外空间的创造，包括剖面的构思。

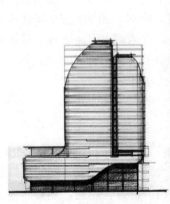

图2-13 郑州市夕阳红影视中心概念方案设计

二、建筑策划

建筑策划是整个建筑开发过程中的最重要的一个部分，它是建筑师从事设计的依据。业主或开发商委托建筑师设计时，有时连一个设计任务书也提不出来，甚至要开发哪一块地也"吃不准"，此时建筑师在设计前就有必要与业主一道甚至帮助他做完设计前期的一些带有策划性的工作，一般来讲包括以下内容。

（一）选择基地

目前住宅开发用地一般都是在市场拍卖竞争而得到的，开发商在参与竞争之前一定会邀请一些专业人士（包括建筑师）进行商讨或进行个别咨询，这时作为一名从业的建筑师有责任也有义务协助业主分析地块、地段及地域的现状、自然条件、交通条件、周围自然环境和人文环境，以及基地的大小、形状、地面地下及上空的诸种情况，协助业主比较合理地选择和确定基地。

（二）制定设计任务书

目前，大多数的"策划"几乎是和设计同步进行的。在设计开始进行之前，业主给建筑师的"策划信息"是微乎其微的，只是告诉你约有多大地、盖什么房子、多大面积、设计任务书也是极为简单的。这种情况可以说事前没有经过很好的建筑策划，这时建筑师和业主需就设计所要解决的问题进行讨论，以获得相应的设计依据，完善和充实设计任务书，列出空间要求、房间面积大小等，这时建筑师应当积极地根据国家有关规范和要求以及本人之经验，向业主提出建议，直接与业主（尤其是决策者）进行有效的交流沟通。这种方法一般可以产生有效的策划决策并能令业主满意。这样，不仅共同完善了设计任务书，而且培育了建筑师和业主和谐的设计合作氛围，能够促进交流和互补互动，有利于提高设计质量。

（三）交流观念与策划

建筑师受托于业主，从此角度来看建筑师的工作是被动的，设计方案最后的决定权永远掌握在业主手里。业主这种至高无上的权利，无疑会对建筑师的设计带来重大的影响。设计过程中建筑师和业主的关系有时会很融洽，而有时却弄得很紧张，甚至出现尴尬的局面。究竟问题出在哪里，我们不能一概而论，而应是具体问题具体分析。

一般来讲，在设计过程中（尤其是概念设计阶段）双方要多交流、多沟通。建筑师要善于通过交流进行策划，在交流中体现自己的理念，完成策划。这样就能从设计中的被动变为主动，为发挥自己的创造性而争取空间。当然，在此之前建筑师应尽可能地了解业主的想法，不管是否同意他的想法，首先要把他的想法听进去，仔细地思考其想法的合理性，并首先尊重他合理的一面，哪怕只有百分之一的合理也要听进去，并尽可能在方案设计中对他的想法有所体现。如果最后行不通，那就耐心地向业主说明行不通的原因。在事实面前，业主也会改变观念，最终同意和采纳建筑师的意见。

建筑师可以和业主坦诚地进行讨论、交流、协商，在每次对话中，建筑师可以根据业主的意思勾勒概念性的草图，双方进行仔细讨论。如果业主提出了新的要求和信息，那么建筑师可以再重复一次以上过程，快捷地根据新的信息和要求勾勒新的方案，等到业主认同了建筑师的概念设计，建筑师也更深地认识了业主的要求、审美品位等。

三、建筑表达

作曲家靠乐谱来创作、记录乐曲，乐谱的识读有自己的一套体系，同样，建筑师们也需要一种形式来表达自己的设计意图、推敲自己的设计方案，需要在更广泛的空间和时间内与各种各样的人进行交流，建筑的表达也必须有一套供大家共同遵守的体系，这就是建筑图纸的表达。

对于建筑人员来说，一方面需要掌握正确的绘制专业的建筑工程图纸，这部分内容主要包括建筑的总平面图、平面图、立面图和剖面图。这些图纸对表达的准确性有较高的要求，因此我们应该养成规范制图的好习惯。另一方面，在设计过程中，还需要绘制各种具有艺术表现力的图纸，以便更形象地说明设计内容，为讲述方便，统称为建筑画。

（一）建筑画表达

一幅具有表现力的建筑画，应让人感到设计意图和空间的艺术，是建筑实体或者建筑设计方案的具体直观的表达，所以需要用写实的手法。建筑画有时是教师和学生之间的交流工具，有时是建筑师和业主之间的交流工具，而更为重要的是它是建筑师同自己交流的工具。建筑画是阶段性的创作成果，是建筑的一个临时替代物。根据这个替代物，参加建筑设计和生产的各方人员，包括业主和建筑师可以考查、评价、选择和修改设计方案。

建筑画的表达形式林林总总，根据不同的标准，可以将建筑表达形式划分出不同的体系。根据不同的使用工具，可以分为铅笔画、钢笔画、水彩画、水粉画、马克笔画等；根据不同的表达技法，可以分为线条图、渲染、建筑表现图、模型等；依据目的性的不同，方案表达可以划分为设计推敲性表现和展示性表现两种。

1. 不同使用工具的建筑画

（1）铅笔画

铅笔是作画的最基本工具，优点是价格低廉、携带方便，特别有助于表现出深、浅、粗、细等不同类别的线条及由不同线条所组成的不同的面。由于绘图快捷，铅笔除了作为建筑表现画的工具之外，还常用来绘制草图和推敲研究设计方案。

铅笔画表现的关键是：用笔得法，线条有条理，有轻重变化，这样才能产生优美而富有韵律及变化的笔触，而笔触正是铅笔画所具有的独特风格。

铅笔表现画的特点是以明暗面为主，结合线条来表现立体，其最大特点在于每笔几乎都能代表一个明暗立体的面，而不是通过线条的重叠来表达物体的立体感。它所构成的画面能给人以简洁明快、自然流畅的感觉（图 2-14）。

铅笔画除了主要使用的绘图线图外，还有炭铅笔和彩色铅笔。

（2）钢笔画

在设计领域中，用钢笔来表现建筑非常普遍。与其他工具相比，钢笔画的特点是黑白对比强烈，灰色调没有其他工具丰富。因此，用钢笔表现对象就必须要用概括的方法。如果我们能够恰当地运用洗练的方法、合理地处理黑白变化和对比关系，就能非常生动、真实地表现出各种形式的建筑形象。

钢笔画的表现技法主要是画线和组织线条，钢笔画是靠用笔和组织线条构成明暗色调的方法来表现建筑（图2-15）。

图2-14　铅笔表现画　　　　　图2-15　钢笔表现画

（3）水彩画和水粉画

水彩画具有色彩清新明快、质感表现力强、效果好等优点，常被用来作为建筑设计方案的最后表现图。水彩画最大的两个特点：一是画面大多具有通透的视觉感觉；二是绘画过程中水的流动性。由此造成了水彩画不同于其他画种的外表风貌和创作技法的区别。颜料的透明性使水彩画产生一种明澈的表面效果，而水的流动性会生成淋漓酣畅、自然洒脱的意趣（图2-16）。

水粉画和水彩画一样，也是色彩画的一种，但它与水彩画有明显的区别。水粉色彩更加鲜明强烈，表现建筑物的真实感更强（图2-17）。

图2-16　水彩建筑画　　　　　图2-17　水粉建筑画

（4）马克笔画

马克笔画的特点是线条流利、色艳、干快、具有透明感、使用方便。其概念性、写意性、趣味性和快速性是其他工具所不能代替的（图2-18）。

图 2-18　马克笔表现画

2. 不同表现技法的建筑画

（1）线条图

线条图是以明确的线条描绘建筑物形体的轮廓线来表达设计意图的，要求线条粗细均匀、光滑整洁、交接清楚。常用工具有铅笔、钢笔、针管笔、直线笔等。建筑设计人员绘制的线条图有徒手线条图和工具线条图。

徒手线条图就是不用直尺等其他辅助工具画的图。徒手线条柔和而富有生机。徒手线条虽然以自由、随意为特点，但不代表勾画时可以任意为之，还是需要注意一些处理手法，这样勾画出的徒手线条才会有挺直感、有韵律感和动感。

图 2-19 中所示为建筑图纸中工具线条图常用的绘图工具。

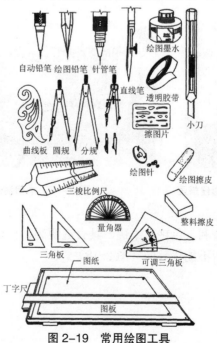

图 2-19　常用绘图工具

（2）渲染

渲染是表现建筑形象的基本技法之一，主要有水墨渲染和水彩渲染。

水墨渲染是用水来调和墨，在图纸上逐层染色，通过墨的浓、淡、深、浅来表现对象的形体、光影和质感。水墨渲染最大的特点有三：①总的色调浅；②层次分明；③渲染完毕后线稿仍清晰可见。

水彩渲染则是将墨换为水彩颜料，渲染时不仅讲究颜料的浓淡深浅关系，还要考量颜料之间的色彩关系。

渲染的基本技法主要有三种：平涂、退晕和分格叠加。

平涂的主要要求是均匀，没有色彩变化，它是最基本的技法。大面积平涂渲染时，应把图板放斜以保持一定的坡度，然后用较大的笔蘸满调好的溶液，从图纸的上方开始渲染，用笔的方向应自左向右，一道一道地向下方渲染。溶液应多，但不能向下流淌。这样逐步向下移动，直至快要结束时，逐渐减少水分，最后，把最后一道的水用笔吸掉。

由浅到深的退晕方法：准备好一杯清水，一杯一定浓度的墨汁水，然后按照平涂的方法，用清水自纸的上方开始渲染，每画一道，在清水中加入一定量（如一滴或两滴）的墨汁水，用笔搅匀。这样作出的渲染就会有均匀的退晕。从深到浅的退晕方法基本上也是这样，只是开始用深色，然后在深色中逐渐加入清水即可。

分格叠加的方法是沿着退晕的方向在画纸上分成若干格（格子越小，退晕的变化越柔和），然后用较浅的墨汁水平涂；待完全干透后，从一端开始留出一个格子，再把其他部分平涂墨汁水；再完全干透后，又多留出一个格子，其他平涂。这样，一格一格留出来，其他部分叠加上去，从而形成退晕。

（3）模型

建筑模型能以三度空间来表现一项设计内容，也可以培养建筑设计人员的想象力和创造力。建筑模型非常直观，是按照一定比例缩微的形体，以其真实性和完整性展示一个多维空间的视觉形象，并且以色彩、质感、空间、体量、肌理等表达设计的意图，建筑模型和建筑实体是一种准确的比例关系。

建筑模型大体上分为两种：工作模型和正式模型。工作模型的目的是帮助研究设计构思，起到立体草图的作用，是在设计的过程中制作的。因此一般来说，制作上比较简单、快捷，对精度和材质的要求不高，也不要求很详细的立面分割，只要求整体的基本效果。正式模型主要用于上报审批、投标审定和展览的用途，是设计完成后制作的。要求准确地按一定的比例，具有高度的真实性和质感。

3. 不同表达目的的建筑画

依据目的性的不同，方案表达大体可以划分为设计推敲性表现和展示性表现两种。

（1）设计推敲性表现

草图表现是一种传统的，但也是被实践证明非常有效的推敲设计的表现方法。它的特点是操作迅速而简洁，并可以进行比较深入的细部刻画，尤其擅长对局部空间造型的推敲处理。设计徒手草图实际上是一种图示思维的设计方式。在一个设计的前期尤其是方案设计的开始阶段，最初的设计意象是模糊的、不确定的，而设计的过程则是对设计条件的不断"协调"。图示思维的方式就是把设计过程中的有机的、偶发的灵感及对设计条件的"协调"过程，通过可视的图形将设计思考和思维意象记录下来的一种方式。实践证明，国内外的许多优秀设计师和设计大师均精于此道，出色的图示思维亦是他们的成功之道。

草模表现与草图表现相比较，草模由于充分发挥了三维的空间，因此可以全方位地对设计进行观察，其对空间造型、内部整体关系以及外部环境关系的表现能力尤为突出。草模表现的缺点在于，由于模型大小的限制，使得一般来说对于模型的观察都是"鸟瞰"的角度，这样会过于强调在建筑建成后不大被观察到的屋顶平面，从而会或多或少地误导设计。另外，表现的深度也会受操作技术的限制和影响。

计算机模型表现兼顾了草图表现和草模表现的优点，并且在很大程度上弥补了它们的缺点。它可以像草图表现那样进行深入的细部，又能使表现做到客观、真实；它既可以全方位地表现空间造型的整体关系和环境关系，又避免了单一视角的缺陷。

综合表现是指在设计构思过程中，依据不同阶段、不同对象的不同要求，灵活运用各种表现方式，以达到提高方案设计质量之目的。

（2）成果展示性表现

成果展示性表现是指建筑师针对阶段性的讨论，尤其是最终成果汇报所进行的方案设计表现。它要求图纸表现完整明确、美观得体，能够把设计者的构思所具有的立意、空间形象、特点气质充分展现出来，从而最大限度地赢得他人的认同。展示性表现时还需要注意：绘制正式图前要有充分准备；注意选择合适的表现方式；注意图面构图，构图的原则是易于辨认和美观悦目。

（二）建筑图纸表达

我们通常所提到的建筑图纸的表达方式一般是施工图用的方法和非常基本的图标。施工图为了标准化和效率化，表达必须清楚准确，而且不论是谁画的，表达方法都是共通的。

1.投影知识

在日常生活中可以看到如灯光下的物影、阳光下的人影等，这些都是自然界的一种投影现象。在工业生产发展的过程中，为了解决工程图样的问题，人们将影子与物体关系经过几何抽象形成了"投影法"。

投影法就是投射线通过物体，向选定的面投射，并在该面上得到被投射物体图形的方法。

投影法通常分为两大类，即中心投影法和平行投影法。其中平行投影又包括斜投影和正投影。

图2-20中，（a）为中心投影法，投影时，所有的投射线都通过投影中心。（b）和（c）为平行投影法：投影中心距离投影面无穷远时，可视为所有的投射线都相互平行。其中根据投射线与投影面的关系又分为：（b）为斜投影法，投射线与投影面相倾斜。（c）为正投影法，投射线与投影面相垂直。

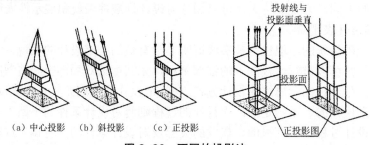

（a）中心投影　（b）斜投影　（c）正投影

图2-20　不同的投影法

如图 2-21 所示，在建筑图纸中，我们使用的都是正投影法得出建筑的平面图、立面图和剖面图。

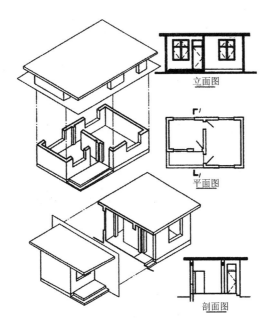

图 2-21　建筑的平立剖图

建筑平面图是房屋的水平剖视图，也就是用一个假想的水平面，在窗台之上剖开整幢房屋，移去处于剖切面上方的房屋将留下的部分按俯视方向在水平投影面上作正投影所得到的图样。建筑立面图是在与房屋立面相平等的投影面上所作的正投影。建筑剖面图是房屋的垂直剖视图，也就是用一个假想的平行于正立投影面或侧立投影面的竖直剖切面剖开房屋，移去剖切平面与观察者之间的房屋，将留下的部分按剖视方向投影面作正投影所得到的图样。

2. 总平面图

建筑总平面图简称总平面图，反映建筑物的位置、朝向及其与周围环境的关系。

总平面图的图纸内容如下。

（1）单体建筑总平面图的比例一般为 1 ∶ 500，规模较大的建筑群可以使用 1 ∶ 1000 的比例，规模较小的建筑可以使用 1 ∶ 300 的比例。

（2）总平面图中要求表达出场地内的区域布置。

（3）标清场地的范围（道路红线、用地红线、建筑红线）。

（4）反映场地内的环境（原有及规划的城市道路或建筑物，需保留的建筑物、古树名木、历史文化遗存、需拆除的建筑物）。

（5）拟建主要建筑物的名称、出入口位置、层数与设计标高，以及地形复杂时主要道路、广场的控制标高。

（6）指北针或风玫瑰图。

（7）图纸名称及比例尺。

如图 2-22 所示，从这张 1 ∶ 1000 的总平面中我们可以读到的信息有：该地块所在地区的常年主导风向为西南风，该地块的绝对标高为 265.10 米；地块东北角为一高坡；四号住宅楼位于整个地块的西侧中部，为一五层建筑，出入口在建筑南侧；周边有一号、二号、三号住宅楼和小区物业办公楼，并且地块内拟建配电室、单身职工公寓；地块东侧的商店准备拆除；此外，地块内还有一些运动场地及绿化带。

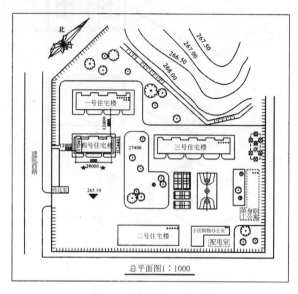

图 2-22　某地块的总平面图

3. 平面图

建筑平面图是房屋的水平剖视图，也就是用一个假想的水平面（一般是以地坪以上 1.2 米高度），在窗台之上剖开整幢房屋，移去处于剖切面上方的房屋将留下的部分按俯视方向在水平投影面上作正投影所得到的图样。建筑平面图主要用来表示房屋的平面布置情况。建筑平面图应包含被剖切到的断面、可见的建筑构造和必要的尺寸、标高等内容。

平面图的图纸内容如下。

（1）图名、比例、朝向。设计图上的朝向一般都采用"上北—下南—左西—右东"的规则。比例一般采用 1∶100、1∶200、1∶50 等。

（2）墙、柱的断面，门窗的图例，各房间标注名称，或标注家具图例，或标注编号，再在说明中注明编号代表的内容。

（3）其他构配件和固定设施的图例或轮廓形状。除墙、柱、门和窗外，在建筑平面图中，还应画出其他构配件和固定设施的图例或轮廓形状。如楼梯、台阶、平台、明沟、散水、雨水管等的位置和图例，厨房、卫生间内的一些固定设施和卫生器具的图例或轮廓形状。

（4）必要的尺寸、标高，室内踏步及楼梯的上下方向和级数。必要的尺寸包括房屋总长、总宽，各房间的开间、进深，门窗洞的宽度和位置，墙厚等。在建筑平面图中，外墙应注上三道尺寸。最靠近图形的一道，是表示外墙的开窗等细部尺寸；第二道尺寸主要标注轴线间的尺寸，也就是表示房间的开间或进深的尺寸；最外的一道尺寸，表示这幢建筑两端外墙面之间的总尺寸。在底层平面图中，还应标注出地面的相对标高，在地面有起伏处，应画出分界线。

（5）有关的符号在平面图上要有指北针（底层平面）；在需要绘制剖面图的部位，画出剖切符号。

如图 2-23 所示，从这张 1：100 的住宅的平面图上我们可以读到的信息有：建筑的朝向；单元门设置在建筑北侧；为一梯两户的形式；每户的户型结构为 4 室 2 厅 2 卫；各个房间的大小、朝向和门窗洞口的开启位置；地坪标高；承重的柱子位置；主要房间的名称；家具的摆放等。

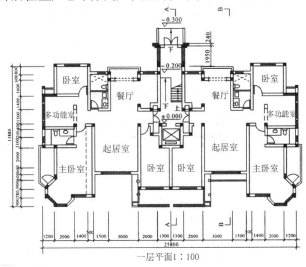

图 2-23 某住宅平面图

4. 立面图

建筑立面图是在与房屋立面相平等的投影面上所作的正投影。建筑立面图主要用来表示房屋的体型和外貌、外墙装修、门窗的位置与形状，以及遮阳板、窗台、窗套、檐口、阳台、雨篷、雨水管、勒脚、平台、台阶、花坛等构造和配件各部分的标高和必要的尺寸。

图 2-24 所示为建筑的立面生成示意图。

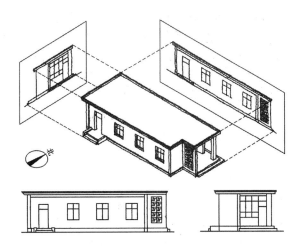

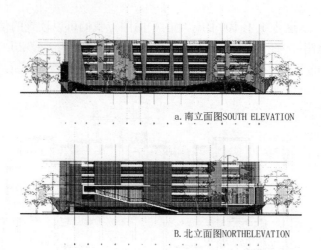

0 5 10 15 20 25M

a. 南立面图SOUTH ELEVATION

B. 北立面图NORTHELEVATION

图 2-24　建筑的立面生成示意图与立面表达

立面图的图纸内容如下。

（1）图名和比例：比例一般采用 1 ：50，1 ：100，1 ：200；

（2）房屋在室外地面线以上的全貌，门窗和其他构配件的形式、位置，以及门窗的开户方向。

（3）表明外墙面、阳台、雨篷、勒脚等的面层用料、色彩和装修做法。

（4）标注标高和尺寸：室内地坪的标高为 ±0.000 ；标高以米为单位，而尺寸以毫米为单位；标注室内外地面、楼面、阳台、平台、檐口、门、窗等处的标高。

5. 剖面图

建筑剖面图是房屋的垂直剖视图，也就是用一个假想的平行于正立投影面或侧立投影面的竖直剖切面剖开房屋，移去剖切平面与观察者之间的房屋，将留下的部分按剖视方向投影面作正投影所得到的图样。一幢房屋要画哪几个剖视图，应按房屋的空间复杂程度和施工中的实际需要而定，一般来说剖面图要准确地反映建筑内部高差变化、空间变化的位置。建筑剖面图应包括被剖切到的断面和按投射方向可见的构配件，以及必要的尺寸、标高等。它主要用来表示房屋内部的分层、结构形式、构造方式、材料、做法、各部位间的联系及其高度等情况。

图 2-25 所示为建筑的剖面生成示意图。

剖面图的图纸内容如下。

（1）剖面应剖在高度和层数不同、空间关系比较复杂的部位，在底层平面图上表示相应剖切线。

（2）图名、比例和定位轴线。

（3）各剖切到的建筑构配件：画出室外地面的地面线、室内地面的架空板和面层线、楼板和面层；画出被剖切到的外墙、内墙，及这些墙面上的门、窗、窗套、过梁和圈梁等构配件的断面形状或图例，以及外墙延伸出屋面的女儿墙；画出被剖切到的楼梯平台和梯段；竖直方向的尺寸、标高和必要的其他尺寸。

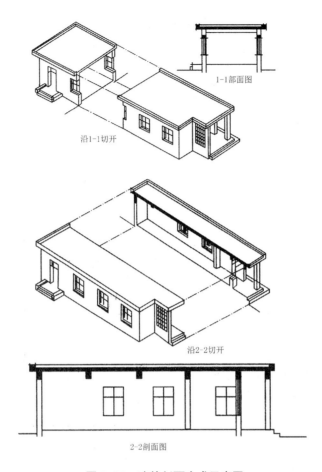

1-1部面图

沿1-1切开

沿2-2切开

2-2剖面图

图 2-25 建筑剖面生成示意图

（4）按剖视方向画出未剖切到的可见构配件：剖切到的外墙外侧的可见构配件；室内的可见构配件；屋顶上的可见构配件。

（5）竖直方向的尺寸、标高和必要的其他尺寸。

第四节 人与建筑设计

建筑空间主要为人所使用，建筑活动的根本目的是为人类的生活、工作、生产等社会活动创造良好的空间环境，为此，建筑设计人员需要对"人"有一个科学全面的了解。

一、人体工程学

人体工程学通过对人的生理和心理的正确认识，为建筑设计提供大量的科学依据，使建筑空间环境设计能够精确化，从而进一步适应人类生活的需要。

人体工程学是一门新兴的科学，同时又具有古老的渊源。公元前 1 世纪，罗马建筑师维特鲁威从人体各部位的关系中发现，人体基本上以肚脐为中心，双手侧向平伸的长度恰好就是其身高（图2-26）。人体工程学始于二战，主要服务于军事武器设计，探求人与机械之间的协调关系。二战后，行为学家、心理学家、生理学家等组建了研究机构，对人类的心理学、生理学、工效学等科学进行了研究，建立了人体工程学这门学科。

人体工程学是一门研究在某工作环境中人同机器及环境的相互作用，研究在日常工作生活中怎样考虑工作效率、人的健康、安全和舒适等问题的科学，涉及解剖学、生理学和心理学等方面的各种因素，见图2-27。

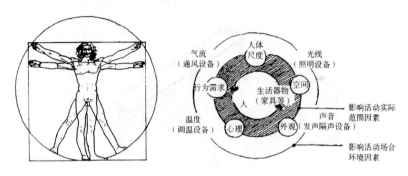

图2-26　人体各部位关系　　　　图2-27　人体工程学功用图

人体工程学的重心完全放在"人"上面。而后根据人的体能结构、活动需求、物理环境（包括光线、温度、声音等）综合地进行空间和设施家具的设计，使人在活动区域内达到活动安全和舒适、高效的使用目的，见图2-28。

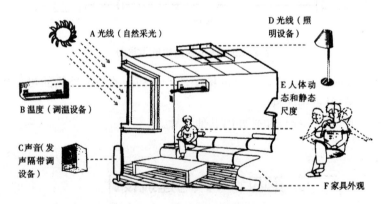

图2-28　人在空间活动的影响因素

人体工程学是由六门分支学科组成的，即人体测量学、生物力学、劳动生理学、环境生理学、工程心理学、时间与工作研究，与建筑相关的主要为人体测量学、环境生理学，这里将从这两个角度阐述。

二、人体测量学

人体测量学研究人体尺度与设计制作之间的关系，它主要包括人体的静态测量和动态测量。

（一）人体静态测量

静态测量是测量人体在静止和正常体态时各部分的尺寸，在设计时可参照我国成年人人体平均尺寸，见图 2-29，但由于年龄、地区、时代的不同，人体尺度也不尽相同，设计者应根据设计对象的不同而综合考虑，例如为残疾人提供的设施要参照残疾人的尺寸进行设计，见图 2-30（单位为 mm）。

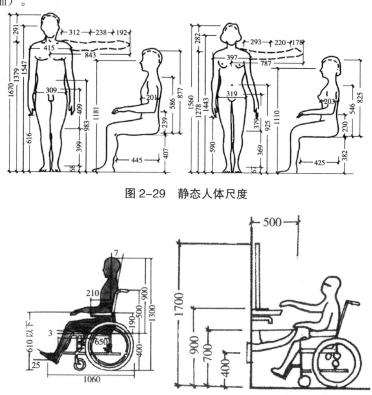

图 2-29　静态人体尺度

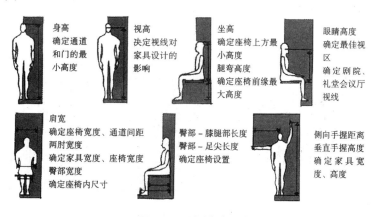

图 2-30　残疾人洗脸台高度和设置方式

另外，设计中采用的人体尺寸并非都取平均数，应视具体情况在一定幅度内取值，并注意尺寸修正量，见图 2-31。

图 2-31　身体尺度

（二）人体动态测量

动态测量是测量人体在进行某种功能活动时肢体所能达到的空间范围尺度。由于行为目的不同，人体活动状态也不同，故测得的各功能尺寸也不同。人的各种姿态对建筑细部设计都有决定性的影响作用，如立姿活动范围对建筑细部的影响，见图 2-32 至图 2-35（单位 mm）。

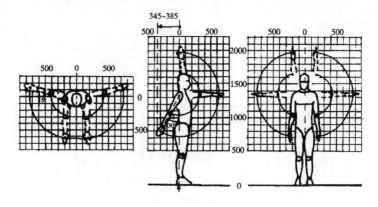

图 2-32　立姿活动范围

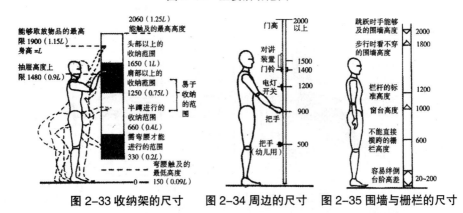

图 2-33 收纳架的尺寸　　图 2-34 周边的尺寸　　图 2-35 围墙与栅栏的尺寸

坐姿的活动范围直接影响着人们就座状态下的工作与生活，见图 2-36。椅子是"人体的家具"，椅面的高度以及靠背的角度等功能尺寸对使用者是否合适，是十分重要的。

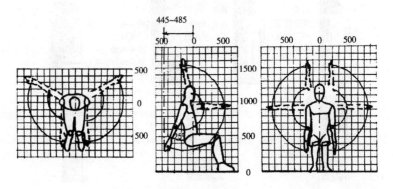

图 2-36　坐姿活动范围

（三）人体测量学在建筑设计中的应用

人体测量学给建筑设计提供了大量的科学依据，它有助于确定合理的家具尺寸，增强室内空间设计的科学性，有利于合理地选择建筑设备和确定房屋的构造做法，对建筑艺术真、善、美的统一起到了不可或缺的作用。通过下面的举例，我们可以看到人体测量学对房屋构造做法、房间平面尺寸、人体通行宽度的影响。

如图2-37所示，确定阶梯的高度I和前后排座位的间距H，就必须使后排就座者观看黑板（或荧幕、舞台）的视线不被前排就座者的头顶挡住，其受到多种因素的制约：D值约为120毫米；I值由A、B、C、D数值及视线计算等综合决定；H等于E、F、G之和。

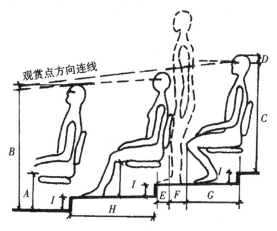

图 2-37　阶梯教室的视线分析

设计设备使用空间时，应确保其满足人活动所需的基本尺寸和心理尺度，如卫生间隔间尺寸的大小就取决于如厕所需的活动空间及人体避免同墙壁和污物接触的心理空间，厨房的空间尺寸应充分考虑各种操作活动和通道使用方式。

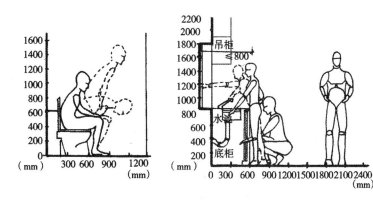

图 2-38　卫生间尺寸　　　　图 2-39　厨房尺寸

三、环境生理学

环境生理学主要研究各种工作环境、生活环境对人的影响以及人体作出的生理反应。通过研究，将其应用于建筑设计中，使建筑空间与环境更有利于人的安全、健康与舒适。

按照劳动条件中的生理要求，通常把环境因素的适宜性划分为四个等级，即不能忍受的、不舒适的、舒适的和最舒适的。建筑以"形"、"光"、"色"具体地反映着它的质感、色感、形象和空间感，视觉正常的人主要依靠视觉体验建筑和环境。人的视觉特性包括视野、视区、视力、目光巡视特性及明暗适应等几个方面，正常人的水平、垂直视野对视觉的影响最大。人的视觉特征见图2-40、图2-41。声音的物理性能、人耳的生理机能和听觉的主观心理特性，也与建筑声学设计有着密切关系。

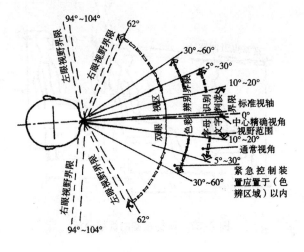

图 2-40　水平视野

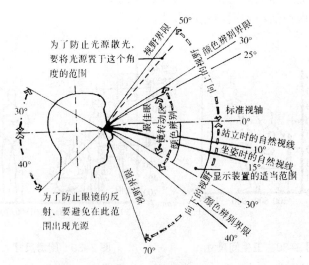

图 2-41　垂直视野

环境条件和人的安全、健康、舒适感有着密切的关系，其中，室内环境要素和人的视觉机能与建筑设计最为密切，下面以展厅展位、隔板高度设计为例，列举视线对设计的影响。

展架摆置取决于观赏距离和灯光设计，观赏距离和灯光主要受人的视觉生理的影响。重要的展板应布置在高度 H 为 1000～1600 毫米范围内，向上下延伸高度在 700～2000 毫米内，仍基本适于布展，见图 2-42。

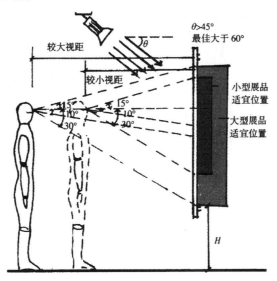

图 2-42　展厅展位视线图

根据人的视觉习惯的不同，对隔断高度的要求也有所不同。900～1100 毫米高隔断对空间的围合作用小，空间开阔，没有私密性，属低隔断（图 2-43）；1100～1200 毫米高度恰与视高相同，会引起不舒适感，故不常采用。1200～1350 毫米的高度范围内，视线在一定角度内还能与周边交流，但已经有了一定的私密感（图 2-44）。高度在 1800 毫米以上，视线已不能与外界交流，形成了较为私密的活动空间（图 2-45）。

图 2-43　低隔断空间

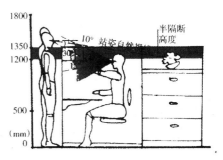

图 2-44　半隔断空间

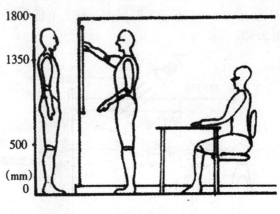

图 2-45　完全隔断空间

四、环境心理学

由于文化、社会、民族、地区和人本身心情的不同，不同的人在空间中的行为截然不同，故对行为特征和心理的研究对空间环境设计有很大的帮助。

霍尔（E. T. Hall）提到："我们站的距离的确经常影响着感情和意愿的交流"。每个人都生活在无形的空间范围内，这个空间范围就是自我感觉到的应该同他人保持的间距和距离，我们也称这种伴随个人的空间范围圈为"个人空间"。

领域空间感是对实际环境中的某一部分产生具有领土的感觉，领域空间对建筑场地设计有一定帮助。纽曼将可防御的空间分为公用的、半公用的和私密的三个层次，环境的设计如果与其结合就会给使用者带来安心感。

霍尔将人际交往的尺寸分为四种：亲昵距离（0.15～0.6 米）、个人距离（0.6～1.2 米）、社会距离（1.2～3.6 米）和公众距离（3.6 米以上），人的距离随着人与人之间的关系和活动内容的变化而有所变化，见图 2-46。

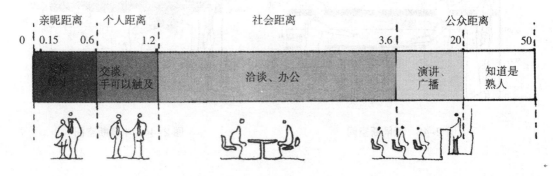

图 2-46　交往距离尺度

　　建筑设计与建筑空间环境的营造主要是为了满足人在空间中的需要、活动、欲望与心理机制，通过对行为和心理的研究使城市规划和建筑设计更加满足要求，以达到提高工作效率、创造良好生活环境的目的。

第三章　建筑设计中的空间尺度

第一节　空间尺度概述

一、空间尺度的概念分类

从古希腊、古罗马，到现代主义的大师们，人们在讨论空间环境的大小问题时，针对空间的尺度问题，提出了很多理论，从西方的黄金分割到东方"斗口""间"，看似讨论的对象相同，而理论却千差万别。实则是对空间尺度的基本概念界定并不完全统一。那什么是空间尺度呢？我们以为空间尺度所包含的内涵和具体的应用概念有不同的分别。

从内涵来说，在空间尺度系统中的尺度概念包含了两方面的内容。一方面是指空间中的客观自然尺度，可以称为客观尺度、技术尺度、功能尺度，其中主要有人的生理及行为因素，技术与结构的因素。这类尺度问题以满足功能和技术需要为基本准则。是尺寸的问题，绝对的问题，没有比较关系，决定的尺度因素是不以人的意志为转移的客观规律。另一方面是主观精神尺度，可以称为主观尺度、心理尺度、审美尺度。它是指空间本身的界面与构造的尺度比例。主要满足于空间构图比例，在空间审美上有十分重要的意义。这类尺度主要是满足人类心理审美。是由人的视觉、心理和审美决定的尺度因素，是相对的尺度问题，有比较与比例关系（图3-1、图3-2）。

从具体的应用概念来说，空间的尺度是对空间环境的大小进行度量与描述的一组概念，每一个概念从不同的角度描述了空间环境在大小度量中的特征，包括尺寸、尺度、比例和模数。小原二郎（日）在《室内空间设计手册》一书中对尺度概念的描述比较全面地阐述了尺度内涵。尺度有四个方面的意义：第一是以技术和功能为主导的尺寸，即把空间和家具结构的合理与便于使用的大小作为标准的尺寸。第二是尺寸的比例，它是由所看到的目的物的美观程度与合理性引导出来的，它作为地区、时代固有的文化遗产，与样式深深地联系在一起，如古代的黄金分割比例。第三是生产、流通所需的尺寸——模数制，建筑生产的工业化和批量化构件的制造，在广泛的经济圈内把流通的各种产品组合成建筑产品，需要统一的标准，这就是规格的尺寸。第四为设计师作为工具使用的尺寸的意义——尺度（图3-3）。每个设计师具有不同的经验和各自不同的尺度感觉及尺寸设计的技法。毋庸置疑．其中大多数人遵循的是习惯、共同的尺度，但由于设计本身是自由的，个人的经验与技法不尽相同。每个设计师对尺度有不同的理解。

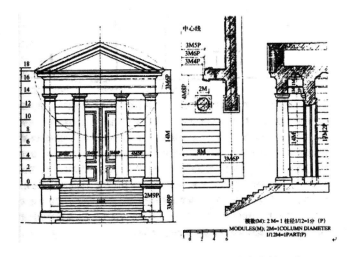

图 3-1　由人的视觉、心理和审美决定的尺度

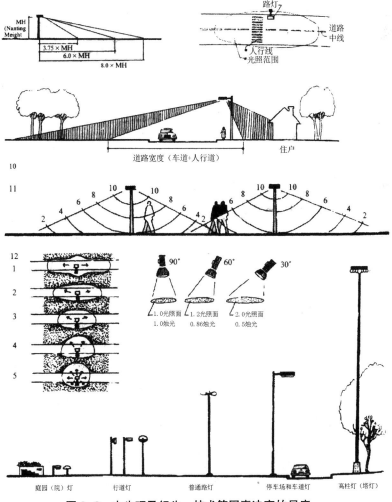

图 3-2　由生理及行为、技术等因素决定的尺度

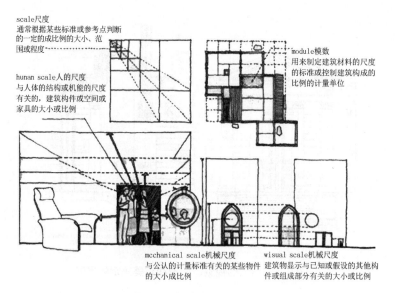

scale尺度
通常根据某些标准或参考点判断的一定的成比例的大小、范围或程度

module模数
用来制定建筑材料的尺度的标准或控制建筑构成的比例的计量单位

hunan scale人的尺度
与人体的结构或机能的尺度有关的，建筑构件或空间或家具的大小或比例

mcchanical scale机械尺度
与公认的计量标准有关的某些物件的大小成比例

wisual scale机械尺度
建筑物显示与已知或假设的其他构件或组成部分有关的大小或比例

图3-3 不同的尺度内涵

二、尺寸与尺度

（一）尺寸

尺寸是空间的真实的大小的度量，尺寸是按照一定的物理规则严格界定的，用以客观描述周围世界在几何概念上量的关系的概念，有基本单位，是绝对的是一种量的概念，不具有评价特征，在空间尺度中，大量的空间要素由于自然规律、使用功能等因素，在尺寸上有严格的限定，如人体尺寸、家具的尺寸、人所使用的设备机具的尺寸等，还有很多涉及空间环境的物理量的尺寸，如声学、光学、热等问题，都会根据所要达到的功能目的，对人造的空间环境提出特定的尺寸要求。这些尺寸是相对固定的，不会随着人的心理感受而变化。最常见的尺寸数据是人体尺寸、家具与建筑构件的尺寸，见图3-4（单位为 cm）。

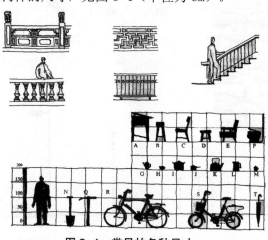

图3-4 常见的各种尺寸

尺寸是尺度的基础，尺度在某种意义上说实际上是长期应用的习惯尺寸的心理积淀，尺寸反映了客观规律，尺度是对习惯尺寸的认可。

（二）尺度

尺度通常指根据某些标准或参考点判断的一定的成比例的大小、范围或程度。

在诸多的设计要素中尺度是衡量环境空间形体最重要的方面，尺度是同比例相联系的，指我们如何在与其他形式相比中去看一个环境要素或空间的大小。尺度涉及具体的尺寸，不过尺度一般不是指真实的尺寸和大小，而是给人感觉上的大小印象与真实尺寸大小的关系。虽然按理两者应当是一致的，而实践中却有可能出现不一致。如果两者一致意味着空间形象正确地反映了真实的大小。如果不一致就失掉了应有的尺度感，会产生对本来应有大小的错误判断。经验丰富的设计师也难免在尺度处理上出现失误。问题是人们很难准确地判断空间体量的真实大小，事实上，我们对于空间的各个实际的度量的感知，不可能是准确无误的。透视和距离引起的失真，文化渊源等都会影响我们的感知，因此，要用完全客观精确的方式来控制和预知我们的感觉决非易事。空间形式度量的细微差别，特别难以辨明，空间显出的特征——很长、很短、粗壮或者矮短，这完全取决于我们的视点，这种特征主要来源于我们对他们的感知，这不是精确的科学。

尺度的界定没有一定的严格规则，其衡量标准或单位会随着对象的不同而改变，它主要用于以一定的参照系去衡量周围世界在几何关系中量的概念，没有特定的单位，是相对的，具有按照一定的参照系的评价特征。尺度是怎样产生的呢，整体结构的纯几何形状是产生不了尺度的几何形状本身没有尺度。一个四棱锥可以是小到镇纸，大到金字塔之间的任何物体；一个球形，可以是显微镜下的单细胞动物，可以是网球，也可以是 1939 年纽约世界博览会的圆球。它们说明不了本身的尺寸问题。要体现尺度的第一原则是，把某个单位引入到设计中去，使之产生尺度。这个引入单位的作用，就好像一个可见的尺杆，它的尺寸人们可以简易、自然和本能的判断出来（图 3-5）。

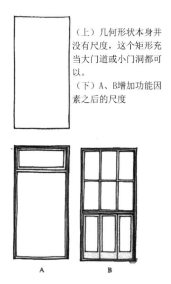

（上）几何形状本身并没有尺度，这个矩形充当大门道或小门洞都可以。
（下）A、B 增加功能因素之后的尺度

A   B

图 3-5 将某个单位引入设计中，使之产生尺度

这些已知大小的单位称为尺度给与要素，分为两大类：一是人体本身；二是某些空间构件要素——空间环境中的一些构件，如栏杆、扶手、台阶、坐凳等，它们的尺寸和特征是人们凭经验获得并十分熟悉的。由于功能要求，尺寸比较确定，因而能帮助我们判断周围要素的大小，有助于正确的显示出空间整体的尺度感。往往会运用它们作为已知大小的要素，当作度量的标准。像住宅的窗户、大门能使人们想象出房子的大小，有多少层。楼梯和栏杆可以帮助人们去度量一个空间的尺度。正因为这些要素为人们所熟悉，因此它们可以有意识的用来改变一个空间的尺寸感（图 3-6）。

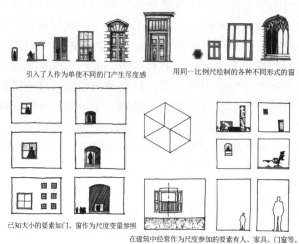

引入了人作为单使不同的门产生尺度感　　　　　用同一比例尺绘制的各种不同形式的窗

已知大小的要素如门、窗作为尺度变量参照　　　在建筑中经常作为尺度参加的要素有人、家具、门窗等。

图 3-6　空间尺寸感的改变

三、比例

比例。比例主要表现为一部分对另一部分或对整体在量度上的比较、长短、高低、宽窄、适当或协调的关系。一般不涉及具体的尺寸。由于建筑材料的性质、结构功能以及建造过程的原因，空间形式的比例不得不受到一定的约束。即使是这样，设计师仍然期望通过控制空间的形式和比例，把环境空间建造成人们预期的结果。

在为空间的尺寸提供美学理论基础方面，比例系统的地位领先功能和技术因素。通过各个局部归属与一个比例谱系的方法，比例系统可以使空间构图中的众多要素具有视觉统一性。它能使空间序列具秩序感，加强连续性。还能在室内室外要素中建立起某种联系。

在建筑和它的各个局部。当发现所有主要尺寸中间都有相同的比时。好的比例就产生了。这是指要素之间的比例。但在建筑中比例的含义问题还不仅仅局限于这些，这里还有纯粹要素自身的比例问题，例如门窗、房间的长宽之比。有关绝对美的比例的研究主要就集中在这方面。

和谐的比例可以引起人们的美感，公元前 6 世纪古希腊的毕达哥拉斯学派认为万物最基本的元素是数，数的原则统治着宇宙中一切现象。该学派运用这种观点研究美学问题，探求数量比例与美的关系并提出了著名的"黄金分割"理论、提出在组合要素之间及整体与局部间无不保持着某种比例的制约关系，任何要素超出了和谐的限度，就会导致整体比例的失调。历史上对于什么样的比例关系能产生和谐并产生美感有许多不同的理论。比例系统多种多样，但它们的基本原则和价值是一致的（图 3-7）。

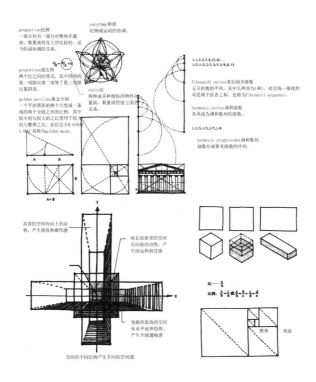

图 3-7 比例系统

第二节 影响空间尺度的因素

尺度所涉及的原因十分复杂，是艺术与科学错综复杂交织的问题。在空间尺度中其影响因素有很多，从总的方面来说，可以界定为以下几个方面。

一、人的因素

人的因素应该说是所有设计要素中对尺度影响的核心因素，问题很简单，因为所有的空间涉及的最终使用者绝大部分是人。所以人从自身的各个方面——身体的生理条件、直觉与感觉的感知特点、心理活动的特征，都对环境空间的尺度直接或间接地产生影响。

（一）人体因素

人体尺度比例是根据人的尺寸和比例而建立的，文艺复兴时期的艺术家和建筑师把人体比例看作是宇宙和谐与美的体现，但随着现代人体科学的发展，人体尺度比例的研究并不完全是仅具美学的抽象象征意义，而是具有功能意义的科学尺度比例，环境艺术的空间环境不是人体的维护物就是人体的延伸，因此它们的大小与人体尺寸密切相关。人体尺寸影响着我们使用和接触的物体的尺度，影响着我们坐卧、饮食和工作的家具的尺寸。而这些要素又会间接地影响建筑室内、室外环境的空间尺度，我们的行走、活动和休息所需空间的大小也产生了对周围生活环境的尺度要求。

1.人体尺度与动作空间

人的体位与尺度是研究行为心理作用于设计的主要内容。人在日常的活动通常保持着四种基本的体位，即站位、坐位、跪位和卧位。不同的体位形成不同的动作姿态，不同的动作姿态往往与特定的生活行为有关连，这就构成了行为与姿态、姿态与空间形态及尺度之间的影响链条。最终建立了行为与空间尺度之间的对应关系（图 3-8、图 3-9）。

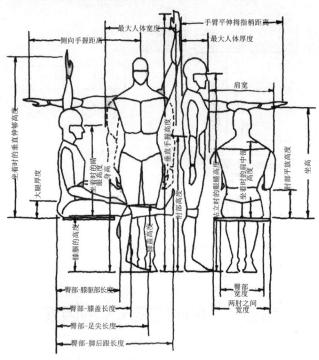

图 3-8　室内设计者常用的人体测量尺寸

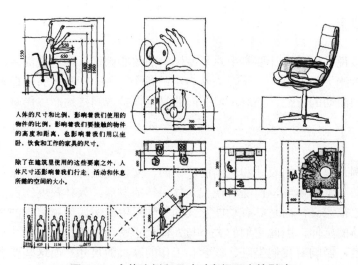

图 3-9　人体比例和尺寸对空间尺度的影响

　　由于人在日常生活中存在不同的运动状态而有静态配合、动态配合的不同。在静态配合中人的体位相对静止，人体体位的各向尺度及人的肢体结构尺度决定了空间的范围尺度。对于很多的相对静态的行为方式的空间考虑是有用的。在动态配合中，由于人是在运动中，力的平衡、功能性质与顺序、身体的运动轨迹等都会对周围的空间范围尺度产生变化的要求。因此，动态的配合要考虑除了人体尺度以外的很多因素（尤其是运动的因素）。今天的设计师往往会错误地用静态的人体尺度去解决所有的空间问题，这是一个严重的误区。

　　具体的运用人体尺度是一项困难而复杂的工作，一般的人体尺寸数据是一个平均值，仅仅是一个参考数，人体尺寸会因为运用的时间、地点与使用方式不同而产生很多的不定因素，而且人体尺寸本身因为年龄、性别、种族等的差别有很大的变化，因此需要谨慎认真地加以对待，不能当作一种绝对的度量标准。

　　2. 人体尺度

　　除了具有功能意义的实际度量标准，人体尺寸还可以作为一种视觉的参照尺度，我们可以根据环境空间与人体的相互关系来判断其大小，我们可以用手臂量出一个房间的宽度，也可以伸手向上的触及它的高度。在我们鞭长莫及时，就可以依赖一些别的直观的线索，而不是凭触觉来得到空间的尺度概念了。我们可以用那些从尺寸上与人体密切相关的要素线索，如桌子、邮筒、椅子、电话亭等，或栏杆、门窗、踏步等空间构件，帮助我们判断一个环境空间的尺度。同时也使空间具有人体尺度和亲切感。在酒店中巨大的共享空间，布置紧凑的休息区在保持空间开阔的同时，划出了适合人体的亲切尺度。回廊和楼梯会暗示房间的垂直尺度，使人与街道环境有了和谐的尺度关系。

　　（二）知觉与感觉的因素

　　知觉与感觉是人类与周围环境进行交流并获得有用信息的重要途径。如果说人体尺度是人们用身体与周围的空间环境接触的尺度，而知觉与感觉因素会透过感觉器官的特点对空间环境提出限定。

　　1. 视觉的尺度

　　我们将眼睛能够看清对象的距离，称为视觉尺度。人眼的视力因人而异，特别是老年人与年轻人差距尤大，一般我们假定以成人的视力所能达到的距离为准。观察外界的事物，判断尺度，首要的一点是视点的位置。人所处的位置差别具有决定性影响，如从高处向下看，或者从低处向上看，其判断结果差别极大。在水平距离上人们对各种感知对象的观察距离，有豪尔和斯普雷根研究绘制的如图 3-10 所示。由人头正前方延伸的水平线为视轴，视轴上的刻度表示了不同的尺度。

　　视觉尺度从视觉功能上决定了空间环境中与视觉有关的尺度关系，比如被观察物的大小、距离等，进而限定了空间的尺度。如观演空间中观看对象的属性与观看距离的对应关系。还有展示与标志物的尺度与观看距离的关系（图 3-11）。

　　视觉尺度观察中的一个重要问题是视错觉，视错觉是心理学研究中发现的人类视觉的一种有趣现象。错觉并不是看错了，而是指所有人的眼睛都会产生的视觉扭曲现象。视错觉的类型很多，其中也包括对空间图形尺度的错觉，由于图形干扰与对比的原因，对很多的尺度判断是

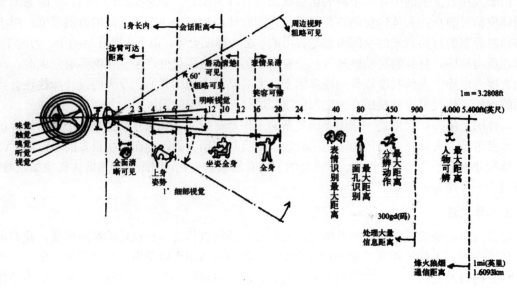

图 3-10　视觉尺度汇集

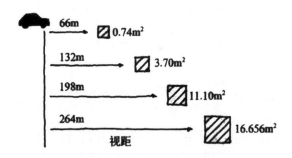

图 3-11　视距与辨别尺度

错误的。例如关于直线的长度的错觉（图 3-12）。

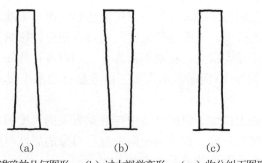

（a）准确的几何图形；（b）过大视觉变形；（c）收分纠正图形

图 3-12　直线的长度的错觉

在建筑上增加水平方向的分割构图，可以获得垂直方向增高的效果。相同道理，没有明确分割的界面也很难获得明确的尺度感（图3-13）。

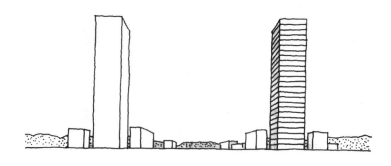

图3-13　在建筑商增加水平方向的分割构图

视错觉的问题对尺度的意义在于，除了那些与技术、功能直接相关的尺度问题需要尊重客观规律，其他的有关空间尺度的评判，并不是以它真实的客观为依据，而是以人看起来的印象为评判标准。

2. 听觉尺度

声音的传播距离，即听觉尺度，同声源的声音大小、高低、强弱、清晰度以及空间的广度、声音通道的材质等因素有关。与空间距离相对应的听觉尺度对于人际之间的信息交流非常重要。它指出了在正常会话时的距离，超过某种程度则会影响人的正常交流。根据豪尔的研究：

会话方便的距离＜3米

耳听最有效的距离＜6米

单方向声音交流可能，双方向会话困难＜30米

人的听觉急剧失效距离＜30米

人们在会话时会有意识地调整自己的声调，与关系密切的人近距离对话时会小声耳语，当超过3米对群体讲话时会提高声调，超过6米时会大声变调，这是对空间扩大时的补偿。因此人在会话时的距离要视情况而定，并不是绝对的物理量推导关系。根据经验，人在会话时的空间距离关系如下：

1人面对1人，1～3平方米，谈话伙伴之间距离自如，关系密切声音也轻。

1人面对15～20人，20平方米以内，这时保持个人会话声调的上限。

1人面对50人50平方米以内，单方面的交流，通过表情可以理解听者的反应。

1人面对250～300人，300平方米以内，单方面交流，看清听者面孔的上限。

1人面对300人以上，300平方米以上，完全成为讲演，听众一体化，难以区别个人状态。

（三）行为心理因素

人体尺寸及人体活动空间决定了人们生活的基本空间范围，然而，人们并不仅仅以生理的尺度去衡量空间，对空间的满意程度及使用方式还取决于人们的心理尺度，这就是心理空间。心理因素指人的心理活动，人的心理活动会对周围的空间环境在尺度上提出限定或进行评判，并由此产生由心理因素决定的心理空间问题。空间对人的心理影响很大，其表现形式也有很多

种。英国的心理学家 D. 肯特说过："人们不以随意的方式使用空间。"意思是说人们在空间中采取什么样的行为并不是随意的，而是有特定的方式。这些方式有些是受生理和心理的影响，有些则是人类从生物进化的背景中带来的。如领域性，这已经为心理学界的研究所证明。心理学中很多问题的讨论对尺度与尺寸的关系——"既有关、又不同"提供了理解的可能。

1. 行为与环境的关系——空间的生气感

空间的生气感与活动的人数有关，一定范围内的活动人数可以反映空间的活跃程度。实验表明，当人与人之间的距离与身高的比大于 4 时，人与人之间几乎没有什么影响，这一比值小于 2 时气氛就转向活跃。其次，一个富有生气的空间要求人与人之间保持感觉涉及。保持感觉涉及的适合距离一般在 20～25 米的范围。因为在这个距离中，人们恰好能辨认对方的脸部；同时，在典型的城市背景噪声强度下，这一距离也恰好能使人对周围的言谈略有所闻，大于这一距离时，互相的感觉涉及就不复存在（图 3-14）。

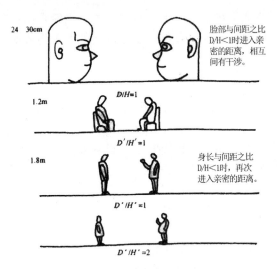

图 3-14　保持感觉的适合距离

2. 个人空间

每个人都有自己的个人空间，它被描述为是围绕个人而存在的有限空间，有限是指适当的距离。这是直接在每个人的周围的空间，通常是具有看不见的边界，在边界以内不允许"闯入者"进来。它可以随着人移动，其内涵表达出个人空间，它是相对稳定的，同时又会根据环境具有灵活的伸缩性。在某些情况下（例如在地铁或球赛中），我们可以比在其他情况下（例如在办公室中）允许他人靠得近些。其次它是人际的，而非个人的，只有人们与其他人交往时个人空间才存在。它强调了距离，有时还会有角度和视线。

个人空间的存在可以有很多的证明。如你在一群交谈的人中、在图书馆中、在公共汽车上或在公园中找一个座位时，总是想找一个与其他不相关的人分开的座位；在人行道上与别人保持一定的距离。人们用各种不同的方法来限定空间，例如在公园长凳对坐得太近的陌生人怒目而视，或者将手提包或帽子放在自己和陌生人之间作为界限。人与人之间的密切程度就反映在个人空间的交叉和排斥上。不适当的距离会引起不舒服、缺乏保护、激动、紧张、刺激过度、焦急、交流受阻和自由受限。产生一种或更多的反面效果；而适当的距离通常能产生正面的、积极的效果。

个人空间所具有的作用表现为以下几个方面：

（1）舒服，人们在交谈时离的太近或离的太远会觉得不舒服。人在近距离交流时具有一定的空间限制。

（2）保护，可将个人空间看成是一种保护措施，这里引进了威胁概念，当对一个人的身体或自尊心的威胁增长时，个人空间也扩大了。据吉福德（美）研究发现，孩子们在教师办公室这种轻度威胁的环境里，如果他们互相熟悉，就会彼此靠拢，如果他们互相陌生，就会彼此离开。互相关系密切的人在创造一个防御外来威胁的共同保护区时，不是扩大他们的身体缓冲区，而是彼此更加靠拢。

（3）交流，在个人空间中的交流，除了语言之外，还在于别人的面孔、身体、气味、声调和其他方面的感觉和感性认识。假如你所面对的人是一位不想交流的人，但距离很近时，你所不想要的各种信息会通过各种的感知渠道向你压来。反之，你期望交流的人如果离得太远，所传递的信息就不足以满足你的所需。从这个方面来说，个人空间是一个交流的渠道或过滤器，通过空间的调整加强或减弱信息量的多少。个人空间的这种特点实际上与视觉的尺度、听觉的尺度、嗅觉的尺度和触觉的尺度（后面论述）等生理方面的特征有直接的关系。

（4）紧张，埃文斯认为个人空间可以作为一种直至攻击的措施而发挥作用。过度拥挤时引起攻击行为的激发因素（图3-15）。

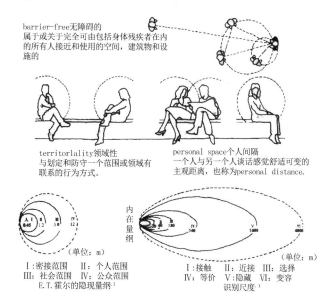

图3-15　个人空间作为直至空间的距离发挥作用

3.人际距离

人际距离是心理学中的概念，是个人空间被解释为人际关系中的距离部分，是一种空间机制，是一种个人的、可活动的领域。在豪尔看来，人际距离会告诉当事人和局外人关于当事人之间关系的真正性质，指的是社交场合中人与人身体之间保持的空间距离。不同的民族、文化、职业、阶层、人际关系以及不同的场合、时间会影响人际距离。豪尔的研究提出人际距离的尺度按照人们的亲疏程度分为四类：密切距离、个体距离、社交距离、公众距离。

（1）密切距离：这个距离的范围在150～600毫米之间，只有感情相近的人才能彼此进入。爱人、双亲、孩子、近亲和密友之间的身体接触可以进入这个范围。

（2）个体距离：范围在600～1200毫米之间，是个体与他人在一般日常活动中保持的距离，如家中、办公室、聚会等场合。

（3）社交距离：范围在1200～3600毫米之间，是在较为正式的场合及活动中人与人之间保持的距离。如办公室中的交谈，正式的会谈、与陌生人的接触等都在此范围内。

（4）公众距离：范围在3600毫米以外，是人们在公众场所如街道、会场、商业场所等与他人保持的距离（图3-16）。

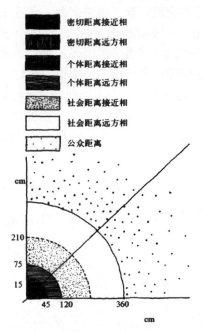

图 3-16　行为心理距离

4. 心理评判——对尺度的心理判断

在孩提时代曾感觉到高高的山丘，宽阔的河流，长大以后再去看却会认为只是小山小河。还有一个现象，上小学的时候常常觉得高年级的学生很高大。对于大小的认知实际上是随着年龄的增长而变化的，这与人的身高等有关系。有这样一个例子，让小学二、四、六年级的学生以自己的身高为标准，按照比例来判断教室的入口、走廊的高度。大致来说高年级的判断更接近于实际值，随着年龄的增高误差随之减少。

对于距离的判断实际上是与去哪里、交通的方式（步行还是乘车）、去的频率等问题都有关系。对于比较小的距离如100米以内的判断比较接近实际值，这是因为100米内的距离可以根据各种生活中的参照系估计出来，如判断500米以上的距离，其判断就很不准确了。人们对什么样的距离感到近，什么样的距离感到远，也是判断距离尺度的重要参照系。一些实验的数据可以帮助我们了解一些人们的心理倾向，调查人们从自己家里到车站的距离感时发现，

500 米以内的距离被判断为近，超过 500 米远近不太明确，超过 1000 米则判断为远。大约在 500～600 米可以说是远近的分界线。这里主要是指步行者，步行者的速度是判断的依据。使用不同的交通工具也会有不同的结果，在现代城市中随着交通工具的发展，步行逐渐减少，其结果现在多半是采用时间来判断距离，不用尺寸来衡量远近。因此在大尺度的空间例如城市的尺度上，速度与时间也成了与尺度相关的重要参考量。空间对于人来说不是连续的一步一步的空间感受，而是两点之间时间的概念。

还有研究表明，人们在判断两地的实际距离时会根据一条路的信息量的多少而产生不同的距离感。当人们经过一条路时，会注意和存储有关的信息，如果他们记忆的信息越多，所判断的路的距离就越长。所以，沿途空间细节变化的多少会影响空间的尺度感。如提示和线索的增加，更多的转弯和十字路口都会使路途的估计距离变长；当在两地之间有很多的城市时，估计距离会增加，如果两地之间没有什么城市，则估计距离会降低。

5. 迁移现象

迁移现象也是心理学中的一种人类心理活动现象。人类在对外界环境的感觉与认知过程中在时间顺序上先期接受的外界刺激和建立的感觉模式会影响到人对后来刺激的判断和感觉模式。迁移现象的影响有正向与逆向的不同，正向的会扩大后期的刺激效果，逆向的会减弱后期刺激的效果。因此，当人们接受外界环境信息的刺激内容相同而排列顺序不同时，对信息的判断结果会有显著的差异。这一点在空间序列安排对空间尺度的印象影响中非常明显。在空间序列的安排上有意利用迁移的影响，使人产生比空间的实际尺度更强烈的心理尺度感，是空间艺术的典型手法之一。历史上无论是东方还是西方的设计师都有很多经典的例子，如埃及的神庙、中国江南园林等。

6. 交通方式与移动的因素

前述有关道路的信息量与人对街道尺度的判断之间的影响关系，在另一个方面的体现，是人在空间中的移动速度影响到人对沿途的空间要素尺度的判断。一定尺度大小的空间要素。人们对它的尺度判断随着人移动速度的变化而变化，速度慢时感觉尺度大，速度快时感觉尺度小，其原因可能是由于人的感觉器官接受外界信息的速度能力是一定的，当移动速度加快时，信息变化的速度也加快，当变化速度超过人的接受能力时，信息被忽略（很像闪光融合的概念），只有更大尺度的变化才被感知。由于这种心理现象的存在，因此，在涉及视觉景观设计的时候，人们观察时移动速度的不同会对空间的尺度有不同的要求，以步行为主的街道景观和以交通工具为移动看点的空间景观，在尺度的大小上应该是不同的。即步行的尺度和车行的尺度不同（表 3-1、图 3-17）。

表 3-1　运动中的视效时差（假定水平视角为 60°）

运动种类	视距（m）速度（m/s）	20	40	100	1200	1600
	1.1	20.77	41.54	103.93	1247.06	1662.77
	5.6	4.15	8.30	20.79	249.42	332.55

续表

运动种类	视距（m）速度（m/s）	20	40	100	1200	1600
🚗	11.1	2.08	4.15	10.39	124.70	166.28
🚃	16.7	1.38	2.77	6.93	83.14	110.85

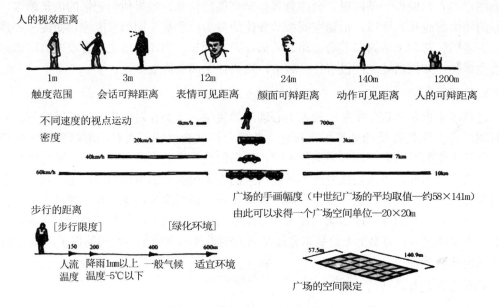

图3-17　步行尺度与车行尺度的不同

二、技术的因素

（一）材料的尺度

所有的建筑材料都有韧性、硬度、耐久性等不同的属性。一般都有一定的强度极限，超过极限可能会引起由形变导致的材料结构的破坏，如断裂、折断、倒塌等。因为重力的作用，材料内的应力会随着物体的体量增加而增大，因此，所有的材料都有一个合理的尺寸比例范围，超过了不行，例如一块长2.5米、厚0.1米的石条可以用作石梁，但是如果将它放大四倍则很可能由于自身的重量而崩溃。即使是钢材这样高强度的材料也有一定的尺度限制，太大的尺度也会超过它的极限。

同样，每一种材料也有一个合理的比例，它是由材料固有的强度和特点决定的。例如，砌块的石块、砖等的抗压强度大，而且依靠整体获得强度，因此其形式是具有体量的。钢材的抗拉和抗压都很强，因而可以做成较为轻巧且截面相对较小的框架。木材是一种易变形的却有相当弹性的材料，可做框架、板材，由于材料特点及强度限制，很少有单跨的大尺度空间。

在合成技术发明之前，建筑材料只能取之于自然界，如土、石材、竹材和木材等，这些材料的强度受到其自身自然状态和性能的限制，只能将建筑控制在一定的跨度和高度范围内。钢和钢筋混凝土等现代材料得到应用后,随之大跨度建筑和高层建筑也得以产生(图3-18、图3-19)。

图 3-18　不同材料形成的比例　　　图 3-19　钢筋和混凝土材料的应用

（二）空间结构形态的尺度

在所有的空间结构中，以一定的材料构成的结构要素跨过一定的空间，以某种结构方式将它们的受力荷载传递到预定的支撑点，形成稳定的空间形态。这些要素的尺寸比例直接与它们承担的结构功能有关，因此人们可以直接通过它们感觉到建筑空间的尺寸和尺度。建筑的尺度与结构层次可以通过主次结构的层次观察出来，当荷载和跨度增加时各种构件的断面都要增加。

结构的形式也会因使用的材料不同，工艺与结构特点不同，呈现出不同的比例尺度特征。诸如承重墙、地板、屋面板和穹顶等，以它们的比例使我们得到直观的线索，不仅了解它们在结构中的作用，而且知道所用材料的特性。一堵砖石砌体由于抗压强度大而抗拉强度小，要比承担同样工作的钢筋混凝土厚一些。承受同样重量的钢柱，比木柱要细一些。厚的钢筋混凝土板的跨度可以大于同样厚度的木板。

由于结构的稳定性主要依靠它的几何形状而不是材料的强度和重量，因此，不同的结构断面与空间跨度的比例差距很大，如梁柱结构、拱券结构、壳体和拉伸结构之间的比例差距就很大（图3-20、图3-21、图3-22）。

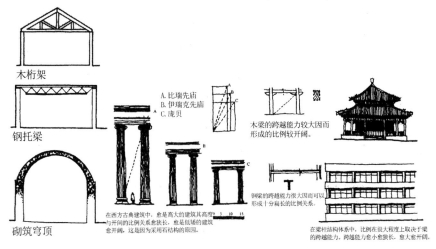

图 3-20　拱券结构的比例差距　　　图 3-21　梁柱结构的比例差距

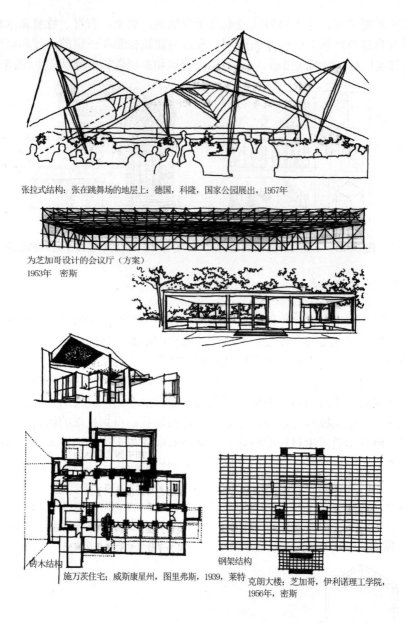

张拉式结构：张在跳舞场的地层上：德国，科隆，国家公园展出，1957年

为芝加哥设计的会议厅（方案）
1953年　密斯

砖木结构　　施万茨住宅；威斯康星州，图里弗斯，1939，莱特

钢架结构　　克朗大楼；芝加哥，伊利诺理工学院，
　　　　　　1956年，密斯

图 3-22　壳体和拉伸结构之间的比例差距

（三）制造的尺度

　　许多建造构件的尺寸和比例不仅受到结构特征和功能的影响，还要受到生产过程的影响。由于构件或者构件使用的材料都是在工厂里大批生产的，因此它们受制造能力、工艺和标准的要求影响，有一定的尺度比例。例如，混凝土预制件和砖就是以一定的建筑模数生产的，虽然它们的尺寸不相同，但是都有统一的比例基础。各种各样的板材和型材等建筑材料也都制作成固定的比例模数单位，比如木板和型钢。由于各种各样的材料最终汇集在一起，高度吻合地进

行建造，所以工厂生产的构件尺寸和比例将会影响到其他的材料尺寸、比例和间隔，例如门窗的尺寸与砌块的模数相吻合，龙骨的尺寸和间隔与板材的标准一致（图 3-23）。

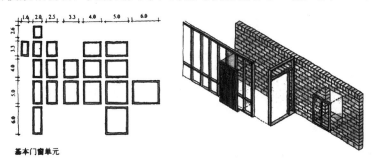

基本门窗单元

图 3-23　门窗的尺寸与砌块的模数相吻合

三、环境的因素

环境因素是界定于影响环境空间的整体综合性环境，其中主要以社会环境——人类文化；自然环境——地理和物产两个方面为主。

（一）文化因素的影响

1. 生活方式的不同

在世界各地，由于社会发达程度和文化背景、历史传统的不同，不同地区的人会有不同的生活方式。而不同的生活方式，会以不同的形式经过不同的途径来影响空间环境的尺度。如高坐具与席地而居的不同对建筑空间尺度的影响；传统的农耕手工业式的生活与现代化生产、交通对城市尺度的不同影响。

2. 传统建筑文化

在传统建筑文化中，有很多因素是由纯观念性的文化因素控制，建筑的形制、数字的选择，经常会有一些观念性的东西掺杂其中。如中国文化认为 6、8、9 等数字的吉祥含义使得很多的尺度界定由这些数字或它们的倍数来决定。不论是东方还是西方建筑，这种由文化观念影响的建筑形态与尺度的例子很多，如哥特式建筑的高耸式空间。

我们说过，尺度实质是空间环境与人的关系方面的一种性质，就此而言，它是第一重要的，因为人居空间环境的存在，是为了让人们去使用去喜爱，当人居空间环境和人类的身体及内在感情之间建立起紧密和间接的关系时，建筑物就会更加有用，更加美观（图 3-24）。

兰斯大教堂　1211—1290年

苏列曼清真寺：伊斯坦布尔　1551—1558年

法隆寺：日本，奈良　607年

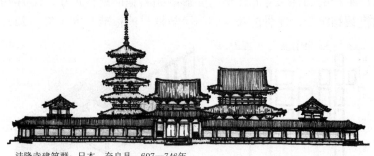

法隆寺建筑群：日本，奈良县，607—746年

图 3-24　传统建筑文化中环境因素对尺度的影响

（二）地理环境因素的影响

　　各地不同的自然地理条件也对空间尺度产生影响。因日照、气象、植被、地形等因素的变化，在建筑的空间尺度上就有很多的例子：如北方气候寒冷，冬季时间长，所以建筑的整体上更加封闭，而中间的庭院则为了获得更多的日照而比较宽敞，整个空间的比例为横向的低平空间。在南方，夏天日照强烈，故遮阳为首要考虑的因素，从而在建筑上将院落缩小为天井，天井既可以满足采光要求，又有利于通风和遮蔽强烈的日光辐射。这种院落与建筑的尺度变化就与气候类型有密切的关系（图 3-25）。

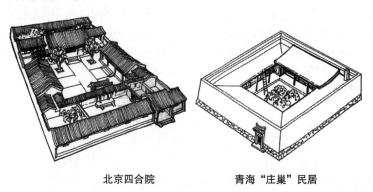

北京四合院　　　　　　　　青海"庄巢"民居

图 3-25　院落的建筑尺度与气候类型的关系

第三节　空间尺度在建筑设计中的具体表现

　　建筑构成人使用的空间环境，它主要的构成要素是空间和结构要素，为人的活动提供适当大小空间环境及空间组织序列。它主要由人的行动能力限度与视觉能力限度因素决定，因此建筑的尺度是行动的尺度、视觉的尺度。其尺度单位是以整个人体、人体运动、人群为尺度。建筑的空间尺度也如其他的空间尺度一样，有由各类实用功能决定的功能尺度，各种环境及结构技术条件决定的技术的尺度，由人的视觉心理决定的视觉形态尺度。其中功能尺度、技术结构

尺度受人体尺寸、环境条件、结构技术等客观因素的限制具有一定的客观性。而视觉形态尺度尽管会影响建筑的使用功能，却主要是由人的主观心理与审美决定。

建筑的空间尺度存在看两重性，即以外在环境为视点的外部空间尺度，以内部空间为视点的内部空间尺度。外部空间尺度与城市规划的尺度相联系，成为规划尺度的末梢。内部的空间尺度与室内设计的空间尺度关联，成为室内空间尺度的外延与框架。建筑的外部空间尺度在近人的空间部分会考虑人体尺度、人的行为心理，如沿街立面、入口空间、室外公共设施等。在其他的空间关系中，诸如建筑的体量、外立面的构图中则会考虑如建筑与街道、广场、建筑与街区的关系等视觉与心理的因素。

一、功能的尺度

有史以来，有关建筑的形式是服从功能还是根据审美的争论就一直存在，今天的设计师认为尽管不能绝对地说形式必须追随功能，但功能确实是建筑形式产生的重要因素之一。在尺度问题上也是如此，建筑的功能决定了主要的建筑尺度，从宏观上决定了建筑的空间规模尺度，从细节上决定了建筑的功能构造尺度。

要用一句话来论述室内的规模大小是很困难的。这里既有物品的储藏、布置日常生活起居的必要空间的意义，也有在心理上不存在压迫感的空间的意义。另外，还有座位的数量、厕所数量等以收容能力或服务能力表示的建筑规模。在这里把室内的规模分为有关功能性、知觉性的空间大小的空间规模和有关收容能力、服务能力的设施的规模。

有关空间规模问题，与室内关系最密切的乃是为适应各种生活行为所需的空间功能的尺寸。单位空间的大小首先要由这种因素的空间集约体来评价，但仅按这样的标准划分空间的大小是成问题的。因为与空间大小的评价有关的还有人们的心理与感觉。E.T. 豪尔的研究根据对人的距离分层次地整理出空间领域的大小。此外，关于行为与距离或行为与空间领域的关系及其规律已有很多的研究成果，它们作为考虑空间规模的基础资料可以提供有益的帮助。另外，如同根据听清声音的程度来确定剧场或音乐厅的大小一样，由知觉、感觉来直接限定空间规模也是一个重要的因素。对于规定了特定行为的空间，通过整理归纳其规模、水准，可以作为人口密度及人均面积的参考。

设施规模是按以设施的服务能力评价空间规模的手法。在公共设施及商业设施中具有重要意义，它是根据统计概率的方法，确定使用者使用满意、方便的设施规模（例如厕所的数量、可利用的窗口的数量等）。因此，设计者应该掌握潜在的使用者的需求、使用者的行为特性及使用者所受服务的实况（例如男女洗手间的区别）。所谓等待排列的手法，就是把使用者从到达后接受服务到离去为止的一系列行为作为规范的方法。在应用某种概率到达分布及服务时间分布的条件下，对如何缩短等待时间和等待排列长度进行评价，从而决定服务窗口的数量。这样的分析现在采用计算机进行模拟（图 3-26 ～图 3-28）。

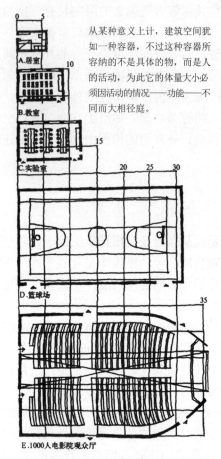

从某种意义上讲，建筑空间犹如一种容器，不过这种容器所容纳的不是具体的物，而是人的活动，为此它的体量大小必须因活动的情况——功能——不同而大相径庭。

图 3-26　空间的体量大小与功能

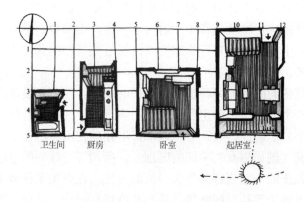

图 3-27　房间大小、形状、门窗和朝向的比较

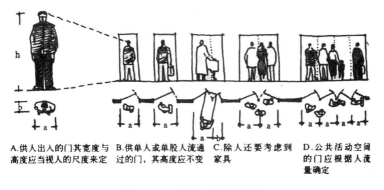

A.供人出入的门其宽度与高度应当视人的尺度来定　B.供单人或单股人流通过的门，其高度应不变　C.除人还要考虑到家具　D.公共活动空间的门应根据人流量确定

图 3-28　门的功能示意图

二、技术的尺度

技术的尺度受环境条件、结构技术等客观因素的限制具有一定的客观性。影响建筑的客观因素很多，从建筑的外部空间尺度来说，地形因素、气候因素、日照间距、周围关系、噪声控制、城市建筑尺度控制等都会产生对建筑外在尺度的影响；对于建筑的内部空间尺度来说，材料与构造技术的不同、环境因素（如采光、通风、气候特点）、技术设备条件（空调、水电、消防）等会对室内空间的尺度产生重要的影响。总的来说，建筑的尺度控制是在满足功能的前提下，由各种技术条件综合作用的结果（图 3-29、图 3-30、图 3-31）。

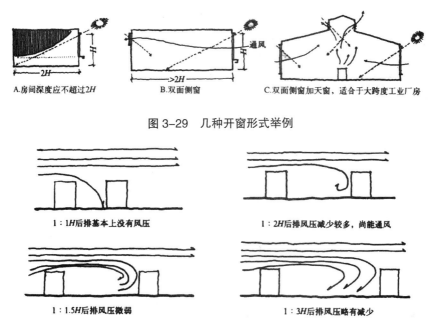

A.房间深度应不超过 $2H$　　B.双面侧窗　　C.双面侧窗加天窗，适合于大跨度工业厂房

图 3-29　几种开窗形式举例

1:1H后排基本上没有风压　　1:2H后排风压减少较多，尚能通风

1:1.5H后排风压微弱　　1:3H后排风压略有减少

图 3-30　住宅间距对气压变化的影响

在建筑上，结构与材料技术的影响要大大超过其他的空间环境类型。在建筑史上，每一次重大的结构与材料的进步都会带来建筑空间形式与空间尺度的巨大变化，由梁柱结构到拱券结构的发展，产生了帕提农与万神庙的不同，尖拱则为中世纪神圣高耸的宗教殿堂提供了支撑。

钢筋混凝土、钢结构的出现缔造了现代都市的建筑风貌（图3-32、图3-33、图3-34）。

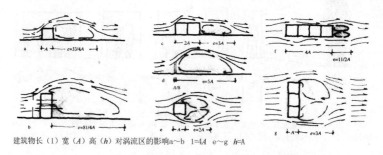

建筑物长（1）宽（A）高（h）对涡流区的影响a～b 1=4A e～g h=A

图3-31 建筑物的尺度对涡流区的影响

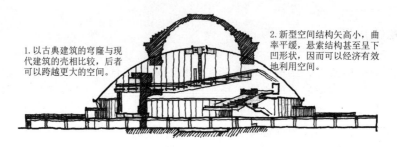

1. 以古典建筑的穹隆与现代建筑的壳相比较，后者可以跨越更大的空间。

2. 新型空间结构矢高小，曲率平缓，悬索结构甚至呈下凹形状，因而可以经济有效地利用空间。

图3-32 新型空间结构受力合理，材料强度高

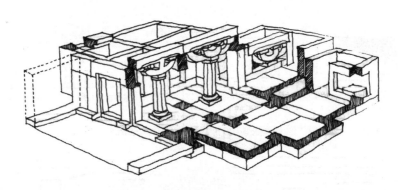

图3-33 厚重的石材梁柱结构

三、视觉的尺度

在建筑设计中，视觉尺度这一特性是建筑呈现出恰当或人们预期的尺寸。这是一种独特的似乎是建筑物本能所要求的特性。由于经验和社会习俗的传承，人们会对特定功能的建筑或建筑的要素产生某种尺度上的预期，如乐于接受重要空间的巨大尺寸，另一方面希望亲切宜人时偏爱小而亲近的尺度。寓于建筑尺度中的这种人类的心理决定的视觉尺度，是一般人都能意识到的。建筑的视觉尺度是建筑审美的重要因子。建筑视觉尺度评判的重要参照系是人体尺度，人是根据自身的尺度及与自身尺度密切关联的建筑要素作为参照系。由于这种视觉形态的尺度主要是依据视觉观察的结果，因此视线与建筑的关系就显得十分重要（图3-35、图3-36）。

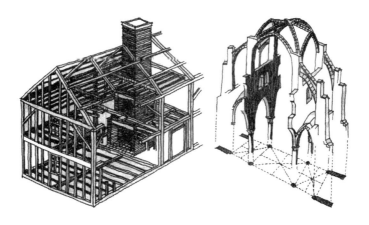

图 3-34 木质结构的尺度与拱肋结构

图 3-35 巴黎，星形广场凯旋门，正立面

图 3-36 西班牙加罗维拉斯城市广场的拱廊与人体尺度在视觉上对建筑尺度的影响

第四章　建筑设计的方法与手法

第一节　建筑设计的方法

一、建筑设计方法的产生与发展

亚历山大在他的早期名著《论形式的合成》（1964 年）中，关于设计方法的论述，区分了原始的、民间的建造过程与职业建筑师的设计活动，并很有见解地称前者为无意识设计，后者则为有意识设计。

在无意识设计中，工匠对所需要的结果没有存在主观的事先设想，严格地说，它并不包括一种设计活动。这是一种工匠按传统做法进行营建的过程，工匠在此过程中并没有在建造成果中有意识地介入其他主观因素。当然，在漫长的时间内也会对原有类型进行微小的改动，它通过相当长的时间根据环境的变化自发地调整而最终完全适应于需要，这种建造方式比较适合于设计问题多年保持不变的情况（图 4-1）。

图 4-1　没有建筑师介入的建造过程

有意识设计是一种有着与众不同意图的设计。在这个设计过程中，个人的主观因素有意识地介入了设计问题与设计结果之间。自然，这样的设计活动必须是由一些经过职业训练的建筑师来进行。职业建筑师从工匠中划分出来的现象源于一种社会需要，当社会发生突然而迅猛的变化时，人们的生存活动变得丰富多样，建造过程所依赖的物质技术也多样化、复杂化，设计问题便不再是静态的、持久不变的问题了，工匠式的建造过程难以适应，不可避免地让位给建筑师的有意识设计（图 4-2）。

在无意识设计中，工匠没有预先对设计问题有所认识，也缺乏对设计成果的构思活动，这里所谓的设计是与建造过程混合为一的。而在有意识设计中，建筑师为了进行构思并获得满意的设计成果，就必须借助于设计方法，因为这个设计过程包括设计者对现实问题的认识与思维，将现实中的问题模型化、抽象化；再者，设计活动是在真正建造实物之前进行，建筑师不得不用一种方法进行设计并表达他的设计意图和构思。

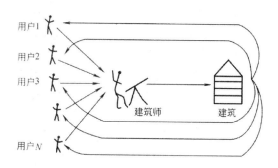

图 4-2　建筑师作为"翻译者"介入的建造过程

"方法"一词源于古希腊，它原来由"沿着"和"道路"两个词的意思组成，表示研究或认识的途径，从理论上或实践上为解决具体课题而采取的手段。建筑设计方法可以简单地定义为建筑师把现实设计问题转化为解决结果的过程中借用的模型和手段等的总和。从前面对设计历史发展的简要回顾中可知，通过方法来认识现实问题并进行构思设计结果，正是有意识设计的特征。

在相当长一段时间内，设计方法仍停留在依赖建筑师个人直觉、灵感和经验基础之上，建筑被视为一种艺术，从而方法也是在艺术准则的支配下。古典学院式的代表巴黎艺术学院的建筑观就是典型的此种方法，它认为建筑设计主要是一种构图工作。在现代设计方法论最初形成的时候，西方的建筑界普遍所用的设计方法是一种几乎将绘图作为唯一设计模型的方法，这种设计方法因模型的局限有它的缺陷，它很可能使设计者的注意力集中于外表的处理和构图手法，通常集中于实体关系的组合，而往往会忽视不能由视觉显现的设计因素，例如用户的使用心理（图 4-3）。19 世纪中叶以来，新的建筑类型、新的材料与技术手段以及新的业主团体的日益增加已经逐渐改变了上述背景，传统的设计方法的局限性也逐渐突显。

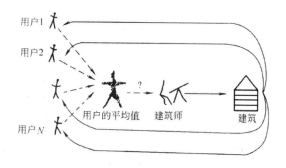

图 4-3　建筑师与用户的关系疏远

在 20 世纪 60 年代初期，利用新科学、新技术的成果探求设计方法的现代化以适应新的社会需要的研究浪潮掀起。这种研究所追求的目的是力图克服传统方法的局限，摆脱过去那种仅仅依靠个人智力上的随意性和精神上的主观性的设计方法，转而依靠科学的方法与工具，从而把设计过程物质化（定量分析）、外延化（图式思维）、开放化（群众参与）、科学化（合理设计），这样就形成了西方设计方法论的雏形，也被称为设计方法运动。例如应用拓扑数学的图解来解析赖特的三个住宅设计方案的平面关系就是该方法论的典型运用（图4-4）。

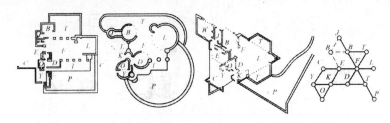

B—卧室；B—卧室；C—停车；D—餐室；E—入口；J—浴室；

F—家庭；K—厨房；L—起居室；O—办公；P—水池；T—平台；Y—院子；

图4-4　赖特所设计的三幢住宅的拓扑学式的结构分析

二、著名的建筑设计方法及实践

我国建筑界基本上还是沿用传统的，以建筑师经验、直觉判断和灵感为基础的设计方法。一种典型的方法是：设计者按功能（所谓的功能也还是停留在非常狭隘的层次上）的要求，由平面开始着手，在草图上作出可能想象出的各种组合，并通过立面、剖面或透视图来说明设计者的一套构思，整个设计过程大部分都凭着建筑师个人的经验或知觉来进行，直到设计者自认为最满意时方算完成。

下面主要介绍两种西方设计方法论在实践过程应用的例子，帮助我们认识当今的建筑已不再只是一种艺术，而且不仅仅是单纯的功能和造型问题，也已不仅仅是为了满足人类的物质生活与精神需要而建造的各种房屋，而是扩大到为人类生活的整体环境上。

（一）亚历山大的设计方法及实践

美国学者克里斯托弗·亚历山大是方法论研究中的一位风云人物。他毕业于英国剑桥大学，曾获得建筑学学士和数学硕士学位，后又获美国哈佛大学建筑学博士学位，从1963年起，他任教于美国加州大学伯克利分校建筑系。亚历山大是一位有着丰富实践经验的建筑师和营造师，他曾获得美国建筑师协会颁发的最高研究勋章。

亚历山大曾先后提出了两种设计方法：一种是在早期名著《论形式的合成》中提出的"解体"的设计方法；另一种是20世纪60年代后期到70年代逐渐形成并集中表达在《模式语言》（1977年）等书中的模式设计方法。解体法主要表现在理论探讨层次上，在实践中具体应用则有很大的局限性。《模式语言》在理论和实践中都有较广泛深远的影响，有不少建筑师在他们的设计实践中或多或少地采用模式设计的方法，用这种方法设计建造的建筑物也不乏实例。下面就《模式语言》设计方法的应用做简单介绍。

1. 模式设计方法的前提

亚历山大把行为看成是活动倾向，而环境则可能妨碍或便利于这些倾向。一个环境中若没有倾向间的相互冲突，便可称为"好的环境"，因为它不再需要设计，而设计问题之所以产生是因为倾向的冲突。由此，亚历山大认为，某一特定的行为系统和某一特定的物质环境的关系可规定为一种理想状态或终极状态，这种理想状态就是所谓"模式"。模式的确立主要通过观察现存环境与人的相互关系中得出，按照亚历山大的理想，这种模式是某种原型的东西，具有不变的性质，它们包括了对某一设计问题的所有可能的解答方式的共同特征。他在《模式语言》中说："这里的许多模式是原型，能深深地扎根于事物的本质之中，它似乎会成为人性的一部分，人的行为的一部分，五百年以后也和今天一样。"

2. 模式设计方法及在实践中应用

《模式语言》中罗列了从城市一直到窗户形状等大小 253 条模式，每条模式由三个明确定义的部分组成：

（1）问题"文脉"：也就是一个问题所处的环境状态。

（2）问题：表明在复杂环境中反复出现的客观需要。

（3）解答：表明用空间安排方法来解决问题。

这里的解答并非指的是具体答案，而是一种物质实体的几何关系。例如亚历山大模式 112 条"入口过渡"是指建筑物到街道之间的空间（特定的问题文脉），为了满足安全、亲切和私密要求（问题），解答是在街道和大门之间设计过渡空间，这里应有光线、方向、标高等的变化，最重要的是视觉变化（图 4-5）。这些从大到小的模式之间又构成一种等级次序关系，每个模式与一些同一等级的模式相互联系，而它自身又包括在较高一级的模式，这样，所有模式之总和就可描述出一个完整的建筑环境。

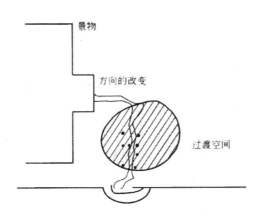

图 4-5　亚历山大模式 112 条"入口过渡"的关系图式

美国建筑师雅各布森等用模式设计方法完成了库普曼住宅（图 4-6）；亚历山大使用模式语言为墨西哥某低收入住宅所作的方案也是典型实例（图 4-7）。应用模式语言设计的，另一个成功例子是墨尔本的大卫住宅入口增建，在此设计中，建筑师充分应用了模式语言，在设计一开始时找出所有与此有关的模式，最后在这个小小的入口空间设计中应用二十多条亚历山大的模式，如110条主入口，173条花园围墙，249条装饰等，最终使这个增建的入口空间非常丰富而且诗意盎然（图4-8）。

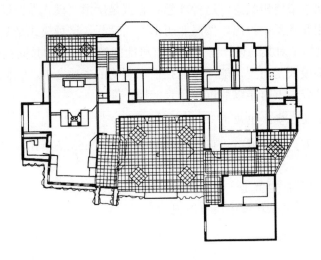

图4-6　库普曼住宅平面

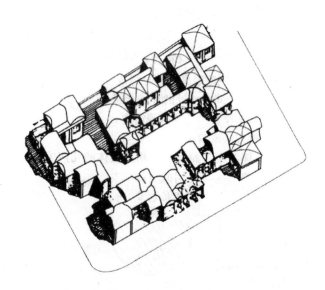

图4-7　亚历山大使用模式语言为墨西哥某低收入住宅所作方案

这种方法在设计教学中也颇具影响。堪萨斯州立大学就在设计教学中应用了模式语言作为工具，因为模式语言有助于学生按照空间、活动和形式等模式去观察环境，学生们还使用模式语言设计了一幢名为"草原之川"的环境教育中心。

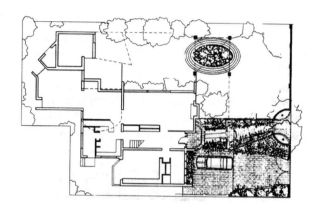

图 4-8 大卫住宅平面

3. 对模式设计方法批评与肯定

批评模式语言设计方法的人认为：亚历山大的方法相对于现实问题来说过于理想化了，模式是命令式的、武断式的，而设计问题不可能不包括个人价值观的问题；再者，模式如果是任何城市环境中都可以应用的原型的话，那么不是把文化、历史、地方特色仅仅看成是附加因子了吗？R•威斯顿在论文《诗意的模式》（1987 年）中，用具体实例回答了上述问题，他把亚历山大按模式语言设计的东京附近的新埃盛大学与日本动物小组某成员设计的另一所日本学校作了各方面比较（图 4-9、图 4-10），他认为某市立初小虽然没有采用模式语言，设计却很成功，建筑效果非常丰富多变而又由一种连贯的建筑语言所统一，并且具有浓厚的地方特征；而该所大学主要建筑给人的感觉竟有欧洲木建筑意味，这无疑是过于强调模式直接应用的结果。由此可见，其研究结论是永恒的和普遍的设计模式是失败的。

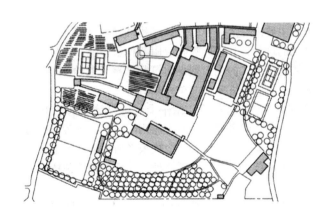

图 4-9 新埃盛大学总平面

然而，模式设计的方法，无论其哲学基础或理论依据多么有懈可击，无论方法本身有多少局限性，它仍不失为设计方法论研究的成果，它对设计方法的进一步探讨、对设计实践和设计教学都有不可低估的启发意义。而作为对人与环境关系的长期观察基础上提出的几百条设计关系模式对设计者更有很好的参考价值，这些也正是亚历山大的方法影响至今的原因。

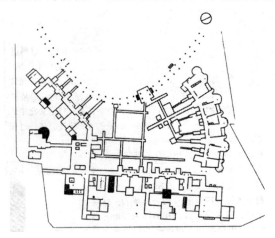

图 4-10　日本某市立初小平面

（二）勃劳德彭特的设计方法及实践

勃劳德彭特毕业于英国曼彻斯特大学，曾在该校任教，1967 年之后成为英国朴次茅斯大学建筑学院院长。他的笔迹涉猎方法论诸方面，写了大量论文，参与编辑了一批有关方法论研究的学术专题著作。1973 年他出版了《建筑设计与人文科学》一书，书中对前一时期方法论研究的种种倾向进行较为深刻、全面的分析批评，并且以相当广的视角来研讨各种新科学、人文科学与建筑的关系。

勃劳德彭特的方法主要由一个环境的设计过程和建筑实体形式的创造过程两方面组成，前一方面是一种推理化的过程，其中可吸收应用各种新科学方法与新技术手段，如计算机技术；而后一方面建筑的物质形式的创造则是建筑师区别于其他创造活动进行者的独特方面。下面主要就建筑实体形式的设计方法作简单介绍。

1. 建筑实体形式的设计方法前提

给一个环境设计成果赋予实体形式的过程不再是一种推理式的过程，这是一个建筑师独特能力应用的过程。勃劳德彭特认为许多人在研究建筑师的工作时，总把注意力集中于他作为一个决策者所需的技术上，而实际上，各行各业从事创造性工作的人都有决策技术，这是共同之处，而建筑师的独特能力是产生建筑的实体形式。

2. 建筑实体形式的设计方法及在实践中应用

勃劳德彭特的方法并非是革新的方法，而是在总结和概括建筑设计的历史、实践之后得出的四种方法，实体形式的创造过程取决于用这四种方法或它们的综合应用。勃劳德彭特指出，在历史的长河中，建筑师在试图产生建筑的实体形式时所采用的方法可归纳为四种：实效性设计、象形性设计、类比性设计以及法则性设计。

（1）实效性设计

实效性设计是通过反复实验的方式将可取用的材料进行组合直到产生的形式能满足要求为止。这是一种最古老的方法，但它至今仍在某些情况下为人们所用，尤其是试图发现新材料的可能性时，如探求应用塑料充气建筑，这种方法比较实用。

（2）象形性设计

象形性设计是在某种建筑形式确立后产生的。当某种建筑形式被长期沿用后，生活的模式与建筑的形式变得互相调整，使得在某一特定文化中的人共同具有了一种建筑应该像什么样的固定形象，而且原始文化中的传说、描述、建造过程的劳动号子都促使这种形象的固定；再者，需要长时间才学会的标准建造工艺一旦学会也就不易放弃，这也促使形象的稳定不变。在这种形象作用下对原有形式的重复使用就是一种象形性设计。人们现在也仍然在建立形象，比如SOM 事务所设计的纽约利华大厦（1952 年）曾一度成为一代建筑师与业主们对于办公建筑应该是怎样的形象的研究对象（图 4-11）。此外，用户参与的设计在某种程度上看也是一种象形性设计。

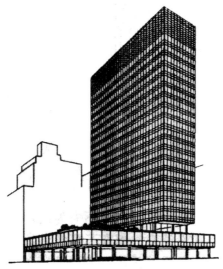

图 4-11 纽约利华大厦

（3）类比性设计

类比性设计是把类比物提取并吸收入设计者的设计解答之中的一种设计方法。这些类比物通常是视觉的，也可以是抽象的、概念的。公元前 2800 年的古埃及建筑师在设计第三王朝国王昭赛尔的陵墓时已采用了类比设计方法，他提取了已有的玛斯塔巴的形式加以叠加，构成大体量的国王陵墓（图 4-12、图 4-13）。这种方法仍然是现代有创造性的建筑师创造建筑实体形式的有效方法，著名第一代现代建筑大师赖特在设计美国麦迪逊市的唯一神教派教堂时（1949年）就是以双手作祈祷时的形象作为设计的类比物（图 4-14、图 4-15）。在类比设计中，别的建筑师的作品、民间建筑、自然的形象都可以成为设计的类比物，但是需要某些媒介将原型转化为它的新形式，这样的媒介可以是草图、模型或计算机程序等。

（4）法则性设计

法则性设计是以一种抽象的几何比例系统，如网格为基础或作为参照对象的设计方法。这种设计方法包含了一种对几何系统的权威的寻求，而这种寻求受到过古希腊几何学家毕达哥拉斯和哲学家柏拉图等人的巨大推动。柏拉图认为宇宙自身就是由立方体（土）、正棱锥体（火）、八面体（空气）和正二十面体（水）构成，而这些体又依次由三角形组成。中世纪的哥特教堂设计中就包括了柏拉图的三角形（图 4-16）。当今的模数体系、预制装配建筑体系等同样也是以法则性设计为基础的。

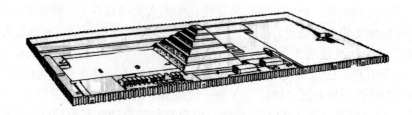

图 4-12　昭赛尔陵墓

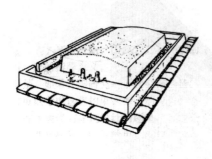

图 4-13　玛斯塔巴　　　　　图 4-14　唯一神教派教堂外观

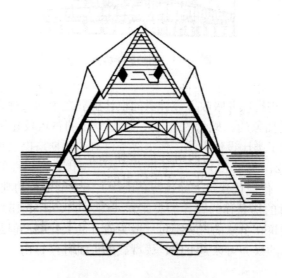

图 4-15　唯一神教派教堂的平面

　　巴塞罗那的一个设计集团在做设计方案中所体现的设计方法在一定程度上可说明勃劳德彭特的方法的实际有效性。这个设计集团的主要决策人是波菲尔，除建筑师外，其他成员有诗人、艺术家、作家、社会学家和经济学家等。

　　这个设计集团于 1965 年开始为西班牙的雷钮斯地区的巴雷奥—戈地的低造价、高密度住宅邻里进行规划设计。巴雷奥—戈地住宅邻里的设计步骤可大致概括为下列阶段：

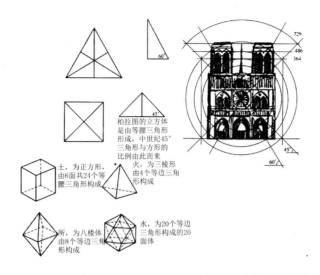

柏拉图的立方体
是由等腰三角形
形成，中世纪45°
三角形与方形的
比例由此而来

土，为正方形，
由6面共24个等
腰三角形构成

火，为三棱形，
由4个等边三角
形构成

所，为八楼体
由8个等边三角
形构成

水，为20个等边
三角形成的20
面体

图 4-16　用柏拉图的三角形来分析巴黎圣母院的立面构图

第一阶段：产生住宅组团可能的平面。这先是在西班牙政府规定的 65 平方米／户限制的约束下，进行一种一个或多个卧室、厨房及卫生间围绕一个中心起居室的拓扑的排列。然后，就是把上述平面形式以二十户为一个组团围绕成院子进行组合，由此产生出一套以直角布置组合的和另一套以对角布置组合的住宅组团平面，组织不进去的平面被淘汰。这一阶段是应用计算机辅助设计进行，可以说是一个推理化过程。

第二阶段：根据所规划的环境要求来核对第一阶段所产生的住宅组团。这些环境约束很多，比如，一户住宅不应直接面对另一户布置，住宅主要窗户的视野应有多少米等。不能满足这些环境约束条件的组团被淘汰。

第三阶段：根据造价条件和结构构造的可能性来约束上面两阶段产生的户型平面和组团形式，并由此确定住宅的结构构造方式。

第二阶段和第三阶段这两个阶段也是一个理性的设计过程。其中应用了计算机技术和其他第一代设计方法的技术手段。实际上这个方案设计的前三个阶段正相当于勃劳德彭特的方法中环境的设计过程，它们的任务是通过对各种约束的确定而建立问题的解答范围。

第四阶段：这是最后一步，就是确定最终的住宅邻里布局方案和建筑单体的形式。在这个方案设计中，建筑师较多地应用了类比的设计方法——勃劳德彭特的形式创造方法的第三种。设计师假定这一住宅邻里必须容纳一种特定的"生活风格"，那么就以社会学角度和建筑学意义上调查原先保持这种生活风格的建筑环境系统；然后从一些原型中吸取形式上的类比物，结合进这一新邻里的布局中。从原型中吸取的类比物有建筑组团、街道、广场的布局形式，以及单体建筑细部处理特征等。

3. 勃劳德彭特的设计方法的意义与局限

勃劳德彭特的设计方法试图将之与建筑历史、建筑设计实践和现有方法联系，他的基本观点是用不同方式对待建筑设计问题的不同方面，并且把设计过程中的理性思维与非理性的创造性活动分开进行。为在设计中吸收理性化的方法提供了某些可能，因此它具有一定的实践意义，也对还未学会综合地解决设计问题的学生有一定的指导意义。

但是，如果仔细研究一下勃劳德彭特的方法，就很容易发现，它所能对付的仅仅是约束明确并可以考虑这些约束，如活动行为、基础特征等而逐渐建立解答范围的设计问题，可不幸的是许多现代的建筑设计问题是一种复杂的问题，它们无法通过调查分析而清晰地建立问题范围，并且找到问题的约束，而权衡它们的重要性本身就是设计的一部分，因此，并不是所有设计问题都能通过勃劳德彭特的环境设计过程来建立解答范围的。这正是这种设计方法未产生根本影响的原因，也是它的局限性所在。

（三）公众参与的方法及实践

有关公众参与的设计探讨在 20 世纪 60 年代已有人尝试，这种尝试在 20 世纪 70 年代有了实际成果，到 70 年代初，有关公众参与的设计方法的探讨无论在理论上还是在实践中都已影响了整个西方建筑界，在英国已形成了所谓的"社区建筑运动"，在美国则有"社会的建筑"等。

公众参与设计的主要目的是：试图重新给予普通人以某种程度上控制他们自己生活环境的权利，建筑师不再是决定他人必须生活在什么样的环境中的人；并且唤醒每个人潜在的创造力，让他们参与到住宅、公共设施乃至整个城市的规划设计过程中。这样，能够有可能创造出比建筑师独自设计更为稳定和自我满足的社区环境。

在西方建筑实践中涌现的形形色色的公众参与设计的方法中，大致可分两类：其一是公众参与设计过程；其二是公众参与设计与建造的整个过程。

在上述两大类中，公众参与设计过程的某些阶段的方法更为普遍。著名的景观建筑师劳伦斯·哈普林就一直强调公众参与设计过程，他说："我认为我的工作是以创造人们可以享乐的环境为目标——不只是透过人的理性，而是透过人所存在的环境，因此我特别强调参与以及相关的行为。"哈普林在实践中尝试各种参与方法并提出一套称为循环设计系统的理论，该理论由四个阶段组成：资料、记分、评价、完成。

另一位法国建筑师克罗尔在一个旧住宅区的改建中引导用户参与了建筑外观的创作。被改建的小区是法国伏曼茨郊区大约二千户规模的小区，原先是混凝土板块体系建造的建筑，由大多数的五层条式住宅和少数的点式住宅组成。克罗尔试图通过改建给这个小区带来生气，他首先自己设计建造了一个改变原有建筑物的种种可能性的原形：比如移去顶层而换成木结构；在正面和侧面上添加两层的披层；底层改造成社会服务设施用房；加入阳台；改变外表材料，等等。图 4-17、图 4-18 分别是克罗尔的原型的平面、立面和外观。在克罗尔所作的改造成果的启发下，用户们开始由建筑师引导下自行改造、选择他们自己的住宅外观；最后由用户们参与改造之后的住宅外观很有拼贴色彩而又不杂乱无章，相比原来的面貌更加富有活力和个性。

当今对建筑的认识应该从系统的角度来认识，建立"建筑—人—环境"是一个系统的观念，建筑物要构成对内向人开放，对外向环境开放的子系统。如果从这样的新建筑观念出发，我们就可以重新认识我们所面对的设计问题。当今人的需要也不再限于物质层面需要，对人生理的、心理的、社会的、精神的需要进行分析、组织也构成设计问题的组成部分，建筑师不能仅仅凭主观臆断去改变人们的生活方式，而应在对社会和人的深刻了解的基础上开始自己的工作；另一方面，建筑对环境的开放也不限于视觉意义上的关系，建筑必须与物质环境与社会环境都产生关联，构成人类生存环境的有机整体。如果能认清这点，建立新的建筑观，那么建筑师就有可能把利用新科学、新技术探讨设计新方法、改进传统方法当成一种自觉的行动，也就能设计出合乎时代需要的、高品质的建筑来。

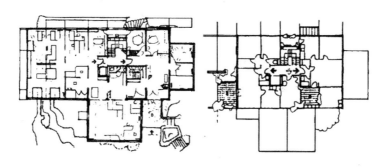

图 4-17　旧住宅改造原型的平面

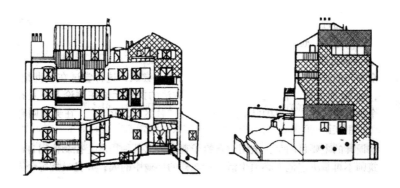

图 4-18　旧住宅改造原型的立面和外观

第二节　建筑设计的手法

　　手法的英文写法为 manner，意思是：方式、样式、方法、规矩、举止、风度……由此可见，手法的内容是十分丰富的。建筑的手法，大体可包括以下内容：建筑形象的构图，建筑形象的气质以及通过什么方法达到形态的和谐性等。总体来说，建筑设计的手法，从广义的意义来说，应当视为建筑设计的主要作业法，从构思、总体布局、单体处理，一直到细部处理，都应当是这种性质和关系。

　　建筑设计手法可以从很多方面进行剖析，如：几何分析、建筑的轴线、建筑的虚实处理、建筑的层次、收头方法、建筑的尺度、空间的组织、建筑形态的意象构思等。本节中着重讨论建筑的轴线、虚实处理、层次处理以及建筑形态的意象构思这四个方面。

一、建筑的轴线处理

　　轴线一般多指对称物体的中心线，但在建筑设计手法中，轴线有更为丰富的内涵。建筑中的轴线指被建筑形象所交代的空间的实体关系，由这种关系在人的视觉上可产生一种"看不见"但又"感觉到"的方向。合理的建筑轴线处理可使这种方向感合乎意图。

（一）建筑轴线的处理

建筑轴线分为对称轴线和非对称轴线两大类。

1. 对称轴线

对称轴线的基本特征是庄重、雄伟，空间方向性明确，有规则。它的基本性质是：限定物的对称性越强，方向感就越强；限定物的自对称性越强，方向感反而减弱。如图4-19所示，图中形体分A、B两组，各组中不同的体块组合形成不同的轴线强弱关系情况，在总体设计和建筑外形设计时，应考虑轴线的基本性质。对称轴线的典型案例有北京故宫和意大利罗马的圣彼得大教堂，由于它们明显的中轴线，使建筑有相当强烈的视觉场（图4-20）。

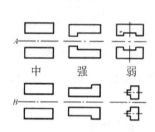

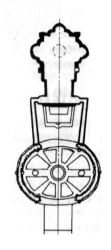

图4-19　形体与轴线的强弱关系　　　图4-20　圣彼得堡大教堂的中轴线

2. 非对称的轴线

非对称的轴线比较难处理。不对称的建筑，其轴线可分为两种情况：一种是一座建筑自身的轴线是不对称的，另一种是由建筑群形成的轴向是不对称的。非对称轴线一般与建筑形象的"重心"相一致。例如沙特阿拉伯利雅得电视台，其轴线是以高塔来表达（图4-21、图4-22）。建筑的轴线多数位于建筑的主要部位，这条轴线在视觉上的明显程度，也就是主要部位的强调程度，而它的优劣，往往反映为非对称建筑形态的均衡关系。如图4-23所示，这个非对称建筑的主轴线无疑位于入口处，两边的建筑形象不对称，但为了视觉的均衡，特意把右边的低建筑略提高一些，使它与左边的三层窗台齐高，因此，在视觉上是均衡的。

在建筑群中，要识别或设计出一个具有方向感的轴线，这个方向可称为"流线"，它不一定是直线，也可能是曲线或折线（图4-24）。

图 4-21　沙特阿拉伯利雅得电视台外观

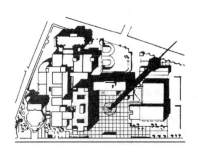

图 4-22　沙特阿拉伯利雅得电视台总平面

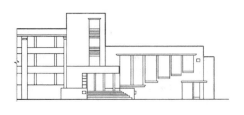

图 4-23　非对称建筑形态的均衡关系

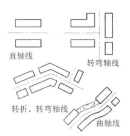

图 4-24　轴线的多样形式

（二）轴线的暗示手法处理

建筑师通过形象设计，让人能够意识到设计者的"意图"，而不是靠设置指路牌，用文字来指点人们朝指定的方向行进，该手法即轴线的暗示手法。轴线的暗示可以通过形的流动感、形的有序排列、形的轴向暗示等手法在建筑造型设计中表现。

形的流动感给人两种感觉：一是功能性，其次是审美性。在流动感的形成中，曲线比直线体现出的更强。曲面墙形态刚中有柔，如委内瑞拉莫里若斯购物中心，其入口处采用曲面墙可起将人流引导入室内的作用（图 4-25）。

图 4-25　委内瑞拉莫里若斯购物中心

形的有序排列是增强导向性的有效手法。具体可通过柱列、线形连续的点列等手法来实现，会产生连续的线形，引导人自然地沿着点列方向前行（图 4-26 ~ 图 4-28）。

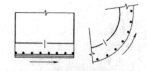 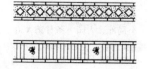 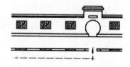

图 4-26 柱的序列导向性　　图 4-27 铺地的序列导向性　　图 4-28 漏窗的序列导向性

形的轴向暗示在俄罗斯某个小俱乐部的建筑形体设计中表现得很突出，整个建筑中剧场的轴线是主要的，休息廊和活动室分别采用了不同方向的轴线，这两条轴线则是次要轴线（图4-29）。

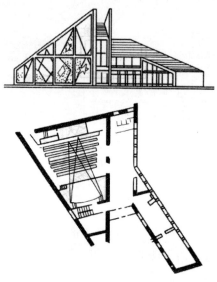

图 4-29 形的轴向暗示

（三）轴线的转折手法处理

图 4-30 所示的是道路或走廊的转折处理的三种手法，A 是原形；B 作了折角处理，使转折处的空间较宽，视线也有提前量，同时也是轴线转折的一种空间形态表述；C 是用弧形转角处理，不但能达到上述折角处理的作用，而且由于弧形转角而令人在感觉上更有转折的运动感。

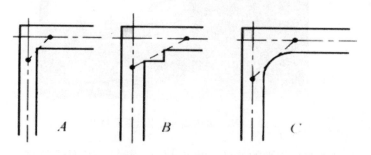

图 4-30 道路、走廊等轴线转折的处理手法

有时在轴线的交接处通过一些暗示性的构件可起到"指路标"的作用。图 4-31 是某建筑

的入口，由于人的主流不是正对着入口的（图中箭头），因此，在门的一侧设置一短墙，墙上设一壁灯，此灯起到一举三得的作用：一是照明，二是装饰，三是指示。这块墙面材质用清水砖墙，其横线条使得轴线转折的方向感更强烈。

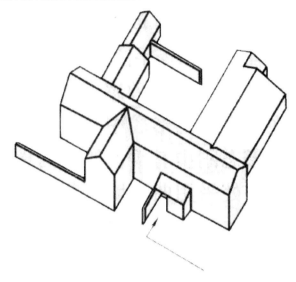

图 4-31　建筑入口人流引导处理手法

如图4-32所示，杭州韬光寺的轴线是正对着上山之路而设，是一条中轴线，但进山门之后，轴线方向发生变化，并有一个三叉路口，向寺的方向虽有转折，但由于有台阶可寻，并可见高处韬光寺大殿的建筑物，所以人们自然地走向韬光寺。这种轴线转折的暗示，恰好契合了宗教上"回头是岸"的隐喻。

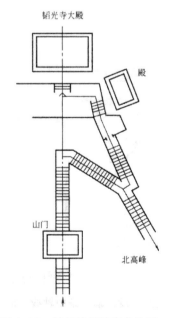

图 4-32　轴线转折的意象处理

（四）轴线的起讫处理

起讫就是起始和收头。在建筑造型手法中，收头是一个值得重视的方面。

图 4-33 是上海某公园的一个局部，入园一条林荫大道，在大道的右侧设有伟人塑像一座，该座塑像应是公园的一个重要内容，但它的轴线关系没有处理好，以大门进入公园的这条林荫道与纪念像的关系是相互垂直的，纪念像的轴线没有强调出来，所以纪念像在公园的地位也就弱化了。修改的方法是：在正对雕像的左边，设置碑石之类的构件，起到强化主轴线的作用，并且成为轴线的收头构件；再者在两条轴线交叉处，路面使用不同材料铺砌，既不影响行走，又把两轴交代明确。

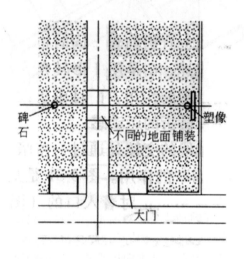

图 4-33　上海某公园轴线收头不利的手法

深圳国际贸易大厦的裙房部分为一组圆形空间，它们的圆心连线是隐含的轴线，圆心也成为这些轴线的起讫、中转点，因此，该空间给人的感觉是既丰富多变，又有一定的秩序感（图4-34）。

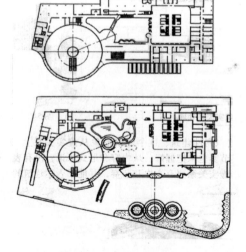

图 4-34　深圳国际贸易大厦裙房的轴线起讫、中转处理手法

二、建筑的虚实处理

在建筑中，虚与实的概念是用物质实体和空间来表述，如墙、屋顶、地面等是"实"；廊、庭院、门窗等是"虚"。中国传统建筑是很讲究虚实关系的，图4-35中这座建筑的虚实关系就是立体的：东西墙是实的（山墙）；南北门窗是虚的。虚代表方向、通透，实代表遮挡、隐蔽。

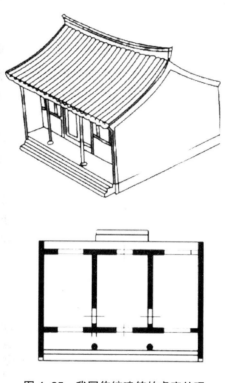

图4-35　我国传统建筑的虚实处理

（一）建筑立面的虚实法则

建筑立面形态千姿百态，其虚实关系可以归纳为两个方向上的关系，即左右关系和上下关系。

左右的虚实法则是对称的，左虚右实或右虚左实是一样的、等价的。上下虚实和左右虚实不同，上下关系的虚实是不等价的，一般来说，可以用三段式来处理。

在现代建筑中，同样的结构形式，由于虚实关系的处理不同，建筑立面的视觉效果也是相差很大的。如图4-36是一座体育馆，采用的是双曲马鞍形的悬索结构的屋顶，两边由钢筋混凝土曲梁来支撑拉索，从功能和结构来看，此建筑立面应以虚为主来处理，但它围封部分太多，所以显得笨拙。相对来说，图4-37是相同的结构形式，立面的虚实关系处理以虚为主，显得更恰当些，既适合体育馆的功能，又使结构之美显现出来。

图 4-36　虚实关系的处理不利

图 4-37　虚实关系的处理较好

　　图 4-38 是一座展览陈列性建筑，这个建筑形象从虚实关系上来看，虚实主次无重点，而且上下、左右的虚实节奏也未把握好；从内容和形式来说，没有表达出展览陈列建筑的特征。因此我们可以看出虚实关系要有主次和节奏，并能够表达建筑的内涵。

图 4-38　虚实关系无主次

　　图 4-39 是深圳国际贸易大厦的形体构成。整个建筑形体的上下虚实关系中，连接部分以"实"为主，其上其下，均以"虚"为主，形象通过虚实的处理交代得很清楚。左右关系中，塔楼部分从整体来说以虚为主，每个面有七个窗，上下连成一气，形成中间六条垂直线，使得建筑有明确的高耸感；在塔楼每个面的端部，用实墙收头，并过渡到另外一个面，因此，整个形体的虚实关系比较得体，也很有逻辑性。

图 4-39　虚实关系符合逻辑性

（二）空间和实体的关系处理

建筑的空间和实体的关系，可以理解为实体把空间限定出来，供人使用，没有实体，就没有空间。图 4-40 中的空间都是由于实体的存在而存在的。A、E 是"围"，B 是"设立"，　C 是"凸地"，D 是"覆盖"。

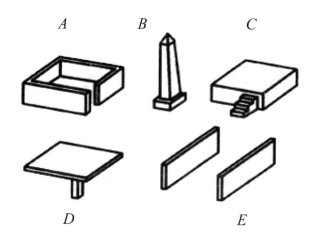

图 4-40　空间与实体的关系

建筑实体和空间的关系，应遵循下列原则：

（1）空间为"虚"，实体为"实"，"虚"因"实"而生，"实"之目的是"虚"。

（2）构成空间的实体，因其大小、位置、形状、质地不同，会产生不同的构成空间所需的视觉能量。图 4-41 表达了两块物体在不同的位置、不同的间距、不同的形状、不同的高度等情况下，所产生的空间感觉不同。

图 4-41　物体的位置、间距、形状、高度等产生的空间感觉

（3）用实体限定空间，重在空间的应用，必须由实体限定，更必须由实体表述，即空间与形体的联合考虑。

广州白天鹅宾馆的中庭空间处理是非常完美的一个实例（图4-42）。这个空间是立体式布局的一个理想的共享空间。中庭以营造故乡水为主景，其他的服务空间围绕其分布，外沿曲折多变，并与庭院产生十分有机的关系，可以说，设计师在创作的过程中，"文章"的主题是在空间，而"用笔"是在实体。

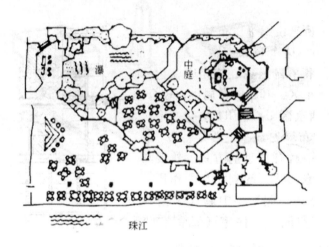

图4-42 广州白天鹅宾馆中庭空间处理

上海商城的入口空间的限定，是为了突出商业建筑空间的要求（图4-43）。通过柱子、栏杆的围合使空间开敞通透，前面的两个大圆拱门，形成门的符号。

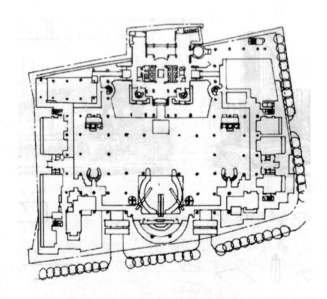

图4-43 上海商城入口空间处理

（三）建筑群的虚实分析处理

建筑群的设计多指总平面设计和规划设计，这些方面空间和实体的手法也有自己设计的准则。

首先，把建筑单体看成是一个个的"实"的视觉对象，"实"和"虚"应当是个相互形成的关系。

其次，形成空间的实体布局是前后、左右、上下六个方位。在建筑虚实的概念中，无论是室内还是室外，是院子还是广场，只有一个概念，即空间的层次性。空间以外，必然还有空间，但其中必以实体相分；空间以内，还有空间，当然需要实体相隔。

最后，形成空间的实体，还应当重视空间的封闭或开敞性。

下面以居住区为例来说明虚实布局。图 4-44 是某居住区的总体布局，这个布局有两个基本特征，一是将建筑布置处理得有疏有密，二是密在边，疏在内，形成一个安静小区，其路网布局也比较合理。

图 4-44 居住区空间虚实的处理

图 4-45 是日本都市西京区 U—COURT 集合住宅，是居住区建筑一种新的布局方式，主要是将以"实"为主的密集住宅做成一种开放型的方式，然后与一个公园相邻，做成中庭形式，起到共享的作用，其空间结构是公园（公共空间）—中庭（半公共空间）—小路（半私密空间）—住宅（私密空间），满足现代人的居住要求。

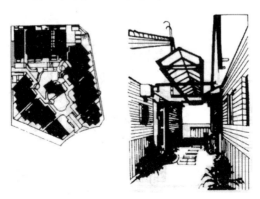

图 4-45 日本都市西京区 U—COURT 集合住宅

在学校空间的处理上，图 4-46 是我国 20 世纪 60 年代建造的某中学校舍总平面图。从图中可知，功能关系还是比较合宜的，从空间和实体的布局来看，问题是注重实体，而不注意实体以外的空间形态，且实体和空间之间渗透性不够。

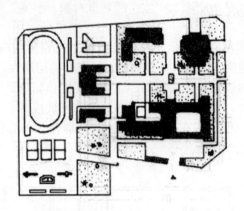

图 4-46　某中学校舍总平面图

三、建筑的层次处理

（一）层次与造型理论

层次是任何一门艺术都须重视的法则，建筑作为一种造型艺术，也有层次问题。我国传统园林的设计非常讲究层次，而且十分重视园景的前后关系，没有层次，景物一览无余，也就没了情趣。图 4-47 是苏州拙政园中的枇杷园向外观看的景，圆洞门内外，是一个层次，门洞中的景物，也还有前后几个层次，这真是"庭院深深深几许，杨柳堆烟，帘幕无重数"（宋，欧阳修《蝶恋花》）。

图 4-47　园林空间层次感处理手法

图 4-48 是日本某研究所入口，设计者在原有入口的前面再加上一个由屋顶和柱组成的空

间，不但加强了入口的突出性（见到两个入口空间层次），而且又使原来的入口在尺度和方位上得到更好的效果（增加了尺度，旋转了方向）。

图 4-48　日本某研究所入口空间处理手法

图 4-49 是日本京都的一座建筑，它的二层向外延伸出一个廊式空间与路面的建筑相连，这不仅仅解决了交通问题，而且使室外增加了层次。

图 4-49　日本京都的一座建筑

（二）建筑层次的分类研究

建筑不论是室内还是室外，单体还是群体，层次问题都相当重要。不注意层次手法，不但会使建筑缺乏美观，而且会有零乱之感。建筑的层次可分为单视场层次和多视场层次。

1. 单视场层次及其设计手法

建筑的单视场层次，顾名思义，就是通过"一眼望去"即能见到两个或几个层次。单视场层次是由直觉感受的，这种层次在手法上总是通过分割空间的限定物而获得效果的。图 4-50 是几个主要的视觉层次手法，其中图 a 是空间原型，即只有一个层次的空间，图中的 S 为视点；图 b 有两个层次，由左右分隔把空间分为两个层次；图 c 是将空间的某一部分的地面用另外一种材料来做，也能产生一个层次，如果把这一部分升高或降低，则层次分离的强度会增加；图 d 是一部分空间高度不同，或者顶面的材料、明度等有所不同，也能增加层次感；图 e 是用家具来分隔空间；图 f 是用玻璃隔断的形式分出空间层次。总之，空间层次的手法很多，但若要做到恰到好处则比较难。

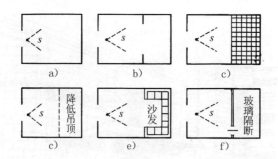

图 4-50　视觉层次手法

图 4-51 是桂林榕湖饭店四号楼入口内庭院的平面图。当人从门斗进入门厅后，通过大片玻璃向院子望去，形成"门厅—院子"两个大的视觉层次。它还可以细分：院子中有绿地、水池，在水池的另一边还有楼梯，再加上院子周围一圈廊，层次就更丰富了。在门厅中能看到院子里的多个空间层次，可谓引人入胜，但它又不是直接让人进入院子，而须转弯抹角，才能到达院子，又增加了几分空间情趣。

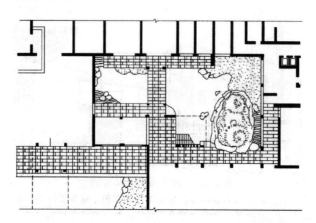

图 4-51　桂林榕湖饭店四号楼入口内庭院的平面图

图 4-52 是上海某别墅一层平面。人在客厅中，可以见到门厅和餐厅，形成三联的视觉空间。客厅与门厅之间，还有一个很小的廊式过渡空间，厕所门就隐蔽在这个空间的侧面，视线所及的范围很小，这就是设计者的匠心所在，一则可使门厅与客厅之间有个过渡空间，得到一定的缓冲；二则厕所不应该形成视觉层次，但要适当作暗示。客厅和餐厅之间应该是明确的视觉层次关系，但还应当在感觉上有明确的分隔。这里用了两种手法，一是用高低步的关系，走上两级踏步到餐厅，这种限定方式很适宜这两个空间性质，同时在其边上还做了一对柱子，这里并不完全出于结构的需要，而是两个空间限定物。

图 4-53 是杭州的浙江省残疾儿童康复中心平面图，图中的入口轴向从外向内在空间上作了四个层次的处理，先是门廊，其次是门厅、候诊，最后是中庭正中的绿化地带。从图中可以

看出，这是单视场的空间层次处理，人们在建筑的外面就可以感受到这种空间效果。这种层次的目的，一是在空间效果本身，二是在功能上，在于对空间的识别。

图 4-52 上海某别墅一层平面

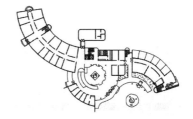

图 4-53 杭州的浙江省残疾儿童康复中心平面图

2. 多视场层次及其设计手法

建筑的多视场层次，不是同一个视野中的层次，而是指一个建筑（或建筑群）作多视点感受时的一个建筑印象。用图来释义，如图 4-54 所示，要完成这一建筑的各个房间的感知，必须从入口一直到出口这一条线路的所有沿线的建筑（空间）形象都感受到，并且有个整体结构，才算完成对它的感知。而各房间之间的层次，就称为多视场的层次关系。

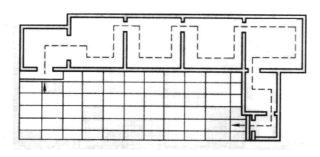

图 4-54 多视点层次设计手法

从心理学来说，人对一组空间层次的感受是以记忆的形象为主，再辅以逻辑思维而完成的。对于强调流线的建筑，像风景园林、展览馆等类建筑，这种设计手法值得重视。建筑的多视场层次，并不一定要让每一个空间都有强烈的个性，都清晰地被记住；相反，有些空间只需记住流线，形象并不甚重要，这样就突出了需记住的主要空间。重视流线，即重视层次结构，多视场的层次，其设计关键还在"关系"，图 4-55 是苏州留园入口部分，这一组空间是多视场的层次处理的佳品。

博览类建筑的流线设计非常重要。图 4-56 所示为上海鲁迅陈列馆平面，参观者从底层平面入口进入，沿着建筑物方向行进，经三折，结束一层的参观内容，然后上楼，在二楼的参观流线行进方向，正好与底层相反，也转三折，到休息厅，下楼梯走向出口。这里十几个空间作一连串流线式布局，人在其中，由于内院的作用而得到视觉定向。另外，它不是强制性的，有几处出入口可以自由出入，使参观人群可以灵活选择。这些出入口，从层次的意义来说，在逻辑上将建筑整体化成几大块，入口成了总体层次上的起讫点。图 4-57 为德国厄森其博物馆平面。陈列室作环行布置，也是内院式布局，这里只有两个大的层次：陈列室和院子，空间的逻辑关系很清楚。

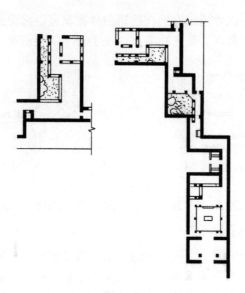

图 4-55　苏州留园入口空间处理

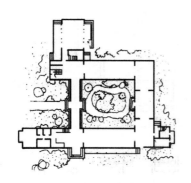

图 4-56　上海鲁迅陈列馆平面

图 4-57　德国厄森其博物馆平面

　　图 4-58 是联合国教科文组织总部的会议厅平面。这个建筑中有许多会议厅，这些会议厅是相互独立的，互不干扰但又要有联系，在同一座建筑中，无论交通、供应以及相互联络等，都处理得当，这是个典型的多视场中逻辑层次处理相当完美的实例。

　　（三）层次与建筑的目的性分析

　　层次仅仅是手法，是为建筑的使用目的服务的。层次可以成为一种独立的建筑艺术成果，但它必须与使用目的相一致。层次手法多种多样，为的也正是满足使用要求，下面就层次与建筑功能关系展开论述。

　　1. 私密性要求分析

　　层次与私密性关系很密切，例如住宅设计，其中的客厅是公共性的，在家庭内，它是个共享空间，而卧室、书房之类，则多为私密性的。图 4-59 中的两个住宅户型方案都很好地通过

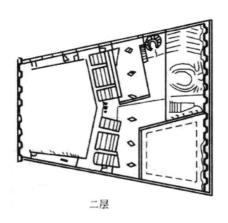

二层

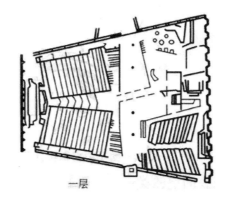

一层

图 4-58　联合国教科文组织总部的会议厅平面

建筑的层次关系处理房间的私密性。我国传统民居，往往把女孩的卧房设在楼上，并将楼梯间隐蔽起来，人们要进入这种卧房，总要经过好几个层次才能到达（客厅—楼梯间—楼上过厅—卧房），可见此房间的私密性。在办公用房方面，一般经理室多用套间的形式，外面是秘书室，里面是经理室，这种层次手法即空间的重置（图 4-60）。

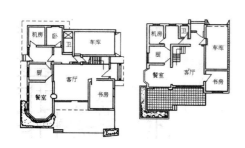

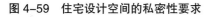

图 4-59　住宅设计空间的私密性要求

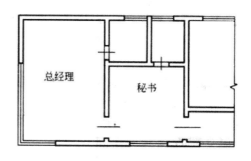

图 4-60　办公建筑空间的私密性要求

2. 聚分性要求分析

这种空间层次也是功能性的，它不同于私密性，是在一个大空间中要求有几个空间分离出来，既分又合。这在展览空间中是常用手法。图 4-61 是美国纽约古根海姆美术馆，这座建筑高六层，是圆形的略呈上大下小的造型，螺旋形的展览空间自上而下，人们在参观时先上电梯，一面观画，一面顺坡下楼，这就大大减少了行进之疲劳。其空间的特点是陈列空间在周围，中间是六层共享大厅，以此来组织空间层次，符合展览陈列的要求。

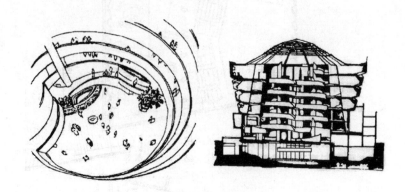

图 4-61　美国纽约古根海姆美术馆

3. *深度性要求*

如果人站在一个空间中，一眼望去见到两个以上的空间层次，则能够产生层次性的深度感。深度性空间层次的精神性功能的体现，莫过于园林建筑空间。图 4-62 是苏州拙政园中的梧竹幽居，从亭外向里望，穿过两个圆洞门，背后的空间景观更是妙趣无穷，圆洞门起到"景框"的作用，好似亭内一幅立体画，这就是园林空间构筑的匠心独运之所在。

图 4-62　苏州拙政园中的梧竹幽居

图 4-63 是加拿大温哥华的不列颠哥伦比亚大学人类博物馆平面。从图中可以看出，由入口门廊、门厅、过道、陈列廊、大陈列厅等一连串的空间，在视觉上产生层层推入的感觉，使人联想到人类历程的精神。

有的深度性层次要求则是伦理上的，如我国民居中厅堂内采用挂落一类的空间处理方式，使空间产生两个层次，这主要不是为了美观，而是为了表现伦理等级，不够格的人只能站在挂落外的空间（图 4-64）。

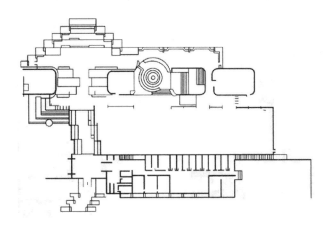

图 4-63　加拿大温哥华的不列颠哥伦比亚大学人类博物馆平面

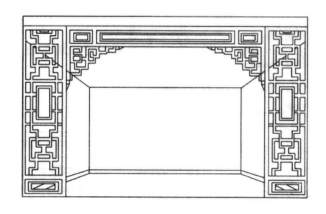

图 4-64　我国民居厅堂空间处理

4. 不同建筑类型的层次处理

建筑的类型不同，空间层次的处理手法也有所不同。例如住宅，就不同于一般的公共建筑，住宅空间的性质和关系比较单一，使用者也较为固定，同时，空间不大，处理时应"精打细算"。住宅中的空间层次处理有几种方式，如图 4-65 所示，客厅和餐厅往往会合在一处，但适当作些暗示，如家具布置，地面材料均可，这不但使功能明确，而且也节约了空间，还有一个作用是需要大空间进行活动时（如举行聚会），就可以视为两者合一。

公共建筑由于空间规模大，性质复杂多变，使用的人多而复杂，因此空间层次更需强调出来。有些空间分隔用的手法较为特殊，如图 4-66 是某商业性空间，为了标新立异，将空间分隔屋做成西方古典式的门廊形式，但又不是正放，而将其倒置、斜放，这样产生的视觉冲击力大大加强，起到商业建筑招揽眼球的效果。

城市广场空间的处理手法中也有层次问题。广场不同于公共建筑，它虽是公共性场所，但它是"半自然性空间"。图 4-67 是美国圣地亚哥市霍顿广场，广场分为三块，中间用两条廊来分隔，空间上下、内外都有交织，而且有分有合，十分有机。现代广场空间的层次处理手法有多种多样的形式，如廊、绿化、雕塑等，都是增加广场空间层次的手段；另外，也向第三方向（高度方向）发展，用下沉广场、天桥及楼廊等形式，使空间层次多样性，更富人情味。

图 4-65　住宅中空间层次处理

图 4-66　某商业空间中手法特殊的空间分隔

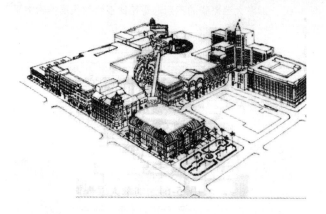
图 4-67　美国圣地亚哥市霍顿广场

四、建筑形态的意象构思

（一）形的意义分析

一般认为，建筑艺术应当具有两重性，一是指建筑形象的纯粹艺术性，二是指建筑形象的文化性，即它要表达某种"意义"。

古今中外，建筑艺术多是在"有意义"与"无意义"之间表述着。例如，在我国古代，大量饰物使建筑物形态生动，其实这些形象也是"有意义"的，如屋脊上的吻兽和剑把，往往是某种心态上的追求，希望吉利、保平安、防洪水。

建筑形态的意象构思，设计者的心态是很复杂的，形象思维的"形象"，不会是凭空生成的，而总是在既有的形象中经过回忆、表象、联想、启迪、借鉴等，产生出新的形象。

建筑形态的意象构思，第一步还应当从抽象的"形"出发，这种"形"本身具有"非意义"的心态，这对建筑师来说是必须认识的。形有各种各样，有圆有方，有长有扁，下面就这些形的基本心态进行简述（图 4-68）。

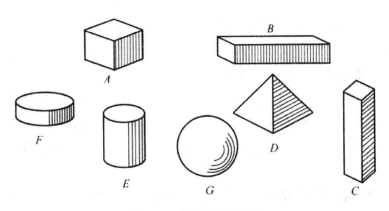

图 4-68　简单的几何形体

立方体（A）：从形态感来说，立方体具有静穆、理性、方直之感。所谓方直，已不只是形式，而已经带有许多情态性。

长方体（B）：基本上近乎立方体，也有理性、整齐划一之感，但因为它体形比较长向，所以具有方向性和运动性。

柱体（C）：这种立体的形式，具有确定性、严肃性，从"意义"上来说具有一定的纪念性、崇高性，因此纪念碑一类多用此形。

锥体（D）：三棱、四棱、多棱锥体乃至圆锥体，具有稳定性、永恒性，当然在"意义"上也富有严肃性、纪念性，因此，古代陵墓多用此形。无论古埃及的金字塔还是我国的秦始皇陵等，都采用这种方式。

圆柱体（E、F）：柱体指的是细长形的，无论圆柱、方柱等，都是一样的感觉。圆柱体若比较矮胖，则有更多敦实的"体积感"；若是比较高耸，就有高直感，但它的表面又是曲面，所以看上去有一定的活泼和运动感；也因其高耸，所以具有一定的确定性。圆柱体越高，则运动感越为强烈，严肃性越为淡化。

球体（G）：这种形式要比圆柱体更为活跃，而且有一定的神奇性，如果用于建筑，则多倾向于非理性的、想象的、浪漫的建筑风格，多用于天文台、太空城之类。

建筑形体，就其"母体"的类型来说，不外乎上述几类，又如三角形或多边形组成的多面体（十二面体、二十面体等），其形态与球体接近，其他的建筑形体大体上都是这些"母体"的组合或变体。

所谓"意象"，就是（建筑的）形象具有某种意义，但它又不一定是具体所指，只是形的某种感觉倾向。在建筑创作中，可以通过语义的各种表达、手法来进行，大体来说有以下几种：

（1）通过习惯性的象征符号，如我国传统的民俗形式语言中，有蝙蝠、鱼等形象，以示吉祥的意义；如"变福""余"（富裕、盈余等意），在建筑中，也以这些物件作装饰（图4-69）。

（2）通过暗示的手法，如我国古代常用"八仙"，在某图案中就有"暗八仙"，画一把仙帚、一把宝剑，表示吕洞宾（图4-70），这些图案多在建筑上作装饰。

 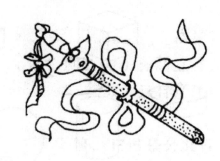

图 4-69　中国传统建筑装饰构件（一）　图 4-70　中国传统建筑装饰构件（二）

（3）通过隐喻，如江南传统民居多采用黑瓦白墙，其实在古代这是表现一种意义，黑瓦白墙的"黑"与"水"有联系，我国古代文化认为"黑、北、水"等，都是一个意义，所以这黑瓦的屋顶就有防火的隐喻。

（4）通过文字的作用，这在我国古代建筑上用得很多，如在县衙大堂上悬书有"明镜高悬"的匾额，以显示肃然正气、法制无情之意义。但建筑师在作意象性的构思时，不能光靠文字渲染，更多的则是通过建筑的形式来表现。

（5）通过"建筑式"的抽象，但"本意"又具有习惯性符号的作用，这就是西方古代惯用手法，如古希腊柱式，其总体意义是表现人文主义，若再细分，则陶立克柱式表现男性之美，爱奥尼柱式表现女性之美（图 4-71）。中世纪哥特教堂高高的塔尖，意象地表达了基督教的教义——对天堂的向往（图 4-72）。

图 4-71　古希腊柱式所表达的建筑意象　　　　图 4-72　哥特式教堂所表达的建筑意象

（6）通过形的"本义"来构思，这就是现代建筑的手法了，也是本节内容的重点——现代建筑中的意象手法。

（二）现代建筑的意象手法

1. 现代建筑意象手法的表达方式

从总体上来说，现代建筑在"意象"上与古代完全不同。现代建筑的意象在意义上并不是什么具体的文化意义，而是抽象的造型意义，所以它仍有意象，无非是不同的含义罢了。如图

4-73 是丹下健三设计的日本东京圣玛利教堂，它在形式上已完全是现代建筑了，但我们还能在教堂上看出十字架，以及从那高高的尖塔中联想起西方哥特教堂的形象。从这个形象上可以理解到建筑的真正的意象手法：它不是形式的重复，而是以新的形式设法表现出此类建筑的文化特征。

但现代建筑在造型上的"意义"，大多数是体现建筑抽象的形式感，建筑的造型是从理性而出发的。图 4-74 是加拿大安大略纽马克市约克医院外形，从它的形象中反映出来的空间明确性、功能明确性及造型的合乎逻辑，都表现出理性主题；此外，从它的形象中还反映出了尺度的宜人性和形态的明快性。

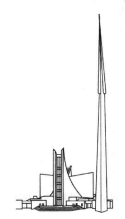 

图 4-73　日本东京圣玛利教堂　　　　图 4-74　加拿大安大略纽马克市约克医院

2. 抽象的艺术性意象

古代建筑的意象有两个主题，一是社会现实的，即伦理性；二是观念的，即宗教的、情态的。这两个主题对于现代建筑来说被转化了，现代建筑的意象主题是抽象的，其表现当然也是抽象的。

图 4-75 是美国马萨诸塞州波士顿威廉·肯特的一座学校建筑，这是所现代初级学校，这里没有宗教意义，也没有伦理隶属，只是表明现代学校以一个个班级为单位的现实，所以它表现出来的形象，就类似于构成学中的连续、重复的体块。这种现代学校的精神，也就是建筑师最初构思作品的出发点。

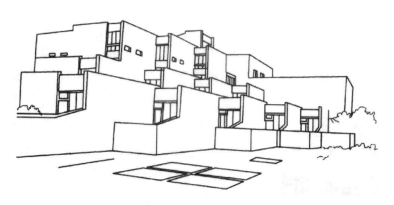

图 4-75　美国马萨诸塞州波士顿威廉·肯特的一座学校建筑

图4-76是柏林爱乐音乐厅，设计者是建筑师夏隆。这个建筑形式相当特别，被认为是"战后最成功的作品之一"。作者对这个建筑的"意象性构思"，据他自己所说，其意图是设计成"里面充满音乐"的"乐器"，要把"音乐与空间凝结于三向度的形体之中"。它的形式是对"乐器"的抽象，正是以这种抽象对抽象（音乐与建筑）来完成现代建筑的意象手法。

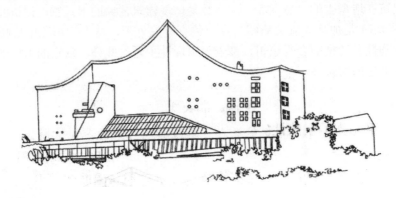

图 4-76　柏林爱乐音乐厅

3. 建筑的"意义"在创作中的地位

建筑设计师在构思一个建筑形象时，最关键的问题应当是从建筑本身去着眼，这就要求从两个方面来考虑：一是建筑本身，而不是别的什么（如雕塑、绘画）；二是建筑的性质。这后一个问题，包含有相当丰富的内容，如使用功能、民族、地域、情态、观念、资金等，这一切都应当是它所要表现的。

建筑大师勒·柯布西埃在20世纪30年代提出"新建筑五点"，即底层独立支柱；平屋顶；屋顶花园；自由的平面；横向长窗；自由的立面（图4-77）。这是建筑理论，但也可以说是创作时意象构图的出发点，萨伏伊别墅即是其对此理论诠释的作品（图4-78）。

图 4-77　勒·柯布西埃新建筑理论图释　　　图 4-78　萨伏伊别墅

　　意象构思是建筑创作的重要法则，不从这种法则出发，只把建筑作为空间、体块或无意义的构成物来看待，是有偏颇的。现代建筑是建筑，而不是体块条片；是文化，而不仅仅是造型。

第五章 建筑设计的美学与造型法则

第一节 建筑设计的美学法则

建筑是综合的应用学科，建筑形式创作就要受到各方面的约束。在创作中要遵循的美学法则就有多种，主要包括力学法则、视觉法则、社会法则和自然法则。

一、力学法则

建筑结构是建筑形式创作的基本要素，建筑结构体系及构件的大小都是根据力学法则科学分析和计算出来的。因此建筑形式就要满足结构上作用力的传递，在设计时就要考虑用材的强度，而非视角上形式。例如，在进行建筑造型设计时，大到高层建筑立面的高宽比，小到柱子的大小，梁的高低等都首先要适应和满足结构的要求。

根据力学法则，建筑都是垂直于地面的，而且常常是下大上小，它符合引力定律，同时材料垂直受力也能最大限度发挥材料的强度。如果反之，建筑物倾斜于地面或上大下小就违反了力学法则，在视觉上也给人产生不稳定感。20世纪公认的结构大师奈尔维（P.L Nervi，1891—1979年），他做结构设计总是寻求最经济的方案。

所谓经济的方案，就是用最少的材料把各种荷载直截了当地传到基础上去。奈尔维在1960年设计的罗马体育馆（图5-1）就是一个经典的符合力学法则的作品。这个体育馆可容纳5000人，是设计成一个直径为66米的圆形的体育馆。它由36根现场浇筑的"Y"形支柱，把垂直荷载传到埋在地下的钢筋混凝土梁上，将结构与形式、建筑技术与艺术完美地结合起来。

现在，有的人为了所谓的"创新"，违背力学法则进行建筑形式创造，在今天的技术条件下是有可能实现的，但是付出的经济代价将是昂贵的，它必然违背了建筑经济性的原则，如我国中央电视台（CCTV）的设计就是一例（图5-2）。

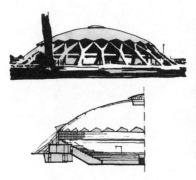

图5-1　罗马体育馆　　　　　图5-2　CCTV塔楼

二、视觉法则

建筑是艺术，它是空间艺术，也是一个视觉的艺术。人们天天用它，也天天看它，所以它不仅要好用，还要好看。其空间和形式都非常引人关注，新房落成后总会引起人们的评鉴和议论，难免有仁者见仁、智者见智的现象，这是由人的审美观念和价值取向的差异造成的。但是建筑形式美的视觉法则，即形式美的规律还是客观存在的，不能把审美观念和视觉法则混为一谈。在我们进行建筑形式创造时就应该遵循建筑形式美的视觉法则。

古今中外的建筑，尽管形式各不相同，但是共识的优秀作品，都必然遵循一个共同的法则——多样与统一的法则，也就是建筑形式的创作要处理好多样与统一的关系，要在统一中求变化，在变化中求统一。因为建筑形式的创作与造型艺术一样，都是由若干不同的要素组成的，这些构成要素之间既有联系又有区别。我们在进行造型设计时就是要把这些部分按照一定的规律组合成一个有机的整体。如果缺乏变化，必然流于单调；如果缺乏统一，缺乏和谐与秩序或章法，必然就显得杂乱、无序；它们都不能塑造出美的形式。如何达到多样统一，详见本章第二节相关内容。

三、社会法则

建筑作品与一切文学、音乐、艺术作品一样常常是备受社会关注的作品，常常面临市场严格的审视与挑战。20世纪下半叶，西方国家不少新建筑因无视使用者的行为需求，导致社区崩溃，建筑拆毁之例层出不穷。因此，建筑师应有社会责任感，建筑创作要遵循相关的方针政策、社会法则与社会约定，重视公众审美情感的反应。公众对城市景观及新建筑都会评头论足，甚至概括用极简练、鲜明、形象又带有某种寓意的语言予以表述，进而被谣传。

例如，在某市人们对该市某行政办公大厦的外部形象就评价为"歪门邪道""两面三刀""挖空心思"等（图5-3），它不仅是对建筑形象的评定，而且也隐射一些社会问题；在另一城市，也有对城市中的某些大型建筑物形象的评论，有人说这个建筑像一座坟，这幢大厦像一座碑，甚至说像一件卫生洁具。这都说明城市的景观和建筑形象会使公众产生与审美相关的情感反应，有的令人愉悦，有的令人激动，有的令人反感，这不能不引起建筑师的重视。

当然，由于审美观念的差异，建筑师与公众对城市建筑的喜好存在相当大的差异，这个差异因人的社会和文化经历，因人的心理和生理等因素而不同。20世纪80年代北京进行建筑评选时，北京国家图书馆是市民公认最喜爱的建筑之一，而建筑师们的评选却与公众意见不一，因此如何创作公众喜闻乐见的又能雅俗共赏的建筑是建筑师面临的挑战。国外的经验表明，在规划设计中，尤其在从事大规模的工程规划设计时，必须提倡公众参与。美国法院已裁定，建筑美观应作为由公众控制的、单独的基本要求。这表明，设计的指导原则及设计外观的评估必须重视大众参与和相应的法律基础。同时，也必须对公众的情感反应，包括其偏爱进行研究。近几年来，我国一些大型设计项目公开招标后，最后大多单位都将这些方案（中奖的和非中奖的）公开展览，它对业主的最后决策起着很大的作用。深圳文化中心图书馆的设计是国际招标的，最后采用了日本建筑师矶崎新的设计方案，该方案采用了大面积的黑色墙面，公众与领导都极力反对这面墙，最后把它改了；又如上海环球金融中心，建成后高于上海金茂大厦，成为上海最高建筑，它的塔体顶部采用一圆形的造型，看上去像日本的"太阳旗"，这就引起强烈的民族情感反应，人民自然不能接受，最后不得不将上部重新设计（图5-4）。

原方案　　　　　　修改后方案

图5-3　某市政府大楼　　　图5-4　上海环球金融中心

四、自然法则

大自然是物质来源，也是我们设计构思的创意源头。自然界中生物的形态不仅伴随功能而生，也遵循自然演进的法则。我们从事建筑设计除了依循地球引力的力学法则外，也应效仿自然生物生命演化的自然法则来进行设计和创作。生物遵循的自然法则是：一种生物的排泄物可能为另一种生物所食用，从而进入一定的生物循环系统。因此，遵循自然法则的建筑创作时，就要让自己去体验基地的生活，了解那里的自然与文化，研究当地的风土人情，观察当地的乡土建筑，研究当地的资源及自然条件。

建筑活动始终围绕着"自然与人"这一主题。自然因素对建筑创作的能动作用是毋庸置疑的，建筑造型的生成与创造都要效仿自然。建筑创作受到气候、地质、地貌、地形的限制，必然影响到建筑的空间组合及围护结构的材料和形式。我国传统民居中，合院式最具典型性。其院落的大小对应纬度变化由北至南逐步减小，体现了不同气候地区对阳光获取和辐射热的控制。北方四合院南北向距离与南房高度之比平均值为10∶3，四周墙壁紧闭，以求在寒冷的冬季获取较多的太阳辐射热量；而南方天井平面尺度小，建筑物进深较大，南北距离与房子的高度之比平均为5∶3左右，顶部仅留小开口，以求夏天降低辐射热。

在我国南方及新疆、川南、滇西等炎热地区，建筑多采用大进深、大出挑，并设置遮阳、隔热、通风的设施，避免阳光直射，利于自然通风，建筑造型显得宽敞，高大、明亮、通透；在比较典型的湿热气候地带，如广东、滇南等地，遮阳构件、透空开敞、架空高台等成为建筑外部形态的基本特征。图5-5为我国著名建筑师、工程院院士莫伯治先生1974年设计建成的广州矿泉别墅，是典型之例，充分体现了亚热带气候的条件。此设计1981年获全国优秀建筑设计一等奖。

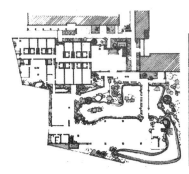

（a）底层平面　　　　　（b）开敞的架空层

（c）通透的院落

图5-5　广州矿泉别墅设计

　　20世纪60年代起，人们开始思考建筑作为改造自然的人造物对自然环境所造成的破坏，从而唤醒建筑创作中要尊重自然的思想，建立人与自然的对话，维护自然生态的健康取向，提倡设计结合自然、结合气候、结合生态。印度建筑师查尔斯·柯里亚（Charles M. Correa）更提出了"形式追随气候"的设计观（图5-6）。马来西亚建筑师杨经文（Ken Yeang）也提出了"生物气候摩天楼"的高层建筑设计理论和实践（图5-7）。马来西亚汉沙与杨事务所对高层建筑进行的"生物气候设计"（bioclimatic design）研究，成果却体现在"商业机器大楼"这栋作品上。所有朝东朝西的窗户都装设了室外百叶以减少太阳辐射热，南北两面则使用无遮蔽窗户以增加自然采光。电梯间采用自然采光与通风，屋顶则为未来加装光电板留下可能性。"垂直造景"更是这幢楼最有代表性的设计手法。在该楼设计中，采用了交错式、螺旋状的旋转模式，让植物接受最多的阳光与雨水。植物可用来冷却建筑，也可让使用者接触户外，感受大自然。

　　1974年美国建筑师西姆·范·德·莱恩（Sim Vam cler Ryn）设计建造的全美第一所完全自给型的城市住宅——Qraboros住宅，是与环境共生，自给自足的住宅。它利用覆土、温室及自然通风技术提供稳定、舒适的室内环境；风能、太阳能装置提供建筑基本能源；粪便、废弃食物等垃圾用作沼气燃料及肥料；温室种植花木提供富氧环境；收集雨水净化后用作生活用水；污水经处理后变为中水利用，用以养鱼及植物灌溉……这样房子就造成了新的构件，如风塔、拔风烟囱、遮阳设施、太阳能利用设施等，这些都将成为建筑造型的新的物质要素，把它与建筑组合一体化就会产生新的建筑形式和新的美感。英国 BRE 办公楼的设计就是一个很好的实例（图 5-8）。

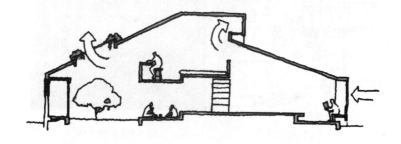

图 5-6 柯里亚气候住宅

图 5-7 商业机器大楼

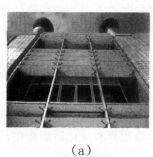

（a）

（b）

（c）

图 5-8 英国 BRE 办公楼

第二节　建筑设计的造型法则

建筑设计造型美的处理有其本身内在的规律，人们在长期的建筑实践中对这些规律给予一定的总结，如一般构图原理所讲的对比、韵律、比例、尺度等。以上问题既反映了建筑构图形式的某些规律，也反映了功能、材料、结构与形式的关系，既是一般的原则要求，也包含着技法和手段。在设计中，如果反复推敲这些问题，就可以使建筑造型逐渐趋于完善。

一、变化与统一

建筑造型的设计中追求既多样变化又整体统一，已成为建筑艺术表现形式的基本原则。变化，是建筑各种形式之间相互关系的一种法则，要求在形式要素之间表现出不同的特征，以彼此相反的形式进行对比，强调两者的对比效果，避免建筑样式的单调，由此引起注意并产生视觉兴奋。统一就是将建筑的各部分通过一定的规律组合成一个完整的整体，这是建筑中求得形式间相联系的一种法则。与变化相反，它强调形式间的相同点，使各种不同要素能有机地处于相互联系的统一体中，这是设计中最具和谐效应的方法。

（一）对比手法

一座建筑物艺术形象的形成，除了受功能、结构技术的影响外，具体的是由体、形、面、线、点、光影、质地、纹理及色彩等多种因素综合运用而产生的千变万化的建筑形式。自觉地运用它们的一致性及其差异性就能产生不同的形象效果。因此在设计中常常在这些方面运用对比的手法，强调各个因素的差别性，使某些特点鲜明突出。

1.总体布局中的对比

统一与变化的规律表现在整体布局中，常常是采用空间大小、方向、开敞与封闭、建筑布置的疏与密等对比手法取得统一变化的效果。如北京故宫总体布局（图5-9）中层层空间的布置，就是采用了方向对比的手法。空间有横向的，有竖向的；忽而深远，忽而开阔，造成空间组合上的丰富变化。我国的园林布局中，更是广泛采用虚实相映，大小对比，高低相称的手法，使之大中见小，小中见大，虚中有实，实中有虚，或藏或露，或浅或深，疏密得宜，曲折尽致；而最忌堆砌，最忌错杂，最忌一览无余。

图5-9　北京故宫鸟瞰图

2. 体量和空间的对比

在体量组合时，常常是运用体量本身的大小、形状、高低及其方向的对比求得统一与变化的整体效果。因为建筑物的各个部分，由于功能要求不同或受外界条件的限制，各个体量本身往往就存在着高低、大小之别。我们就可自觉地利用它们作为对比，可以取得主从分明，主体突出的效果，如图 5-10 为在体量组合中采用这种对比之实例。这种体量的组合，决定了建筑物总的外轮廓线，这是建筑造型中最基本的也是最首要的。

图 5-10　广州白天鹅饭店

在室内空间的设计中，常常是利用空间的高低、大小、体形的变化，色彩的冷暖以及材料质地的差异等取得变化的统一的效果。譬如，在两个厅室之间常采用较小的过厅使二者相连，形成空间大小的对比，以小衬大，使空间富于变化；在门厅或大厅中，常在局部或四周设置较低的夹层，形成空间高低的对比，以低衬高，更加显示大厅的高大。

3. 立面设计中的对比

在立面的设计中，主要是利用形的变换，面的虚实对比，线的方向对比求得统一与变化的整体效果。形的变换和面的虚实对比具有很大的艺术表现力。一般的建筑物立面都是由墙面的门窗、阳台、柱廊等组成，前者为实，后者谓虚。立面虚实的对比通常也就是指墙面与门窗洞、凹廊、柱廊等的对比。在一个面中，虚与实一般不宜均等，根据功能的需要（如采光、日晒等）和结构的可能要以一个为主。运用虚实对比，以虚为主，常能产生造型轻巧、开朗的效果；以实为主，则往往造成封闭、庄重或严肃的气氛。通常文化、体育及社会生活等公共建筑如学校、宾馆、车站等宜以轻快为主，开窗较多，以虚为主；纪念性建筑则以实为主较多。如图 5-11 所示，为长春电影宫，以主入口接待大厅为中心，综合运用了直线与曲线，墙面的实与入口的"虚"（玻璃面与阴影）产生了鲜明的对比。

此外，改变虚实关系也可通过平面的凹凸处理或在墙面采用不同的色彩和不同质地的表面材料，以减少实墙面沉重、闭塞之感。近代玻璃材料在建筑中广泛应用，不仅用作门窗，也更多地应用于内、外墙面的处理，它为建筑立面的虚实处理提供了新的手段。

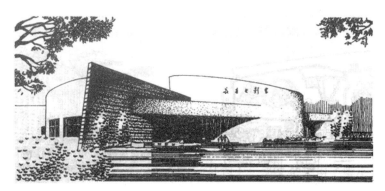

图 5-11　长春电影宫

　　近代建筑，常常运用大片格架或大面积百叶窗作为调整虚实关系，形成虚实对比，突出重点的手段。由于格架本身似虚似实，它可以在虚实之间起着过渡的作用。在以实为主的构图中，采用格构架，它起着虚的作用；而在以虚为主的构图中，采用格构架，则可起着实的作用。

　　4. 材料、色彩的对比

　　在建筑表面处理中，常常运用色彩、质地和纹理的变化形成强烈的对比。如采用表面粗糙的石材和光滑的玻璃幕墙形成对比，给人以明快新颖的感觉；采用暖色调与冷的色调的对比，前者造成热烈的欢迎气氛，后者产生安静的感觉。

　　5. 光影、明暗的对比

　　建筑表面的处理还常常借助于光影的作用而使其富有变化。一座建筑物，如果所有墙面都是平平的，没有光影作用下的明暗对比，则显得单调，平平淡淡。一块处理的墙面，在有光影和无光影的情况下效果是截然不同的。北立面光影很少，一般感到"灰秃秃的"。因此，在设计时，如果自觉地利用墙面的起伏变化以求得光影对比的效果，将使建筑形象具有较大的表现力，从而产生生动活泼而丰富的立面形象。

　　光可表现体量，可以界定空间，可以表现材料质感。在某种意义上说，空间的设计也就是光的设计。光能将建筑的体、形、线由亮面、阳面及阴面这三个基本面显示出来，而使建筑的视觉效果表现出来，如图 5-12 所示。其中图 5-12（a）为 1967 年蒙特利尔堆叠式住宅，其光影的效果充分表现了建筑造型的立体感；图 5-12（b）为美国约翰逊制蜡公司办公楼，光通过光影的对比充分表现了顶部的结构。

（a）蒙特利尔堆叠式住宅　　　　　　　（b）约翰逊制蜡公司办公楼

图 5-12　光影对比实例

（二）统一手法

1. 有规律的重复

有规律的重复是建筑本身客观具备的条件，它是由建筑功能、结构技术决定的，因为构成建筑的体量、空间、面和线以及结构构件都是重复出现的。一个建筑群是由许多重复的单个建筑组成，一座建筑物又是由若干重复的建筑体量、重复的房间等构成，而各个房间又是由重复的门窗、墙面、梁、柱或阳台、栏杆等组成，就是一块墙面也是由重复大小和色彩的表面材料所构成。

例如：学校、医院、旅馆等建筑，都是由许多相同大小的小空间所组成。由于使用功能和结构的要求，各个房间又具有相同的层高和开间，因而就出现了许多重复的窗洞和墙面，在一些框架建筑中，自然也就出现了开间相同的柱与梁。这些，就为建筑造型提供了有规律的组织，并加以一定的建筑处理，以创造出完美的建筑形象。古今中外，凡是较成功的建筑作品，都是充分而巧妙地利用这些条件创造了特定的建筑形象。

2. 有组织的变化

只有有规律的重复还是不够的，还必须要有有组织的变化，二者是对立的统一，缺一不可。只有重复，没有变化，必然感到单调、枯燥和平淡；反之，则不统一。设计者必须在有规律重复的客观基础上充分发挥主观的能动作用，进行有组织的变化，即在满足功能和结构要求的同时，应该有意识有目的地利用这些重复因素，一方面保持和发挥它们原已具备的统一性和整体性，另一方面恰当安排和组织它们各自之间的变化和多样性，使之具有丰富的有规律的变化，而不只是单调的重复。

在现代建筑中，由于使用要求和建筑技术水平的发展，不断出现新的建筑类型和结构形式，这就为建筑造型的设计提供了许多新的可能性和新的要求。例如，装配式建筑常因工厂化的生产特点，采用大量相同的构件。某些新的结构形式本身就是呈现出极有规律的几何形象。南京五台山体育馆的比赛大厅顶棚的形式，表现了六角形网架的特点，这是运用我国传统的木结构特点而形成的顶棚藻井的进一步发展。但是，它结合设备技术的需要，中间采用了一部分吊顶，这就在有规律重复的基础上，进行了有组织的变化，取得了更加悦目的建筑效果，如图 5-13 所示。

 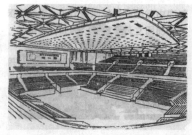

（a）某学校窗户的重复与组织　　（b）南京五台山体育馆顶棚的组织

图 5-13　有组织变化之实例

3. 重复与变化的统一

怎样在有规律重复的基础上进行有组织的变化呢？根据实践经验之总结，必须注意以下几点。

（1）重复的各部分组织必须具有连续性

因为只有具有连续性，才能形成一定的规律性。比如说，立面门窗的组织，相同性质的并列布置的房间一般应是重复的，但是在组织立面的窗户时，应使窗及窗之间的距离（即窗间墙）保持一定规律的等距，不同的变化规律就可取得各种不同的形式。

又如柱廊的组织，也有同样的道理。一般利用相同的开间，采用等距离排列的柱廊，采用单柱或双柱均可。在一定数量重复的条件下（一般不宜小于三次重复）自然就产生了连续感，也即形成一定的规律。如果柱间有变化，它也应是有规律的，或者大小相同，或者由中间一开间向两侧逐渐缩小，即传统的明间—次间—梢间的方式。有时为了突出入口，仅在入口处将开间加大，但其两侧还是连续的、有规律的。

这种有规律的连续的排列在建筑设计中运用的范围很广。从群体布局，体量的组合，平面设计，墙面划分乃至顶棚、地面的处理等都必须运用这一规律。

（2）有一定规律的起伏变化

建筑组合中常常由于功能及结构等方面存在着复杂的要求，因而各组成部分有不同的大小，体量有不同的高低，较难构成上述完全有规律的连续排列。在这种情况下，可以采用一种起伏的变化规律，即利用其体积的大小、体量的高低，乃至色彩的浓淡冷暖、质感的粗细等作有规律的增减变化，它们相互之间不是简单的重复。这种起伏的变化较多地运用于总体布局、立面的轮廓线的处理，构成高低起伏的轮廓线，用以加强整体及城市艺术的表现力。

如图 5-14 为中山陵陵园示意图，平面分墓陵和墓道成警钟形两大部分。总体规划吸取中国古代陵墓的特点，注意结合山坡形势，突出天然屏障，运用了石牌坊、陵门、碑陵等传统陵墓组成要素的形制，整个建筑群体以大片的绿化，特别是宽大满铺的平缓石阶，把孤立的、体量不大的个体建筑连成大尺度的整体。从石牌坊到陵门可谓墓道，依山势采用平缓的斜坡道，距离较长，逐渐培养参观者瞻仰的感情。进入陵门即为序幕，经过碑陵，主体祭堂展现在眼前。随着主体的展开，宽大的踏步也由平缓而变得越来越陡峻，瞻仰者的心情也随之变得越来越肃穆。加之主体建筑祭堂采用重檐歇山琉璃瓦屋顶，赋予建筑以严肃壮观的特色，祭堂内部以黑色花岗石柱和黑大理石护墙，衬托中部汉白玉的孙中山坐像，构成了宁静、肃穆的气氛。

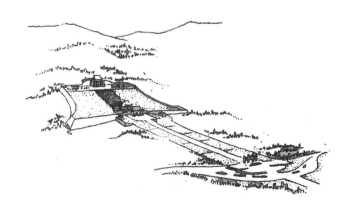

图 5-14　南京中山陵示意图

（3）交错的变化规律

交错变化的规律就是在建筑组合中有意识地利用建筑的形体、空间或构件等作有规律的纵横穿插或交错的安排。在装修和各种局部的处理中运用较多，如园林中的漏窗、花墙、铺地、格扇、窗格及博古架等，它们与材料和构造有着密切的关系。目前在立面组合中已开始利用阳台、遮阳板、门窗的安排来组织某种形式的交错变化的立面式样。

如图 5-15 及图 5-16 就是利用遮阳板及阳台的穿插布置以及阳台栏板上虚实的安排构成一种交错的变化规律，给人以新颖、丰富活泼的感觉。当然，这种手法必须以适用、经济为前提，不能为追求形式而变化，或为变化而变化。

图 5-15　交错排列的遮阳板

图 5-16　交错布置阳台之例

二、均衡与稳定

人们把均衡和稳定视为审美评价的重要方面。均衡是前后、左右轻重关系问题，稳定则是上下轻重关系问题。建筑造型的处理就要求建筑物的体量关系符合人们在日常生活中形成的平衡稳定的概念。建筑物的均衡与稳定主要是包括以下三方面的内容：一是建筑物体形各部分彼此是否均衡；二是建筑物的整体是否稳定；三是主从关系的处理。

（一）均衡

建筑物的均衡包括多方面的内容，从群体、总体、体形组合、平面布局至室内设计、细部装饰等都有均衡的问题。

1. 总体布局的均衡

总体中采用对称的布局都是均衡的，但在建筑群中绝对对称是很少见的，往往只能是大体的对称。在大体对称的前提下，可以有不对称的处理。这样既能满足建筑群整体之要求，也使单体建筑的布局较易满足功能的要求。平面布局主要应满足功能的要求，在此基础上考虑平面构图的均衡。对称的平面自然是均衡的，它们都有明确的中轴线，轴线两侧布置的内容应基本一致（图 5-17）。

在不对称的整体布局中应有整体的均衡感，它可以利用周围的建筑甚至通过绿化的处理达到不对称的整体均衡。不对称的平面，布局比较灵活，但也有一个构图中心，并以此作为平衡的轴线（但不是中轴线），使整个平面外形大致均衡。平面构图中心一般也是主要入口所在处，它要与体形的均衡同时综合考虑。

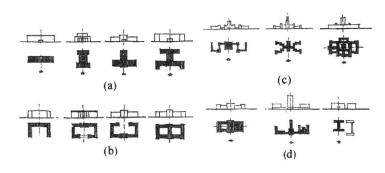

（a）简单体量对称组合；（b）院落式对称组合；
（c）复杂体量对称组合；（d）外形对称平面不对称组合

图 5-17　对称布局与体形处理

2. 体量组合的均衡

体量的组合可以采用对称的均衡和不对称的均衡。一般说对称的构图都是均衡的，也易取得完整的效果，采用较多，这种对称的建筑常给人以端庄、严整的感觉。但是，建筑物总是受到功能、结构、地形等各种具体条件的限制，不可能都采用对称的形式。这时，必须采用不对称的布局，因而平衡的处理就较困难，处理不好，建筑物就显得不够完整。如图 5-18 所示，以入口为轴线的两侧体量不等，重量感不一，给人产生不均衡、不完整的感觉。

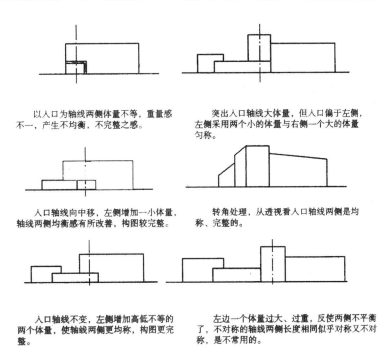

图 5-18　不对称的均衡处理

在不对称的组合中，要求的均衡一般是根据力学的原理，采取杠杆的原理，以入口处作为平衡的中心，利用体量的大小、高低，材料的质感，色彩的深浅，虚实的变化等技法求得两侧体量大体的均衡（图5-19），即利用一边的竖向高起的体量与另一边横向低矮的体量，相互均衡，或者是利用几个较小的体量与一个大体量相均衡。

图 5-19　南京丁山宾馆

为了取得不均衡的平衡，还有以下一些手法。

（1）利用材料质感的轻重取得大体的均衡。两边体量虽有大小差异而不均衡，但通过墙面材料的处理，即小体量的墙面采用质感较重的材料（如石材等），增加它的分量，体量较大的墙面采用一般清水墙和玻璃窗，使二者大体均衡。

（2）利用虚实处理而取得大体的均衡。一般在体量不均衡的情况下，可以将小体做得实一些，窗户开小一点，甚至做成不开窗的实体，而将较大的体量开设较大的窗户，做得轻快、空透一些。

（3）可利用色彩深浅产生不同的轻重感觉而求得大体的均衡。一般认为深的色彩较重实，浅的色彩较轻快，因此在小面积上采用较深的色彩，大面积利用较浅的色彩，可以取得感觉上的平衡。

当然，在设计时各种手法往往是综合运用的，不能孤立地看待。

3. 内部空间的均衡

很多大厅和一些主要厅室一般都采用对称式的布置方式，以取得自然的均衡。但是在某些条件下，它们本身并不完全对称，如单面开窗的休息厅，两侧墙面不对称，如果为了设计的要求，必须采用对称的构图，以得到端庄、严谨的气氛，可采用对称的柱廊、顶棚、地面、灯具和对称的家具陈设等，构成对称的形式，达到设计的意图。

在不对称的室内空间组织中，要取得均衡的效果，就必须妥善地安排和处理室内墙面、柱子、门窗、楼梯、家具布置，室内陈设及其色彩、细部等，安排好它们的位置，组织好它们的体形。在不对称的构图中，它们都具有很大的表现力。

（二）稳定

因为建筑物是永久固定在一个地方，建筑物的形式要给人以稳定感，才能使人感到美。一般讲，建筑物的稳定感是要求整齐、匀称，比例良好的外部形式，使窗和窗、柱和柱、这一层和另一层、这一构件和另一构件等之间保证一定的比例关系，这是保持建筑稳定感的必要条件。

稳定也就成为衡量建筑是否美观的基本要求之一。

1. 体形的稳定

体形的稳定，一般是通过建筑体量的下面大、上面小，由底部向上逐渐缩小，使重心尽可能降低的方法求得稳定感。如有名的埃及金字塔、天坛的祈年殿、莫斯科红场的列宁墓等中外有名的建筑都以下大上小的体量处理手法给人以安祥、结实和稳定感觉。

在近代不少多层和高层的建筑中，采用依层向上收缩的手法，不仅可以获得稳定感，而且丰富了建筑的轮廓线，更有力地表现建筑的特定性格，取得更加宏伟的效果。北京民族文化宫（图 5-20）、北京中央美术馆（图 5-21）都是运用这种手法而获得较好效果的实例。

图 5-20　北京民族文化宫　　　　　图 5-21　北京中央美术馆

现代高层建筑造型更是从结构稳定性的要求出发，体形常常是上小下大，把建筑结构与建筑造型有机统一起来。结合功能的要求，利用空间的布局，求得稳定感。这种手法通常是将建筑的底部做成"基座"或"底盘"以获得稳定感。当今，很多高层建筑下部做裙楼，也给人稳定感。

但是，在某些建筑中，由于新材料、新技术、新结构的发展，常常将两层以上的部分悬挑出来，形成上大下小的方盒体形，与上述一些手法相反，但也能异曲同工。它在光影效果的作用下，使得第一层看过去好像一个结实整体的支架或底盘，同样给人以一种新形式的稳定感，像一个盒子放在支架上一样，它可以表明建筑的尺度，产生雄伟而新颖的造型效果。

2. 重量感的稳定

利用材料的质地、色彩给人以不同的重量感来求得稳定。上海外滩的很多建筑，下部砌筑粗重石块，给人以坚固、稳定感。现今，在某些公共建筑中也常常借用这种手法，用上下墙面材料，色彩的变化如用色调较深的贴面材料来处理勒脚，或者做成建筑的基座等。利用材料这种三段式手法在传统建筑中使用很普遍。除了材料质地产生的轻重感以外，虚实的关系也构成某种轻重的感觉。一般讲，实的有重感，虚则有轻感，虚实关系处理不当，就会产生轻重关系不妥的感觉。

3. 动态的稳定

在某些建筑物中，为了使建筑形象具有强烈的表现力，常常在整体稳定的基础上，又表现某种动态，给人以更加生动的形象。例如，香港中国银行大厦，总高 367.4 米，大厦平面为正方形，由对角线分为 4 个三角形，每个三角形在不同的高度向内收进，而且顶部倾斜，使建筑造型像一个有变化的多面体，节节升高，隐喻银行事业不断兴旺发达。外观配合向内收进的三角形体块，用 45°钢斜撑，又在外观构成了三角形的外表，建筑形象独特，上小下大，稳定又有动感，在香港中环建筑群天际线中独树一帜（图 5-22）。

又如大连银帆宾馆设计中，建筑师的设计构思从"山""海"环境特点出发，寓意"帆"的形象，以两个高低错接的三角形造型和台阶式跌落平台塑造了帆的动态感（图 5-23）。现代新建筑中，很多公共建筑在造型创作中也常常追求动态感，尤其是在体育建筑、文化建筑、休闲性建筑的创作中，更是建筑师刻意摹画的一笔。

图 5-22　香港中国银行大厦

图 5-23　大连银帆宾馆

（三）主从关系

在建筑的组合中，一般包括主要部分和从属部分，主要体量和次要体量。适当地把二者加以处理，可以加强表现力，取得完整统一的效果。可以说，建筑组合中主从关系的处理是取得完整统一的重要方面。

1. 主从关系的统一

建筑组合中的主与从，一般都是由功能使用要求决定的。在建筑组合中，主从关系贯穿在建筑群体、单体及细部设计的各个方面。通常主要运用各部分位置的主次、体量的大小及形象的差异等来表现其主从关系。

为了把有联系的甚至无联系的各个体量有机地组织成一个整体，常常是运用轴线来安排它们的相对位置，形成一定的主从关系，从而构成一个统一的整体。一般是主要部分在主轴线上，从属部分在主轴线的两侧，或在其周围。无论是总体布局或单体设计皆如此。

当出现两个或两个以上彼此独立的体量时，更需要利用一定的轴线安排，把孤立的各部分组织成为一个完整有机的统一体，否则就会"各自为政"，缺乏中心，形成多元性，从而主从不明。

通常，在处理两个或两个以上体量时，采用以下一些方式使其成为一个统一体。

（1）用连接体形成整体的构图。

（2）两个对称的体量通过第三者主体的安排使二者都处于从属地位，使三者构成一个完整的整体。

（3）利用体形大小突出主体求之统一。

（4）利用形象的对比突出主体求之统一。

"主"与"从"是相对的，在突出主体的同时，对于从属的部分也要适当的处理，以使主体与从属部分成为一个有机相称的整体。为此，在运用对比手法突出主体的时候，通常又在体形、色彩、质地等方面采用适当的呼应手法使其与主体相联系，而最基本的又是体形上的呼应。

2. 主从关系的突出

为了突出主体，建筑处理还必须要有重点。无论是平面布置、空间组织或立面设计乃至细部处理都该如此。无重点，即无区别，也即无主从。重点的选择可以根据以下几点来考虑。

（1）根据建筑功能和内容的重要性来决定，以使形式更有力地表达内容。

（2）根据建筑造型的特点，重点表现其有特征的部位，如建筑体量的突出部分、转折部分、垂直交通部分和结束部分（如檐部、两端墙面的处理等）等加以重点处理，可以使建筑造型更完整，更富有表现力。

（3）对于整个立面的装饰，应该采用重点装饰的手法，以丰富几个主要部位。一般对大面积的部位尽量保持其简单、朴素的处理，以便在主次整体协调的配合下取得良好对比的艺术效果。

三、比例与尺度

（一）良好的比例

比例和尺度是评鉴建筑造型的又一重要标准。建筑的"比例"包含两方面的意义：一方面是建筑物的整体或者它的局部，或者局部的某个构件本身长、宽、高之间的大小关系；另一方面是建筑物的整体与局部，或者局部与局部之间的大小关系。

1. 建筑比例的物质基础

一座看上去美观的建筑物都应具有良好的比例和合适的尺度，反之，则感到别扭。影响建筑比例的因素很多。它首先是受建筑功能及建筑物质技术条件所决定，不同类型的建筑物有不同的功能要求，形成不同的空间，不同的体量，因而也就产生了不同的比例，形成不同的建筑性格。譬如宾馆建筑，其基本房间是客房，它空间小，层高低，门窗也较小；而一座学校建筑，它的基本房间是教室，它使用人数多，空间较大，层高较高，需要较开敞的出入口，大片的玻璃窗；而一个体育馆，使用人数更多，空间更加高大，更宽敞的出入口，更高大的窗户。三者无论是整体或者局部都具有全然不同的比例（图5-24）。

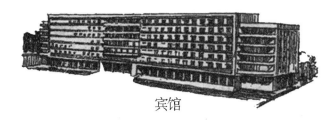

宾馆

学校

体育馆

图 5-24   不同类型建筑的不同比例

建筑技术和材料是形成一定比例的物质基础。技术条件和材料改变了，建筑的比例势必随之改变。处在钢、钢筋混凝土及各种新材料、新结构的今天，不可能也不应该再沿用古希腊神庙鼓状石块所用的粗壮的柱和窄长开间那种特有的比例了；也不同于我国数千年来木构架所形成的开间的比例形式；近代新结构其跨度可达数十米乃至百米以上，柱子的数量可以减少，结构本身趋于轻巧，适应性越来越大，必然产生许多与前迥然不同的比例形式。因此，建筑物的比例必须与其所采用的材料、结构形式相适应。譬如说，砖石结构不可能做成壳体结构或框架结构的比例形式；反过来讲，壳体结构与框架结构的建筑物也不应该再追求砖石结构的比例。如有的建筑采用框架升板结构，甚至框架外挂墙板，而它仍采用一般砖石结构的形式那样的窗间墙比例，这就不太恰当。

2. 建筑比例的民族传统

民族传统、社会文化思想意识及地方习惯对建筑的比例形式也有直接的影响。每一个民族，每一个国家，由于自然条件、社会条件、风俗习惯和文化背景不同，即使处在同一历史时期，运用相近的建筑材料和工程技术，而在建筑形式上依然会产生各自独特的比例。古希腊和古埃及的建筑，同为石料所建，二者比例却不同。埃及神庙柱廊和墙面虚实的比例所造成的严峻的气氛，多少反映了埃及极其神秘化的宗教组织形式和奴隶的最高统治者法老的至高无上权威。古代埃及卡纳克孔斯神庙，外形简单，高大稳重，内部石柱粗大而密集，顶棚越到里面越降低，地面则越到里面越升高，光线阴暗，形成"王权神化"的神秘压抑气氛。古希腊神庙开敞的柱廊比例，多少也表现了一些开朗的意味，反映了当时在统治阶级内部实行一定"民主"的奴隶社会的社会思想意识。我国古建筑，南方和北方的比例形式也各有特点。

3. 建筑比例的数比关系

比例与尺度，是建筑设计形式中各要素之间的逻辑关系，即数比美学关系在建筑设计中的体现。数比律起源于古希腊，把它运用到建筑造型设计中，可使建筑形式更具有逻辑关系。如

图 5-25 所示，一切建筑物体都是在一定尺度内得到适宜的比例，比例的美也是从尺度中产生的。

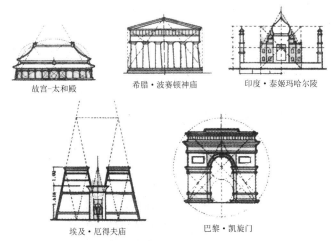

故宫-太和殿　　希腊·波赛顿神庙　　印度·泰姬玛哈尔陵

埃及·厄得夫庙　　巴黎·凯旋门

图 5-25　数比美学关系在建筑设计中的运用

黄金分割亦称黄金比。美国一个叫格列普斯的人，用 5 个不同比例的矩形，在民众中进行民意测试，其结果是，多为人们接受的是黄金比矩形。黄金比矩形的画法如下：在正方形底边量取中点，以中点为圆心、中点至正方形上面的任一个顶点的长为半径画弧，交于底边延长线上，交点即为黄金比矩形长边的端点。日常生活中这两种黄金比矩形被广泛应用，如明信片、纸币、邮票以及有些国家的国旗，都采用了这种比例。

4. 建筑比例的实际效果

比例的推敲，不能只从图面上来研究，还需进一步考虑到周围环境的影响及实际的透视效果。在实际生活中，往往发现由于周围环境及透视变形的影响，建筑物的实际效果与图面上的形象不尽相同。原来图面上的比例是好的，但实际效果却是不好的；反之，也有反例。因此，在设计工作中必须考虑视觉的误差，预先加以必要的矫正，以求得比例更完美的实际效果。

例如，具有几个相等开间的门廊，有时在背景环境的影响下，相等的开间会有不等的感觉，而常常是中间的开间显得小一些。因此，在有些大型公共建筑门廊的设计中，把中间的开间适当放大，这样就可避免中间开间局促的感觉。如图 5-26 所示，为三个门廊的处理，其中北京展览馆的门廊就是将中间开间适当放大而取得了较好的效果；北京军事博物馆的门廊，采用相等的五开间，由于两尽间以实墙作背景，相对地显得中间三开间比较狭窄；而北京民族文化宫的门廊与军事博物馆的门廊不同，它缩小了左右两尽间的开间尺寸，显得中间三开间比较突出。但是，由于中间三开间的背景也不相同，两次间的金花彩色玻璃华丽夺目，相应的感到当心间的开间比较局促。因此，有的加大门廊开间的大小，由中间向左右逐渐缩小，往往能取得更完善的实际比例效果。

又如，当在较近的位置观看一座高大的建筑物时，竖向的各层高和宽度是向上逐渐缩小的，坡屋顶也将比图面上的立面坡度要平缓，都改变了原来图面上的设计比例。因此，设计时就要考虑到这种透视的变形。我国古建筑立面坡顶的坡度都比实际看到的陡，庑殿顶也使四条屋脊的上段略向外推出一些（即称"推山"的做法）。如果设计略加疏忽，只注意立面的比例，往往建成后的实际效果将会有屋顶过于平缓之感（图 5-27）。

高层建筑往往由于各层体积相互遮挡，常常会使各部分之间的比例关系发生很大的变化或失调。在建筑群的规划布局上也要考虑到它们的遮挡问题。上海工业展览馆的遮挡问题考虑细微，透视比例完美，见图 5-28。

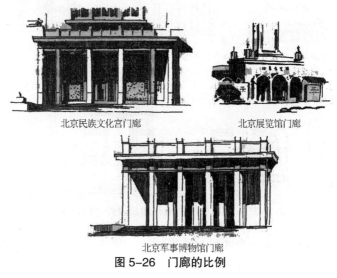

北京民族文化宫门廊　　　　北京展览馆门廊

北京军事博物馆门廊

图 5-26　门廊的比例

图 5-27　上海市博物馆设计（1935 年）　　　图 5-28　上海工业展览馆

（二）合适的尺度

尺度是建筑造型的主要特征之一，它与比例有着密切的关系。如果说，比例是建筑整体和各局部的造型关系问题，或是局部的构件本身长、宽、高之间的相互关系问题，那么尺度则是怎样掌握并处理建筑整体和各局部以及它们同人体或者人所习惯的某些特定标准之间的尺寸关系。一幢尺度处理适宜的建筑，通常应考虑以下几个基本原则。

1. 合适的尺度应反映建筑物的真实体量

在进行设计时，力求通过与人的对比或人所熟悉的建筑构件的对比显示出建筑物给人的尺度感与它的真实体量相符合。大型公共建筑的整体和各局部往往是比较高大，如果处理不恰当，看上去就容易感到空旷、笨拙，甚至显得比实际的体量小，使人觉得不舒服。因而，能否大体上表现出建筑的真实体量，是衡量尺度的标准之一。

2. 合适的尺度应与人体相协调

一些为人们经常接触和使用的建筑部件，如门、窗台、台阶、栏杆等，它们的绝对尺寸应与人体相适应，一般都是较固定的：栏杆和窗台的高度一般为 1.0 米左右，门扇的高度应为 2.0 米左右，踏步的高度一般为 15 厘米左右。人们通过将它们与建筑整体相互比较之后，就能获得建筑物体量大小的概念。

如图 5-29（a）、（b）、（c）、（d）所示，建筑物的外形比例相同，借助于人习用的建筑构件的对比关系，表现了不同的尺度感。其中(a)没有任何对比，也就得不到任何尺度感；(b)由于门、窗、踏步及栏杆等人们习用的构件组合而得到一层的尺度感；（c）、（d）同样的外形比例却又得到二层和四层的尺度感。

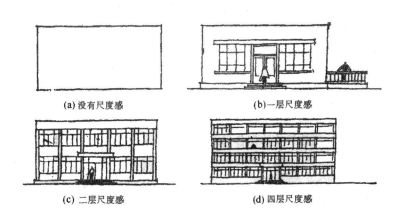

(a) 没有尺度感　　　　　(b) 一层尺度感

(c) 二层尺度感　　　　　(d) 四层尺度感

图 5-29　建筑物的尺度感

如果一幢建筑物的这些部件中都有正常的尺寸，它给人的大小感觉和它的实际体量就会大致相符，因此尺度也是对的。如果这些部件和人体不相适应，不但使用不便，看上去也不习惯，造成对建筑体量产生过大或过小的错觉，因而尺度也就失真。特别是在室内，人停留的时间长，很多构件容易被人接触到，如果尺度不恰当就会与人体不协调，而使人感到不亲切、不舒服。此外，还要考虑到整体的各部分与人体远近距离的关系，尽管它们在使用上与人体无直接的联系，如高层建筑物上部的线脚装饰、高大厅堂内顶棚的细部处理，由于它们距人较远，线脚装饰可以做得比一般粗大一些，概括一些，否则就会感到纤弱。与此相反，接近人的线脚或其他装饰等，它们的尺寸就应比较细致，否则会使人感到粗笨。

3. 建筑物各部分的尺度应该统一

正确的尺度处理应把各个局部联系成为一个和谐的整体，每个局部以及它们同整体之间都应给人以某种同一比尺的感觉，以求整体尺度协调统一。如果主立面的阳台、窗户、花墙、沿廊的尺度处理，缺乏统一的比尺，将致使整体不够协调统一。

4. 合适的尺度表现一定的思想内容

尺度的处理不仅满足上述视觉和谐的要求，而且应该有意识地表现一定的思想内容。否则，建筑就缺乏感染力，甚至可能出现一些同建筑内容格格不入的艺术效果。例如，天安门广场，宽 500 米，长 880 米，这样大规模的广场在世界上是少有的。它就冲破了西方某些建筑理论和现有一些广场尺度的束缚，大胆地考虑广大群众集会活动所要求的尺度，使广场建设得既雄伟、开阔，而又不空旷。既满足了视觉和谐的要求，又表达了广场的一定的思想内容。

又如广场上新建筑的尺度问题，人民大会堂从使用上要求有高大的体形，其中万人会堂和 5000 人的宴会厅都是寻常的尺度所不能解决的。广场的建筑尺度，不但要满足使用上的要求，同时要和广场及广场上的建筑物互相衬托，取得均衡的比例。因此，广场两侧的人民大会堂和革命历史博物馆也采用非同寻常的建筑尺度，建筑物长 300 米以上，高 30 ~ 40 米，这样的尺度与广场的尺度是相称的。

四、节奏与韵律

节奏与韵律，就是指在建筑设计中使造型要素有规律地重复。这种有条理的重复会形成单纯的、明确的联系，富有机械美和静态美的特点，会产生出高低、起伏、进退和间隔的抑扬律动关系。在建筑形式塑造中，节奏与韵律的主要机能是使设计产生情绪效果，具有抒情意味。

形式美中的"节奏"，是在运动的快慢变化中求得变化，而运动形态中的间歇所产生的停顿点形成了单元、主体、疏密、断续、起伏的"节拍"，构成了有规律的美的形式。

节奏与韵律概括起来可以分为五类：渐变的韵律、连续的韵律、旋转的韵律、交错的韵律、自由的韵律。下面对渐变的韵律、连续的韵律描述如下。

（一）渐变的韵律

渐变的韵律，是指建筑设计中对相关元素的形式有条理地、按照一定数列比例进行重复地变化，从而产生出渐变的韵律。渐变的形式是多样式化的，多以高低、长短、大小、反向、色彩、明暗变化等多种渐变。如图 5-30 所示是福建的土楼建筑，在建筑垂直方向的构图中，圆形从上到下有条理地缩小，在实用的前提下，较多兼用了渐变韵律的特点，产生了形式美感。中国的古塔、亭、台、阁的造型，以及一些现代建筑中（比如上海金茂大厦等），都运用了垂直方向上的渐变韵律，从而产生了优美的垂直韵律。

形式美中的渐变"韵律"是一种调和的美的格律。"韵"是一种美的音色，它要求这种美的韵律在严格的旋律中进行，是一种秩序与美的协调。这种手法一般较多地适用于文化、娱乐、旅游、幼托设施及建筑小品等方面。在这一类建筑设计中，从结构、骨架、纹样组织、线脚元素、比例、尺度，到形态的变化，以及形象的反复、渐变等，都像律诗那样有着严格的音节和韵体，从而产生了一种非常有表现力的优美的形式。

（二）连续的韵律

将建筑中的一个或几个元素形式按照一定的规律进行连续排列，从而会产生不同的韵律美。在一些元素形状相同的重复中（图 5-31），能产生强烈的连续美。但我们还可以改变间距的方式，采用不同的分组，而它重复的韵律依然存在。而在这有规律的间隔重复中，又产生了新的连续的韵律，如建筑物的门窗、柱、线脚就常采用这些构图手段。当构图元素基本形状不相同时，尺寸的重复（间距尺寸相等），韵律的特点仍然能够得以体现。

图5-30　福建土楼垂直方向构图中优美的渐变韵律

现代形式美的重要特征在于以不对称和各种对比形成的动态秩序打破了过去的静态平衡，或以相对严格的对称而取得了新的秩序美感。随着科学技术的发展以及生活方式的不断完善与变化，以及人们对空间的感受和活动特征的不断改变，形式规律也相应发生了变化，并在现代设计中发挥着积极作用。

图5-31　西班牙设计师高迪的公共艺术设计中常常采用重复连续的韵律

形式美的各种表现形态都是对立统一的具体化，都贯彻着"寓多样于统一"这样一种形式的基本规律中。"单调划一"的形式不但不能表现复杂、多变的事物，也无所谓美。但是，仅仅有"多""不一样"的杂乱无章、光怪迷离，也足以使人眼花缭乱。

根据这些形式美的法则进行建筑的整体或局部设计，能够强化建筑物的审美主体，并对建筑的功能赋予审美情趣，使建筑表现出鲜明的个性特征和强烈的艺术感染力。建筑具有独特的艺术语言，如空间序列的组织、体量与虚实的处理、蒙太奇式的表现手法、色彩与装饰规律的应用等。建筑设计按照这些形式美的法则来编辑和使用这些语言，借以充分表情达意，并产生更高的审美价值。

第六章 建筑的细部设计

第一节 建筑平面设计

建筑平面设计的任务就是解决建筑的使用功能、各种流线组织、房间的特征及其相互关系，同时也要解决建筑结构类型、建筑材料、施工技术、建筑造价、节约用地和建筑造型等方面的问题。并应遵循以下原则：

（1）与周围环境协调一致，布置紧凑、节约用地，节约能源。

（2）结合建筑物的使用性质和特点，满足各类建筑的使用要求。

（3）功能分区合理，合理组织交通，使人流、货流交通便捷、顺畅，避免交叉、迂回，保证良好的安全疏散条件及安全防火要求。

（4）处理好建筑物的采光、通风，注意朝向的选择，保证室内有良好的卫生条件。

（5）平面布置应使结构合理、施工方便，结构方案及建筑材料应符合相应的质量标准，并具有良好的经济效益。

（6）建筑内外空间协调，比例和形象要满足使用要求及人们审美的要求。

建筑的平面组成可分为使用部分和交通联系部分。使用部分是指建筑的主要使用房间和辅助房间（图 6-1）。

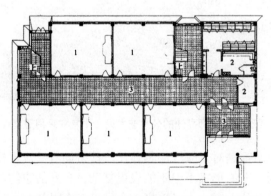

1—主要使用房间；2—辅助使用房间；3—交通联系部分

图 6-1 建筑使用部分图

主要使用房间是建筑物的核心，根据使用要求不同，形成了不同类型的建筑，如住宅中的起居室、卧室；教学楼中的教室；商业建筑中的营业厅；影剧院中的观众厅等。

辅助房间是为满足建筑的主要使用功能而设置的，属于次要部分房间，如公共建筑中的厕所、贮藏室及其他服务性房间，如住宅建筑中的厨房、卫生间等。

交通联系部分是建筑中联系各房间之间、楼层之间和室内与室外之间的空间，如各类建筑中的门厅、走道、楼梯间、电梯间等。

一、主要使用房间的平面设计

主要使用房间是各类建筑的主要部分，是供人们工作、学习、生活、娱乐、生产的主要建筑空间部分。

（1）生活用房间：住宅中的起居室、卧室，集体宿舍，公寓等。

（2）工作学习用房间：教学楼中的教室、实验室等。

（3）公共活动房间：影剧院中的观众厅、休息厅等。

不同建筑的使用功能不同，主要使用房间的要求也不同，如住宅中的卧室是满足人们休息睡眠用的，教学楼中的教室是满足教学用的，电影院中的观众厅是满足人们观看电影用的等，房间组合设计应考虑房间使用这个基本因素，即要求有适宜的尺度，足够的面积，恰当的形状，良好的朝向、采光和通风条件，有效地利用建筑面积以及合理的结构布局和便于施工等。

（一）房间使用面积设计

1. 房间的使用面积

房间的使用面积可以分为以下三部分：家具和设备所占用的面积；人的活动所需的面积；房间内部的交通面积。

2. 影响房间面积的因素

房间的使用功能千差万别，影响因素很多，但归纳起来有以下几方面。

（1）房间的使用特点和要求。

（2）房间容纳人数。

（3）家具、设备的数量及其布置方式。

（4）室内交通组织和活动要求。

（5）采光通风要求。

（二）房间平面形状设计

民用建筑常见的房间形状有矩形、方形，也有多边形、圆形等。房间平面形状，要综合考虑房间的使用性质、结构形式与布置、空间效果、建筑体形及建筑环境等方面因素。在大量民用建筑中，如住宅、宿舍、办公、旅馆等，主要使用房间一般无特殊要求，数量较多且用途单一，房间形状常采用矩形。这种平面形状体形简单，便于家具和设备的布置，使用上有较大的灵活性；有利于平面及空间的组合；利于结构布置，便于施工。

民用建筑如影剧院的观众厅、体育馆的比赛大厅等房间，由于空间尺度大，平面形状应满足建筑的使用功能、视听要求及室内空间效果，平面形状一般有钟形、扇形、六边形、圆形等（图6-2）。

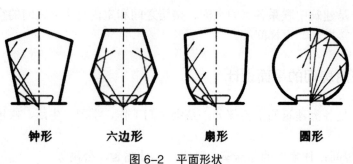

图 6-2 平面形状

有些小型公共建筑，结合空间所处的环境特点、建筑功能要求以及建筑艺术效果，房间平面常采用非矩形平面（图 6-3）。

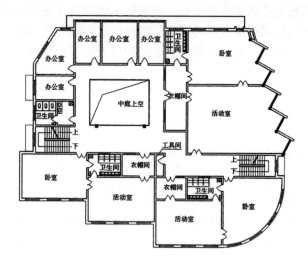

图 6-3 某幼儿园平面

（三）房间平面尺寸设计

房间尺寸是指房间的开间和进深尺寸，而一个房间常常是由一个或多个开间组成。在同样面积的情况下，房间的平面尺寸可能多种多样，确定合适的房间尺寸，应从以下几方面进行综合考虑。

1. 满足家具、设备布置及人们活动的要求

如卧室的平面尺寸应考虑床的大小、家具的相互关系，提高床位布置的灵活性（图 6-4）；医院病房主要满足病床的布置及医护活动的要求（图 6-5）。

2. 满足视听要求

有的房间如教室、会堂、观众厅等的平面尺寸除满足家具设备布置及人们活动要求外，还应保证有良好的视听条件。如教室，确定适合的房间平面尺寸需根据水平视角、视距、垂直视角的要求进行座位排列，使前排两侧座位不致太偏，后面座位不致太远。

3. 良好的天然采光

民用建筑除少数有特殊要求的房间如演播室、观众厅等以外，均要求有良好的天然采光。房间窗上口至地面距离称为采光高度，一般房间的进深受到采光高度的限制。当单侧采光时，房间进深不应大于采光高度的 2 倍，双侧采光时房间进深可增大一倍，混合采光时房间进深不限。采光方式对房间进深的影响如图 6-6 所示。

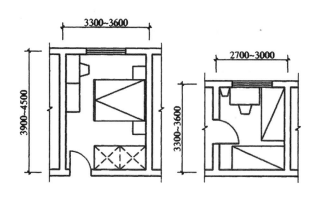

图 6-4　卧室的开间与进深

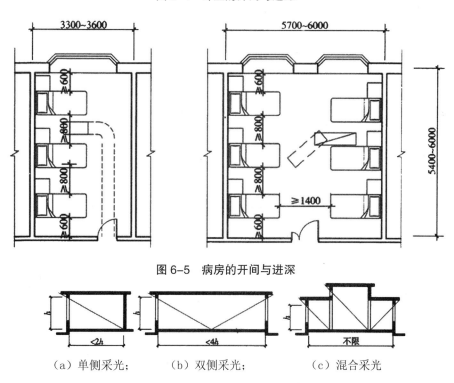

图 6-5　病房的开间与进深

（a）单侧采光；　　　（b）双侧采光；　　　（c）混合采光

图 6-6　采光方式对房间进深的影响

4. 经济合理的结构布置

一般民用建筑常采用墙体承重的梁板式结构和框架结构体系。房间的开间、进深尺寸应尽量使梁板构件符合经济跨度，如梁板式结构较经济的开间尺寸不大于 4200 毫米，钢筋混凝土梁较经济的跨度是不大于 9000 毫米。

5. 符合建筑模数协调统一标准的要求

为提高建筑工业化水平，要求房间的开间和进深尺寸采用统一的模数作为协调建筑尺寸的基本标准。按照现行《建筑模数协调统一标准》规定，房间的开间和进深一般采用水平扩大模数 3M 模数制，其相应的尺寸为 300 毫米的倍数，如办公楼、宿舍、旅馆等以小房间为主的建筑，其开间尺寸常取 3300 毫米、3600 毫米、3900 毫米。

（四）主要使用房间的门窗设置

房间门的作用是供人们出入、联系和分隔空间，兼有采光和通风作用；窗的主要作用是采光、通风。门窗设计包括以下内容：

1. 门的宽度、数量、位置

门的宽度取决于人体尺寸、人流股数及家具设备的大小等因素。

住宅中的门应考虑一人携带物品通行，户门宽 1000 毫米，卧室门宽 900 毫米；厨房、厕所、浴室等辅助房间的门一般为 750 ～ 800 毫米，普通教室、办公室等公共建筑的门宽考虑一人正面通行，另一人侧身通行，常采用 1000 毫米（图 6-7）。

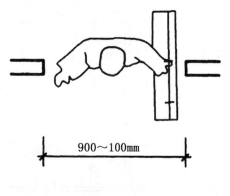

900～100mm

图 6-7　门的宽度

当房间面积较大，使用人数较多时，采用双扇门、四扇门。双扇门的宽度可为 1200 ～ 1800 毫米，四扇门的宽度可为 2400 ～ 3600 毫米。

2. 窗的大小和位置

窗的大小，应满足房间获取良好的天然采光和自然通风，对采光要求高的房间，开窗的面积应大些；采光要求低的房间，开窗的面积则小些。窗作为围护构件的一部分，是保温隔热的薄弱环节，开窗面积应满足民用建筑节能设计标准中规定的节能要求。

根据房间的使用性质，建筑采光标准分为五级（见表 6-1）。

表6-1　建筑采光标准表

采光等级	视觉工作特征		房间名称	窗地面积比
	工作或活动要求的精确程度	要求识别的最小尺寸（mm）		
1	极精密	＜0.2	绘图室、制图室、画廊、手术室	1/3～1/5
2	精密	0.2～1	阅览室、医务室、健身房、专业实验室	1/4～1/6
3	中精密	1～10	办公室、会议室、营业厅	1/6～1/8
4	粗糙	＞10	观众厅、居室、盥洗室、厕所	1/8～1/10
5	极粗糙	不作规定	贮藏室、门厅、走廊、楼梯间	1/10以下

3.门窗的位置及开启方向

门窗位置应考虑室内交通路线、疏散和采光通风的要求，确定门窗的位置应遵循以下原则。

（1）门窗位置应尽量使墙面完整、造型美观，便于家具设备布置和充分利用室内有效面积。

（2）门窗位置应有利于采光、通风。

（3）门的位置应方便交通，有利于安全疏散。

门的开启方向一般有内开和外开，大多数房间的门均采用内开，开启时不会影响室外的人行交通。对于人流较多的公共建筑如影剧院、候车厅、体育馆、商店的营业厅，以及有爆炸危险的实验室等，为便于安全疏散，房间的门必须开向疏散方向。当房间内两个门紧靠在一起时，应防止门扇相互碰撞（图6-8）。

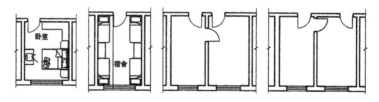

图6-8　房间门的位置及开启方式

二、辅助使用房间的平面设计

辅助房间平面设计方法，与主要使用房间平面设计基本相同，但辅助房间平面设计的大小及布置还要同时考虑设备及使用设备尺度及布置的需要。常见的辅助使用房间有厕所、盥洗室、浴室、厨房等。

（一）厕所

厕所设计首先应了解各种设备及人体活动所需要的基本尺度，根据使用人数确定所需的设备数量以及房间的基本尺寸和布置形式。

1. 厕所设备及数量

厕所卫生设备有大便器、小便器、洗手盆、污水池等。大便器有蹲式和坐式两种。可根据建筑标准及使用习惯分别选用。一般公共建筑从使用卫生方面考虑多采用蹲式，而标准较高、使用人数少的厕所如宾馆、住宅等则采用坐式大便器；残疾人和老年人使用的应采用坐式大便器。

小便器有小便斗和小便槽两种。标准较高及使用人数较少的采用小便斗，使用人数较多的采用小便槽。厕所设备及组合所需的尺寸如图 6-9 所示（单位为 mm）。

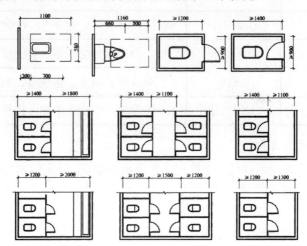

图 6-9 厕所设备及组合所需的尺寸

卫生设备的数量取决于使用人数、使用对象、使用要求。人流量大、集中使用的，卫生设备数量应适当多一些，如影剧院、学校等建筑。一般民用建筑每一个卫生器具可供使用的人数参考表 6-2。

表 6-2 民用建筑每个卫生器具使用人数参考表

建筑类型	男小便器（人／个）	男大便器（人／个）	女大便器（人／个）	洗手盆（人／个）	男女比例
影剧院	35	75	50	140	2：1-3：1
火车站	80	80	50	150	2：1
中小学	40	40	25	100	1：1
办公楼	50	50	30	50～80	3：1～5：1
旅馆	20	12	12	15	按实际使用情况
宿舍	20	20	15		

注：一个小便器折合 0.60 米长的小便槽。

2. 厕所布置

（1）厕所前室作为公共交通和厕所的缓冲空间，使厕位隐蔽。

（2）厕所应有天然采光与自然通风，布置有困难时可采用间接采光，但必须有排气设施（如

气窗、通风道等）。为保证主要使用房间能有良好的朝向，厕所布置在朝向较差的一侧。表

（3）厕所布置应避免管道分散，同层平面中男女厕所最好相邻布置（图6-10a），多层建筑中应尽量上下位置对应以利于节约管道。

（4）根据建筑的使用特点确定厕所的位置、面积及卫生洁具的数量。

（5）公共厕所应有无障碍设计（图6-10b）。

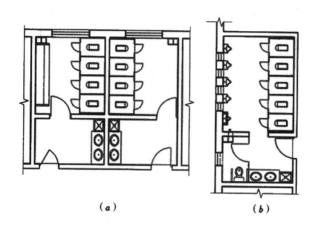

（a）　　　　　　　（b）

图6-10　厕所平面

（二）浴室、盥洗室

浴室和盥洗室的主要设备有洗脸盆（或洗脸槽）、污水池、淋浴器，有的设置浴盆等。公共浴室还有更衣室，其中主要设备有挂衣钩、衣柜、更衣凳等。设计时可根据使用人数确定卫生器具的数量，结合设备尺寸及人体活动所需的空间尺度进行房间布置。

浴室、盥洗室常与厕所布置在一起，称为卫生间，按使用对象不同，卫生间又可分为专用卫生间及公共卫生间，专用卫生间的几种平面布置如图6-11所示。

专用卫生间使用人数少，常用于住宅、标准较高的旅馆、医院等。在北方地区为获得天然采光，主要使用房间靠近外墙布置，而卫生间沿内墙布置，采用人工照明及管道通风。

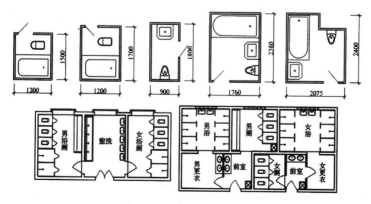

图6-11　专用卫生间平面

三、交通联系部分的平面设计

交通联系部分包括水平交通空间（走道）、垂直交通空间（楼梯、电梯、自动扶梯、坡道）、交通枢纽空间（门厅、过道）等。便捷、顺畅的交通流线组织是建筑合理使用的决定因素之一。交通联系部分应满足以下要求：

（1）交通线路简捷明确、指示明确、人流通畅、联系方便，对人流能起导向的作用。

（2）紧急情况下疏散迅速、安全，满足防火规范的要求。

（3）有良好的采光、通风和照明。

（4）在满足使用要求的前提下，平面布局紧凑，提高建筑的面积利用率。

（5）适当的高度、宽度和形式，并注意空间形象的完美和简洁。

（一）走道

走道又称为过道、走廊。走道的作用主要是联系同层内各房间，有时兼有其他功能。按使用性质可将走道分为以下三种类型。

1. 单一功能的走道

完全为交通联系而设置的走道，一般不允许安排其他功能，如办公楼、旅馆、电影院、体育馆的疏散走道等都是供人流集散用的。

2. 双重功能的走道

主要作为交通联系同时也兼有其他功能的走道，如教学楼中的走道，除作为学生课间休息活动的场所外，还可布置陈列橱窗及宣传栏；医院门诊部走道可作为人流通行和候诊的用途。

3. 综合功能的走道

多种功能综合使用的走道，如展览馆的走道，应满足边走边看的要求。走道的宽度和长度主要根据人流通行、安全疏散、防火规范、走道性质、空间感受来综合考虑。

走道的宽度应符合人流通畅和防火疏散的要求，根据人流股数，并结合门的开启方向综合确定。一般按一股人流宽 550 毫米，两股人流宽 1100～1200 毫米，三股人流宽 1500～1800 毫米来计算。疏散走道的宽度不应小于 1100 毫米（图 6-12）；并符合表 6-3 的规定。

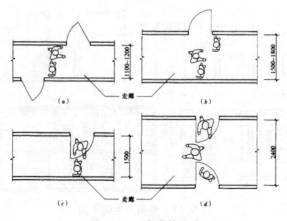

图 6-12　走道的宽度

表 6-3　疏散走道、安全出口、疏散楼梯和房间疏散门每 100 人的净宽度（m）

楼层位置	耐火等级		
	一、二级	三级	四级
地上一、二层	0.65	0.75	10
地上三层	0.75	10	—
地上四层及四层以上各层	1.0	1.25	—
与地面出入口的高差不超过 10m 的地下建筑	0.75	—	—
与地面出入口的高差超过 10m 的地下建筑	1.0	—	—

走道的长度应根据建筑性质、耐火等级及防火规范来确定。按照现行《建筑设计防火规范》的要求，最远一点房间出入口到楼梯间安全出入口的距离必须控制在一定的范围内（表 6-4）。

走道应有天然采光和自然通风。外走道可以获得较好的采光通风效果，内走道一般是通过走道尽端开窗；当走道较长时，可在中部适当部位设开敞空间或玻璃隔断；利用楼梯间、门厅或走道两侧房间设高窗来解决走道的采光和通风。

（二）楼梯

楼梯是多层建筑中常用的垂直交通设施，也是建筑中安全疏散的重要通道。

楼梯设计的原则是：应根据使用要求选择合适的楼梯形式，布置于恰当的位置，确定合适的宽度、数量和舒适的坡度；每个梯段踏步不应超过 18 级，亦不少于 3 级。

1. 楼梯的形式与位置

（1）直跑式楼梯：方向单一，引导性强，构造简单，能产生严肃向上的感觉。

（2）平行双跑楼梯：所占面积少，线路便捷，是民用建筑中最为常用的一种形式。

（3）三跑楼梯：空间灵活，造型美观，但梯井较大，常布置在公共建筑门厅和过厅中，有较好的空间效果。

此外，楼梯还有弧形、螺旋形、剪刀式等多种形式（图 6-13）。

按照现行《建筑设计防火规范》的要求，一般民用建筑的安全疏散楼梯的数量不少于 2 个，所以楼梯的位置按其使用性质分为主要楼梯、次要楼梯、消防楼梯等。主要楼梯位置应明显，导向性强，易于疏散；次要楼梯配合主要楼梯共同起着人员通行、安全疏散的作用。

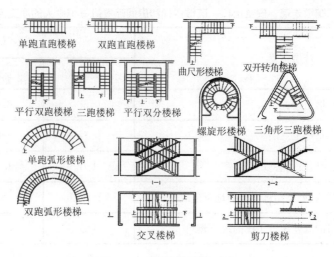

图 6-13　楼梯的平面形式

2. 楼梯的宽度和数量

楼梯的宽度和数量主要根据使用性质、使用人数和建筑防火规范来确定。一般供单人通行的楼梯宽度应不小于 900 毫米，双人通行为 1100 ～ 1400 毫米，三股人流通行为 1650 ～ 2100 毫米。一般民用建筑楼梯的最小净宽应满足两股人流疏散要求，但住宅户内楼梯可减小到 900 毫米（图 6-14）。楼梯梯段总宽度应按照建筑防火规范规定的最小宽度来确定（表 6-5）。

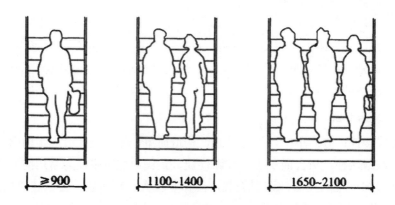

图 6-14　楼梯的宽度

楼梯的数量应根据使用人数及防火规范要求来确定。对于使用人数少或除幼儿园、托儿所、医院以外的二、三层建筑符合表 6-4 的要求时，也可以设一个疏散楼梯。

表 6-4　公共建筑可设置一个安全出口的条件

耐火等级	最多层数	每层最大建筑面积（m²）	人数
一、二级	3 层	500	第二层和第三层的人数之和不超过 100 人
三级	3 层	200	第二层和第三层的人数之和不超过 50 人

耐火等级	最多层数	每层最大建筑面积(m^2)	人数
四级	2 层	200	第二层人数不超过 30 人

3. 开敞与封闭楼梯间

民用建筑的楼梯间形式按其使用特点和防火要求，分为开敞式、封闭式、防烟楼梯间等几种形式（图 6-15）。标准不高、层数不多或公共建筑门厅的楼梯常采用开敞式，为了丰富建筑空间的艺术效果，室外疏散楼梯也可采用开敞式（图 6-15a）。

按照现行《建筑设计防火规范》的要求，医院、疗养院的病房楼、旅馆、超过 2 层的商店等人员密集的公共建筑；设置有歌舞娱乐放映游艺场所且建筑层数超过 2 层的建筑；超过 5 层的其他公共建筑的疏散楼梯应采用封闭楼梯间或室外疏散楼梯（图 6-15b）。

高层建筑疏散楼梯应采用防烟楼梯间。这种形式设有排烟前室，不仅可以起到增强楼梯间的排烟能力，同时也可起到人流缓冲的作用。封闭前室也可用阳台或凹廊代替（图 6-15c）。

扩大封闭楼梯间，就是将楼梯间的封闭范围扩大（图 6-15d），一般公共建筑首层入口处的楼梯往往比较宽大开敞，而且和门厅的空间合为一体，使得楼梯间的封闭范围变大。

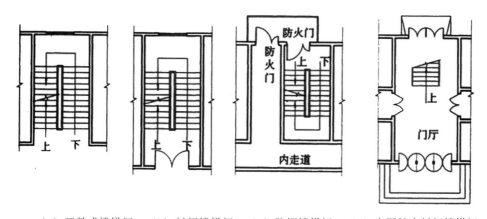

（a）开敞式楼梯间；（b）封闭楼梯间；（c）防烟楼梯间；（d）底层扩大封闭楼梯间

图 6-15　楼梯间的形式

（三）电梯

标准较高的多层建筑及高层建筑应设置电梯作为垂直交通设施。电梯按其使用性质可分为乘客电梯、载货电梯、客货两用电梯及杂物梯等几类。

确定电梯间的位置及布置方式时，应充分考虑以下几点要求：

（1）电梯间应布置在人流集中的地方，如门厅、出入口等。电梯前面应有足够的等候面积，以免造成拥挤和堵塞。

（2）按防火规范的要求，设置电梯时应配置辅助楼梯，供电梯发生故障时使用；可将两者靠近布置，以便灵活使用，并有利于安全疏散。

（3）电梯等候厅由于人流集中，最好有天然采光及自然通风。

电梯的布置形式一般有单面布置和双面布置等（图6-16）。

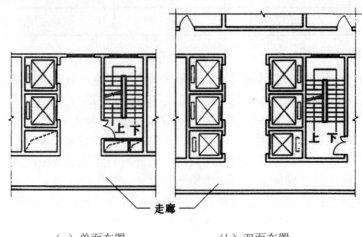

（a）单面布置；　　　　　　（b）双面布置

图6-16　电梯的布置形式

（四）门厅

门厅是位于主要出入口处的交通枢纽空间，其主要功能除具有集散人流、室内外空间过渡及各方向交通（过道、楼梯等）的衔接外，一些公共建筑的门厅还兼有其他功能，如医院门厅常有挂号、收费、取药功能，旅馆门厅兼有登记、接待、休息等功能。门厅是建筑外部空间和内部空间过渡的非常重要的空间，对门厅空间的处理不同，可体现出不同的空间效果和气氛，如庄严、雄伟、小巧、亲切等。

门厅的布局可分为对称式与非对称式两种。对称式的布置常采用轴线的方法表示空间的方向感，将楼梯布置在主轴线上或对称布置在主轴线两侧，具有严肃的气氛（图6-17）；非对称式门厅布置灵活，室内空间富有变化（图6-18）。

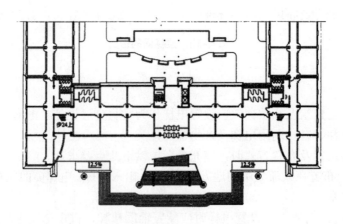

图6-17　对称布置的门厅（某图书馆）

图 6-18　非对称布置的门厅

门厅设计的主要要求：

（1）位置突出，流线清晰，导向明确：门厅应设置在建筑平面明显而突出的位置，出入方便；交通组织便捷，导向明确。

（2）尺度适宜，利于疏散：门厅面积的大小，应根据建筑规模、使用性质、建筑特点、建筑标准等因素来确定，设计时可参考有关面积定额指标。表 6-5 为部分建筑门厅面积参考指标。

表 6-5　部分建筑门厅面积设计参考指标

建筑名称	面积定额
中小学教学楼	$0.06 \sim 0.08 \text{m}^2/$ 生
综合医院门诊楼	$11\text{m}^2/\text{d}$ 百人次
旅馆	$0.2 \sim 0.5\text{m}^2/$ 床
电影院	$0.13\text{m}^2/$ 座

四、建筑平面的组合设计

合理布置建筑各部分空间，使建筑的功能合理、使用方便、结构合理，并且使体形简洁、造型美观、造价经济。

（一）影响平面组合的因素

1. 平面使用功能

建筑平面组合设计的核心问题是合理的功能分区及明确的流线组织；同时满足采光、通风、朝向等要求。

（1）合理的功能分区

合理的功能分区是按房间的使用特征，将使用性质相同、联系密切的房间邻近布置或组合在一起，而使用中有干扰的房间适当分隔，做到分区明确。

①主次关系。

在平面组合时要主次空间合理安排。一般是将主要使用房间布置在朝向较好的位置，并有良好的采光通风条件；次要房间可布置在条件较差的位置（图6-19）。

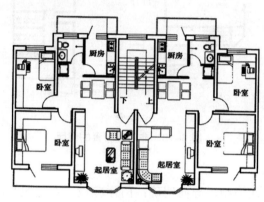

图6-19 住宅建筑房间的主次关系

②内外关系。

各类建筑的组成房间中，有的要求对外联系密切，直接为顾客服务；有的要求对内关系密切，供内部使用。一般是将对外联系密切的房间布置在便于直接对外较明显的位置上，而将对内性强的房间布置在较隐蔽的位置（图6-20）。

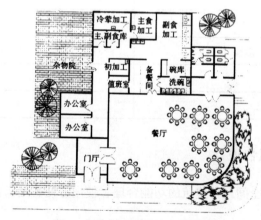

图6-20 餐饮建筑的内外关系

③联系与分隔。

根据房间的使用性质如"闹"与"静"、"洁"与"污"等方面反映的特性进行功能分区，使其既分隔而互不干扰，且又有适当的联系（图6-21）。

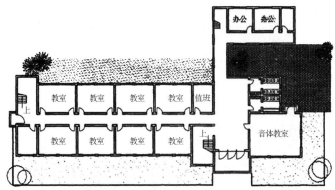

图 6-21 教学楼教室、音乐教室、办公室的分隔与联系

（2）明确的流线组织

民用建筑的流线，分为人流和货流两类。明确的流线组织，就是要使各种流线组织简捷、通畅，不迂回，不逆行，避免相互干扰和交叉（图 6-22）。

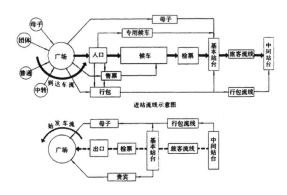

图 6-22　火车出站流线示意图

2. 结构类型

建筑结构与材料是构成建筑物的物质基础，在很大程度上影响着建筑的平面组合。建筑平面组合应在满足使用要求的前提下，选择简单合理的结构方案。

民用建筑常用的结构类型有三种：混合结构（图 6-23）、框架结构（图 6-24）、空间结构（图6-25）。

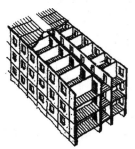

图 6-23　混合结构　　　图 6-24　框架结构

图 6-25 薄壳结构

3. 设备管线

民用建筑中的设备管线主要包括给水排水、供热通风以及电气照明等。在平面组合设计时，在满足使用要求的前提下，尽量将设备管线集中布置、上下对齐，利于施工和节约管线。

4. 建筑造型

建筑造型是内部空间、建筑使用性质的直接反映，但在一定程度上又会影响建筑的平面布局及平面形状。

（二）平面组合形式

平面组合形式是根据建筑的使用功能、流线组织特征进行组合所形成的平面布局。平面组合一般有以下几种形式。

1. 走道式组合

走道式组合的特征是房间沿走道一侧或两侧并列布置，房间门直接开向走道，通过走道相互联系。

走道式组合的优点是：各房间相对独立；易获得天然采光和自然通风，使用房间与交通联系部分应分区明确、结构简单、施工方便等。

走道式组合又可分为内走道与外走道两种（图 6-26）。

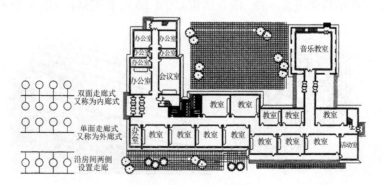

图 6-26 走道式组合

（1）内走道式：各房间沿走道两侧布置，平面紧凑，利于节约用地和建筑节能；但部分使用房间的朝向较差，走道采光、通风较差。

（2）外走道（外廊）式：分为南侧外走道和北侧外走道两种，房间布置在走道一侧，北外廊房间有好的朝向，具有良好的天然采光和自然通风，不利于冬季保温，南外廊的走道可以起到遮阳作用。

2. 套间式组合

套间式组合具有房间相互穿套、平面紧凑、面积利用率高、房间之间联系方便等特点；但是各房间相互干扰大，单独使用的灵活性差。

套间式组合按空间序列的不同又分为串联式和放射式。串联式是各房间相互穿套，使用灵活性较差，适用于使用时具有一定顺序、连续性较强的展览建筑；放射式是各房间围绕交通枢纽空间呈放射状布置，各房间联系方便，使用灵活（图6-27、图6-28）。

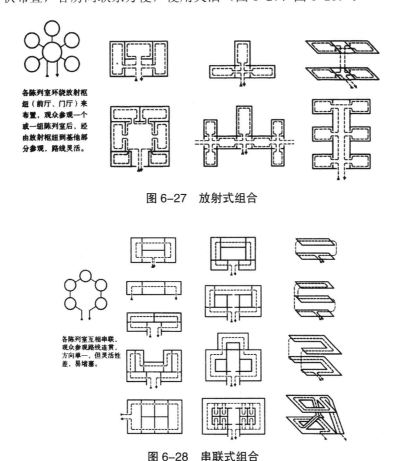

图 6-27　放射式组合

图 6-28　串联式组合

3. 大厅式组合

大厅式组合是以主要大厅空间为中心，环绕、穿插布置辅助房间，主次分明，流线便捷，使用方便。适用于有视听要求的大厅，如影剧院、体育馆等为大跨度的空间组合，而火车站、航空港、大型商场等为多层大厅空间组合（图6-29）。

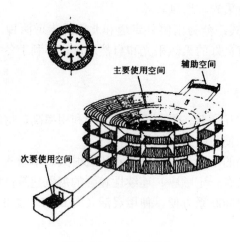

图 6-29 大厅式组合

4. 单元式组合

将关系密切的房间组合在一起，以楼梯、电梯间等垂直交通设施联系各个房间，成为一个相对独立的整体，称为单元。将一种或多种单元组合起来成为一幢建筑，这种平面组合方式称为单元式组合。

单元式组合的优点是单元与单元之间相对独立，互不干扰，平面布置紧凑，组合布局灵活，能适应不同的地形，形成多种不同的组合形式，广泛用于大量性民用建筑，如住宅、学校医院等（图 6-30）。

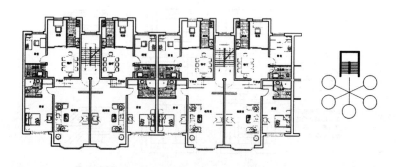

图 6-30 单元式组合

某些民用建筑由于功能比较复杂，往往不能局限于某一种组合形式，而必须采用多种组合形式。设计时必须深入分析各类建筑的使用特征，运用平面组合设计原理，创造自由灵活的建筑空间。

第二节　建筑剖面设计

一、建筑剖面设计概述

（一）术语

建筑平面图能够反映建筑的横向和纵向尺寸以及内部空间的功能布局情况；建筑立面图能够反映建筑的竖向尺寸和立面特征；而建筑竖向内部空间的结构与楼层之间的联系以及建筑内部与外部之间的空间联系则需要另外一种图样表达，即建筑剖面图。

建筑剖面图是用一假想的剖切平面将房屋沿竖向剖开，移去观察者与剖切平面之间的房屋部分，作出剩余部分的房屋的正投影图，所得图形称为剖面图（图 6-31）。

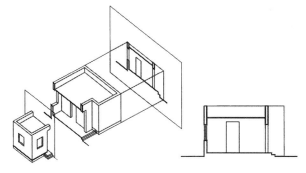

图 6-31　剖面图的形成

建筑剖面图主要表示房屋的内部结构、分层情况、各层高度、楼地面和屋面的构造、高度尺寸以及各配件在竖向的相互关系等内容。在施工中，剖面图可作为进行分层、砌筑内墙、铺设楼板和屋面板、门窗安装以及内部装修等工作的依据，是与平、立面图相互配合的不可缺少的重要图样之一。

建筑剖面图表达了对空间内部联系的一种理解，并且非常清楚地表达了它们联系的方式，这是立面图所不及的（图 6-32）。

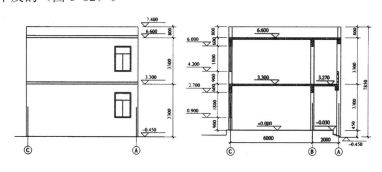

图 6-32　立面图与剖面图

（二）剖面图制图

一套图纸，剖面图的数量是根据房屋的复杂情况和施工实际需要决定的。剖切平面一般横向，即平行于侧面，必要时也可纵向，即平行于正面。其位置应选择在能反映出房屋内部构造比较复杂与典型的部位，并应通过门窗洞的位置。若为多层房屋，应选择在楼梯间或层高不同、层数不同的部位。

如建筑形体具有对称性，那么剖切平面一般应通过物体的对称面，或者通过孔洞的轴线。剖面图的图名应与底层平面图上剖切符号相对应。

（1）剖切符号。《房屋建筑制图统一标准》（GB/T50001—2010）中 6.1 规定，剖切符号应符合下列规定。

①剖视的剖切符号应由剖切位置线及投射方向线组成，均应以粗实线绘制。剖切位置线的长度宜为 6 ～ 10 毫米；投射方向线应垂直于剖切位置线，长度应短于剖切位置线，宜为 4 ～ 6 毫米。绘制时，剖视的剖切符号不应与其他图线相接触（图 6-33）。

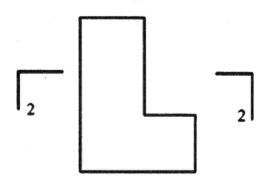

图 6-33　剖切符号

②剖视剖切符号的编号宜采用阿拉伯数字，按顺序由左至右、由下至上连续编排，并应注写在剖视方向线的端部。

③需要转折的剖切位置线，应在转角的外侧加注与该符号相同的编号。

④建（构）筑物剖面图的剖切符号宜注在±0.00 标高的平面图上。通常对下列剖面图不标注剖面剖切符号：通过门、窗洞口位置剖切房屋，所绘制的建筑平面图；通过形体（或构配件）对称平面、中心线等位置剖切形体，所绘制的剖面图。

（2）剖面图的画法。《房屋建筑制图统一标准》中规定：剖面图除应画出剖切面切到部分的图形外，还应画出沿投射方向看到的部分，被剖切面切到部分的轮廓线用粗实线绘制，剖切面没有切到、但沿投射方向可以看到的部分，用中实线绘制。被剖切断的钢筋混凝土梁板构件涂黑。为了使图形更加清晰，剖面图中一般不绘出虚线。

因为剖切是假想的，所以除剖面图外，画物体的其他投影图时，仍应完整地画出，不受剖切影响。

（3）剖面图的种类。由于建筑形体的多样性，对建筑形体做剖面图时所剖切的位置、方向和范围也不同。通常工程图常用的剖面图有全剖面图、半剖面图、阶梯剖面图、展开剖面图、局部剖面图和分层剖面图六种。

①全剖面图。假想用一个剖切平面将建筑形体全部剖开，画出的剖面图称为全剖面图。全剖面图一般应用于不对称的建筑形体，或虽然对称但外形比较简单而内部结构复杂的物体，或在另一投影中已将其外形表达清楚的建筑形体。在建筑工程图中，建筑平面图就是用水平剖切面剖切后绘制的水平全剖面图（图6-34）。

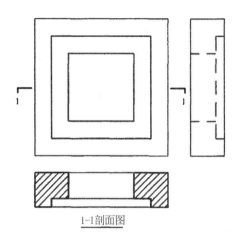

1-1剖面图

图6-34　全剖面图

②半剖面图。如果建筑形体是对称的，并且内外结构都比较复杂时，可以图形对称线为分界，一半绘制建筑形体的正投影图，一半绘制建筑形体的剖面图，同时表达建筑内外形状。这种由一半剖面一半投影组合而成的图样称半剖面图（图6-35）。半剖面图可同时表达出物体的内部结构和外部结构，节省了投影图的数量。

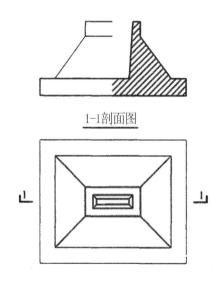

1-1剖面图

图6-35　半剖面图

在半剖面图中，如果物体的对称线是竖直方向，则剖面部分应画在对称线的右边；如果物体的对称线是水平方向，则剖面部分应画在对称线的下边。另外，在半剖面图中，因内部情况已由剖面图表达清楚，所以表示外形的那半边一律不画虚线，只是在某部分形状尚不能确定时，才画出必要的虚线。半剖面图的剖切符号一律不标注，图名沿用原投影图的图名。

③阶梯剖面图。用两个或两个以上互相平行的剖切平面将建筑形体剖开后所绘制的剖面图，叫阶梯剖面图（图 6-36）。如果一个剖切面不能将形体需要表示的内部结构全部剖切到，而为了减少剖面图的数量，通常采用这样的剖切方法。

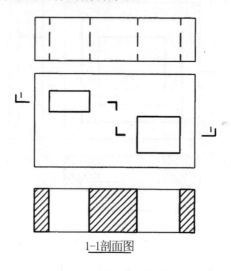

1-1剖面图

图 6-36　阶梯剖面图

　　画阶梯剖面图时，在剖切平面的起始及转折处，均要用粗短线表示剖切位置和投影方向，同时注上剖面名称。如不与其他图线混淆时，直角转折处可以不注写编写。另外，由于剖切面是假想的，因此，两个剖切面的转折处不应画分界线。

　　④展开剖面图。用两个或两个以上相交的剖切面（剖切面的交线应垂直于某投影面）剖切建筑形体后，将倾斜于投影面的剖面绕其交线旋转展开到与投影面平行的位置再投影，所得的剖面图称为展开剖面（图 6-37）。用这种方法剖切时，应在剖面图的图名后加注"展开"字样。

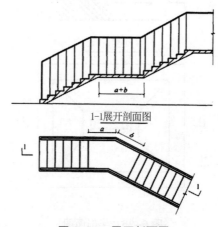

1-1展开剖面图

图 6-37　展开剖面图

　　画展开剖画图时，应在剖切平面的起始及相交处，用粗短线表示剖切位置，用垂直于剖切线的粗短线表示投影方向。

⑤分层剖面图。为了表示建筑物内部的构造层次，并保留其部分外形时，可用局部分层剖切，由此而得的图称为分层剖切剖面图（图6-38）。画这种剖面图时，应用波浪线按层次将构造各层隔开，波浪线可以视作物体断裂面的投影。绘制波浪线时，不能超出图形轮廓线，在孔洞处要断开，也不允许波浪线与图样上其他图线重合。不需标注剖切符号和编号，图名沿用原投影图的名称。

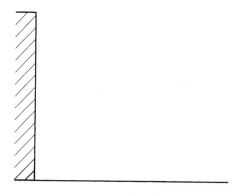

图6-38　分层剖面图

⑥局部剖面图。用一个剖切平面将物体的局部剖开后所得到的剖面图称为局部剖面图，简称"局部剖"（图6-39）。局部剖适用于外形结构复杂且不对称的物体。

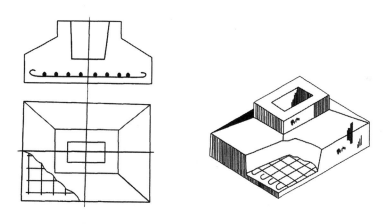

图6-39　局部剖面图

（4）画剖面图的注意事项。

①剖切平面与物体接触部分的轮廓线用粗实线绘制，剖切平面没有切到但沿投射方向可以看到的部分，用中实线绘制。

②剖切平面与物体接触的部分，一般要绘出材料图例。在不指明材料时，用45°细斜线绘出图例线，间隔要均匀。在同一物体的各剖面图中，图例线的方向、间隔要一致。

③剖面图中一般不绘出虚线。

④因为剖切是假想的，所以除剖面图外，画物体的其他投影图时，仍应完整地画出，不受

剖切影响。

（三）剖面图的基本内容

1.图示内容

建筑剖面图主要用来表示房屋内部竖向尺寸、楼层分层情况及结构形式和构造方式等。它与建筑剖面图、立面图相配合，是建筑施工中不可缺少的重要图样之一。

在学习中必须熟练掌握其作图方法，并能准确理解和识读各种剖面图，以提高对工程图的识读能力。

建筑剖面图主要包括以下内容：

（1）表示主要内、外承重墙、柱、梁的轴线及轴线编号。

（2）表示主要结构和建筑构造部件，如室内底层地面、各层楼面、顶棚、屋顶、檐口、女儿墙、防水层、保温层、天窗、楼梯、门窗、阳台、雨篷、踢脚板、防潮层、室外地面、散水、排水沟、台阶、坡道及其他装修等剖切到或可见的内容。

（3）标出标高和尺寸。

①标高内容。应标注被剖切到的外墙门窗洞口的标高，室外地面的标高，檐口、女儿墙的标高，以及各层楼地面的标高。

②尺寸内容。应标注门窗洞口高度、层间高度和建筑总高3道尺寸。室内还应该标注内墙上门窗洞口的高度，以及内部设施的定形和定位尺寸。

（4）表示楼地面各层的构造。一般用引出线说明楼地面、屋顶的作法。如果另画详图，或已有说明则在剖面图中画详图之处的索引符号。

（5）注明图纸名称、比例。

剖面图的比例应该与平面图、立面图一致。

2.图的识读

（1）从图名了解剖面图的剖切位置与编号。从底层平面图中可以看到相应编号的剖切符号，由此可以分析出，该剖面图剖切到建筑的平面位置，从而了解该剖面图与平面图的对应关系。图6-40的剖面图对应平面图1-1和图2-2剖切位置。剖面图的宽度应该与平面图对应的宽度尺寸相等，剖面图的高度应该与立面图保持一致。

（2）从被剖切到的墙体、楼板和屋顶形式等了解房屋的结构形式。从图6-40的1-1剖面图分析出，该建筑有两层，属于混合结构，楼板和梁等水平承重构件用钢筋混凝土制作，墙体用砖砌筑。该建筑属于平屋顶，设有女儿墙。

（3）了解房屋各部位的竖向尺寸标注。在1-1剖面图中画出了主要承重墙的轴线及其编号和轴线的间距尺寸。在竖直方向注出了房屋主要部位即室内外地坪、楼层、门窗洞口上下、女儿墙顶面等处的标高及高度方向的尺寸。从1-1剖面图识读出房屋的层高为3300毫米，总高为7850毫米，室内外高差450毫米，窗台高度900毫米，女儿墙高度800毫米。请自行分析2-2剖面中反映的房屋个部分竖向尺寸。

（4）了解楼梯的形式和构造。从图6-40中，可以了解楼梯的形式为平行双跑楼梯，每层有20个踏步，每个梯段有10个踏步。该楼梯为钢筋混凝土结构。

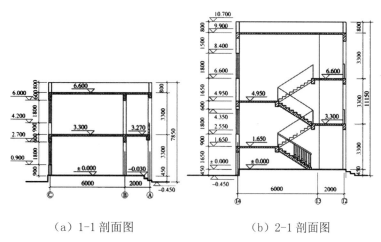

(a) 1-1 剖面图   (b) 2-1 剖面图

图 6-40 剖面图

3. 绘图步骤

画剖面图应根据底层平面图上的剖切位置以及被剖切到的建筑部位和投影方向确定剖面图的图示内容。剖面图比例和图幅的选择与平面图和立面图相同。

剖面图的绘制步骤如下（图 6-41）。

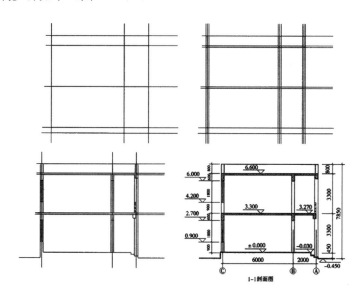

图 6-41 剖面图绘制步骤

（1）绘制定位轴线、室内外地坪线、各层楼面线和屋面线。

（2）绘制墙身和楼板。

（3）绘制细部：如门窗洞口的高度线、楼梯、梁、雨篷、檐口、台阶等。

（4）检查无误后，擦去多余线条，按施工图要求画材料图例，注写标高、尺寸、图名、比例及有关的文字说明。

（5）加深图线。

二、建筑剖面设计技术

建筑剖面设计是在建筑平面设计的基础上进行的，不同的剖面关系也会反过来影响到建筑平面的布局，所以建筑设计的整个过程是一个统一的过程，设计中的一些问题往往需要将平面和剖面结合在一起考虑，才能加以解决。例如建筑平面中房间的分层安排及各层面积大小需要结合剖面中建筑物的层数一起考虑，建筑剖面中建筑的层高需要与平面中房间的面积大小、进深尺寸结合考虑等。

建筑剖面设计主要是确定建筑物在垂直方向上的空间组合关系，是对各房间和交通联系部分进行竖向的组合布局。在建筑设计过程中，需要假设对建筑物在适当的部位进行从上至下的垂直剖切，展现建筑内部的竖向结构，然后再确定垂直方向上的空间组合关系。

建筑单体剖面设计的基本内容包括：单个房间的剖面设计、建筑各部分高度的确定和层数的确定以及建筑空间的剖面组合设计三个方面。

此外，还要处理建筑剖面中的结构、构造关系等问题。

（一）单一房间的剖面设计

1. 房间的剖面形状

房间的剖面形状分为矩形和非矩形两类。在民用建筑中，普通功能要求的房间，其剖面形状多采用矩形。对于某些功能上有视线、音质等特殊要求的房间，如影剧院的观众厅、体育馆的比赛厅、学校的合班教室等，应根据使用功能要求，选择与之相适应的剖面形状。

2. 房间的功能要求

（1）视线要求。有视线要求的房间主要是指影剧院的观众厅、体育馆的比赛大厅、教学楼中的阶梯教室等。为了保证人们的视线质量，使人们从眼睛到观看对象之间没有遮挡，需要进行视线设计，使室内地坪按一定的坡度变化升起。

地面升起的坡度与设计视点的位置、后排与前排的视线升高值有关，另外，第一排座位的位置、排距、前后排对位或错位排列等对地面的升起坡度也有影响。

设计视点是指按设计要求所能看到的极限位置，以此作为视线设计的主要依据。各类建筑由于功能不同，观看对象不同，设计视点的选择也不一致。如在电影院中，设计视点应选在银幕下缘的中点；在剧院中，设计视点一般宜选在舞台面台口线中心台面处或舞台面上方不超过300毫米处；学校合班教室的设计视点一般应选在黑板底边，在体育馆中，设计视点一般应选在篮球场的边线上或边线上方不超过500毫米处。设计视点越低，地面的升起坡度越大，而设计视点较高时，地面升起也较平缓。

设计视点与人眼的连线成为设计视线。视线升高值即 c 值，是指后排人的设计视线与前排人的头顶相切或超过时，与前排人的眼睛之间的垂直距离。c 值与人眼睛到头顶的高度及视觉标准有关，一般为120毫米。在设计中，对视线升高值的选取通常有两种标准：一种是前后排对齐布置，每排视线升高值为120毫米，保证了良好的视觉效果，但地面升起坡度较大；另一种是将前后排座位错开布置，每排升高60毫米，其视觉效果也比较好，而且地面升起坡度变缓，因此采用较多（图6-42）。

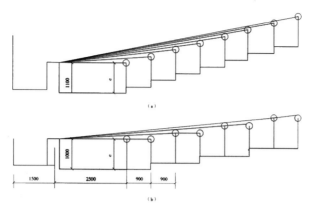

图 6-42　C 值选取标准与地面起坡的关系

在实际设计中，当地面的升起坡度不大时，常采用折线形，当坡度大于 1∶6 时，应采用阶梯形。

（2）音质要求。有音质要求的房间主要是指剧院、会堂等建筑，因为这些建筑对音质要求很高，在确定房间的剖面形状时，音质要求主要影响到顶棚的处理。

为保证室内声场分布均匀，避免产生声音聚焦及回声，应根据声学设计来确定顶棚的形状。顶棚是室内声音的主要反射面，它的形状应使室内各部位都能得到有效的反射声。一般情况，凸面可使声音扩散，声场均匀分布，凹曲面和拱顶易产生声音聚焦，声场分布不均匀，设计时应尽量避免。

如剧院的观众厅，一般后区的声压比较低，为了利用顶棚的反射声加强这部分的声压，顶棚常向舞台方向倾斜。为避免观众厅前区和中区缺少反射声或出现回声，通常将观众厅前部靠近舞台口的顶棚压低。为避免产生声音聚焦，顶棚的形状应尽量避免采用凹曲面，否则，应加大凹曲面的曲率半径，使声音的聚焦点不在观众座位区（图 6-43）。

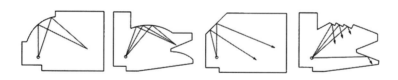

图 6-43　剖面形状与音质的关系

（3）采光和通风要求。一般房间由于进深不大，侧窗已经能满足室内采光和通风等卫生要求，剖面形式比较单一，多以矩形为主。但当房间进深较大，侧窗已无法满足上述要求时，就需要设置各种形式的天窗，从而也就形成各种不同的剖面形状。

例如展览建筑中的陈列室，为了使室内照度均匀，避免光线直射损害陈列品和产生眩光，并使采光口不占用或少占用陈列墙面，常采用各种形式的采光窗。餐饮建筑中的厨房，由于操作过程中散发出大量的热量、蒸汽、油烟等，常在顶部设置排气窗以加速排出有害物体，形成其特有的剖面形状（图 6-44）。

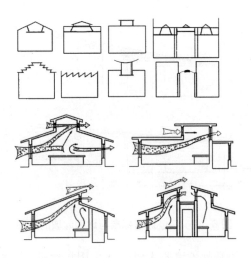

图 6-44　剖面形状与采光和通风的关系

3. 结构、施工等技术经济方面的要求

矩形的房间剖面形状，不仅能满足房间的普通功能要求，而且具有结构布置简单，施工方便，节省空间等特点，因此采用较多。但有些大跨度建筑的房间，由于受结构形式的影响，常形成具有结构特点的剖面形状（图 6-45）。

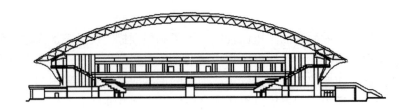

图 6-45　剖面形状与结构的关系

4. 室内空间艺术要求

为获得良好的空间艺术效果，对装修标准较高的房间，可结合顶棚、地面的处理，使其剖面形状富有一定的变化。

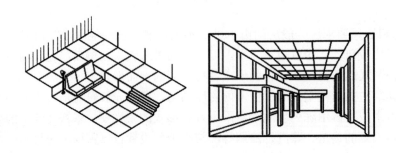

图 6-46　室内空间处理对剖面形状的影响

5.净高与层高的设计

（1）定义。房间的净高是指室内楼地面到吊顶或楼板底面之间的垂直距离，楼板或屋盖的下悬构件影响有效利用空间时，房间的净高应是室内楼地面到结构下缘之间的垂直距离（图6-47）。

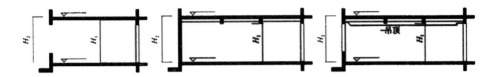

图6-47　房间的净高（H₁）和层高（H₂）

层高是指该层楼地面到上层楼面之间的垂直距离。层高应符合《建筑模数协调统一标准》（GBJ2—1986）要求，当层高不超过3.6米时，应采用1M数列；超过3.6米时，宜采用3M数列。

（2）确定房间的净高和层高的因素。

①人体活动尺度。房间的净高与人体活动尺度有很大关系。为保证人的正常活动，一般情况下，室内净高度应保证人在举手时不触及到顶棚也就是不应低于2200毫米。按有关规范规定及使用要求考虑，地下室、储藏室、局部夹层、走道和房间最低处的净高不应小于2米，楼梯平台上部及下部过道处的净高不小于2米，梯段净高不应小于2.2米（图6-48）。

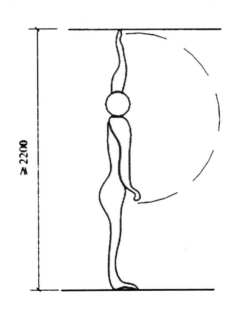

图6-48　房间的净高与人体尺度的关系

②家具、设备的影响。房间内的家具、设备以及人们使用家具设备所需要的空间大小也直接影响房间的净高和层高。例如学生宿舍设有双层床时，净高不应小于3000毫米，层高一般取3300毫米左右；医院手术室的净高应考虑到手术台、无影灯以及手术操作所必需的空间，其净高不应小于3000毫米（图6-49）。

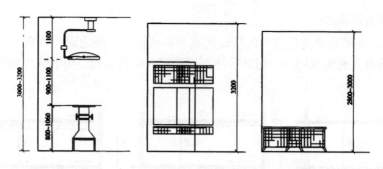

图 6-49　房间的净高与家具设备的关系

③经济要求。在满足使用要求和卫生要求前提下，从经济的角度考虑，合理选择房间高度，适当降低层高，从而可以降低建筑总高度，可相应减轻建筑物自重，节约材料，降低建筑造价。同时可以缩小建筑物之间的间距，节约用地，节省投资。例如住宅建筑，层高每降低 100 毫米，缩小建筑间的间距，可节约 2% 左右居住区用地，可以节省投资 1%。

④室内空间要求。除了以上影响到确定房间净高和层高的因素以外，还要认真分析人们对建筑空间在视觉上和精神上的要求。一般情况是面积大的房间高度应高一些，面积小的房间则可适当降低。

高而窄的空间易使人产生兴奋、激昂、向上的情绪，且具有严肃感，过高就会使人觉得不亲切；宽而矮的空间使人感觉宁静、开阔、亲切，但过低又会使人产生压抑、沉闷的感觉。

在空间比例的要求上，一般民用建筑的空间比例，高宽比在 1∶1.5～1∶3 之间较合适。

处理房间空间比例时，在不增加房间高度的情况下，可以借助以下手法来获得理想的空间效果。利用窗户的不同处理来调节空间的比例感，细而长的窗户使人感觉要高些，宽而扁的窗户则感觉房间低一些；运用以低衬高的对比手法，将次要房间的顶棚降低，从而使主要空间显得更加高大，次要空间则亲切宜人。

（3）建筑设计规范中对常见房间高度的规定。

①住宅：层高不应高于 2.8 米，卧室和起居室的净高不应低于 2.4，厨房、卫生间的净高不应低于 2.2 米。

②中小学校：小学教室的净高不应低于 3.1 米，中学教室的净高不应低于 3.4 米，实验室的净高不应低于 3.4 米，合班教室的净高不应低于 3.6 米，办公用房的净高不应低于 2.8 米。

③宿舍：采用单层床时，居室层高不应高于 2.8 米，净高不应低于 2.5 米；采用双层床时，层高不应高于 3.3 米，净高不应低于 3 米。

④办公楼。根据办公建筑分类，办公室的净高应满足：一类不应低于 2.7 米，二类不应低于 2.6 米，三类不应低于 2.5 米。

⑤旅馆：客房居住部分的净高不应低于 2.6 米，有空调的办公室净高不应低于 2.4 米，卫生间及客房内走道净高不应低于 2.1 米。

⑥医院。诊室净高不应低于 2.6 米，病房净高不应低于 2.8 米。

6. 门窗洞口竖向尺寸设计

（1）窗台高度。窗台的高度主要根据房间使用要求、人体尺度和家具设备的高度来确定。对于一般民用建筑中的生活、工作、学习用房间窗台高度可稍高于桌面高度（780～800 毫米），且低于人坐的视平线高度（1100～1200 毫米），所以窗台高度一般取 900 毫米或 1000 毫米。

对于托儿所、幼儿园中的儿童用房结合儿童身体尺度和较矮小的家具，窗台高度一般采用 600 毫米。有遮挡视线要求的房间，如在走廊两侧的浴室、厕所等的窗台高度可以可采用 1800 毫米。开向公共走道的窗户，其窗台高度应保证窗扇开启后，窗扇地面高度不应低于 2000 毫米。展览陈列室等，往往需要沿墙布置陈列品，为了消除和减少眩光，常设高侧窗或天窗窗台。为满足窗台到陈列品的距离大于 14°。保护角的要求，窗台高度常提高到距地面 2500 以上。为便于观赏室外风景或丰富建筑空间，也可降低窗台高度或采用落地窗。临空的窗台高度低于 800 时，应采取防护措施，防护高度由楼地面起计算不应低于 800 毫米。住宅窗台低于 900 时，应采取防护措施（图 6-50）。

图 6-50　门窗洞口竖向尺寸

（2）窗洞上缘高度。即窗顶高度，对室内的采光产生影响，故常将窗顶标高定在圈梁或过梁下面。

（3）门的高度。门的高度应根据人流通行和家具设备搬运的要求、通风和采光要求以及比例关系来确定。门的通行高度是指门的洞口高度，宜采用 3M 模数数列，门顶不设亮子时，门高常用 2.1 米和 2.4 米，当门顶设亮子时，门高常用 2.4 米和 2.7 米。门的净高即是门的通行高度通常等于门窗高度。门净高一般不小于 2 米。体育馆或运动员经常出入的门扇净高不应低于 2.2 米。建筑物对外出入口的门高及有高大设备出入的房间门的高度，可相应的加大。

（4）雨篷高度。雨篷是在建筑物入口处和顶层阳台上部用以遮挡雨水和保护外门免受雨水浸蚀的水平构件。设于建筑入口处的雨篷标高宜高于门洞标高 200 毫米左右。

（二）建筑单体的剖面设计

1. 室内外高差的设计

建筑物底层出入口处应采取措施防止室外地面雨水回流造成墙身受潮，从而保证室内地面的干燥。一般是在室内外地面之间设置一定的高差。

室内地面高差值应根据通行要求、防水防潮要求、建筑物沉降量、建筑物使用性质、建筑标准、地形条件等综合确定。一般民用建筑的室内外地面高差数值一般为 150～600 毫米。高差过大，室内外联系不便，建筑造价提高；高差过小，不利于建筑的防水防潮。

例如仓库、车库等为便于运输常设置坡道，其室内外地面高差以不超过 300 毫米为宜，常设置 150 毫米。而一些大型公共建筑或纪念性建筑，常加大室内外地面高差，采用高的台基和较多的踏步处理，以增加建筑物庄严、肃穆、雄伟的气氛。位于山地和坡地的建筑物，应结合地形起伏变化和室外道理布置等因素综合确定室内外地面标高。

《住宅设计规范》（GB50096—2011）第 4.1.4 条规定：入口处地坪与室外地面应有高差，并不应小于 0.10 米。

《建筑地面设计规范》（GB50037—1996）第 6.0.1 条规定：建筑物的底层地面标高，应高出室外地面 150 毫米，当有生产、使用的特殊要求或建筑物预期较大沉降量等其他原因时，可适当增加室内外高差。

《工业企业总平面设计规范》（GB50187—2012）第 6.2.4 条规定：建筑物的室内地坪标高，应高出室外场地地面设计标高，且不应小于 0.15 米。建筑物位于可能沉陷的地段、排水条件不良地段和有特殊防潮要求、有贵重设备或受淹后损失大的车间和仓库，应根据需要加大建筑物的室内外高差。

在建筑设计中，一般以底层室内地面相对标高为 ±0.000，高于底层室内地坪为正值，低于它的为负值。

2. 室内地面高差的设计

同一单体建筑内，各层房间的地面标高应尽量取得一致，使行走比较方便。对于一些易于积水或需要经常冲洗的房间，如浴室、厕所、厨房、外阳台及外走廊等，其地面标高应比其他房间的地面标高低 20 ～ 50 毫米，以防积水外溢而影响其他房间的正常使用。

3. 建筑层数和总高度的确定

确定建筑物的层数和总高度时，应综合考虑各方面的因素。通常根据建筑物的使用要求、基地环境与城市规划要求、经济技术条件、建筑防火等要求来确定。

（1）建筑物的使用要求。各种类型的建筑，由于功能和使用对象不同，对建筑层数和高度有不同的要求。例如使用对象为幼儿、老人、病人的建筑，层数以不超过三层为宜。

住宅、办公楼、旅馆等多为高层建筑；影剧院、体育馆等一类公共建筑的面积和高度较大，人流集中，为迅速而安全地进行疏散，宜建成低层。

（2）基地环境和城市规划的要求。任何建筑都要处在一定的环境之中，建筑物的层数也必然受到基地环境的影响，特别是位于城市主干道两侧、广场周围、风景区和历史建筑保护区的建筑。确定建筑物的层数时，应考虑基地大小、地形、地貌、地质等条件，并使之与周围的建筑物、道路交通等环境协调一致。另外，城市规划部门从城市面貌、城市用地等方面考虑，对不同地段的建筑物层数会提出具体要求，确定建筑物的层数时，应符合这些要求。

（3）建筑结构、材料及施工的要求。建筑物采用的结构型式和材料不同，适合建造的层数也有所不同。例如木结构只适于一层、二层建筑；砖墙承重结构宜建多层；钢筋混凝土框架结构、剪力墙结构、框架剪力墙结构和筒体结构等结构体系适用于高层和超高层建筑，也适合于主要由较大空间组成的多层和低层建筑；钢结构宜建大跨度或高层、超高层；网架、悬索、薄壳、折板等空间结构体系适用于低层大跨度建筑，如体育馆、影剧院等建筑。

另外，建筑施工技术水平、施工吊装能力等对建筑物的层数也有一定影响。

（4）建筑防火的要求。按照《建筑设计防火规范》（GB50016—2006）的规定，建筑物的层数应根据不同建筑的耐火等级来决定。如一级、二级耐火等级的民用建筑物，原则上层数不受限制；三级耐火等级的建筑物，允许层数为 1～5 层；四级耐火等级的建筑物，仅允许建造 1～2 层。

（5）建筑经济的要求。建筑物的造价及用地与层数有密切关系，5～6 层砖混结构的建筑最经济。从节省用地的角度考虑，层数宜多一些。同样面积的一幢五层房屋和五幢单层平房的用地比较，在保证日照间距的条件下，后者的用地面积显然比前者要大的多。但层数增多到一定限度时，会因结构型式的变化及电梯、管道设备等公共设置费用的增加而提高房屋造价。因此，确定建筑物的层数时，应考虑房屋造价和用地情况的综合经济效果。多层建筑物因为层数不同，土建造价比相对不同，若一层建筑造价比 100%，则二层为 90%，三层为 84%，四层为 80%，五层、六层为 85%，从而看出四层的多层建筑物造价最低。综合土建造价与建筑用地，一般五层、六层砖混结构的房屋造价是比较经济的。

4. 屋顶的剖面设计

（1）屋顶的作用。屋顶是建筑物最上层起覆盖作用的外围护构件，同时也是建筑物最上层的水平受力构件。作为外围护构件，屋顶的作用是抵御自然界的风霜雪雨、太阳辐射、气候变化和其他外界的不利因素，使屋顶覆盖下的空间有一个良好的使用环境。作为承重构件，屋顶的作用是承受建筑物顶部的荷载并将这些荷载传给下部的承重构件，同时还起着对房屋上部的水平支撑作用。

（2）屋顶的类型。屋顶的类型很多，大体可以分为平屋顶、坡屋顶和其他形式的屋顶。

①平屋顶。平屋顶通常是指屋面坡度小于 3% 的屋顶，常用坡度为 2%～3%。平屋顶通常根据屋面的排水方式不同，又分为不同的形式。

无组织排水方式下的挑檐式平屋顶，这种屋顶形式比较简单，落水时将沿檐口形成水帘，雨水四溅，危害墙身和环境，因此只适用于年降水量较小、房屋较矮以及次要的建筑中。

②坡屋顶。坡屋顶是一种我国传统建筑中常用的屋面形式，种类繁多，屋面坡度根据材料的不同可取 10%～50%，根据坡面组织的不同，坡屋顶形式主要有单坡、双坡及四坡等。

③其他类型屋顶。随着建筑科学技术的发展，出现了许多新型结构的屋顶，如拱屋顶、折板屋顶、薄壳屋顶、悬索屋顶等。这些屋顶的结构形式独特，使得建筑物的造型更加丰富多彩。

（3）屋顶的剖面设计。屋顶的剖面设计主要满足三个原则。

第一，屋顶的形式与建筑功能有直接联系。

第二，满足造型需要。选择平屋顶形式还是坡屋顶形式，直接影响到建筑的外观造型。不同屋顶有不同的风格，能给人不同的感觉。建筑形式往往不是简单的建筑功能的反映，人们应该站在艺术和审美观点的角度去对建筑形式进行创造。

第三，坡屋顶需要符合《民用建筑设计通则》（GB50352—2005）中根据屋面材料的类别不同而规定的 2%～50% 的不同的排水坡度要求。相同条件下，屋面坡度越大，屋脊越高，屋面排水越顺畅，屋顶面积越大，室内空间利用率越高，但施工难度加大，造价相应也越高；相反，坡度越小，屋顶面积越小，排水越缓。

第三节 建筑的内部设计

一、建筑内部设计概述

（一）内部空间的含义

1. 建筑内部空间、外部空间和"灰空间"

建筑内部空间指的是墙体、地面、屋顶等围成建筑的内部空间。

外部空间指的是建筑物与建筑物之间，建筑物与自然环境中的物体形成外部空间。

建筑空间有内、外之分，但是在特定条件下，室内、外空间的界线似乎又不是那样泾渭分明，例如四面敞开的亭子、透空的廊子、处于悬臂雨篷覆盖下的空间等。

图 6-51　建筑空间

"灰空间"是指上述介于室内与室外之间的过渡空间，也就是那种半室内、半室外，半封闭、半开敞，半私密、半公共的中介空间。这种特质空间一定程度上抹去了建筑内外部的界限，使两者成为一个有机的整体，空间的连贯消除了内外空间的隔阂，给人一种自然有机的整体的感觉。一般建筑人口的门廊、檐下、庭院、外廊等都属于灰空间。

2. 空间与实体

英国雕塑家亨利·摩尔（Henry Moore）的作品十分强调雕塑的空间感，在他的作品中，我们可以看到这种实与虚并重的倾向。对于这些作品，他自己曾解释道："这些洞（指空间），本身就是一种形体"，并且，这是些"空间和形（实体）完全地相互依赖和不可分割的雕塑"。摩尔这番话虽指雕塑而言，但却道出了空间与实体的相互关系及空间在室内环境中的重要性。

3. 空间和空间界面

如果要理解建筑空间这一现象，必须从概念上区分两个因素：空间和空间界面。建筑师戴念慈先生指出："建筑设计的出发点和着眼点是内涵的建筑空间，把空间效果作为建筑艺术追求的目标，而界面、门窗是构成空间必要的从属部分。从属部分是构成空间的物质基础，并对内涵空间使用的观感起决定性作用，然而毕竟是从属部分。至于外形只是构成内涵空间的必然结果。"

因此，我们对于建筑空间的理解是从以下观点出发的：

（1）空间是可以从它的界面感受到的。

（2）处于空间中的人和空间限界因素之间存在着可以感受和测量的关系。

（二）对空间观念的认识

1. 人们对空间观念的认识是经过不断发展的

人类最早居住的草棚与洞穴中已经隐含了空间概念的基本特征，然而对于空间概念的提出却是很晚的一件事。

《空间时间和建筑》一书的作者，著名建筑史学家 S. 吉迪翁把人类的建造历史描述为三个空间概念阶段。

（1）穴居人类，虽然证据显示他们有惊人的创造力，但只是利用而非建造。公元前 2500 年，开始出现了真正意义的建筑，如美索布达米亚人和埃及人的金字塔，但这些只是服从于外部的建造，真正的内部空间还没有出现。我们把它称为第一个空间概念阶段，有外无内。

（2）公元 100 年，古罗马万神庙出现了塑造的室内空间，内部与外部空间区分了开来，但遗憾的是外部形式被忽略了，技术和观念的困境使外部形式与内部空间的分离又持续了两千年。

（3）1929 年，密斯·凡·德罗的巴塞罗那国际博览会德国馆，使千年来内外空间的分隔被一笔勾销。空间从封闭墙体中解放出来，"流动空间"出现，这称为第三个空间概念阶段，它是关于内外空间互动关系的发展。

我们通过实体的墙和屋顶来进行建造活动，但我们使用的却是被实体所围合的虚的部分，这虚的部分，就是内部空间，才是建筑的真正"实体"。因此，挪威建筑学家诺伯格·舒尔茨从建筑空间的角度出发，提出建筑的组合元素是实体、空间、界面，并提出"存在空间——建筑空间——场所"的观念。空间是建筑创作的目的，实体是创造空间的手段，界面则是围合空间的要素。

2. 建筑内部空间具有超越外在形式的独立魅力

从古至今，优秀的建筑总是与精彩的建筑内部空间相伴随的。内部空间是建筑整体不可分割的重要部分，建筑师对于成功建筑的探索，往往特别表现为对建筑空间的追求。

在这里，空间中的人走走停停看看，看见前面的时候联想到后面，眼睛里有看见了的东西，感觉中还有周围看不见的空间。这些都是图纸及照片无法描述的。

3. 不要让图示语言束缚我们对空间的感知力

不少建筑师都习惯于以建筑的图形效果为目标对建筑进行设计和推敲。但是，图形信息很难表达人对建筑空间的实际感知。这种评判、设计建筑的方法就带有巨大的风险和盲点。

当我们设计建筑时，会画一张外观的渲染图，还会拿出平面、立面和剖面图。换句话说，把建筑分为围成和分割建筑体积的各个垂直面和水平面，分别加以表现，反而忽略了空间的概念，在设计过程中图形信息很难表达设计者对建筑空间的实际感知。图示语言本是为了更好地表达空间，结果反而桎梏了我们对空间的想象力和创造力。很多设计外表丰富，但是内部却平淡无奇。

正如意大利有机建筑学派理论家赛维（Bruno ZeVi）在《建筑空间论》中所说，"空间现象只有在建筑中才能成为现实具体的东西"，"空间——空的部分——应当是建筑的主角"。因此，我们在建筑设计基础的课程中增加了空间思维的训练。建筑师只有真正认识并且学会感知空间，才有可能在设计中建立起建筑空间观，将空间融入自己的设计，而不是仅仅停留在二维的平面。

（三）学会认知与体验

其实我们每天都是在空间认知与体验中度过的：早上在自己的卧室里醒来，穿过宽敞的客厅到餐桌吃饭；或者走过长长的走廊到教室里上课；午后在阳台上晒太阳；可能去逛商场，在各个柜台前流连忘返，也可能窝在咖啡厅的一角消磨时间，如此种种。我们总是从一个房间到另一个房间，从事着这样那样的活动，只是我们没有意识到我们已经在认知和体验的过程中了。建筑内部空间的认知与体验与生活是融为一体的。

1. 量度

主要指空间的形状与比例。

由各个界面围合而成的室内空间，其形状特征常会使活动于其中的人们产生不同的心理感受。著名建筑师贝聿铭先生曾对他的作品——具有三角形斜向空间的华盛顿国家美术馆东馆——有很好的论述，他认为三角形、多灭点的斜向空间常给人以动态和富有变化的心理感受（图6-52）。

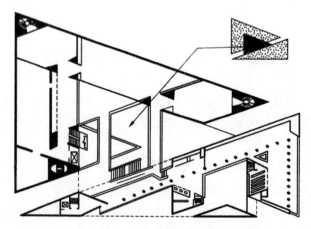

图6-52 华盛顿国家美术馆东馆的平面图

2. 尺度

其含义是建筑物给人感觉上的大小印象和真实大小之间的关系问题。

人体各部的尺寸及其各类行为活动所需的空间尺寸，是决定建筑开间、进深、层高、器物大小的最基本的尺度（图 6-53）。

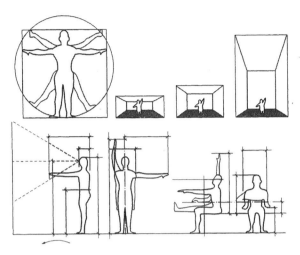

图 6-53 建筑物尺度

一般而言，建筑内部空间的尺度感应与房间的功能性质相一致。日本和室以席为单位，每席约为 190 厘米 ×95 厘米，居室一般为四张半席的大小。日本建筑师芦原义信曾指出："日本式建筑四张半席的空间对两个人来说，是小巧、宁静、亲密的空间。"日本的四张半席空间约相当于我国 10 平方米左右的小居室，作为居室其尺度感可能是亲切的，但这样的空间却不能适应公共活动的要求。

纪念性建筑由于精神方面的特殊要求往往会出现超人尺度的空间，如拜占庭式或哥特式建筑的教堂，又如人民大会堂，以表现出庄严、宏伟、令人敬畏的建筑形象。

如图 6-54，圣索菲亚大教堂的内部空间非常开阔，相互渗透，气魄宏大，属典型的拜占庭建筑风格。

图 6-54 圣索菲亚大教堂

3. 限定要素

限定要素是指空间是由哪些界面形成的。对于建筑空间来说，它的限定要素是由建筑构件来担当的，包括天花（屋顶）、地面、墙、梁和柱、隔断等（图6-55）。

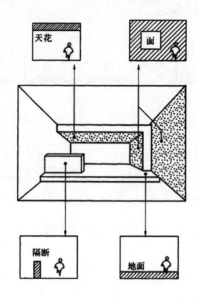

图 6-55　建筑内部空间限定要素的示意图

空间限定是指利用实体元素或人的心理因素限制视线的观察方向或行动范围，从而产生空间感和心理上的场所感。

实体如墙等围合的场所具有确定的空间感，能保证内部空间的私密性和完整性。

利用虚体限定空间，可使空间既有分隔又有联系。

利用人的行为心理和视觉心理因素以及人的感官也可限定出一定的空间场所，如在建筑的休息区，一条坐椅上如果有人，尽管还有空位，后来者也很少会去挤在中间，这就是人心理固有的社交安全距离所限定出的一个无形的场，这个场虽然无形，却有效地控制着人们彼此的活动范围（图6-56）。

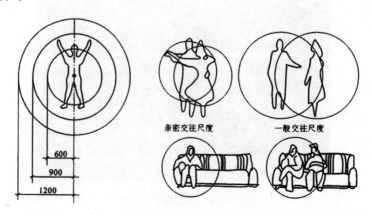

图 6-56　人的行为心理对空间的限定

4. 材质

材质是指空间限定要素所使用的材料。

现代建筑使用的材质很多，砖的运用使围合体界面形成了丰富的层次纹理变化，体现出建筑的朴实质感；粗糙的石、混凝土等材质的运用容易形成粗犷、原始甚至冰冷的质感；天然的木纹理的运用可以让室内空间很贴近自然，容易产生温柔、亲切的感受；特别是玻璃材质的出现使建筑技术得到了新的发展，它明亮、通透的质感，改变了以往的建筑形式，使室内与外界有了一定的联系，增加了室内的亮度；金属构件则给人精致、现代的印象。

材质还具有历史意义以及地域特征。比如中国主要是木构为主，欧洲则是石材，而西亚建筑是黏土砖和琉璃砖。

5. 光线特征

光线特征是指建筑内部空间产生光的效果。建筑中的光不但是室内物理环境不可缺少的要素之一，而且还有着精神上的意义。

6. 文化意义以及心理因素的影响

日本著名建筑师丹下健三为东京奥运会设计的代代木国立竞技馆，尽管是一座采用悬索结构的现代体育馆，但从建筑形体和室内空间的整体效果看，又有日本建筑风格的某些内在特征，体现出建筑和室内环境既具时代感，又尊重历史文脉的整体风格。当人们处于这样的空间中，不自觉地将该空间与历史进程、社会环境、文化心态等模式联系在一起，形成空间的历史性及文化意义。

二、建筑内部空间设计

建筑师在设计中不但要考虑建筑空间与环境空间的适应问题，还要妥善处理建筑内部各组成空间相互之间的内在必然联系，直至推敲单一空间的体量、尺度、比例等细节，更深一层的空间建构还需预测它能给人以何种精神体验，达到何种气氛、意境。从空间到空间感都是建筑师在建筑设计过程中进行空间建构所要达到的目标。

密斯·凡·德罗成功在哪里？他所设计的简单的玻璃盒子，除了完成玻璃和钢的构造艺术体系以外，还创造了非常简洁动人的内部空间，甚至于每一件配置的家具都是十分完美的。还有迈克·格雷夫斯，他的建筑里各种陈设都非常讲究。因此，好的建筑师不仅仅是做一个壳子，还必须把内部空间搞清楚，这样才能把建筑设计做完整。

因此在一年级建筑设计基础的学习中，需要引入内部空间观念的训练。训练有两个要点：第一是对三度空间想象能力的挖掘，第二点是创造性能力的提升。

值得注意的是，建筑设计的内部空间和室内设计的空间又有不同的理解方式。建筑的空间是由人运用实的形态要素对"原自然空间"进行限定，即一次空间限定；而室内环境艺术的空间则是在建筑空间的"笼罩"下，进行再加工，进一步深入进行再限定，即二次空间限定（图6-57）。

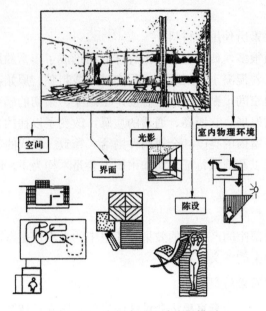

图 6-57　内部空间设计分析模型

我们应该关注空间分割、空间组合、空间序列、界面处理和室内物理环境这些问题。

（一）空间分割

美国建筑师查尔斯·莫尔在他所著《度量·建筑的空间·形式和尺度》一书中有趣地指出："建筑师的语言是经常捉弄人的。我们谈到建成一个空间，其他人则指出我们根本没有建成什么空间，它本来就存在那里了。我们所做的，或者我们试图去做的只是从统一延续的空间中切割出来一部分，使人们把它当成一个领域。"

空间分隔在界面形态上分为绝对分隔、相对分隔、意象分隔三种形式。空间分割按分割方式则可以分为垂直要素分割（图 6-58）与水平要素分割（图 6-59）两种。

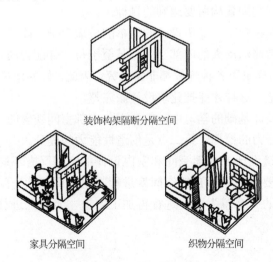

装饰构架隔断分隔空间

家具分隔空间　　　　　　　　织物分隔空间

图 6-58　垂直要素分割

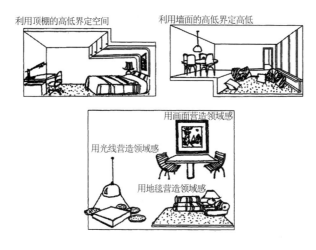

图 6-59　水平要素分割

（二）空间组合

在建筑设计中，单一空间是很少见的，我们不得不处理多个空间之间的关系，按照这些空间的功能、相似性或运动轨迹，将它们相互联系起来，下面我们就来讨论一下，有哪些基本方法，把这些空间组合在一起（图 6-60）。

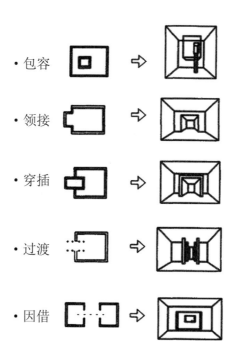

图 6-60　空间组合的方式

1. 包容性组合

在一个大空间中包容另一个小空间，称为包容性组合。

2. 邻接性组合

两个不同形态的空间以对接的方式进行组合，称为邻接性组合。

它让每个空间都能得到清楚的限定，并且以自身的方式回应特殊的功能要求或象征意义。两个相邻空间之间，在视觉和空间上的连续程度取决于那个既将它们分开又把它们联系在一起的面的特点。

3. 穿插性组合

以交错嵌入的方式进行组合的空间，称为穿插性组合。

穿插性组合的空间关系来自两个空间领域的重叠，在两个空间之间出现了一个共享的空间区域。用一句话来形容就是"你中有我，我中有你"，所形成的空间相互界限模糊，空间关系密切。华盛顿国家美术馆东馆，其建筑中庭部分成功地塑造出交错式空间构图，交错、穿插空间形成的水平、垂直方向空间流动，具有扩大空间的功效，空间活跃、富有动感。

4. 过渡性组合

以空间界面交融渗透的限定方式进行组合，称为过渡性组合。

空间的限定不仅决定了本空间的质量，而且决定了空间之间的过渡、渗透和联系等关系。不同空间之间以及室内外的界限已不再仅仅依靠"墙"来进行限定和围合，而是通过空间的渗透来完成。过渡空间可以说是两种或两种以上不同性质的实体在彼此邻接时，产生相互作用的一个特定区域，是空间范围内对立矛盾冲突与相互调和的焦点。这种过渡性空间一般都不大，所限定的空间没有明显界限，但是韵味无限。

5. 因借性组合

综合自然及内外空间要素，以灵活通透的流动性空间处理进行组合，空间之间相互借景，称为因借性组合。

中国传统建筑中非常善于运用空间的渗透与流通来创造空间效果，尤其古典园林建筑中"借景"的处理手法就是一种典型的因借式关系。明代计成在《园冶》中提出"构园无格，借景有因"，强调要"巧于因借，精在体宜"。把室外的、园外的景色借进来，彼此对景，互相衬托，互相呼应。苏州园林是这方面的典范。在现代建筑空间中，也可以利用这种手法，将空间的开口有意识地对应或是错开，"虚中有实"、"实中有虚"，都是为了在观赏者的心理上扩大空间感。

（三）空间序列

空间序列是指人们穿过一组空间的整体感受和心理体验。要获得良好的整体感受，空间序列设计时要注重空间的大小高低、狭长或开阔的对比，以及空间中实体建筑界面的变化和联系。通过建筑空间的连续性和整体性给人以强烈的印象、深刻的记忆和美的享受。

在进行空间序列的设计时，必须注意以下几个方面。

1. 方向

在空间中常常运用不同的构成元素指示运动路线，明确运动方向。这些构成元素以其不同的形式，联系着一个区域与另一个区域，强调明确前进方向，引导人们从一个空间进入另一个空间，并为人在空间的活动提供一个基本的行为模式。

轴线是空间序列中强有力的支配与控制手段。主要的空间沿轴线展开，暗示了序列的视觉中心。轴线可以简单地由对称布置的形式和空间来构成，也可以采用非对称的均衡构图来达成。

2. 主从

在建筑中，各个空间的重要程度不同，因此在序列中的的地位也不相同。一个空间在建筑组合中的重要性和特别意义可以通过与其他空间尺寸、形状的对比或是关键性的位置来体现。

3. 渗透与层次

好的空间应具有渗透力、层次感和连通性。完全封闭的空间是令人乏味的，而且外部空间应该具有一定的层次感，使呈现在人们眼前的画面不过于简单而有近、中、远的空间变化。调整限定空间的界面形式的虚实关系，我们可以获得丰富的空间层次。

（四）界面处理

空间形态必须通过界面才能形成，界面处理的手法通常不是独立的，而是与空间分割、构造形式、物理需求等因素综合一起的考量（图 6-61）。

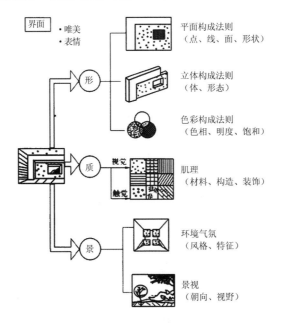

图 6-61　界面处理

1. 结构与材料

结构和材料是界面处理的基础，其本身也具备朴素自然的美。

2. 形体与过渡

界面形体的变化是空间造型的根本，两个界面不同的过渡处理造就了空间的个性。

3. 质感与光影

材料的质感变化是界面处理最基本的手法，利用采光和照明投射于界面的不同光影，成为营造空间氛围最主要的手段。

4. 色彩与图案

在界面处理上，色彩和图案是依附于质感与光影变化的，不同的色彩图案赋予界面鲜明的装饰个性，从而影响到整个空间。

5. 变化与层次

界面的变化与层次是依靠结构、材料、形体、质感、光影、色彩、图案等要素的合理搭配而构成的。

6. 界面围合的空间处理

应遵循对比与统一、主从与重点、均衡与稳定、对比与微差、节奏与韵律、比例与尺度的艺术处理法则。

（五）室内物理环境

室内物理环境设计主要是对室内空间环境的质量以及调节的设计，即对室内体感气候、采暖、通风、温湿调节等方面的设计处理，是现代室内设计中极为重要的方面，也是体现设计的"以人为本"思想的组成部分。

为了营造更舒适安全的室内物理环境，就有必要对上述各种因素加以适当的控制（图6-62）。从建筑学角度，我们更为提倡依靠设计手段，利用被动式的低能耗的节能技术，来解决室内物理环境问题。

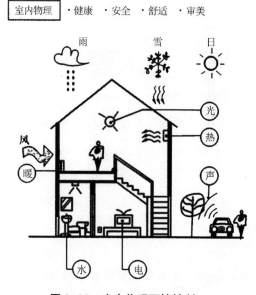

图 6-62　室内物理环境控制

如图6-63，诺曼·福斯特设计的英国塞斯伯里视觉艺术中心草图，清晰地展示出建筑师对技术性因素的考虑。

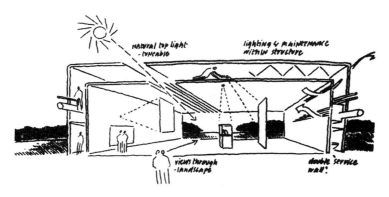

图6-63　塞恩斯伯里视觉艺术中心草图

第四节　建筑的外部设计

一、外部环境设计的目的及意义

（一）外部环境设计的含义

场地包括以下含义：自然环境，即水、土地、气候、植物、地形、地理环境等；人工环境，亦即建成的空间环境，包括周围街道、人行通道、要保留或拆除的建筑、地下建筑、能源供给、市政设施导向和容量、合适的区划、建筑规划和管理、红线退让、行为限制等；社会环境，包括历史环境、文化环境、社区环境、小社会构成等。

场地设计是为满足一个建筑项目的要求，在基地的现状条件和相关的法规、规范的基础上，组织场地中各构成要素之间关系的设计活动。在设计时要了解场地的地理特征、交通情况、周围建筑及露天空间特征，考虑人的心理对场地设计的影响，解决好车流，主要出入口，道路，停车场地，地下管线的竖向设计、布置等，要符合建筑高限、建筑容积率、建筑密度、绿化面积等要求，要符合法律法规的规定。

（二）外部环境设计的意义

通过外部环境之间的沟通，创造秩序良好的城市关系。外部环境的设计宏观层面泛指城市空间，是指城市规划方面；中观层面泛指街区空间，是指城市设计方面；微观层面泛指地段空间，是指总图设计方面。

（三）外部环境设计的目的

1. 场地总体环境指标要实现绝对进步

环境指标在设计完成之后必须达到全部有所提高，即场地的总体环境比设计之前要实现绝对进步。新的建筑置于环境中，能够完美地解决基地存在的先天缺陷与不足，达到升华整个街区、路段、景点、建筑的群体作用，使环境基地的艺术价值和文化价值得到最大限度的发挥。

建筑置于场地之中，要与环境交流与对话，达到和谐一致的情境。如特结巴奥文化中心的设计就是用现代技术手段来表现传统建筑，达到了建筑与环境完美的融合。

2. 注重环境、文脉的延续以及改良

在设计过程中，要充分思考及挖掘建筑场地环境的文化内涵，使文脉得到传承，将既有环境的情境得到延续与改良。建筑与环境有着千丝万缕的联系。

3. 有机生长理论的接受与应用

建筑应该是根植于它特定的环境，仿若从环境中自然生长出来的一样。赖特设计的流水别墅就如同天然生长在环境中的生物一样，自然地蔓延、矗立于其中。如果换一个环境，它可能会死掉。

赖特狂热地追求自然美，设计中极力模仿、表现自然界中的有机体。在建筑取材方面也十分高明，他经常选择当地的材料，如流水别墅的外墙材料就选用了当地的三色石材，使建筑很轻松地就融入到自然环境背景之中，墙体是秋天树叶的颜色，这是建筑师惯用的一种设计手法——"隐身"手法。

二、外部环境的构成要素

室外环境布局的基本组成有建筑群体（包括附属建筑）、室外场地、广场、道路入口、灯光造型、光照艺术效果、绿化设施、水体雕塑及壁画建筑小品等。

室外环境分为硬质空间和软质空间两类。硬质空间是由墙面、围墙、过街豁口、铺地等要素围蔽的空间；软质空间是由大树、行道树、树群、灌木丛、草地等要素围蔽的空间。凯文·林奇在其所著的《城市意象》一书中将城市归纳为五种元素：道路、边界、区域、节点、标志物。

（一）室外空间与建筑

1. 建筑外部空间形态

建筑外部空间形态主要包括单体建筑围合而成的内院空间；建筑组团平行展开形成的线形空间；以空间包围单幢建筑形成的开敞式空间；大片经过处理的地带远离建筑又不同于自然的空间；建筑围合而成的"面"状空间五种。

2. 外部环境中建筑的作用

建筑在外部环境中主要表现为建筑是外部环境的标志，也是外部环境的边界。作为外部环境的标志的建筑，常位于显要的位置，以形成室外环境的构图中心，其附属建筑应与主体配合形成统一的整体。

（二）室外空间与场地

1. 开敞场地

开敞场地（或称为集散场地）的大小和形状应视公共建筑的性质、规模、体量、造型和所处的地段而定。同时要考虑城市规划部门对建筑广场和绿化指标的要求，广场的设置必须有利于人流集散和组织交通。

开敞场地的设置条件是人流、车流量大而集中，交通组织比较复杂，需在建筑前设置较大场地，如影剧院、体育馆、会堂、航空站、铁路旅客站等建筑；人流活动具有持续不断的特点，交通组织较简单，场地可以略小，如旅馆、饭店和商场等建筑；对于有安静环境要求的学校、医院、图书馆等，虽然人流不甚集中，也需要安排一定的场地成为隔离用的绿化地带，以防道路上噪声的干扰及影响等。

2. 停车场

露天停车场分为小客车场、城市公交车站和货车场三类。如遇到基地紧张，建设开敞多层停车构筑物，也称停车场，停车于地上或地下，凡在建筑内均称为车库。根据不同建筑物的性质，按照国家《停车场建设和管理暂行规定》和《停车场规划设计规则》中所规定的指标，将停车数的1/3作为室外汽车停车数，通过指标计算出来的自行车数来核算自行车停车面积。

（三）室外空间与绿化

绿化是建筑群体外部空间的重要组成部分，它对改善城市面貌、改善小环境、提高绿化率等方面都具有十分重要的意义。

1. 绿化率和绿化覆盖率

对于绿化的各项指标，各省市均有自己的管理条例。绿化率为绿化占地面积与总占地面积之比。绿化覆盖率为绿化面积（即地面绿化和屋面绿化）与总占地面积之比。

2. 布置形式

绿化的布置形式主要分为规则式、自然式、传统式及混合式四种。规则式的特点是规则严整、适于平地；自然式为了顺应自然、增强自然之美，多用于地形变化较大的场所；混合式集前两者之长，既有人工之美，又有自然之美；传统式采用中国古典园林手法，将花卉、绿篱结合亭榭等建筑一起经营布置，依山傍水配以竹木、岩石，利用水面组织空间，山色湖光，四季皆宜，因地取势，宛如天然。

在绿化环境布局中，应依照公共建筑的不同性质，结合室外空间的构思意境，配以各种装饰性的建筑小品。突出室外空间环境构图中的某些重点，起到强调主体建筑，丰富与完善空间艺术的作用。因此，常在比较显要的地方，如主要出入口、广场中心、庭园绿化焦点处，设置灯柱、花架、花墙、喷泉、水池、雕塑、壁画、亭子等建筑小品，使室内外空间环境起伏有序、高低错落、节奏分明，令人有避开闹市步入飘逸之境的感受。

这种过渡性的空间，似进入室内空间前的序幕，在空间构图序列中，是极为重要的。当然，建筑小品也不可滥用，要结合环境空间布局的需要巧妙地运用，力求达到锦上添花的效果。

（四）室外空间与建筑小品

所谓建筑小品，是指建筑群中构成内部空间与外部空间的那些建筑要素，是一种功能简明、体量小巧、造型别致并带有意境、富有特色的建筑部件。它们的艺术处理、形式美的加工，以及同建筑群体环境的巧妙配置，可构成一幅幅具有一定鉴赏价值的画面，起到丰富空间、美化环境，并具有相应功能的作用。建筑小品应与周围的环境相协调，给人以美的享受，如雕塑、门、廊、亭、喷泉、水池、花架、路灯、室外椅凳、种植容器、围栏护柱、小桥、环境标志及污物储筒等。城市雕塑按其所起的作用可以分为纪念性雕塑、装饰性雕塑、功能性雕塑等多种类型，一般应反映某种主题，如人民英雄纪念碑，有时根据外形还可以分为圆雕和浮雕。门主要起到方便管理、指示通道的作用。廊主要是指街头画廊以及对风景的点缀。有亭则有生气，街头的快餐亭、书刊亭的设计，应注意结合街道整体进行，避免对景观造成不良影响。在设计喷泉和水池的轮廓时，应注意大小、高低、主次相配。寒冷地区池水容易干涸，影响景观效果，需要慎重处理。汀步是如同漂浮在水面上的断断续续的浮桥。

（五）室外空间与道路

1. 道路分类

道路可以分为生活区道路（主、次车行道和宅旁人行甬道）、工业区道路（主次干道、辅助道路、车间引道和回车场）、城市型道路（城市公交道路、自行车道、人行便道）及城乡间高速公路等类型。

2. 道路布置的原则

（1）基地内道路应与城市道路相连，其连接处的车行路面应设限速设施，道路应能通达建筑物的安全出口。

（2）沿街建筑应设连接街道与内院的人行通道（可利用楼梯间），其间距不宜大于80米;

（3）道路改变方向时，路边绿化及建筑物不应在行车有效视距范围内。

（4）基地内设地下停车场时，车辆出入口应设有效显示标志，标志设置高度不应影响人、车通行。

（5）基地内车流量较大时应设人行便道。

三、外部环境设计的步骤

外部环境设计的步骤包括前期准备工作、设计工作和回访总结三个阶段。

（一）前期准备工作

1. 明确任务

接受任务时要明确三方面内容：

（1）建筑的目的性

接受任务首先要了解任务的内容和规模，要设计一个什么样的建筑，即建筑项目的特定条件。

（2）建筑的地点性

建在什么地方，场地范围多大，即红线范围。其所在地域的重要程度、周围环境、邻里关系、场地内的自然条件、退让距离要求。

（3）建筑的时间性

建筑是永久性的还是临时建筑，要求多长时间完成设计。

2. 订立设计目标

订立设计目标可以概括为三个方面：

（1）经营目标

经营目标往往由建设单位或业主决策，与业主的管理政策、使用观念、基本利润与动机、经营策略等有关，应在设计任务书中予以明确。

（2）效用目标

效用目标取决于设计成果最终建成时的现实需要，由使用、功能、造型、经济、时间等相关因素形成，需要建筑师与业主共同研讨。

（3）人性目标

人性目标泛指人类一般共同的欲望与需求，主要是指在社会学、心理学层面上与人性价值有关的需要，建筑师应依据建设项目的具体要求与条件加以选择。

3. 拟订设计工作计划

拟订设计工作计划包括人员构成与组织、设计程序与进度、设计成果、成本控制等内容，用以指导、控制场地设计全过程。

4. 设计调研

设计调研包括场地现状基础调查和同类型已建工程的调查两方面。

（1）场地现状基础调查

场地现状基础调查主要调查场地范围、规划要求、场地环境、地形地质、水文、气象、建设现状、内外交通运输、市政设施等基础资料。

（2）同类型已建工程的调查

对同类型已建工程进行调查是为迅速了解同类工程的发展状况及其经验、教训等，为场地设计提供更好的依据和参考。

（二）设计工作

1. 初步设计

初步设计应遵照国家和地方有关法规政策、技术规范等要求，并根据批准的可行性报告、设计任务书、土地使用批准文件和可靠的设计基础资料等，编制出指导思想正确、技术先进、经济合理的场地总体布局设计方案，并与建筑初步设计一道提供给有关土地管理部门审批。其方法步骤是按使用功能要求，计算各个建筑物和构筑物的面积、平面形式、层数、确定出入口位置等。按比例绘出建筑物、构筑物的轮廓尺寸，剪下试行几个方案，用草图纸描下较好的方案。将各方案做技术经济比较，经反复分析、研究和修改，最后绘出两个或两个以上的总平面方案草图，供有关单位会审使用。

初步设计阶段的成果包括设计说明书、区域位置图、总平面图、竖向设计图、内业等。其中说明书包括设计依据及基本资料、概况、总平面布置、竖向设计、交通运输、主要技术经济指标及工程概算、特殊的说明等方面。

2. 施工图设计

设计施工图的目的是深化初步设计，落实设计意图和技术经济指标及概算等。其内容有建筑总平面布置施工管线图及说明书等。其内容要求是指建筑总平面布置施工图为 1/500 或 1/1000，其中地形等高线、建筑位置、新设计的建筑用粗实线绘制；管线布置图是指给水、排水和照明管线，总平面设计人员需要出一张管线综合平面布置图；说明书一般不单独出，需要文字说明的内容可以附在总平面布置施工图的一角。

施工图设计的内容有设计说明、总平面图、竖向布置图、土方图、管线综合图、绿化与环境布置图、详图及计算书等。

（三）回访总结

设计工作结束后，应立即着手进行技术总结，形成设计总结、技术要点等文件，并与有关设计文件一并归档。在工程施工的过程中，设计人员还应定期了解工程进展情况，及时帮助解决施工现场出现的有关问题；当某些客观条件或其他因素发生变化而需要补充、修改设计时，设计人员更应深入现场，在认真细致地调查和研究的基础上，及时做出切合实际的修改和补充设计。

回访总结既可以看作是对一个已建的项目的使用情况的调查了解，又可以把这部分工作看作是后续的同类新项目的开始阶段，作为建筑策划前期工作的一个重要环节之一。

第七章　建筑装饰设计

第一节　建筑装饰的基本知识

一、建筑装饰设计的含义

（一）设计的概念

设计是连接精神文明与物质文明的桥梁。对于设计的理解，也随着时空的发展而发展。但总体表现为：意匠、计划、草图等。因此，设计是人为的思考过程，是以满足人的需求为最终目标。而作为现代的设计概念来讲，设计更是综合社会的、经济的、技术的、心理的、生理的、人类学的、艺术的各种形态的特殊的美学活动。

设计是人的思考过程，是一种构想、计划并通过技术手段实施，以最终满足人类的需求为目标。设计为人服务，在满足人的生活需求的同时又规定并改变人的活动行为和生活方式，引领人们的生活和社会不断向前发展。

（二）建筑装饰设计的概念

建筑装饰设计与建筑设计有着密不可分的关系，它们好比一棵大树的枝干和树叶，是一个共生体，建筑装饰设计必须依附于建筑主体，建筑也因有了建筑装饰设计而具有生命。因为建筑本身是为满足人们物质生活的需要而建造的，而且各类建筑还应满足人们不同的艺术审美要求，因而建筑就成为一种集技术和艺术于一身的综合体，对于人们使用要求的满足，我们必须通过合理的建筑设计，精确的结构计算，严密的构造方式，再配合建筑电气、给排水、暖通、空调等才能达到现代建筑的基本要求。但是如果我们仅考虑这些要求是远远不够的，这样造出来的建筑只是一件"毛坯"，人们还是无法使用它。所以还需要用各种建筑装饰手段对"建筑毛坯"进行"包装"，以满足人们的审美和使用要求。建筑装饰设计的范围很广，可以包括环境、设计形式、色彩、光源、家具等。

建筑装饰设计是一种人类创造自己生存环境和提高环境质量的活动。建筑装饰设计作为一门新兴的学科，真正兴起还只是近几十年的事，原来建筑装饰设计的工作是由建筑设计师在建筑设计中一起完成的。由于时代的发展、人们需求的提高、新材料和新技术的迅速发展和工程量的不断扩大，使得与人类关系最为密切的建筑装饰设计从建筑设计的工作范畴中分离出来，形成独立新兴的学科。

建筑装饰设计是根据建筑物的使用性质、所处环境和相应标准，运用现代物质技术手段和建筑美学原理，创造出功能合理、舒适美观、精神与物质并重的建筑环境而采取的理性创造活动。其中，明确地将"创造满足人们物质和精神生活需要的空间环境"作为设计的目的，这正体现出建筑装饰设计是以人为中心，一切为人创造出美好的生活、生产活动的建筑空间环境。建筑装饰设计是将科学、艺术和生活结合而成的一个完美整体的创造活动。

二、建筑装饰设计的作用

从广义上讲，建筑装饰设计是一门大众参与最为广泛的艺术活动，是设计内涵集中体现的地方。建筑装饰设计是人类创造更好的生存和生活环境条件的重要活动，它通过运用现代的设计原理进行"适用、美观"的设计，使空间更加符合人们的生理和心理的需求，同时也促进了社会中审美意识的普遍提高，从而不仅对社会的物质文明建设有着重要的促进作用，而且对精神文明建设也有了潜移默化的积极作用。

一般认为，建筑装饰设计具有以下三点作用和意义：

（1）提高建筑空间的艺术性，满足人们的审美需求。

强化建筑及建筑空间的性格、意境和气氛，使不同类型的建筑及建筑空间更具性格特征、情感及艺术感染力，提高建筑室内、外空间造型的艺术性，满足人们的审美需求。

建筑装饰设计不仅关系城市的形象、城市的经济发展，还与城市的精神文明建设密不可分。强化建筑及建筑空间的性格、意境和气氛，使不同类型的建筑及建筑外部空间更具性格特征、情感及艺术感染力，以此来满足不同人群室外活动的需要。同时，通过对空间造型、色彩基调、光线的变化以及空间尺度的艺术处理，来营造良好的、开阔的室外视觉审美空间。

（2）保护建筑主体结构的牢固性，延长建筑的使用寿命；弥补建筑空间的缺陷与不足，加强建筑的空间序列效果；增强构筑物、景观的物理性能，以及辅助设施的使用效果，提高建筑室内空间的综合使用性能。

（3）建筑装饰设计是以人为中心的设计，它展现出"建筑——人——空间"三者之间协调与制约的关系。建筑装饰设计就是要展现建筑的艺术风格、形成限制性空间的强弱；表达使用者的个人特征、需要及所具有的社会属性；环境空间的色彩、造型、肌理等三者之间的关系按照设计者的思想，重新加以组合，以满足使用者"舒适、美观、安全、实用"的需求。

总之，建筑装饰设计的中心议题是如何通过对室内、外空间进行艺术的、综合的、统一的设计，提升室内、外整体空间环境的形象，满足人们的生理及心理需求，更好地为人类的生活、生产服务并创造出新的、现代的生活理念。

三、建筑装饰设计的分类

建筑装饰设计可分为建筑外环境装饰设计和内环境装饰设计两大部分。其中，建筑内环境装饰设计简称室内装饰设计。

（一）室内装饰设计

有些建筑的室内设计工作由建筑师随同建筑设计一同完成，但大部分由室内装饰设计师来承担，特别是大型室内共享空间、室内庭园等，设计师根据建筑物的使用性质、所处环境和相应标准，运用现代设计方法和手段，将实用功能与审美功能高度结合，创造能够满足人们物质生活和精神需要的室内环境。

建筑室内环境可分为三大类：人居室内环境、公共建筑室内环境、工业建筑室内环境。无论那一种类型的室内环境一般都包含：室内空间环境，室内视觉环境，室内光环境，室内听觉、声环境，室内热环境，室内空气环境，综合的室内心理环境等。所以室内装饰设计包含的内容归纳起来，可分为以下五个方面。

1. 室内空间设计

室内空间的组织设计包括了室内平面布置。进行室内空间组织设计，首先需要了解建筑的设计意图、总体布局、功能分析、结构体系等，在室内设计时对室内空间和平面布置予以完善、调整或者再创造。在当前对各类建筑的更新改建任务中，很多的建筑物在建筑功能发展或变换时，也需要对室内空间进行改造或重构。

2. 室内界面的设计

室内界面的处理，是指对室内空间的各个围合面——顶棚、地面、墙面、隔断等各种界面的使用功能、特点进行分析设计；对界面的形状、图案、线脚、材质、色彩、肌理构成的设计以及界面和结构构件的连接构造、水电、暖通等管线设施的协调配合方面的设计。

3. 室内物理环境设计

物理环境设计也是室内设计的一个重要部分。一般来说，室内物理环境有一个比较确定的技术标准和指数，室内物理环境设计就是要从各方面达到这些标准，室内环境具体构成内容中还包括水、电等配套设备、设施等。

4. 室内陈设设计

室内陈设设计指对室内家具、设备、装饰织物、艺术品、照明灯具等方面的设计和处理。室内陈设设计是在完成室内基本功能的基础上进一步提高环境质量和品质的深化工作。室内陈设除了本身的使用功效外，在室内环境中和其他元素一起构成和组织空间，装饰与烘托整体环境、表达设计主题。在西方某些国家以及我国的某些大都市甚至还出现了专门的室内陈设搭配师。在配置陈设物品时应注意以下几方面：室内空间的功能要求；室内的空间构图要求；室内设计风格与意蕴的要求；陈设物之间的协调要求。当然，在审美存在变异的今天，人们有时将明代的圈椅置于现代风格的室内，也别有一番特色。

5. 室内绿化与水体

室内环境中常设置有小型绿化与水体。放置盆栽物如花卉、盆景和插花，尤其是插花，是目前较为流行的台面绿化装饰，有很强的艺术韵味。室内布置小型水体，或模拟海底布景，或饲养水生物，有很强的趣味性，丰富、活跃了室内景观，也是现代室内装饰设计的一个很重要的组成部分。

值得注意的是，我们将室内装饰设计的内容分为几个部分的目的，是便于初学者对室内装饰设计有个比较完整的认识。在实践中，设计的各个部分不是分割和孤立的，不能采用分别完成后相加的方式进行。局部的设计不能离开整体，这是设计工作至关重要的方法。

（二）建筑外环境装饰设计

内外环境的区分通常是依据建筑物进行的，建筑外装饰设计在实践中是指建筑的外立面、店面招牌或建筑与建筑之间的环境景观等。

四、建筑装饰设计的特点与设计依据

（一）建筑装饰设计的特点

建筑装饰设计作为一门专门的学科，尽管与其他学科，如建筑学等有着或这或那的相近之处，但是作为一门独立的学科，它有自身的特点、规律、研究范围和对象。关于建筑装饰设计的特点大致可以从如下几个方面进行归纳。

1. 多功能综合需求

建筑装饰设计除了考虑实用因素外，更多的功能要求是多方面的。首先是使用的要求，如室内空间的大小、形状和形式都与具体的使用相关；声音、光照、热能、空气是满足使用的基本条件。不同性质的活动和行为必然产生相应的功能要求，从而需要不同形式、物理条件的环境。设计要满足各种不同的功能要求，而特定的环境对功能需求程度又不尽相同，有些强调使用功能，有些偏重精神功能。在设计中，使用功能与精神功能是既矛盾又统一的关系。因此，协调、平衡各功能之间的关系是建筑装饰设计的重要内容。

2. 多学科相互交叉

建筑装饰设计是一门综合性学科，它是功能、艺术、技术的统一体，是自然、社会、人文、艺术多学科的融合。除了涉及建筑学、景观环境学、人体工程学之外，它还涉及建筑结构学、工程技术学、经济学、社会学、文化、行为心理学等众多学科内容。另外，建筑装饰本身所具有的类型也是多种多样的，有居住、商业、办公、学校、体育、表演、展览、纪念、交通建筑等。建筑装饰艺术的多学科不是部分与部分相加的简单组合关系，而是一个物体对象上的多方面的反映和表现，是一种交叉与融合的关系。建筑装饰艺术的多学科特征表明，一个设计师应该具备多方面的知识和能力，才能适应设计工作的要求。而且在更多的时候，建筑装饰设计不是个人行为，它的实现需要各方面人员的合作，与相关专业的协作是设计师必须具有的素质之一。

3. 多要素相互制约

建筑装饰艺术的实现需要各要素的支撑，如使用功能、经济水平、科学技术、艺术审美等，每一个要素又会提出具体的要求，指定一个范围，对设计进行某种制约。例如设计项目的实现必然是需要经济来支撑的，所以项目的经济投入对设计形成了很大的制约性。设计是在一定投资范围内进行的，经济的原则是花最少的钱达到最好的效果。所以，所有的设计都必须充分考虑经济承受能力。同样，建筑装饰设计最终要靠施工技术来完成，技术上不能实现的设计就成了空中楼阁。例如，著名的悉尼歌剧院最初的设计就受到了许多人的批评和反对，因为这个设计没有很好地考虑结构与技术上的问题，在经过多年的努力后，终于找出了解决问题的办法，但因此这个项目拖延了许多年，并且花了超出预算好几倍的金钱才使设计最终完成。艺术和文化同样也对设计形成一定的制约，艺术和文化的观念、思潮、风格等会影响环境艺术设计的表现，艺术与文化水平的高低从某种程度上决定环境艺术设计最终的质量。

（二）建筑装饰设计的设计依据

建筑装饰设计的出发点和最终目的都是以人文本，创造满足人们生活、休闲、工作活动的需要的理想环境。一经确定的空间环境，同样也能启发、引导甚至在一定程度上改变人们的生活方式和行为模式。因此我们必须了解建筑装饰设计的依据，总的来说可以归纳为以下几点。

1. 人体尺度及人的行为活动所需空间

做设计首先要掌握人体的尺度和动作域所需的尺寸和空间范围，我们确定室内的诸于门扇的高度、宽度，家具的尺度，过道的宽度等都要以此为依据。其次，做设计要考虑到人们在不同性质的空间内的心理感受，顾及满足人们心理感受需求的最佳空间范围。从上述的依据因素，可以归纳为：

（1）静态尺度：即人体的基本尺度。

（2）动态活动范围：包括人体的动作域尺度和在人空间环境中的行为与活动范围。

（3）心理需求范围：如人际距离、领域性等。

2. 设备、设施的尺寸及其使用所需空间

在室内装饰设计中，家具、灯具、设备（指设置于室内的空调器、热水器、散热器和排风机等）、陈设、绿化和小品等的空间尺寸是组织和分隔室内空间的依据条件。同时这些设备、设施和建筑接口除应满足室内使用合理外还要考虑造型美观的要求，这也是室内装饰设计的依据之一。

3. 结构、构件及设施管线等的尺寸和制约条件

建筑空间结构构成、构件及设施管线等的尺寸和制约条件，这项设计依据包含建筑结构体系柱网开间、楼板厚度、梁底标高和风管断面尺寸等，在室内装饰设计中所有这些都应该统一考虑。

4. 建筑装饰构造与施工技术

要想使设计变成现实，就必须通过一定的物质技术手段来完成。如必须采用可供选用的建筑装饰材料，并考虑定货周期等问题，对各界面的材料（在可供选择的范围内）应采用可靠的装饰构造以及现实可行的施工工艺。这些依据条件必须在设计开始时就考虑，以保证设计的实施。

5. 投资限额、建设标准和施工期限

通常经济和时间因素，是现代设计和工程施工需要考虑的重要前提。定货周期等时间因素的限制直接影响到工程的造价。而甲方提出的单方造价、投资限额与建设标准也是建筑装饰设计的必要依据因素。另外，不同的工期要求，也会导致不同的安装工艺和界面处理手法。

6. 通常的规范、各地定额

此外，原有建筑物的建筑总体布局和建筑设计总体构思也是建筑装饰设计的重要依据。

五、室内装饰设计师应具有的素养和技能

（一）室内装饰设计师的含义

建筑装饰设计作为一门职业在我国的历史并不很长，随着大规模的住宅建设和其他建筑的

出现，建筑设计与建筑装饰设计才开始有明确的分工，国家也开始对装饰设计的职业进行明确的规范和界定，规范装饰市场，保障行业健康发展。室内装饰设计师的职业标准的制定、从业资格的鉴定及职业资格的注册管理等也是随着这一职业的社会需求增长而出现，并且不断发展、完善的。

国际上在我国开展室内设计师认证的机构也有几个，国际认证中：《国际注册室内设计师协会》（简称 IRIDA）是经英国政府批准，按英国登记条例注册的室内设计行业的国际性行业组织。IRIDA 是国际室内设计师专业学术团体，协会吸纳的大多都是国际知名设计师，其认证在国际上地位也相应比较高。ICDA 是"国际建筑装饰室内设计师协会"的简称，亦是"国际建筑联合会装饰分会"，协会总部设在美国纽约，ICDA 是由来自世界各地的从业建筑装饰、设计、施工等专业人员和科研、教育、工程信息、材料生产等单位和企业组成。ICDA 在中国大陆的学员数量正在迅速增长，现已在北京、上海、深圳、广州、济南等多个城市设立了培训中心。ICDA 作为一个专业的国际性建筑装饰室内设计组织，对于推动中国内地建筑装饰行业向国际化、现代化的方向发展作出了一定的贡献。

目前国内的室内设计师证书主要有：中国室内装饰协会、中国建筑装饰协会、中国建筑学会室内设计分会、国家劳动部门颁发的"室内设计师"或"室内建筑师"资格证书。

室内装饰设计人员是指运用物质技术和艺术手段，对建筑物及飞机、车、船等内部空间进行室内环境设计的专业人员。根据国家劳动和社会保障部颁布的《国家职业标准》，中华人民共和国室内装饰设计师（员）职业资格标准已经开始实施。劳动和社会保障局要求，室内装饰设计师资格考评分为：中级《室内装饰设计》职业资格证（表 7-1），高级《室内装饰设计（员）师》职业资格证，该证书是从事室内装饰设计的资格凭证，作为就业上岗和用人单位招收录用人员的主要依据，由国家劳动和社会保障局统一定制，全国通用。

表 7-1　室内装饰设计师（国家职业资格二级）职业能力特征表

职业功能	工作内容	技能要求	相关知识
设计创意	设计构思	能够根据项目的功能要求和空间条件确定设计的主导方向	1. 功能分析常识 2. 人际沟通常识 3. 设计美学知识 4. 空间形态构成知识 5. 手绘表达方法
	功能定位	能够根据业主的使用要求对项目进行准确的功能定位	
	创意草图	能够绘制创意草图	
	设计方案	1. 能够完成平面功能分区、交通组织、景观和陈设布置图 2. 能够编制整体的设计创意文案	1. 方案设计知识 2. 设计文案编辑知识
设计表达	综合表达	1. 能够运用多种媒体全面地表达设计意图 2. 能够独立编制系统的设计文件	1. 多种媒体表达方法 2. 设计意图表现方法 3. 室内设计规范与标准

职业功能	工作内容	技能要求	相关知识
	施工图绘制与审核	1. 能够完成施工图的绘制与审核 2. 能够根据审核中出现的问题提出合理的修改方案	1. 室内设计施工图知识 2. 施工图审核知识 3. 各类装饰构造知识
设计实施	设计与施工的指导	能够完成施工现场的设计技术指导	1. 施工技术指导知识 2. 技术档案管理知识
	竣工验收	1. 能够完成施工项目的竣工验收 2. 能够根据设计变更完成施工项目的竣工验收	
设计管理	设计指导	1. 指导室内装饰设计员的设计工作 2. 对室内装饰设计员进行技能培训	专业指导与培训知识

（二）室内装饰设计师的知识素养

建筑装饰设计的工作性质决定了设计师职业素质的基本内容，相应地也对室内装饰设计师应具有的知识和素养提出要求，归纳起来有以下一些方面。

（1）作为合格的设计师首先应当具备相应的艺术修养和艺术表达能力。设计师的绘画基本功主要是以辅助设计，表现设计意图为基本目的。当然，作为一种职业修养，绘画能力的提高除了对设计业务有直接帮助之外，也能通过绘画实践间接地加强自身的艺术修养。

（2）建筑单体设计和环境总体设计的基本知识，具有对总体环境艺术和建筑艺术的理解；建筑装饰设计作品需注意与建筑设计本身的联系，要求设计者有良好的形象思维和形象表现能力，有良好的空间意识和尺度概念。

（3）具有建筑材料、装饰材料、建筑结构与构造、施工技术等建筑技术方面的必要知识；了解建筑结构知识，掌握建筑力学知识，熟悉结构和构造技术。在实际工作中，作为室内装饰设计师接触得较多的是建筑构造和细部装修构造等问题。更需要不断探索如何使用传统材料，迅速发现并熟练地运用新型材料。

（4）具有对声、光、热等建筑物理，风、水、电等建筑设备的必要知识。在有较高视听要求的内部空间，对室内混响时间的控制，对合理声学曲线的选择等技术问题的处理，会直接影响设计质量。在一些私密性要求较高的生活、工作环境内，设计师必须要关心的是隔声问题。对室内光环境质量的设计既包含需要解决的功能问题，又直接与室内的色彩、气氛密切相关。因此，设计师们的能力不能只限于光源、照度和照明方式等一般的技术问题上，而且要对光环境和光造型具有敏锐的感受能力。采暖、通风、制冷这类问题，虽然在设计中会由其他专门技术工种来解决，但是现代社会中，建筑类型日益增多，设计师在工作中涉及到的设备问题越来越复杂。

（5）对历史传统、人文民俗、乡土风情等有一定的了解；对一些相关学科，如建筑学、城市景观学、人体工程学、环境心理学等具有必要的知识和了解。

（6）熟悉有关建筑和室内设计的规章和法规。

（三）室内装饰设计师的艺术修养

室内装饰设计师往往遵循从造型艺术的角度来研究抽象的空间形式美的原则，在其他诸如绘画、雕塑、文学等艺术门类中吸取营养；从材料、构造以及所产生的视觉效应各方面来综合地研究与建筑装饰设计有关的形式语言。空间的艺术仅从平面装饰的观念出发显然是有局限性的。掌握必要的装饰手段是设计师完整地塑造室内空间所必要的专业艺术素质之一。

设计师的专业艺术创作还会遭遇公众审美趣味和时尚潮流等问题。由于历史条件、所受教育、种族和地位的不同，个体在审美趣味上存在差异。在很多情况下，尤其是公共空间的室内设计中，这种趣味的差异常常会使设计师在众说纷纭之下莫衷一是。从客观上来说，人人都满意的设计是不存在的。所以，作为职业的建筑装饰设计师必须善于把握趣味问题上的主流性倾向，较客观地来研究。任何一种健康的审美趣味都是建立在较完整的文化结构之上的。因此文化历史、行为科学的知识、市场经济状况的调查与研究等，就成为每个室内装饰设计师的必修课了。

与设计师艺术修养密切有关的还有一个大问题：设计师自身的综合艺术观的形成。艺术是相通的，新的造型媒介和艺术手段使传统的艺术种类相互渗透。建筑装饰专业又使各门艺术在一个共享的空间中同时向公众展现自己。建筑装饰设计师不能是其他艺术门类的外行，要努力学习其他艺术的造型语言，以便创造共同和谐的空间氛围，设计出有综合性艺术风格的空间艺术作品。

建筑装饰设计艺术的特点以及装饰设计与其他艺术门类之间相互艺术特征决定了室内装饰设计师的专业素养的全部内容。设计师要经过相当长时间的学习和不断的实践，才能不断完善，成为一名合格的室内装饰设计师。

六、建筑装饰设计与相关学科的关系

建筑装饰设计是多学科交叉的系统艺术。与其相关的学科有建筑学、艺术学、人体工程学、环境心理学（环境行为学）、美学、符号学、文化学、社会学、地理学、物理学等众多学科领域。当然，在环境艺术这一范畴内，这些学科知识不是简单的机械综合，而是构成一种互补和有机结合的系统关系。

（一）建筑装饰设计与建筑设计

建筑装饰设计是建筑设计的有机组成部分，两者的关系为：建筑设计是建筑装饰设计的依据和基础，建筑装饰设计是建筑设计的继续和深化。从总体上看，建筑装饰设计与建筑设计的概念，在本质上是一致的，是相辅相成的。如果说它们之间有区别的话，那就是建筑设计是设计建筑物的总体和综合关系，而建筑装饰设计则是设计建筑内、外部空间的装饰设计。

不过，建筑装饰设计与建筑设计的这种总体和具体关系，并非意味着装饰设计只能消极和被动地适应建筑设计意图。装饰设计完全可以通过巧妙的构思和丰富多彩的高超设计技巧去创造理想的室内空间环境，甚至在室内设计中，利用特殊手段改变原有建筑设计中的缺陷和不足。因此，在建筑设计项目中（老建筑的功能发生改变除外）我们提倡建筑师最好在建筑设计伊始就同室内设计师一起合作，共同探讨建筑和室内设计方案。当然，这是最理想的办法，不过在实际工程中，却很难做到这一点。因此，最可行的途径还是建筑装饰设计人员积极主动地与建筑师合作联系，这是目前可取的一种方法。

（二）建筑装饰设计与人体工程学

人体工程学（Human　Engineering），也称工效学（Ergonomics）。工效学的概念原意就是，讲工作和规律，Ergonomics 一词来源于希腊文，其中 Ergos 是工作、劳动，nomes 是规律、效果。

人体工程学是一门新兴的技术学科，起源于欧美，作为一个独立学科已有 40 多年的历史。早期的人体工程学主要研究人和工程机械的关系。其内容有人体结构尺寸和功能尺寸、操纵装置、控制盘的视觉显示，涉及到生理学、人体解剖学和人体测量学等。在第二次世界大战期间，人体工程学方面的研究已开始运用到军事科学技术，比如在坦克、飞机的内舱设计中，如何使人在舱内有效地操作和战斗，并尽可能在小空间中减少疲劳等。第二次世界大战以后，各国把人体工程学的实践和研究成果广泛运用于许多领域，从研究人机关系发展到研究人和环境的相互作用，即人与环境的关系，这又涉及到心理学、环境心理学等。

人体工程学对于建筑设计、环境艺术设计、建筑装饰设计的影响非常深远，它对提高人为的环境质量，有效地利用空间，如何使人对物（家具、设备等）获得操作简便，使用合理等方面起着不可替代的作用。人体工程学运用人体计测、生理、心理计测等手段和方法。

研究人体的结构功能尺寸、心理、力学等方面与室内环境之间的合理协调关系，以适合人的身心活动要求，取得最佳使用效能，从而达到安全、健康、高效和舒适的目标（图7-1、图 7-2）。

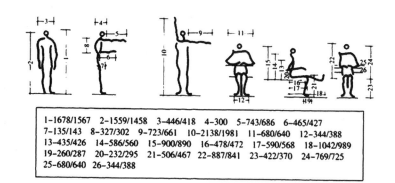

图 7-1　人体结构功能尺寸与室内环境（一）

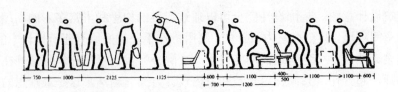

图 7-2　人体结构功能尺寸与室内环境（二）

人体工程学研究内容及其对于设计学科的作用可以概括为以下几方面。

（1）确定人在室内活动所需空间的主要依据。

（2）确定家具、设施的形体、尺度及其使用范围的主要依据。

（3）提供适应人体的室内物理环境的最佳参数。室内物理环境主要有室内热环境、声环境、光环境、重力环境、辐射环境等，室内设计时有了上述要求的科学的参数后，在设计时就有可能有正确的决策。

（4）对视觉要素的计测为室内视觉环境设计提供科学依据。人眼的视力、视野、光觉、色觉是视觉的要素，人体工程学通过计测得到的数据，为室内光照设计、室内色彩设计、视觉最佳区域等提供了科学的依据。

（三）建筑装饰设计与环境心理学

环境心理学是一门新兴的综合性学科，是研究环境与人的行为之间相互关系的学科。从行为的角度，探讨人与环境的最优化，即怎样的环境是最符合人们心愿的。这里所说的环境虽然也包括社会环境，但主要是指物理环境，包括噪声、拥挤、空气质量、温度、建筑设计、个人空间等。环境心理学与多门学科，如医学、心理学、环境保护学、社会学、人体工程学、人类学、生态学以及城市规划学、建筑学、室内环境学等学科关系密切。

环境心理学非常重视生活于人工环境中人们的心理取向，把选择环境与创建环境相结合，着重研究环境和行为的关系；环境的认知和空间的利用；感知和评价环境等。

关于环境心理学与室内设计的关系，《环境心理学》（作者相马一郎等）一书中译文前言内的话很能说明一些问题："不少建筑师很自信，以为建筑将决定人的行为"，但他们"往往忽视人工环境会给人们带来什么样的损害，也很少考虑到什么样的环境适合于人类的生存与活动"。以往的心理学"其注意力仅仅放在解释人类的行为上，对于环境与人类的关系未加重视。环境心理学则是以心理学的方法对环境进行探讨"，即是在人与环境之间是"以人为本"，从人的心理特征来考虑研究问题，从而使我们对人与环境的关系、对怎样创造室内人工环境，都应具有新的、更为深刻的认识。

人在室内环境中，其心理与行为尽管有个体之间的差异，但从总体上分析仍然具有共性，仍然具有以相同或类似的方式做出反应的特点，这也正是我们进行设计的基础。

下面我们列举几项室内环境中人们的心理与行为方面的情况。

1. 领域性与人际距离

领域性原是动物在环境中为取得食物、繁衍生息等采取的一种适应生存的行为方式。人与动物毕竟在语言表达、理性思考、意志决策与社会性等方面有本质的区别，但人在室内环境中的生活、生产活动，也总是力求其活动不被外界干扰或妨碍。不同的活动有其必需的生理和心理范围与领域，人们不希望轻易地被外来的人与物（指非本人意愿、非从事活动必须参与的人与物）所打破。

2. 私密性与尽端趋向

如果说领域性主要在于空间范围，则私密性更涉及在相应空间范围内，包括视线、声音等方面的隔绝要求。私密性在居住类室内空间中要求更为突出，一般的主卧房都会设置在居室的私密性较强的位置。

日常生活中人们还会非常明显地观察到，在一个餐厅里，就餐人对餐厅中餐桌座位的挑选，相对地人们最不愿选择近门处及人流频繁通过处的座位。餐厅中靠墙卡座的设置，由于在室内空间中形成更多的"尽端"，空间相对有所属感，也就更符合散客就餐时"尽端趋向"的心理要求。

3. 依托的安全感

人在空间中占据的位置，从心理感受来说，并不是越开阔、越宽广越好，人们通常在大型室内空间中更愿意有所"依托"。人偏爱具有庇护性又具有开敞视野的地方。这些地方提供了进行观察、选择时机做出反应，如有必要可进行防卫的有利位置，从而从心理上产生一种安全感。例如在茶餐厅设计中设计师一般会将桌椅布置成若干区域，恰当地运用低矮隔断等创造空间。

4. 从众与趋光心理

从一些公共场所（商场、车站等）内发生的非常事故中观察到，紧急情况时人们往往会盲目跟从人群中领头几个急速跑动的人的去向，不管其去向是否是安全疏散口。当火警或烟雾开始弥漫时，人们无心注视标志及文字的内容，甚至对此缺乏信赖，往往是更为直觉地跟着领头的几个人跑动，以致成为整个人群的流向。上述情况即属从众心理。同时，人流在室内空间中，具有从暗处往较明亮处流动的趋向，紧急情况时语言的引导会优于文字的引导。上述心理和行为现象提示设计者在创造公共场所室内环境时，首先应注意空间与照明等的导向，标志与文字的引导固然也很重要，但从紧急情况时的心理与行为来看，对空间、照明、音响等需予以高度重视。

5. 左转弯与抄近路

人的这种习惯是一种人类的无意识行为，人在转弯习惯中多表现出左转弯，所以我们的楼梯设计一般也采用左转弯，对于安全疏散楼梯很有意义。抄近路是人总是选择最便捷的方式达到自己的目的地，当然要排除散步与观景等有其他目的的行为。

运用环境心理学的原理，在室内设计中的应用面极广，例如，从环境心理学角度看，建筑结构和布局不仅影响生活和工作在其中的人，也影响外来访问的人。不同的住房设计引起不同的交往和友谊模式，高层公寓式建筑和四合院布局就会产生不同的人际关系。国外关于居住距离对于邻里模式的影响已有过不少的研究。通常居住近的人交往频率高，容易建立良好的邻里关系。房间内部的安排和布置也影响人们的知觉和行为。家具的安排也影响人际交往。社会心理学家把家具安排区分为两类：一类称为"远社会空间"，一类称为"亲社会空间"。在前者的情况下，家具成行排列，如车站，因为在那里人们不希望进行亲密交往；在后者的情况下，家具成组安排，如家庭，因为在那里人们都希望进行亲密交往。又如，个人空间指个人在与他人交往中自己身体与他人身体保持的距离。1959 年，霍尔把人际交往的距离划分为 4 种：亲昵距离，0～0.5 米，如爱人之间的距离；个人距离，0.5～1.2 米，如朋友之间的距离；社会距离，1.2～2 米，如开会时人们之间的距离；公众距离，4.5～7.5 米，如讲演者和听众之间的距离。人们虽然通常并未明确意识到这一点，但在行为上却往往遵循这些不成文的规则，如破坏这些规则，往往引起反感。

当然，除上述这些方面和内容外，环境心理学研究的课题还包括研究噪声与心理行为的关系，空气污染对人生理、心理的影响等，作为室内设计师也应当有所了解。

七、学习建筑装饰设计的方法

建筑装饰设计是技术与艺术综合的学科，从事建筑装饰设计要掌握的知识点主要包括：

（1）工程技术方面：包括建筑构造、建筑装饰构造、建筑物理以及建筑供热等。

（2）建筑装饰设计理论方面：包括建筑装饰简史、建筑装饰设计原理以及有关的装饰设计艺术理论等。

（3）设计表现技法方面：包括画法几何及阴影透视、计算机制图、设计方案手绘表现等。

（4）建筑装饰设计方面：包括建筑装饰设计基础以及其后由简单到复杂的各种类型的建筑室内外装饰设计。

（5）设计师职业教育方面：包括国家有关法令法规，建筑技术经济与管理等。

从上述内容可以大致看出建筑装饰设计的学习特点，它要求学生既要掌握建筑装饰工程技术知识，要求学生注意提高自己关于建筑装饰设计理论和艺术方面的修养，加强表现技法的训练，将所学的各种知识和技能综合运用于设计中去，不断提高设计能力和理论素养的同时，还应努力学习国家有关的方针政策和法令法规，为使自己成为一个合格的建筑装饰设计师做好充分准备。

从上述内容来看，要求初学者在有限的在校时间掌握如此众多的知识是远不可能的，因此掌握正确的学习方法和路径就显得尤其重要。

学习设计仅从书本到书本是难以学好的，首先应提倡的学习方法是"外师造化"。所谓"外师造化"是指向现实学习，在实践中学习，向传统的建筑装饰设计学习，向国外先进的设计成果学习。从事这类学习主要方法是做好专业笔记，以速写的方式，形象地记录优秀的作品，并记录下自己的心得体会。所以，这对初学者来说就要过好速写关。年长日久自然形成自己所拥有的庞大的资料库。必要时再加以分类、归纳，编成设计资料，一遇到设计课题，便可随时查阅，从他人的经验中得到一定的有益的启发。

"外师造化"的目的在于认识客观世界，开拓自己专业认识的视野；最终落脚点还是为了创造出有个性的作品，以形成自身独特的设计风格。

建筑装饰设计首先要重视的是功能问题的分析，任何一个空间都要满足使用者提出的各种使用要求，科学地分析功能问题的方法是学习的重点。设计师必须学会用图式的方法来做功能分析，借助各种图形来分析功能比口头、文字上的探讨更有说服力。

建筑装饰设计的综合性艺术特征对学习者提出向其他类别艺术学习的课题。因为，不了解其他艺术的特点，不了解其材料、制作过程和创作方法，就不可能与其有共同的语言基础，也无法开展合作。更有意义的是，主动地向其他艺术门类学习还能拓宽自己的艺术视野。例如，从传统绘画中线描的表现到画面意境的追求，从民间工艺品的制作到现代工业产品的设计等，设计师能学习到多样而有效的表现手法，借此不断提高自己的造型艺术修养。具备了良好表达能力，有了一定的造型艺术修养，等于有了深入学习装饰设计的基础。

　　总的来说，建筑装饰设计的学习过程是紧张而又丰富多彩的。资料的积累、设计方法的研究、表现技巧的训练都需要一定的时间和经历。图式的表达则是设计学习重要方面，将我们所看到的、感悟到的、设想到的一切，都用直观的图形表现出来，是一种良好的职业习惯。学好装饰设计的唯一方法就是拳不离手、曲不离口，从培养一种良好的设计习惯开始。

第二节　中国传统建筑装饰

一、中国传统建筑概述

　　中国是历史上有名的文明古国之一，在漫长的几千年文明发展进程中，中国古代建筑风格在世界建筑体系中形成了一套具有高度延续性的独特风格体系——木构架建筑体系（图 7-3）。该体系殷商时期初步形成，汉代继续发展，唐代已达到成熟阶段。

　　中国位于亚洲东部，幅员辽阔，南北气候差异比较大，由于不同的自然条件，除主体木构架体系之外，古代人们又因地制宜，因材致用，运用不同材料，不同做法，创造出不同结构方式和不同艺术风格的其他古代建筑体系，如长江流域的干阑式建筑。

　　中国古代建筑与欧洲建筑、伊斯兰建筑并称为世界三大建筑体系。特别是唐代时期的中国建筑传播、影响深远。

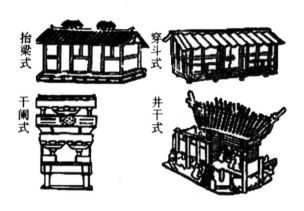

图 7-3　木构架建筑体系

二、古代建筑的发展演变过程

古代建筑的发展演变过程，见表 7-2。

表 7-2 古代建筑发展演变过程

历史时期	建筑的发展演变
上古至商周	住居与建筑雏形的形成（中国古建筑的草创阶段）：天然的洞穴穴居——木构架、草泥建造半穴居住所（木构架形制出现）——地面建筑——聚落。
商代后期春秋战国	历代发展的基础：营建都邑，大量夯土的房屋台基；排列整齐的卵石柱基和木柱。初步形成传统木构架形式，并成为主要的结构方式。
秦汉时期	中国古代建筑发展史上的第一个高潮：开始大规模修建宫殿，结构主体的木构架已趋于成熟，重要建筑物上普遍使用斗栱。其屋顶形式多样化，庑殿、歇山、悬山、攒尖、囤顶均已出现，有的被广泛采用。制砖及砖石结构和拱券结构有了新的发展。
魏晋南北朝时期	民族大融合时期，传统建筑持续发展和佛教建筑传入：寺庙、塔、石窟的发展盛行，这就使这一时期的中国建筑，融进许多来自印度、西亚的建筑形制与风格。
唐代时期	中国古代建筑发展史上的第二个高潮：成熟时期，继承前代与融合外来因素修筑万里长城，大规模修筑宫殿，兴建了大量寺塔、道观，并继承前代续凿石窟佛寺，城市布局出现变化，建筑技术更有新的发展，木构架已能正确地运用材料性能，建筑设计中已知运用以"材"为木构架设计的标准，朝廷制定了营缮的法令，设置有掌握绳墨、绘制图样和管理营造的官员。
历史时期	建筑的发展演变
五代十国至北宋时期	总结了隋唐以来的建筑成就。制定了设计模数和工料定额制度；编著了《营造法式》一书，并由政府颁布实施。
辽、金、元时期	基本上保持了唐代的传统，其中北岳庙德宁殿是各族文化交融的代表作。
元、明、清时期	中国古代建筑发展史上的最后一个发展高潮，元大都及宫殿，明代营造南、北两京及宫殿，在建筑布局方面，较之宋代更为成熟、合理。明清时期大肆兴建帝王苑囿与私家园林，形成中国历史上一个造园高潮。

明清两代距今最近，许多建筑佳作得以保留至今，如京城的宫殿、坛庙，京郊的园林，两朝的帝陵，江南的园林，遍及全国的佛教寺塔、道教宫观，及民间住居、城垣建筑等，构成了中国古代建筑史的光辉篇章。

目前部分中国古代建筑得到很好的保护，从这些保护下来的中国古建筑中我们能够看到充分具有中国特色的建筑风格。

三、古代建筑的特点

（一）建筑构造的特点

（1）使用木材作为主要建筑材料，创造出独特的木结构形式。

（2）保持构架制原则。以立柱和纵横梁枋组合成各种形式的梁架，使建筑物上部荷载经由梁架、立柱传递至基础。墙壁只起围护、分隔的作用、不承受荷载。

（3）创造斗栱结构形式。用纵横相叠的短木和斗形方木相叠而成的向外挑悬的斗栱（见图7-4），本是立柱和横梁间的过渡构件，逐渐发展成为上下层柱网之间或柱网与屋顶梁架之间的整体构造层。

图7-4　斗栱结构

（4）实行单体建筑标准化。中国古代的宫殿、寺庙、住宅等，往往是由若干单体建筑结合配置成组群。无论单体建筑规模大小，其外观轮廓均由阶基、屋身、屋顶三部分组成。

（5）重视建筑组群平面布局。其原则是内向含蓄，多层次，力求均衡对称。除特定的建筑物如城楼、钟鼓楼等之外，单体建筑很少露出全部轮廓。每一个建筑组群少则有一个庭院，多则有几个或几十个庭院，组合多样，层次丰富，弥补了单体建筑定型化的不足。平面布局采取左右对称的原则，房屋在四周，中心为庭院。组合形式均根据中轴线发展。唯有园林的平面布局，采用自由变化的原则。

（6）灵活安排空间布局。室内间隔采用隔扇、门、罩、屏等便于安装、拆卸的活动构筑物，能任意划分，随时改变。庭院是与室内空间相互为用的统一体，为建筑创造小自然环境准备条件，可栽培树木花卉、叠山辟池、搭凉棚花架，有的还建有走廊，作为室内和室外空间过渡，以增添生活情趣。

（7）丰富的装饰手段。中国古建筑的装饰多体现在雕刻与彩画上，木结构建筑的梁柱框架，需要在木材表面施加油漆等防腐措施，由此发展成中国特有的建筑油饰、彩画。

（二）建筑与传统文化

（1）儒家传统的礼制思想是指导建筑创作的主要思想，建筑有严格的伦理等级制度，而以玄学、风水堪舆之说作为建筑某些方面的补充。

（2）标准化的建筑个体要通过建筑空间的组合来表达个性，建筑群体的布置是传统建筑艺术的精髓，反映着时间和空间结合的理性思维方式和人与自然的亲和关系。

（3）用象征主义手法表现特定的主题。在园林中表现意境，在宗教建筑中表现世界观，在宫殿建筑中表现政治制度。一些装饰构件与小品，甚至单体建筑，都成为一种包含了固定意义的象征符号。

（三）建筑的功能特点

（1）居住建筑。是人类最早创造的建筑，主要有穴居和干阑两种形式。距今 7400 ～ 6700 年前的新石器时代早期遗址，如甘肃秦安县大地湾中的建筑均为半地穴式，即从地面向下挖掘一定深度的竖穴，平面作圆形、椭圆形或方形，面积很小。距今 4900 ～ 3900 年前的新石器时代晚期，地面起建的房屋多起来，原始社会的穴居，正逐步朝着宫室式住宅形式演化。宫室式住宅的代表类型是四合院。陕西省岐山县凤雏村早周建筑遗址是所知最早的完整四合院。在北京老城区中轴线东西两侧保留有大量平房，最典型的四合院（图 7-5）多集中在这里。干阑式建筑的最早遗迹发现于浙江余姚河姆渡，距今约 7000 ～ 5300 年前。楼面离地大约一人高，其下圈养牲畜，楼面上周围有栏杆，围着平台和房屋。现存干阑式建筑比古代大为减小，集中分布在云南、海南的少数民族地区。

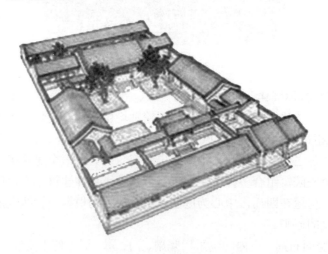

图 7-5　北京四合院

（2）城市公共建筑。主要包括城墙、城楼与城门，还有钟楼和鼓楼。城墙起源于新石器时代，材料以夯土为主。三国至南北朝出现在夯土城外包砌砖壁的作法。明代，重要城池大多用砖石包砌。城门是重点防御部位。门道深一般在 20 米左右，最深达 80 米。唐代边城中出现瓮城，明代在瓮城上创建箭楼，如北京内城正阳门城楼及箭楼、城东南角楼是明代优秀作品。钟、鼓楼是古代城市中专司报时的公共建筑。宋代有专建高楼安置钟、鼓的记载。明代在北京城中轴线北端建鼓楼和钟楼，其下部是砖砌的墩台，上为木构或砖石的层楼。

（3）宫殿建筑。宫殿专指帝王举行仪式、办理政务与居住之所。宫殿建筑集中当时国内的财力和物力，以最高的技术水平建造而成。已知最早的宫殿遗址，发现于河南偃师二里头村，它建于公元前1500年前的商代。明清北京故宫（图7-6）是中国宫殿建筑最成熟的典型。城平面为矩形，东西宽753米，南北深961米，墙开四门，建门楼，四隅建角楼。它将各种建筑艺术手法发挥得淋漓尽致，调动一切建筑语言来表达主题思想，取得了难以超越的成就。

（4）礼制与祠祀建筑。凡是由"礼制"要求产生并被纳入官方祀典的，称为礼制建筑；凡是民间的、主要以人为祭祀对象的，称为祠祀建筑。礼制和祠祀建筑大略分为四类：祭祀天地社稷、日月星辰、名山大川的坛、庙；从君王到士庶崇奉祖先或宗教祖的庙、祠；举办行礼乐、宣教化的特殊政教文化仪式的明堂、辟雍；为统治阶级所推崇、为人民所纪念的名人专庙、专祠。北京天坛是古代坛庙建筑中最重要的遗存，建于明永乐十八年（1420年）。

图7-6　北京故宫

（5）陵墓建筑。它是专供安葬并祭祀死者而使用的建筑。由地下和地上两大部分组成。地下部分用以安葬死者及其遗物、代用品、殉葬品。地上部分专供生人举行祭祀和安放死者神主之用。大致说，汉代以后，帝王墓葬称陵，臣庶称墓。陕西省临潼县秦始皇陵，是中国第一座帝陵。明北京昌平十三陵（图7-7）是一个规划完整、气魄宏大的陵墓群。

图7-7　北京昌平十三陵

（6）佛教建筑。它是信徒供奉佛像、佛骨，进行佛事佛学活动并居住的处所，有寺院、塔和石窟三大类型。中国民间建佛寺，始自东汉末。最初的寺院是廊院式布局，其中心建塔，或建佛殿，或塔、殿并建。佛塔按结构材料可分为石塔、砖塔、木塔、铁塔、陶塔等，按结构造型可分为楼阁式塔、密檐塔、单层塔。石窟是在河畔山崖上开凿的佛寺，起源于印度，约在公元 3 世纪左右传入中国，其形制大致有塔庙窟、佛殿窟、僧房窟和大像窟四大类。中国石窟的重要遗存，有甘肃敦煌莫高窟、山西大同云冈石窟、河南洛阳龙门石窟等。

（7）园林和园林建筑。中国传统园林是具有可行、可望、可游、可居功能的人工与自然相结合的形体环境，其构成的主要元素有山、水、花木和建筑。它是多种艺术的综合体，反映着传统哲学、美学、文学、绘画、建筑、园艺等多门类科学艺术和工程技术的成就。按隶属关系，其可分为皇家园林、私家园林、寺观园林和风景名胜四大类。其中现存最具代表性的园林有苏州拙政园、留园，扬州个园，无锡寄畅园，北京颐和园、圆明园，承德避暑山庄等。

中国传统建筑的功能类型，除上述七类外，还有军事建筑、商业建筑以及桥梁等公共交通设施，另外还有坊表等建筑小品。其中长城经历了 2000 余年历史，延袤万里，成为中华民族精神的象征。河北赵州桥（图 7-8）建于 7 世纪初的隋代，是世界上第一座敞肩单拱石桥，比西方出现同类结构要早 700 年左右。所有这些，都反映了中国古代建筑的卓越成就。

图 7-8　赵州桥

（四）建造的特点

中国古代建筑的单体，大致可以分为屋基、屋身、屋顶三个部分。这三部分都有自己独特的建造风格，不但结构特别，而且外观精美，对现代建筑具有很高的参考价值。

1. 屋顶的建造特点

中国古建筑的屋顶古称屋盖，中国传统屋顶有七种，屋顶通常大于屋身，有等级制度之分，其中以重檐庑殿顶、重檐歇山顶级别最高，其次为单檐庑殿、单檐歇山顶。其造型独特，是世界上少有的。中国古建筑中最常见的屋顶形式有庑殿顶、歇山顶、悬山顶、硬山顶、攒尖顶、平顶、单坡顶式、卷棚顶等。

中国古建筑的屋顶造型，很大一部分是受到当地自然环境的影响，反映最明显的是主要用于排水功能的建筑屋顶形式。有人对歇山式屋顶的形成过程作过一种解释，就是在多雨地区悬山屋顶未能遮全山墙面上的雨水，对土墙不利，便创造出一种悬山梯形屋顶作为改进。但若房屋较大，这种悬山梯形屋顶的结构强度就不够了，因此出现了双层屋顶或称附棚，这正是歇山屋顶的原形。所以这种屋顶形式是与多雨地区的防水需要密切相关的。而在南方多雨地区，许多传统民居的构件形式如挑檐、腰檐、披檐等都是以防雨水淋湿墙面为基本功能的，因此多雨地区有其特有的构筑形态。另外，各地区降水量的大小还反映在屋顶坡度上。传统民居在当时屋面材料的限制下，如果屋顶没有一定的倾斜度，雨水下降速度慢，难以避免垂直渗透。而选择屋顶坡度的大小，则常常与降水量的大小紧密联系。一般说来，降水量多的地方屋顶坡度大，以利泄水，反之屋顶坡度小，这在大量的民居实例中可得以验证。而在气候特别干旱的地区，屋顶坡度小甚至屋顶全是平的，用做屋顶活动平台或曝晒粮食等。北京地区相对比较干旱，因此普遍使用出檐较浅的硬山顶，屋顶坡度适中。

2. 墙身的建造特点

中国古建筑以木材、砖瓦为主要建筑材料，以木构架为主要结构形式。

首先，木构架结构是由立柱、横梁、顺檩等主要构件建造而成的，各个构件之间的结点以榫卯方式环环相扣，构成富有弹性的框架。中国古代木构架有抬梁、穿斗、井干三种不同的结构方式，而这三种结构方式的特点如下。

表 7-3　中国古代木构架建筑结构特点

木构架的结构方式	图　示	特　点
抬梁式	 清七檩硬山大木作小式构架 1—脊瓜柱　2—脊檩（垫、枋）　3—金檩（垫、枋） 4—老檐檩（垫、枋）　5—檐檩（垫、枋）　6—檐柱 7—老檐柱　8—三架梁　9—五架梁	它是沿着房屋的进深方向在石础上立柱，柱上架梁，再在梁上重叠数层柱和梁，最上层梁上立脊瓜柱，构成一组木构架。在相邻木构架间架檩，檩间架椽，构成双坡顶房屋的空间骨架。抬梁式构架在春秋时已有，唐代发展成熟，且使用范围较广，在三者中居于首位。
穿斗式	 穿斗式构架示意图 1—瓦　2—竹篾编织物　3—椽　4—檩 5—斗枋　6—穿枋　7—柱	穿斗式是沿着房屋的进深方向立柱，但柱的间距较小使柱能直接承受檩自重量，不用架空的抬梁，而以数层"穿"贯通各柱，组成构架。这种结构技术大约在公元前2世纪（汉）已相当成熟，流传至今，为中国南方诸省所普遍采用。

木构架的结构方式	图　　示	特　　点
井干式		井干式结构以圆木或矩形、六角形木料平行向上层层叠置，在转角处木料端不交叉咬合，形成房屋四壁，如同古代井上的木围栏，再在左右两侧壁上立矮柱承脊檩构成房屋。井干式结构需用大量木材，结构比较原始简单，现在除少数森林地区外很少使用。

其次，木构架是屋顶和屋身部分的骨架，它的基本做法就是立柱和横梁组成构架，四根柱子组成一间，一栋房子由几个间组成。柱子之间修筑门窗和围护墙壁，在大型木构架建筑的屋顶与屋身由斗栱作为过渡部分。斗栱的种类很多，形制复杂，在中国古建筑中不仅在结构和装饰方面起着重要的作用，而且在制定建筑各部分和各构件的大小尺寸时，都以它做度量的基本单位。斗栱在我国历代建筑中的发展演变比较显著。早期的斗栱比较大，主要为结构构件；唐、宋时期的斗栱还保留这个特点；但到了明、清时期，它的结构功能逐渐减少，变成纤细的装饰构件了。

由于古建筑这种特殊的木构架结构体系，屋顶的重量都是由木构架来承担的，外墙只起到遮挡阳光、隔热防寒的作用，所以墙壁是不承重的。柱间又可以灵活处理，使得建筑物具有很大的灵活性。另一方面，由于木构架所使用的斗栱和榫卯结构都具有一定的伸缩性，可以在一定限度内减少地震对木构架的危害，使得木构架具有一定的抗震能力。

3. 台基的建造特点

台基是所有建筑物的最基础部分，又称基座。系高出地面的建筑物底座。台基用以承托建筑物，并使其防潮、防腐，同时可弥补中国古建筑单体建筑不甚高大雄伟的欠缺，也是中国建筑的一个重要的特征，有普通台基和须弥台基两种。一般房屋用单层台基，而隆重的殿堂会用两层或者三层。

（1）普通台基：用灰土或碎砖三合土夯筑而成，约高一尺，常用于小型建筑。

（2）较高级台基：较普通台基高，常在台基上边建汉白玉栏杆，用于大型建筑或宫殿建筑中的次要建筑。

（3）更高级台基（如明十三陵的长陵棱恩殿）：即须弥座，又名金刚座。"须弥"是古印度神话中的山名，相传位于世界中心，系宇宙间最高的山，日月星辰出没其间，三界诸天也依傍它层层建立。须弥座用作佛像或神龛的台基，用以显示佛的崇高伟大。中国古建筑采用须弥座表示建筑的级别。一般用砖或石砌成，上有凹凸线脚和纹饰，台上建有汉白玉栏杆，常用于宫殿和著名寺院中的主要殿堂建筑。

（4）最高级台基：由几个须弥座相叠而成，从而使建筑物显得更为宏伟高大，常用于最高级建筑，如故宫三大殿和山东曲阜孔庙大成殿，即耸立在最高级台基上。

表 7-4 各时期台基特点

时　期	台基特点
宋代之前	须弥座多为多层叠涩砖构成
宋代时期	定型化，束腰部分增高并以间梓分隔，柱间以雕饰来装饰，成为台基重点
清代时期	须弥座各层分割相近，但上下枭与束腰装饰平均，不分宾主，台基失掉主体而纯象雕纹，在外表上大减其原来雄厚力量

（五）装饰的特点

第一，中国古代建筑的色彩的使用是我国古代建筑显著的特征之一。各种色彩在中国各朝代中占有不同的地位，中国古建筑多使用对比度强、色彩分明的颜色，使得中国古代建筑显得轮廓分明、富丽堂皇。

中国古代建筑所选择的色彩具有明显的倾向性，比较喜欢用红、黄、绿这些表示吉祥的颜色。另一方面，古代建筑用色受到严格的封建等级制度的影响，黄色最为尊贵，是皇家建筑的专用色，而一般民居多用白墙灰瓦褐梁架。中国古代皇家建筑的色彩具有强烈的原色对比，构成富丽堂皇的色彩格调；中国古代民居的白墙灰瓦，栗色的梁架与自然环境形成鲜明的色彩对比，显示出民居的自然、质朴、秀丽、雅淡的格调。

表 7-5 各时期建筑物色彩特点

历史时期	建筑物色彩特点
商代时期	建筑物多为红白两色，并使用色彩斑斓的织绣或绘品
周代时期	规定青、红、黄、白、黑为正色；宫殿、柱墙、台基多为红色，彩画作为装饰开始出现
汉代时期后	利用青、红、白、黑、黄的组合和对比；从等级上红色开始退居黄色之后
魏晋南北朝时期后	黄色占据至高无上的地位
隋唐时期	宫殿、庙宇、官邸多为红柱白墙，以彩画装饰，灰瓦或黑瓦屋顶
宋元时期	使用白石台基、红墙红柱红门窗、黄或绿色琉璃瓦屋顶，并用彩画作装饰
明清时代	琉璃瓦以黄色等级为最高、绿色次之，鎏有蓝、紫、黑、白各色

第二，中国古代建筑对于装修、装饰极为讲究，一切建筑部位或构件都要美化，所选用的形象、色彩因部位与构件性质不同而有别。

台基和台阶本是房屋的基座和进屋的踏步，但做上雕饰，配上栏杆，就显得格外庄严与雄伟。屋面装饰可以使屋顶的轮廓形象更加优美。如故宫太和殿，重檐庑殿顶，五脊四坡，正脊两端各饰一龙形大吻，张口吞脊，尾部上卷，四条垂脊的檐角部位各饰有九个琉璃小兽，增加了屋顶形象的艺术感染力。

门窗、隔扇属外檐装修，是分隔室内外空间的间隔物，但是装饰性特别强。门窗以其各种形象、花纹、色彩增强了建筑物立面的艺术效果。内檐装修是用以划分房屋内部空间的装置，常用隔扇门、板壁、多宝格、书橱等，它们可以使室内空间产生既分隔又连通的效果。另一种划分室内空间的装置是各种罩，如几腿罩、落地罩、圆光罩、花罩、栏杆罩等，有的还要安装玻璃或糊纱，绘以花卉或字画，使室内充满书香气息。

天花即室内的顶棚，是室内上空的一种装修。一般民居房屋制作较为简单，多用木条制成网架，钉在梁上，再糊纸。重要建筑物如殿堂，则用木支条在梁架间搭制方格网，格内装木板，绘以彩画。藻井（图7-9）是比天花更具有装饰性的一种屋顶内部装饰，它结构复杂，下方上圆，由三层木架交构组成一个向上隆起如井状的天花板，多用于殿堂、佛坛的上方正中，交木如井，绘有藻纹，故称藻井。

图7-9　天坛龙凤藻井

在建筑物上施彩绘是中国古代建筑的一个重要特征，是建筑物不可缺少的一项装饰艺术。它原是施之于梁、柱、门、窗等木构件之上用以防腐、防蠹的油漆，后来逐渐发展演化而为彩画。古代在建筑物上施用彩画，有严格的等级区分，庶民房舍不准绘彩画，就是在紫禁城内，不同性质的建筑物绘制彩画也有严格的区分。其中和玺彩画属最高的一级，内容以龙为主题，施用于外朝、内廷的主要殿堂，格调华贵；旋子彩画是图案化彩画，画面布局素雅灵活，富于变化，常用于次要宫殿及配殿、门庑等建筑上；再一种是苏式彩画，以山水、人物、草虫、花卉为内容，多用于园苑中的亭台楼阁之上。

中国传统建筑装饰以"三雕"为主，即木雕、石雕和砖雕，其中木雕的数量和质量是"三雕"之首。古代建筑上的装饰细部大部分是由梁枋、斗栱、檩椽等结构构件经过艺术加工而发挥其装饰的效用的。古代建筑综合运用了我国工艺美术以及绘画、雕刻、书法等方面的成就，使得建筑外观变化多端、丰富多彩，充满中华民族风格的气息。

建筑物上雕刻的内容主要体现了古代人民的文化理想，表现了人们对美好生活的追求。不同的雕刻内容有着不同的寓意，例如，龙是中华民族的象征（图7-10），也是帝王和权力的体现；梅兰竹菊清雅不畏严寒，象征文人高洁的品格；而荷花和梅花组合起来的雕刻表示"和和美美"。由于建筑上木雕的内容和人们的生活密切相关，深入日常生活的每个角落，从而深刻地体现出中国传统文化的文化特征。

图 7-10　龙型雕刻

中国古代建筑拥有深厚的中国文化，具有巨大的历史价值以及继承价值。面临科技发达、世界全球化的中国建筑业，必须在效仿西方式建筑的同时，全面考虑中国的历史文化，继承中国传统建筑的精髓，开创新时代具有中国特色的现代建筑之路。

第三节　西方建筑装饰语言

西方古代建筑的范围，是指从古希腊到英国工业革命前的建筑。它跟中国的建筑有明显的不同，我们可以从六大风格上来分析西方古典建筑的基本特点。

一、古希腊的建筑风格

古希腊是西方文明的源头，是欧洲文化的发源地之一，古希腊的建筑艺术，则是欧洲建筑艺术的源泉与宝库。其建筑风格特点可用六字概括：和谐、完美、崇高。建筑格式以柱式为最大特色，这也是西方建筑与中国建筑的最大区别之处。而古希腊的神庙建筑则是这些风格特点的集中体现者，也是古希腊乃至整个欧洲最伟大、最辉煌、影响最深远的建筑。

首先是柱式（图 7-11）。古希腊的"柱式"，不仅仅是一种建筑部件的形式，更准确地说，它是一种建筑规范的风格，这种规范和风格的特点是，追求建筑的檐部（包括额枋、檐壁、檐口）及柱子（柱础、柱身、柱头）的严格和谐的比例和以人为尺度的造型格式。

古希腊最典型的柱式主要有三种，即多立克柱式、爱奥尼柱式和科林斯柱式。这些柱式的特点有以下两点。

（1）从外在形体看，多立克的柱头是简单而刚挺的倒立圆锥台，柱身凹槽相交成锋利的棱角，雄壮的柱身从台面上拔地而起，柱子的收分十分明显，力透着男性体态的刚劲雄健之美。

爱奥尼柱，其外在形体修长、端丽，柱头则带婀娜多姿的两个涡卷，尽展女性体态的清秀柔和之美。

科林斯柱的柱身与爱奥尼相似，而柱头则更为华丽，形如倒钟，四周饰以锯齿状叶片，宛如满盛卷草的花篮。

（2）从比例与规范来看，多立克柱一般是柱高为底径的 4～6 倍，檐部高度约为整个柱式的 1/4，柱身有 20 个尖齿凹槽，柱头由方块和圆盘组成，造型十分粗壮、浑厚有力。

爱奥尼柱，柱高一般为底径的 9～10 倍，柱身有 24 个平齿凹槽，檐部高度约为整个柱式的 1/5，十分有序而和美。

科林斯柱，在比例、规范上与爱奥尼相似。这些比例与规范与这些柱式的外在形体的风格完全一致，都以人为尺度，以人体美为其风格的根本依据，它们的造型可以说是人的风。

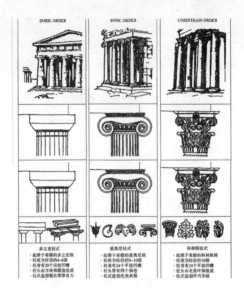

图 7-11　古希腊三柱式

度、形态、容颜、举止美的艺术显现，而它们的比例与规范，则可以说是人体比例、结构规律的形象体现。

以这三种柱式为构图原则的单体神庙建筑或其他建筑，往往就成为了古希腊艺术乃至人类建筑艺术的典范，如以多立克柱式为构图原则的帕提农神庙；以爱奥尼柱式为构图原则的伊瑞克先神庙和帕加蒙的宙斯神坛；以科林斯柱式为构图原则的列雪格拉德纪念亭等。

在古希腊的建筑中，不仅柱式以及以柱式为构图原则的单体神庙建筑生动、鲜明地表现了古希腊建筑和谐、完美、崇高的风格，而且，以神庙为主体的建筑群体，也常常以更为宏伟的构图，表现了古希腊建筑和谐、完美而又崇高的风格特点。其中雅典卫城是最有代表性的建筑体（图 7-12）。

卫城是古希腊人进行祭神活动的地方，位于雅典城西南的一个高岗上，由一系列神庙构成。由卫城入口的山门，守护神雅典娜像的主体建筑帕提农神庙和以女像柱廊闻名的伊瑞克先神庙组成。卫城的整体布局考虑了祭典序列和人们对建筑空间及型体的艺术感受特点，建筑因山就势，主次分明，高低错落，无论是身处其间或是从城下仰望，都可看到较为完整的艺术形象。建筑本身则考虑到了单体相互之间在柱式、大小、体量等方面的对比和变化，加上巧妙地利用了不规则不对称的地形，使得每一景物都各有其一定角度的最佳透视效果，当人身处其中，从四度空间的角度来审视整个建筑群时，一种和谐、完美的观感就会油然而生。

图 7-12 雅典卫城

二、古罗马的建筑风格

古罗马建筑是古罗马人沿袭亚平宁半岛上伊特鲁里亚人的建筑技术,继承古希腊建筑成就,在建筑形制、技术和艺术方面广泛创新的一种建筑风格。古罗马建筑在公元1至3世纪为极盛时期，达到西方古代建筑的高峰。

古罗马建筑艺术成就很高，大型建筑物的风格雄浑凝重，构图和谐统一，形式多样。罗马人开拓了新的建筑艺术领域，丰富了建筑艺术手法。古罗马建筑的类型很多。有罗马万神庙（图7-13）、维纳斯和罗马庙，以及巴尔贝克太阳神庙等宗教建筑，也有皇宫、剧场角斗场（图7-14）、浴场以及广场和巴西利卡（长方形会堂）等公共建筑。居住建筑有内庭式住宅、内庭式与围柱式相结合的住宅，还有四、五层公寓式住宅。

古罗马世俗建筑的形制相当成熟，与功能结合得很好。例如，罗马帝国各地的大型剧场，观众席平面呈半圆形，逐排升起，以纵过道为主、横过道为辅。观众按票号从不同的入口、楼梯，到达各区座位。人流不交叉，聚散方便。舞台高起，前有乐池，后面是化妆楼，化妆楼的立面便是舞台的背景，两端向前凸出，形成台口的雏形，已与现代大型演出性建筑物的基本形制相似。

古罗马多层公寓常用标准单元。一些公寓底层设商店，楼上住户有阳台。这种形制同现代公寓也大体相似。从剧场、角斗场、浴场和公寓等形制来看，当时建筑设计这门技术科学已经相当发达。古罗马建筑师维特鲁威写的《建筑十书》就是对这门科学的总结。

券拱结构是罗马建筑的最大特点，也是最大成就之一。罗马建筑典型的布局方式，空间组合，艺术形式等都与拱券结构有着紧密联系。正是出色的拱券技术才使罗马宏伟壮丽的建筑有了实现的可能性，才使罗马建筑那种空前勇敢大胆的创造精神有了根据。

拱券结构得到推广，是因为使用了强度高、施工方便、价格便宜的火山灰混凝土。约在公元前2世纪，这种混凝土成为独立的建筑材料，到公元前1世纪，几乎完全代替石材，用于建筑拱券，也用于筑墙。混凝土表面常用一层方锥形石块或三角形砖保护，再抹一层灰或者贴一层大理石板；也有在混凝土墙体前再砌一道石墙做面层的作法。

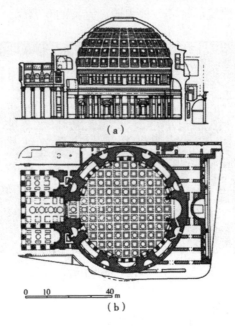

图 7-13　万神庙平面及内部结构

图 7-14　剧场角斗场

　　古罗马建筑的木结构技术已有相当水平，能够区别桁架的拉杆和压杆。罗马城图拉真巴西利卡，木桁架的跨度达到25米。公元1世纪建造的罗马大角斗场，可容五万观众，只用了5～6年时间就建成了。它建在一个填埋的湖上，但地基竟没有明显的沉陷。

　　发展了古希腊柱式的构图，使之更有适应性。最有意义的是创造出柱式同栱券的组合，如券柱式和连续券，既作结构，又作装饰。在希腊三柱式的基础上罗马又新增了塔司干柱式和复合柱式两种。

　　公元4世纪下半叶起，古罗马建筑日趋衰落。15世纪后，经过文艺复兴、古典主义复兴以及19世纪初期，法国的"帝国风格"的提倡，古罗马建筑在欧洲重新成为学习的范例。

三、拜占庭建筑的风格

"拜占庭"原是古希腊的一个城堡，公元395年，显赫一时的罗马帝国分裂为东西两个国家，西罗马的首都仍在当时的罗马，而东罗马则将首都迁至拜占庭，其国家也就顺其迁移被称为拜占庭帝国。拜占庭建筑，就是诞生于这一时期的拜占庭帝国的一种建筑文化。

从历史发展的角度来看，拜占庭建筑是在继承古罗马建筑文化的基础上发展起来的，同时，由于地理关系，它又汲取了波斯、两河流域、叙利亚等东方文化，形成了自己的建筑风格，并对后来的俄罗斯的教堂建筑、伊斯兰教的清真寺建筑都产生了积极的影响。

拜占庭建筑的特点，主要有四个方面：

（1）屋顶造型，普遍使用"穹窿顶"。这一特点显然是受到古罗马建筑风格影响的结果。但与古罗马相比，拜占庭建筑在使用"穹窿顶"方面要比古罗马普遍得多，几乎所有的公共建筑都用穹窿顶。

（2）整体造型中心突出。在一般的拜占庭建筑中，建筑构图的中心，往往十分突出，那种体量既高又大的圆穹顶，往往成为整座建筑的构图中心，围绕这一中心部件，周围又常常有序地设置一些与之协调的小部件。

（3）它创造了把穹窿顶支承在独立方柱上的结构方法和与之相应的集中式建筑形制。其典型作法是在方形平面的四边发券，在四个券之间砌筑以对角线为直径的穹顶，仿佛一个完整的穹顶在四边被发券切割而成，它的重量完全由四个券承担，从而使内部空间获得了极大的自由。

（4）色彩灿烂夺目。大面积地用马赛克或粉画进行装饰，在色彩的使用上，既注重变化，又注重统一，使建筑内部空间与外部立面显得灿烂夺目。在这一方面，拜占庭建筑极大地丰富了建筑的语言，也极大地提高了建筑表情达意、构造艺术意境的能力。

拜占庭建筑的代表作品是君士坦丁堡的圣索菲亚大教堂（图7-15）。它不仅综合地体现了拜占庭建筑的特点，还是拜占庭建筑成就的集大成者。

图7-15　圣索菲亚大教堂

四、哥特式建筑的风格

哥特式建筑是 11 世纪下半叶起源于法国，13 ～ 15 世纪流行于欧洲的一种建筑风格。主要见于天主教堂，也影响到世俗建筑。哥特式建筑以其高超的技术和艺术成就，在建筑史上占有重要地位。哥特式教堂的结构体系由石头的骨架券和飞扶壁组成。其基本单元是在一个正方形或矩形平面四角的柱子上做双圆心骨架尖券，四边和对角线上各一道，屋面石板架在券上，形成棋顶。采用这种方式，可以在不同跨度上作出矢高相同的券，棋顶重量轻，交线分明，减少了券脚的推力，简化了施工。飞扶壁由侧厅外面的柱墩发券，平衡中厅棋脚的侧推力。为了增加稳定性，常在柱墩上砌尖塔。由于采用了尖券、尖棋和飞扶壁，哥特式教堂的内部空间高旷、单纯、统一。装饰细部如华盖、壁龛等也都用尖券作主题，建筑风格与结构手法形成一个有机的整体。

哥特式建筑大多是教堂建筑。中世纪占统治地位的意识是宗教意识，特别是基督教意识。哥特式建筑的总体风格特点是空灵、纤瘦、高耸、尖峭。尖峭的形式，是尖券、尖棋技术的结晶；高耸的墙体，则包含着斜撑技术、扶壁技术的功绩；而那空灵的意境和垂直向上的形态，则是基督教精神内涵的最确切的表述。高而直、空灵、虚幻的形象，似乎直指上苍，启示人们脱离这个苦难、充满罪恶的世界，而奔赴"天国乐土"。外观的基本特征是高而直，其典型构图是一对高耸的尖塔，中间夹着中厅的山墙，在山墙檐头的栏杆、大门洞上设置了一列布有雕像的凹龛，把整个立面横联系起来，在中央的栏杆和凹龛之间是象征天堂的圆形玫瑰窗。西立面作为教堂的入口，有三座门洞，门洞内都有几层线脚，线脚上刻着成串的圣像。墙体上均由垂直线条统贯，一切造型部位和装饰细部都以尖棋、尖券、尖顶为合成要素，门洞上的山花、凹龛上的华盖、扶壁上的脊边都是尖耸的，塔、扶壁和墙垣上端都冠以直刺苍穹的小尖顶。与此同时，建筑的立面越往上划分越为细巧，形体和装饰越见玲珑。这一切，都使整个教堂充满了一种超凡脱俗、腾跃迁升的动感与气势。其次，从内部空间的特点来看，哥特式教堂的平面一般仍为拉丁十字形，但中厅窄而长，瘦而高，教堂内部导向天堂和祭坛的动势都很强，教堂内部的结构全部裸露，近于框架式，垂直线条统帅着所有部分，使空间显得极为高耸，象征着对天国的憧憬（图 7-16 至图 7-21）。

图 7-16　巴黎圣母院（法国早期哥特式教堂的代表作）

图 7-17 亚眠主教堂（法国盛期哥特式教堂的代表作）

图 7-18　索尔兹伯里主教堂（英国哥特式教堂的代表作）

图 7-19　格洛斯特教堂内景（英国哥特式教学堂代表作）

图 7-20　科隆主教堂内景（德国哥特式教堂的代表作）

图 7-21　米兰大教堂（意大利哥特式教堂的代表作）

五、文艺复兴时期建筑的风格

文艺复兴建筑是公元 14 世纪在意大利随着文艺复兴这个文化运动而诞生的建筑风格。14—16 世纪欧洲资本主义文化思想的萌芽，新兴资本主义基于对中世纪神权至上的批判和对人道主义的肯定，建筑师希望借助古典的比例来重新塑造理想中古典社会的协调秩序。所以一般而言，文艺复兴的建筑是讲究秩序和比例的，拥有严谨的立面和平面构图以及从古典建筑中继承下来的柱式系统。

文艺复兴建筑是欧洲建筑史上继哥特式建筑之后出现的一种建筑风格。15 世纪产生于意大利的佛罗伦萨，继而传播到欧洲其他地区，形成各具特点的各国文艺复兴建筑。意大利文艺复兴建筑在文艺复兴建筑中占有首要地位。文艺复兴建筑并没有简单地模仿或照搬希腊罗马的式样，而是在建造技术上、规模和类型以及建筑艺术上都有很大的发展。在文艺复兴时期，建筑类型、建筑形制、建筑形式都比以前增多了。建筑师在创作中既体现统一的时代风格，又十分重视表现自己的艺术个性。从意大利开始欧洲各国先后涌现了许多巧匠名师，如维尼奥拉、阿尔伯蒂、米开朗基罗等。总之，文艺复兴建筑，特别是意大利文艺复兴建筑，呈现空前繁荣的景象，是世界建筑史上一个大发展和大提高的时期。

著名的圣彼得大教堂（图 7-22）、佛罗伦萨大教堂（图 7-23）、圆厅别墅（图 7-24）就是这一时期建造的。各种穹顶、券廊特别是柱式成为文艺复兴时期建筑构图的主要手段。

而关于文艺复兴建筑何时结束的问题，建筑史界尚存在着不同的看法。有一些学者认为一直到 18 世纪末，有将近 400 年的时间属于文艺复兴建筑时期。另一种看法是意大利文艺复兴建筑到 17 世纪初就结束了，此后转为巴洛克建筑风格。

图 7-22　圣彼得大教堂

图 7-23　佛罗伦萨大教堂

图 7-24　圆厅别墅

六、巴洛克建筑风格

巴洛克风格，是产生于文艺复兴高潮过后的一种文化艺术风格。它的外文为 Bar-oque，意为畸形的珍珠，其艺术特点就是怪诞、扭曲、不规整。古典主义者用它来称呼这种被认为是离经叛道的建筑风格。这种风格在反对僵化的古典形式，追求自由奔放的格调和表达世俗情趣等方面起了重要作用，对城市广场、园林艺术以至文学艺术都发生影响，一度在欧洲广泛流行。

巴洛克建筑风格是 17—18 世纪在意大利文艺复兴建筑基础上发展起来的一种建筑和装饰风格，是巴洛克文化艺术风格的一个组成部分。从历史沿革来说，巴洛克建筑风格是对文艺复兴建筑风格的一种反叛；而从艺术发展来看，它的出现，又是对包括文艺复兴在内的欧洲传统建筑风格的一次大革命，冲破并打碎了古典建筑业已建立起来的种种规则，对严格、理性、秩序、对称、均衡等建筑风格与原则来了一次大反叛，开创了一代建筑新风。

巴洛克建筑风格的基调是富丽堂皇而又新奇欢畅，具有强烈的世俗享乐的味道。它主要有四个方面的特征：第一，炫耀财富。它常常大量用贵重的材料、精细的加工、刻意的装饰，以显示其富有与高贵。第二，不囿于结构逻辑，常常采用一些非理性组合手法，从而产生反常与惊奇的特殊效果。第三，充满欢乐的气氛。提倡世俗化，反对神化，提倡人权，反对神权的结果是人性的解放，这种人性的光芒照耀着艺术，给文艺复兴的艺术印上了欢快的色彩，完全走上了享乐至上的歧途。第四，标新立异，追求新奇。这是巴洛克建筑风格最显著的特征。采用以椭圆形为基础的 S 形，波浪形的平面和立面，使建筑形象产生动态感；或者把建筑和雕刻二者结合，以求新奇感；又或者用高低错落及形式构件之间的某种不协调，引起刺激感。

意大利文艺复兴晚期著名建筑师和建筑理论家维尼奥拉设计的罗马耶稣会教堂（图 7-25）是由手法主义向巴洛克风格过渡的代表作，也有人称之为第一座巴洛克建筑。教堂的圣坛装饰富丽而自由，上面的山花突破了古典法式，正中升起一座穹窿顶。教堂立面借鉴早期文艺复兴建筑大师阿尔伯蒂设计的佛罗伦萨圣玛丽亚小教堂的处理手法。正门上面分层檐部和山花做成重叠的弧形及三角形，大门两侧采用了倚柱和扁壁柱。立面上部两侧作了两对大涡卷。这些处理手法别开生面，后来被广泛效仿。

图 7-25　耶稣会教堂

　　巴洛克风格打破了对古罗马建筑理论家维特鲁威的盲目崇拜，也冲破了文艺复兴晚期古典主义者制定的种种清规戒律，反映了向往自由的世俗思想。另一方面，巴洛克风格的教堂富丽堂皇，而且能造成相当强烈的神秘气氛，也符合天主教会炫耀财富和追求神秘感的要求。因此，巴洛克建筑从罗马发端后，不久即传遍欧洲，甚至远达美洲（图7-26、图7-27）。

图 7-26　圣卡罗教堂

图 7-27　圣地亚哥大教堂

七、洛可可风格的建筑风格

　　洛可可风格是一种建筑风格，主要表现在室内装饰上。18世纪20年代产生于法国，是在巴洛克建筑的基础上发展起来的。洛可可是在反对法国古典主义艺术的逻辑性、易明性、理性的前提下出现的柔媚、细腻和纤巧的建筑风格。它的主要特点是一切围绕柔媚顺和来构图，特别喜爱使用曲线和圆形，尽可能避免方角。在装饰题材上，常常喜用各种草叶及蚌壳、蔷薇和棕榈。以质感温软的木材取代过去常常使用的大理石。墙面上不再出现古典程式，而代之以线脚繁复的镶板和数量特多的玻璃镜面。喜用娇嫩的色彩，如白色、金色、粉红色、嫩绿色、淡黄色，尽量避免强烈的对比。线脚多用金色，天花板常涂上天蓝色，还常常画上飘浮的白云。此外还喜欢张挂绸缎的幔帐和晶体玻璃吊灯，陈设瓷器古玩，力图显出豪华的高雅之趣。然而，它的格调却因装饰手法的过于刻意，往往是脂粉之气过浓，高洁之意不足；堆砌、柔媚有余，自然韵雅不足。

为了模仿自然形态，室内建筑部件也往往做成不对称形状，变化万千，但有时流于矫揉造作。室内护壁板有时用木板，有时做成精致的框格，框内四周有一圈花边，中间常衬以浅色东方织锦。

洛可可风格反映了法国路易十五时代宫廷贵族的生活趣味，曾风靡欧洲。这种风格的代表作是巴黎苏俾士府邸公主沙龙、凡尔赛宫的王后居室（图7-28）、柏林夏洛登堡的"金廊"和波茨坦新宫的阿波罗大厅。

图7-28 凡尔赛宫的王后居室

第四节 建筑装饰设计的要点、构思与程序

一、建筑装饰设计的要点

建筑装饰设计作为土建工程的继续，现在越来越受到人们的重视，也为社会的发展作出了巨大的贡献。建筑装饰设计人员在设计中不但要考虑每一个设计是为美化建筑的空间，是对业主的负责，对自己的挑战；还要认识到每一个设计是对社会应担负的责任，是为社会文明进步作出的贡献。因此，在建筑装饰设计中考虑建筑美学法则和使用功能设计的同时，还要考虑一些更深层次的问题，如可持续发展意识设计、科技意识设计等社会发展问题。

（一）建筑美学法则

1. 统一

一件艺术作品在整体上杂乱无章，内容上相互冲突，也许根本称不上艺术作品。建筑艺术也符合艺术的一般规律，在设计创作上要解决好复杂空间设计中的多样性问题，将最繁杂的室内空间、室内陈设等元素高度统一起来，形成完整的设计语言，达到装饰设计艺术的最高境界。将设计思想、设计元素统一起来，可以用"几何形体的统一"、"协调"、"主从关系"等方法来完成。

2. 均衡

在建筑艺术中，均衡性是最重要的特性之一。虽然建筑是三维空间的视觉问题，但人们会对透视所引起的视觉变形做出矫正，所以可以利用立面图研究构图的均衡问题。在图 7-29（a）中，线条是有秩序排列的，所以会出现某种均衡感，可是这个系列看起来是游荡不定，它的效果是浮动不安的；如果在这样一组线条的中央加一个图案，在均衡中心处加以强调，就会使人感到安定和心情愉快图 [7-29（b）]；即使在垂直线条的两侧加上封闭的母题，去掉均衡中心的图案，均衡也是能够感到的 [图 7-29（c）]。在均衡的分类中，主要有规则式均衡（对称）和非规则式均衡两种情况。

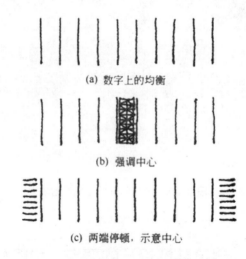

(a) 数字上的均衡

(b) 强调中心

(c) 两端停顿，示意中心

图 7-29　均衡和对均衡中的强调

3. 比例

比例是建筑艺术中很重要的因素。在建筑装饰设计中，设计者不但要研究建筑自身的比例问题，还要在室内空间与家具陈设之间的比例关系上加以推敲。只有完善各个物体之间的比例关系，才能唤起人们的美感，达到设计取悦于人，以人为本的目的。

室内空间是由不同的界面组成，设计者在设计中首先要和各个界面打交道，界面的几何形状及其比例关系则是设计的关键所在。通过总结设计可以发现，正方形不论形状大小如何，它的周边"比率"永远等于1；圆形则无论大小它的圆周率永远是 3.14，而长方形则不同，它的周边可以有各种不同的比率关系，何种长方形比例关系美观，每个设计者都有不同的答案。

4. 尺度

尺度是和比例密切相关的另一个建筑特性。一般来说，尺度可以分为三种类型：自然的尺度、超人的尺度和亲切的尺度。

第一种是自然的尺度，是设计者让建筑空间表现它本身自然的尺寸，使观者就个人对建筑的关系而言，能度量出他本身正常的存在。这种尺度在住宅、商业建筑等建筑的室内外空间中都能找到。第二种是超人的尺度，设计者力求把这种建筑各个尺度尽可能地做大，使人们在接近建筑时感到一种不同寻常的震撼，这种尺度在教堂、纪念建筑、政府建筑中可以看到。第三种是亲切的尺度，设计者是把建筑空间做得比它的实际尺寸明显地小些，如在有些餐饮空间里，大而高的空间不会得到就餐者的认可，设计者更愿意营造一种非正规的和私人的空间。

在设计中如何将尺度这一建筑特性明显地表达出来，设计者可以在设计中通过以下方法来表达尺度概念。

第一是把某个单位引到设计中去，使之产生尺度。这个单位起容易识别的如人、植物等，与建筑整体相比，如果这个单位看起来比较小，建筑就会显得大；或者是看起来比较大，整体就会显得小。

第二是在一个建筑中，与个人的活动和身体的功能最密切、最直接接触的部件是建立建筑尺度最好的选择，如台阶、门、窗等。

第三在建筑空间的尺度设计中，还要遵循这样一个原则，那就是任何单体建筑中，一定要做到尺度的协调。设计者要在设计中使用同样的尺度类型自始至终地完成设计。当然，不同空间的尺寸关系是多种多样的，不要简单地认为每个私密空间和公共空间也要尺度一致。成功的设计往往是每个空间都有自己的尺度，在复杂的建筑空间中能够找到一种真实的、自然的协调。

5. 韵律

在建筑中，韵律是指由设计元素引起系统重复的一种属性。这些设计元素可以是建筑形体、色彩、光线与阴影、支柱、洞口等，一些优秀的设计作品，韵律关系的协调会给人们带来强烈的视觉感受。

连续韵律是由一个或几个单位组成的，并按一定距离连续重复摊列而取得的韵律。首先有形状的重复，其间距可略有改变而不破坏韵律的特点；第二是尺寸的重复，间距尺寸相等，单元可以变化大小或形状，而韵律依然存在。

渐变韵律是在连续韵律的排列中将某种设计元素的韵律做递增或递减的变化，所产生的韵律系列，称为渐变韵律。这种韵律效果包涵着一种由小到大或是由大到小的有力运动感。

交错韵律是几种设计元素有规律的穿插排列形成的韵律形式。这种韵律效果从整体空间上看有着连续韵律的特点，但又有着丰富多彩的变化。

（二）使用功能设计

1. 使用功能的布局设计

（1）室内空间性质

室内空间性质是要由空间内主要使用功能确定而来。例如餐厅等，但定义到餐厅是远远不够的，因为餐厅有很多的种类，如各种风味中式餐厅、日式餐厅、韩式餐厅、西餐厅、自助餐厅、快餐厅等。只有明确了使用性质，才能细化餐厅的就餐形式、包房数量、环境设置、厨房位置等内部功能。

（2）功能分析图

划分功能分析图，可以明确室内空间的基本内容，完善室内空间的设计思路，为下一步的动线分析做好准备。作为一个中式餐厅的平面功能分析图，可参见图7-30所示。

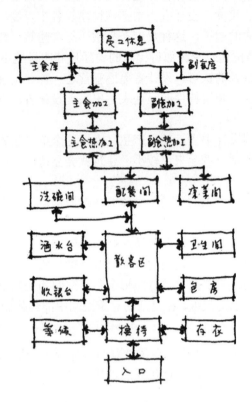

图7-30　某中式餐厅平面功能分析

（3）动线分析图

室内动线分析又可称为室内流线分析（图7-31），主要反映人们在室内的流动规律，它是室内设计中的一个不可缺少的重要步骤。通过室内动线分析应该达到以下几个目的。

①了解人们在今后使用中的活动规律。应包括外来人员、内部人员的流量、方向等内容。

②了解各种物质的流动规律。应包括各种物质流量、方向、重量等内容。

③了解各种活动因素在不同时间内的互动、交叉关系。

（4）室内平面布置图

在完成了动线分析之后，就可以依据使用功能提供的动线分析内容，完善室内平面布置图。设计者可以设想不同的动态路线；并以此勾画出多种室内空间的平面布置图，经最后的筛选比较，选出最佳室内平面布置方案。

2.使用功能的细部设计

使用功能设计不但在平面布置图中体现出来，而且在室内建筑细部的设施、构件等方面同样不可缺少功能设计。这就需要设计者细致入微、设身处地地为使用者考虑，让每一个使用者都能在一个安全可靠、设备齐全、功能合理、住行方便、环境优美的室内空间里生活、学习、工作，感受设计带给他们的美好感受。

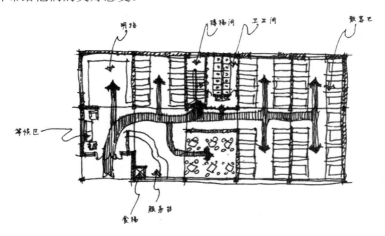

图 7-31　某中式餐厅平面动线分析

现代室内使用功能的细部设计需要设计者结合人体工程学、环境心理学、建筑美学等方面的内容，这样才能深入了解人们的生理、心理、行为等要求，并将这种感受在室内设计中体现出来。如楼梯踏步的高度一般在 150 ～ 180 毫米，但考虑到使用对象的不同，幼儿园使用的楼梯踏步高度只能在 120 毫米左右，在商场、酒店楼梯踏步也最好不要超过 160 毫米，否则疲劳的人们就会望楼却步的。

设计者在设计宾馆大堂里的堂吧时，经常会做一定的起台设计，并常做不同的地面材料铺设，这样就会起到以下的功能作用：第一是在大空间中限定了较为独立的小空间；第二是使堂吧中的人们能与外界用视线进行交流；第三可以避免外界的打扰（图 7-32）。

在宾馆客房的设计中，设计者要注意一切设计都要为旅客服务。如地面设计采用地毯饰面，这是为了尽量减少走路带来的噪声；双人标准间无主灯具，采用每人一个台灯或摇壁灯，这是为了尽量减少因为不同旅客休息时间不同，而可能产生的光线干扰问题；另外控制台在两床之间，门口设电控装置等都是必需的功能设计（图 7-33）。

（三）可持续发展意识设计

1. 中国建筑可持续发展现状

在中国，1994 年制定了《中国 21 世纪议程》，提出促进经济、社会、资源、环境及人口、教育相互协调、可持续发展的总体战略和政策、措施。《中国 21 世纪议程》成为指导我国各行各业制定发展计划的纲领性文件。

在中国建筑界，1997 年吴良镛院士在《建筑学报》上发表的《关于建筑学未来的几点思考》用战略性眼光指明了中国建筑的发展方向；东南大学鲍家声教授在发表《可持续发展与建筑的未来》的一文中，就可持续发展建筑的内涵和方法论提出五个走向，即走向尊重自然的建筑、走向开放的建筑、走向集约化设计、走向跨学科的设计和走向实践，为中国建筑的发展提供了宝贵的理论基础。

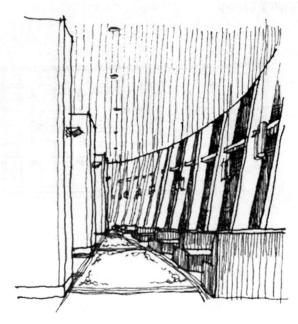

图 7-32　宾馆大堂堂吧设计

图 7-33　宾馆双人标准间设计

现在，在中国全面实施可持续发展战略的形式下，建筑界开展了绿色建筑体系的研究，这种体系就是在可持续发展理论的指导下，集中解决环境与发展两大主题的有限体系，建立绿色建筑体系的目标，就是树立生态文明观，以自然界为人类生存与发展的物质基础；以人与自然的共生，人工环境与自然环境的共生重构人类住区体系；并以生态伦理重塑建筑师的职业道德。一般而言，绿色建筑也可称为生态可持续性建筑，即在不损害基本生态环境的前提下，使建筑空间环境得以长时间满足人类健康地从事社会和经济活动的需要。

2. 可持续发展的建筑类型

在 20 世纪现代建筑的发展过程中，一些建筑师已经开始探索和创作了许多具有地域文化特征、与自然关系融洽的优秀作品，为建筑走向"绿色"，走向"可持续发展"提供了宝贵的经验，为建立绿色建筑体系奠定了基础。

（1）节能节地建筑

节能节地建筑设计思想的出发点是力争节约能量和物质资源，实现一定程度的物质材料的循环。如循环利用生活废弃物质，采用"适当技术"如太阳能技术和沼气。发展节约节地建筑预示着人类将不断利用新技术手段，充分利用洁净、安全、永存的太阳能及其他新能源，取代终将枯竭的常规能源，并以美观的形象、适当的密度、地上地下和海上陆地相结合的建筑群为人们创造美好的生活空间和环境。

（2）生土建筑（掩土建筑、覆土建筑）

生土建筑的特点是利用覆土来改善建筑的热工性能，以达到节约能源的目的。生土建筑具有诸多优点，如节能节地、防震防尘、防风防暴、防噪声、可减轻或防止放射性污染及大气污染的侵入、洁净、安全等，并在环境上有利于生态平衡及保护原有自然风景。

（3）生物建筑

生物建筑从整体的角度看待人与建筑的关系，进而研究建筑学的问题，将建筑视为活的有机体。生物建筑运动的特点表现为以下三点：第一，重新审视和评价了许多传统、自然材料和营建方法，自然而不是借助机械设备的采暖和通风技术得到了广泛的应用；第二，建筑的总体布局和室内设计多体现出人类与自然的关系，通过平衡、和谐的设计，提倡一种温和的建筑艺术；第三，生物建筑使用科学的方法来确定材料的使用，认为建筑的环境影响及健康主要取决于人们的生活态度和方式而不是单纯的技术问题。

（4）自维持建筑

自维持建筑是除了接受邻近自然环境的输入以外，完全独立维持其运作的住宅。它具有的特点是：住宅并不与煤气、上下水、电力等市政管网连接，而是利用太阳、风和雨水维护自身运作，处置各种随之产生的废物，甚至食物也要自给。如果用生态系统观点进行解释，自维持住宅的设计就是力图将住宅构建成一种类似封闭的生态系统，维持自身的能量和物质材料的循环。

（5）结合气候的建筑

这种建筑理论提出设计适应各种气候建筑的必要性的问题。从建筑影响微气候的七个方面阐述了对传统建筑的评价，它们是：建筑的形态、建筑定位、空间的设计、建筑材料、建筑外表面材料机理、材料颜色以及开放空间的设计。

（6）新陈代谢建筑

新陈代谢建筑强调复苏现代建筑中被丢失或被忽略的要素，如历史传统、地方风格；提倡过去、现在的建筑，不同文化的建筑的共生。新陈代谢建筑积极地接受、吸引和保留现代建筑中有价值的成就，并在试图表现文化和识别性的同时也积极采用现代技术和材料。

（7）少费多用建筑

少费多用建筑表达的意思是使用较少的物质和能量追求更加出色的产品。该设计具有这样的特点：可大量建造，且费用低廉；住宅工厂预制，能量自给自足，并可以灵活迁移；统一装配，符合模数；住宅有自洁功能，居住舒适。

（8）高技术建筑

在这里所说的高技术建筑可以说是一种智能建筑，它的特点是利用计算机和信息技术的发展使固定的建筑外围护结构成为相对于气候可以自我调整的围合结构，成为建筑的皮肤，可以进行呼吸，控制建筑系统与外界生态系统环境能量和物质的交换，增强建筑适应持续发展变化的外部生态系统环境的能力，并达到节能的目的。

3. 可持续发展的建筑技术

绿色建筑技术的发展主要表现在两个方面。一方面是技术学的研究，另一方面是人文社会科学的发展。这两方面的变化和进展，促进了绿色建筑技术的发展。

（1）可再生自然能源的利用

这里的技术主要包括：首先发展太阳能在建筑上的应用，如采暖、降温、干燥等；其次是将太阳能、风能转化为电能，这两种能源都是洁净能源，发展前景光明；再次是利用地热资源，这在北欧国家已经开始使用。

（2）建筑节能技术

建筑耗能包括生产、运输、使用整个过程建筑的能源消耗。在改善建筑物的隔热保温性能的具体措施中，主要采用的办法有：墙体的节能技术、门窗节能技术、屋顶的节能技术等。

（3）新型材料

地球上的资源有限，绿色建材就是要利用那些可再生的资源作为原料供给。新开发的绿色建材不但要利用那些可再生的资源作为原料供给，而且还有节约材料的作用；如高强度混凝土材料、高强合金钢、高强预应力钢筋、铝合金材料、高强度玻璃等。

4. 绿色建筑装饰设计技术的发展

众所周知，建筑业是一个耗能大户，据统计全球能量近一半消耗于建筑的建造与使用过程。与建筑业有关的环境污染占了三成，包括空气污染、垃圾污染、光污染、噪声污染等。所以建筑业的可持续发展非常重要，从可持续发展的概念中，可以将可持续发展理解为：从建筑的选址到设计建造，以及使用的全过程中，既要考虑近期的相应利益，也要考虑远期发展的利益，既要达到发展经济的目的，又要把因此产生的环境等一系列问题控制在最小的范围之内。在绿色建筑设计问题上每个人都有自身的岗位和责任。作为建筑装饰设计者在完成设计任务的同时，还要多加考虑绿色建筑装饰设计、绿色建筑装饰技术等问题。

（1）绿色建筑装饰设计

室内建筑装饰设计是建筑设计的继续，所以其设计应该是建筑设计的发展与深化。在考虑室内设计时，应注意人的生理和心理要求研究，创建健康、舒适的室内环境。

①建筑装饰材料使用对人体无害的建筑装饰材料。

②对危害人体的有害辐射、电磁波及气体进行有效控制。

③充足的通风、换气，空气的除菌、除尘及除异味处理。

④符合人体工学的设计使使用者在室内空间中活动方便，生活舒适，精神愉快。

⑤环境温度、湿度的控制使室内温度、湿度能够达到人体所需的最佳状态。

⑥优良的光线及声环境充分利用直接采光，享受太阳光给人们的沐浴，考虑周围的噪声污染及可能对其他用户的影响。

⑦对自然景观的享用室内外空间的过渡要自然，使人们尽可能多地饱览周围的自然美景。

⑧注意历史文脉的连续性在设计中尊重地方文化，继承和发展地方传统材料及生产技术。

（2）绿色建筑装饰技术

绿色建筑装饰技术不是独立于传统建筑装饰技术的全新技术，它应是传统建筑装饰技术和新的相关学科的交叉与组合，是符合可持续发展战略的新型建筑装饰技术。

绿色建筑装饰技术应以绿色建筑技术为依托，涉及建筑学及相关多种学科，作为一门发展迅速的应用技术体系，许多方面尚未被人们所认识，正如对绿色建筑技术认识还远远不够，还非常肤浅一样，绿色建筑装饰技术的许多领域需要人们去认识和实践。

（四）科技意识设计

在建筑装饰设计中，始终要突出科技意识，因为社会的发展离不开科学技术的发展。人们崇拜科学技术，因为它给人们带来时尚和便捷以及对未知的渴求。在做建筑装饰设计时，要充分了解建筑设计的国际化趋势，贯穿建筑设计与建筑装饰设计内外一致的风格，在设计中要抓住高科技的内涵，但不要做一些浮夸的、毫无意义的伪高科技建筑装饰作品。

现在，在国际上出产高科技建筑设计师的国家是英国。如建筑师理查德·罗杰斯（Richard Rogers）、诺尔曼·福斯特（Norman Foster）、尼古拉斯·格林姆肖（Nicholas Grimshaw）以及意大利建筑师伦佐·皮阿诺（Renzo Piana）等人。高科技建筑的特点是在设计中充分强调工业化特色，运用精细的技术结构，非常讲究现代工业材料和工业加工技术的运用，突出技术细节，以达到表现工业化象征的目的。在设计中常用的手法是把现代主义设计中的技术成分提炼出来，加以夸张处理，以形成一种符号的效果。将一些貌不惊人的普通工业机械结构，赋予新的美学含义。例如，随处可见的粗糙的钢工具架用在了住宅内，平时要遮遮掩掩的结构构件，经过对构件的细加工，变成了不可多得的建筑装饰构件。总之，高科技风格给予工业结构、工业构造、机械部件以美学价值，这就是高科技建筑风格的核心内容。

香港汇丰银行建筑是福斯特在1981年设计完成的。在设计中他充分向人们展示了高科技的魅力，整个建筑是悬挂在钢铁的桁架上，前后三跨，建筑沿高度分成5段，每段由两层高的桁架连接，成为楼层的悬挂支撑点，从地面到顶部，这5层结构空间逐步递减高度，这种富于变化的高度处理使建筑具有活力。他在公共活动空间与银行内部空间之间设计了一个玻璃网顶，形成了不同的使用空间，而又能够保持通过玻璃的视觉通透感。

在1992年，格林姆肖设计了在西班牙的塞维利亚国际博览会中的英国馆，他采用金属张力构架、玻璃幕墙，顶部设计了弯曲的遮阳板结构，使整个建筑具有非常特殊的高科技特色（图7-34）。

图7-34　英国馆

二、建筑装饰设计的构思

（一）构思的原则

在设计构思的开始阶段，首先要确定实用、经济、美观的设计原则。这是因为建筑装饰设计者应具有一定的社会责任，设计可能对社会、环境、观念、潮流产生一定的影响。在总的原则指导下，还要在可持续发展方面、建筑装饰科技发展方面、个性化设计方面多下工夫，为室内装饰设计的发展多做贡献。

实用、经济、美观的设计原则，首先是设计要有实用性，所做的设计要为使用者提供必要的方便，满足各种使用功能的要求，使使用者在该空间里生活、工作、休息、学习都非常便利、舒适。其次是要有经济性，设计质量的优劣不是与投资成正比的，不是装饰材料越高档，装修效果越理想。一个成功的室内设计往往是用最恰当的材料，用最低的成本，创造出最为出色的室内设计作品。最后还要注意美观性，爱美是人的天性，设计一个怡人的室内环境，是每一个设计者和使用者的共同梦想，但在设计中如果处理不好，可能和经济性相互矛盾，处理得当则事半功倍。

在确定设计的基本原则后，设计中还要注意具有前瞻性。首先要坚持可持续发展的原则，因为人的生存离不开环境，社会依托环境而生存，设计者要有社会责任感，设计的作品要对社会、环境发展起促进作用，绝不能起反作用。其次还要考虑建筑装饰科技发展的原则，要敢于采用新材料、新技术。要勇于创新，不要惧怕失败，因为只有创新才是设计发展的必由之路。最后设计者还要坚持个性化的原则，每一个设计，每一个思想都要受到来自各个方面的制约，搞不好最后的作品就是一个没有灵魂、思想的败笔。这就要求设计者要不断学习、不断提高专业业务能力，用自己的精心的设计、完善的方案去打动业主，使设计最终能按照设计者的意图去实施。

（二）构思的步骤

设计者的设计构思方法因人而异，但构思的步骤大同小异，有一定的规律可循。在构思开始时，要确定设计的原则，把握建筑装饰的设计要点，并按形象酝酿阶段、图解思考阶段、方案调整阶段三个阶段内容来完成方案设计内容。

1. 形象酝酿阶段

在形象酝酿阶段，设计者先是要查阅大量设计参考资料，并在大脑中思考风格、功能、指标等一些问题。在这里举餐厅建筑装饰设计的例子供参考，其他建筑装饰设计的思考方法依此类推。

（1）确定风格

做建筑装饰设计，首先要确定设计风格。确定风格就为以后的设计敲定了整体格调，就像音乐定调、写文章定中心思想一样。设计风格可选择现代风格、高科技风格、中式风格、欧式风格、地方风格等。风格的选择可在学习过的历史流派中借鉴，也可以是原创性作品，作为设计者当然要有原创的内容，不能全部照搬他人的设计作品，要提倡个性化的设计。如做酒店设计可选择的风格很多，在这里选择中式风格，这里提醒注意的是中式风格包括的内容也很多，一定要定位准确。比如皇家风格、江南风格、粤港风格以及各个民族风格等。

（2）功能分析图

在确定风格以后，要做的设计工作是勾画功能分析图。作为成熟的设计师或小型设计可简略此步，但多数设计还是要完成此项内容的。作为中餐酒店要确定所设计的餐厅餐饮方式，比如普通餐厅、自助餐厅、烧烤餐厅、快餐厅等，在确定类型后，做出功能分析图。

（3）确定技术指标

在确定功能分析后，要明确一些和设计内容有关的技术指标。如每平方米人数及容纳总人数，以及不同使用性质的面积分类等内容。在餐厅设计中就要确定每平方米座数、最多容纳人数、包房、散客区及厨房的面积分配比例等有关指标。

2. 图解思考阶段

图解思考阶段是每一个设计者都不可逾越的设计过程，一个成功的设计往往包含着设计者大量的图解思考。每个设计者都有自己的图解思考方式，但思考步骤主要有平面功能图解思考和空间造型图解思考两部分内容。

（1）平面功能图解思考

设计者在将功能分析图研究清楚后，就要开始在图纸上构思平面草图。平面构思草图可分为图解草图和正式草图两种，这是设计者的个人习惯和他要交流的对象不同所采用的不同画法。作为初入行业的设计者，还是要按正式草图的图纸表达方式去做设计，等到设计思想、绘图水平达到一定的程度后，再形成自己的工作风格。

首先可在 $1/200 \sim 1/50$ 的平面图上做水平动线组织分析。从不同的角度、不同的思考方式勾画出多种的动线分析图，通过比较选择出最后的实施方案。

其次，在选择的动线分析图上进行不同性质区域的划分，为下一步家具和陈设的布置打下基础。有些设计者将此步骤与动线分析一起考虑，在草图中并不体现出来。

最后，确定最终的平面布置草图。设计者的草图不尽相同，但主要表现这几方面的内容：家具与陈设的布置、各种设计选材的标注和设计思想说明等文字表达内容。

（2）空间造型图解思考

建筑装饰设计经过平面功能图解思考的过程后，平面已初步确定。设计者接下来要着手进行剖面分析与设计，对室内的空间组合、造型进行设计。空间造型图解思考也可分为图解草图和正式草图两种，和平面构思草图一样，草图的表达因人而异，当然还要考虑图纸内容和要交流的对象。

在空间设计图解思考中，面对的室内空间复杂程度不同，可能图解量也会有所不同。对于复杂的室内装饰设计还要进行垂直动线的分析，合理安排室内空间的活动规律及人流的走向，所以图纸量会大一些。对于小型空间主要的工作是进行空间造型的图解思考，图纸量相对要小一些。但不管设计繁简，都要多做方案，进行多方案比较，并在不断地改进中完成设计草图工作。

3. 方案调整阶段

在方案调整阶段中主要的工作是将设计草图与有关人员进行交流，并最后敲定设计方案。在交流中可以将多个草图方案与有关人员交流，也可以将自己的最终草图拿出来与有关人员交流，征求各方意见，最后敲定设计草图。

（1）与同行交流

可以将设计草图与设计小组每位成员进行讨论，从中找到一些可能考虑不周全的地方。尤其是那些非常熟悉某种空间的设计人员，他们有对该类型空间的设计心得，可以提供非常有价值的参考资料。

（2）与甲方交流

在可能的条件下，一定要虚心请教甲方有关人员，因为他们是今后的空间使用者，对室内空间的使用有绝对的发言权。对于某些二次装修的室内空间，使用者熟知室内的各种设备、管道、结构及空间感受，设计者对空间的短暂感受不足以完整了解各个空间，只有认真地与甲方进行沟通，才能了解使用者对理想空间的感受。当然也有一些甲方提出过分、不切实际的想法，这就要求设计者运用所学习的专业知识说服他们，使设计不留下任何遗憾。

（三）构思的方法

完成一个建筑装饰设计作品，是要付出辛苦的构思过程，综观设计构思的方法，每个设计者都有自己的思维习惯。以下就功能设计法、造型设计法、主题设计法三种构思方法进行分析，三种构思方法各有特点，它们有各自的设计倾向，但并不排斥其他设计元素。

1. 功能设计法

所谓功能设计法就是在设计构思中，始终围绕功能这个中心进行设计的一种设计方法。重视功能是功能设计法的核心思想，但在设计中并不排斥其他设计元素，如造型问题、环境问题、应用新材料等问题。只是在设计中更注意发挥功能的作用，使设计有一定的主导思想。

强调功能设计一贯是现代建筑的设计理念，自从建筑师沙利文的"形式随从功能"的经典名言发表后，用功能设计的现代建筑思想已经走过了近百年的历史，功能设计的核心内容是在设计中，将功能作为第一重点要素，如动线的划分、不同使用区域的划分、不同房间性质的划分，根据不同使用性质设计不同的空间，比如客厅就要有沙发、茶几等家具，还要考虑其舒适性等，这些都是功能设计最重要的内容。总之，功能设计是将人的活动作为设计的依据，使人在室内空间里能舒适地学习、工作、生活。但该设计法将考虑人的精神享受方面放到了次要地位，如果设计者处理不好这个问题，设计也很难成功。

2. 造型设计法

所谓造型设计法就是在设计构思中，始终围绕造型这个中心进行设计的一种设计方法。在这种设计方法中造型取代功能成为了第一设计要素，一切设计都是围绕着造型要素而展开的。造型设计同样不排斥其他设计元素，如功能问题、空间问题、材料问题、经济问题等，如设计者处理得当，同样可以取得很好的设计效果。

造型设计就是唯美设计，它将室内的功能等要素放到了第二位。这一设计方法的最初思想是17世纪的法国皇家建筑学院开始采用的，虽然几经沉浮，但还有很多设计者追求这种设计风格。造型设计将审美贯穿于设计始终，在设计上追求造型，但考虑舒适性较少，虽然过多的造型使功能和经济上不太合适，但也会赢得很多业主的欢迎。

3. 主题设计法

所谓主题设计法就是在设计构思中，始终围绕一个主题进行设计的一种方法。作为设计的主题，内容可以是多种多样的。主题设计可以使设计者很快进入设计状态，并围绕主题这个主线展开一系列的设计构思，设计的条理清晰、思想鲜明，能较快地完成不同风格的设计构思。

设计者在使用这种方法进行设计时，首先要选好主题。主题设计法所选择的主题范围很广，可以是一种细化了的风格，也可以是一种图形、图腾、材料，甚至可以是一首诗的含义。例如中国台湾某餐厅采用其台湾原住民文物为主题，设计者在经过对原住民的历史与文物的研究后，将原住民的木刻及图腾的形式语汇加以简化，并将之抽象为单纯的设计元素。同时以代表百步蛇的传统三角形图案为基本元素，透过平面及立体的界面，将其符号运用在柱面的木刻质感及餐桌收边的纹饰与地砖的拼花上。另外，在材质表现上，柱面饰以三角形凸凹的凿痕实木横线，墙面的岩石及桌面的蛇纹石，也采用原住民的传统建材。

三、建筑装饰设计的程序

根据建筑装饰设计的进程，建筑装饰设计通常可以分为四个阶段，即设计准备阶段、方案设计阶段、施工图设计阶段以及设计的实施阶段（图 7-35）。

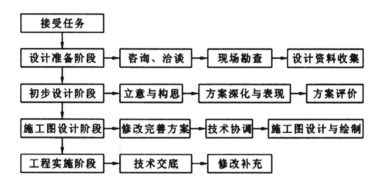

图 7-35 装饰设计的一般流程

（一）设计准备阶段

设计准备阶段主要是接受委托任务书，签订合同，或根据标书要求参加投标；明确设计意图、内容、期限并制定设计计划。

明确、分析设计任务，包括物质要求和精神要求，如设计任务的使用性质、功能特点设计规模、等级标准、总造价和所需创造的环境氛围、艺术风格等。

收集必要的资料和信息。如熟悉相关的设计规范、定额标准；到现场调查踏勘；参观同类型建筑装饰工程实例等。

（二）方案设计阶段

方案设计阶段是在设计准备阶段的基础上，进一步收集、分析、运用与设计任务有关的资料与信息，进行设计创意、方案构思，通过多方案比较和优化选择，确定一个初步设计方案，通过方案的调整和深入，完成初步设计方案，提供设计文件。

初步方案设计的文件通常包括：

（1）平面图（包括家具布置），常用比例 1：50、1：100。

（2）立面图和剖面图，常用比例 1：20、1：50。

（3）顶棚镜像平面图或仰视图，常用比例 1：50、1：100。

（4）效果图（彩色效果，表现手法不限、比例不限）。

（5）室内装饰材料样板。

（6）设计说明和造价概算。

初步设计方案需经审定后，方可进行施工图设计。

（三）施工图设计阶段

施工图既是设计意图最直接的表达，又是指导工程施工的必要依据，是编制施工组织计划及概预算、订购材料及设备、进行工程验收及竣工核算的依据。因此，施工图设计就是进一步修改、完善初步设计，与水、电、暖、通等专业协调，并深化设计图纸。要求注明尺寸、标高、材料、做法等，还应补充构造节点详图、细部大样图以及水、电、暖、通等设备管线图，并编制施工说明和造价预算。

（四）设计实施阶段

在工程的施工阶段，施工前设计人员应向施工单位进行设计意图说明及图纸的技术交底；工程施工期间需按图纸要求核对施工实况，有时还需根据现场实况提出对图纸的局部修改或补充；施工结束时，应会同质检部门和建设单位进行工程验收。工程投入使用后，还应进行回访，了解使用情况和用户意见。

第八章　商业建筑设计

第一节　商业建筑设计概述

从广义来说，商业建筑可指任何不为私人占有和使用，向公众开放，同时又带有买卖、租用等交易行为的场所。它可以是出租式办公楼、交易市场等建筑，也可以是一些具有公共性质的城市综合体。本文探讨的是其狭义概念，也就是以购物行为为主要商业行为的商场建筑，如购物中心、商业街等。本书也提到城市综合体，但重点研究内容是其中的零售商业部分。

一、商业建筑的分类

商业建筑有多种分类方式。如按物业类型可分为持有型物业和出售型物业；按消费者群体可分为年轻时尚型、家庭型和高档精品型等。在所有分类方式中，比较典型的有两种，即按形态分类和按规模分类。

（一）按形态分类

商业形态的发展有一个历史变迁的过程。以美国商业中心为例，在20世纪50年代以前，美国还是以商业街的形态为主，传统商业区都是由主街构成的，这种商业街保持着人车混行的格局。20世纪50年代至80年代，结合城市改造，城市中心出现了典型的商业步行街，把机动车排除在步行街之外。同时在郊区，初期购物中心形态开始形成。郊区的购物中心以超市和大卖场为雏形发展而来。20世纪90年代以后，综合性购物中心纷纷崛起，成为当今商业建筑设计的一大潮流，其典型特征是提供一站式的消费体验。

今天，尽管商业建筑形态依旧不断发展，以上三种主要的商业形态并没有消失，也没有完全被某一形态所垄断，而是结合区域特点、消费习惯等因素多元并存着。

1. 商业街

既有纯粹的商业步行街（或称为生活方式商业中心），也有人车混行的传统商业街。其主要特征是以开敞为主，公共空间一般不提供封闭的空调环境。因此，此类商业街对地域的气候条件要求较高，适宜于四季气候温和且雨量不多的地区，国内如昆明、海南、成都等城市较为适合。

2. 单主力店商业建筑

传统的商业建筑形态常常是单主力店形式，如百货、超市（大卖场）、电器商场等；有的以单主力店为主,略带些附属小店面,但小店面的比例极少,不足以形成购物中心的规模和结构。

3. 购物中心

由一个或多个主力 / 次主力店结合一组小型零售店面共同形成的商业形态。其主力店所占面积比例一般为1/3～1/2,因此可与零售店面形成良性互补。在商业品类上也包括零售、餐饮、娱乐等多种项目以满足顾客的多种消费需求（图8-1）。

图 8-1　购物中心

4. 综合性购物中心

在传统购物中心基础上还融入了娱乐、餐饮等多项功能,不再局限于单纯的购物行为,而主要体现多元的消费文化,并展示现代的休闲生活方式。尤其是娱乐业的加入,使购物中心变得更有特色,也更为丰富。

（二）按规模分类

商业建筑的规模及其服务范围和消费人群的数量有关。常用指标有总出租面积（GLA）、服务半径和人口等。根据ULI（美国城市用地学会）2005年数据,美国购物中心可分为表8-1所列的四种类型。

表 8-1　美国购物中心类型

类型	主力店[1]	GLA/万 m²	总 GLA/万 m²	（约折合）总 GBA/ 万 m²	用地面积/ 万 m²	最小服务人口 / 万人	服务半径 /km
邻里购物中心	超市（综合药房）	0.5	0.3～1	0.45～1.5	1.2～4	0.3～4	2.5（5～10 min 车程）
社区购物中心	初级百货店（超市＋百货）、大型折扣店	1.5	1～4.5	1.5～7	4～12	4～15	5～8（10-20min 车程）

类型	主力店[1]	GLA/万 m²	总 GLA/万 m²	（约折合）总 GBA/万 m²	用地面积/万 m²	最小服务人口/万人	服务半径/km
区域购物中心	1～2 个大型百货公司	4.5	3～9	4.5-13.5	4～24	>15	15（25—30min 车程）
超级区域购物中心	3 个以上大型百货公司	9	5～20	7.5～30	6～40	>30	20

注：此表根据 ULl2005 年的数据整理而得。

我国商务部将购物中心分为社区型、市区型、城郊型三种。具体如下：

（1）社区购物中心（Community Shopping Center）：是在城市的区域商业中心建立的，面积在 5 万平方米以内的购物中心。

（2）市区购物中心（Regional Shopping Center）：是在城市的商业中心建立的，面积在 10 万平方米以内的购物中心。商圈半径为 10-20 千米，有 40～100 个租赁店，包括百货店、大型综合超市，各种专业店、专卖店、饮食店、杂品店以及娱乐服务设施等；停车位在 1000 个以上；各个租赁店独立开展经营活动，使用各自的信息系统。

（3）城郊购物中心（Super-regional Shopping Center）：是在城市的郊区建立的面积在 10 万平方米以上的购物中心。

二、商业建筑的基本术语

（一）购物中心

美国国际购物中心协会（ICSC）对购物中心的定义为：购物中心是由单一产权所有者所拥有并实施计划、开发和管理的零售和其他商业设施的组合。购物中心提供泊车位。购物中心大小的定位一般由该中心所服务的商圈市场特点来决定。

购物中心的主要形式有三种：摩尔（Mall）、户外中心和混合型中心。

购物摩尔作为购物中心的一种主要形态，从狭义上讲指一种集美食、娱乐、购物于一体的超大规模的购物中心，而且可实现全天候的购物、休闲等活动。大而全为其主要特征。从严格意义上讲，大于 10 万平方米且业态复合程度高的方可称为摩尔。由于摩尔的投资巨大，因此对开发商的资金、招商和管理等各个方面都提出了很高的要求。

（二）生活方式中心

美国国际购物中心委员会（ICSC）对生活方式中心的定义是：生活方式中心应当有一个开放式布局，面积至少在 4500m²，商户是满足高消费阶层的全国专业连锁店；同时它还应是一个为消费者提供餐饮和娱乐休闲的场所，通过建筑设计和环境设计与装饰为消费者营造舒适的消费环境，并拥有一个或一个以上的传统或时尚的专业百货公司。根据 ICSC 的调查，生活方式中心更强调餐饮和娱乐业态；家居和电子类商户也比一般的摩尔要多，而女性服饰等相对要少且其主要吸引对象为 35～54 岁的高收入人群。也就是说突出家庭式和休闲性为生活方式中心的一大特点。

（三）奥特莱斯

在零售商业中专指由销售名牌过季、下架、断码商品的商店组成的购物中心，因此也被称为品牌直销购物中心。工厂奥特莱斯的业态最早源于美国，并已有 100 年的发展历史，但真正进入规模是从 1970 年左右开始的。它经历了从工厂独立直销到由工厂品牌所有者、代理批发商及大百货店共同参与的营销业态的变迁。它也从远离城市的郊区逐渐向城市靠近，并成为一类大型的购物中心。奥特莱斯以世界名牌、低折扣价和方便舒适的购物环境（如开车到达和停车）吸引顾客。我国国内建成的奥特莱斯已有上海青浦奥特莱斯、上海美兰湖奥特莱斯、北京燕莎奥特莱斯和苏州奥特莱斯等。

（四）主力店 / 次主力店

主力店又称锚店或核心租户，是传统购物中心租户组成中的重要一员，它对于购物中心在人流贡献、吸引非核心租户进入和消化购物中心大进深上具有关键作用。一般主力店由两类租户构成：一类是娱乐业租户，如影院、大型电玩、溜冰场等；另一类是百货、超市业租户。次主力店在国内外尚无权威定义，因此其与主力店的分野至今尚无明确界定。一般根据经验，次主力店与主力店的差别主要在于消化面积上的作用略少，承租能力相对略高些（但比一般零售店铺低），常由各业态品种的旗舰品牌及一些较大型的餐饮店构成。

如今在一些新兴的购物中心，如专卖型购物中心（Specialty Center）中可能没有主力店这一角色，而由一些商品极具特色的专卖店集合而成，以吸引特定喜好和需求的顾客，其拥有的同类租户达七八十家，甚至上百家，如美国华盛顿市的 Georgetown Park。

（五）儿童乐园

儿童乐园又称儿童体验公园（图 8-2）。根据 Kidzania 的官方网站定义，它是属于一种家庭式的娱乐休闲业态（Family Entertainment Center）。每个 Kidzania 都是对真实城市根据儿童的尺度所做的一个缩微主题公园，包括建筑、店铺、剧院及车辆道路等，主要是让 2～14 岁的儿童学习成人世界，以及货币的概念、工作的价值，并且能体验到将近 70 种不同的职业。最早的儿童乐园于 1999 年在墨西哥诞生。2006 年日本版 Kidzania——趣志家在东京丰洲地区落成并开园。在国内，第一代儿童体验公园是用实物道具搭建的场景，儿童在里面体验大人的社会生活，如北京欢乐之都等。第二代则引入了虚拟仿真技术，增加科技性和互动性，如长沙酷贝拉等。虚拟仿真技术的大量运用将成为儿童体验乐园发展的一大亮点。

图 8-2　儿童乐园

（六）餐饮

餐饮作为一个总称，包括多种不同的类型，如中餐、中西快餐／简餐、咖啡、酒吧、美食广场等。餐饮业态在国内购物中心中占有重要的位置。在布局上，它经常集中布置，并且位于购物中心的地下层或高层，属于目的性消费，结合娱乐型业态如电影院、溜冰场等，能吸引相当的消费群。

（七）零售

广义的零售业态是指零售企业为满足不同的消费需求进行相应的要素组合而形成的不同经营形态，它包括便利店、超市、百货店、专卖店、购物中心、厂家直销中心、网上商店、自动售货亭等。本书所指的零售是从狭义而言的，即作为购物中心的商业租户组合中的重要组成部分——零售租户（Retail　Tenant）的作用和布局。一般购物中心中的零售租户指独立经营、租用店面、自负盈亏的各类专卖店或非品牌的店铺（餐饮除外），在布局中强调同类型多品牌的组合，给顾客提供更多的选择，形成聚集效应。相比主力店，虽每个店规模有限，但承租能力强。

（八）多厅影院

拥有多个放映厅的电影院是购物中心里的一个重要娱乐型商业业态，通常由于其具有拉动人流的作用和结构空间方面的要求而位于购物中心的顶层，其规模一般由其总面积（GLA）和屏幕数（Screens）来决定。

（九）美食广场

美食广场常设于购物中心，尤以封闭的 Mall 中较为普遍，由多个独立铺位围绕着中心区售卖不同的食物。其特点是座位共享，食品种类丰富，可满足大众的快餐需要。常见的品牌有大食代、食通天、福将坊等（图 8-3）。

图 8-3　美食广场

（十）总建筑面积

GFA 为 Gross Floor Area（GBA 为 Gross Building Area），是用来计算商业建筑每层建筑面积或总建筑面积的指标，它与衡量商业规模的间接指标——总出租面积（GLA）有一个经验比值关系。

（十一）总出租面积

GLA 为 Gross Loading Area，用以计算商业建筑每层或总体的出租经营面积，是总建筑面积中扣除了公共空间、服务用房等的净出租面积，但必须包括地上与地下所有商业的出租部分，是估算商业规模的直接指标。

（十二）平面效率

平面效率是 GLA 与 GFA 的比值，是衡量购物中心等商业业态布局效率的关键指标。

三、商业建筑的面积分配

商业建筑的设计是否成功与其固有的衡量指标有密切关系。由于商业建筑是以未来运营为导向的实用性很强的建筑类型，在最初规划设计时，建筑师和业主必须就其平面布局和面积分配进行客观分析和评价，也为今后的深化设计打下坚实的基础。因此，以下提到的关于商业建筑类型所特有的若干分配指标应贯穿设计的整个过程，同时也是考量商业建筑平面布局优劣的准绳之一。

（一）总体指标

总体指标是针对整个商业建筑或每个楼层的综合指标。总体指标包括总建筑面积（GBAJGFA）、总出租面积（GLA）、平面效率（Efficiency）和停车位数量（Parking Lots）等。

（二）分项指标

各业态的分项指标，一般用其出租面积（GLA）来衡量，包括的业态分项一般有百货店（Department Store）、超市（Hyper Market）、零售（Retail）、餐饮（F&B）、多厅影院（Cineplex）、溜冰场（Ice Rink）和美食广场（Food Court）等。

（三）平面效率的经验数值

商业建筑的平面效率是出租面积（GLA）与建筑面积（GFA）的比值（简称E值），是衡量商业布局的有效性和合理性的重要指标。根据笔者的商业建筑设计经验，公共空间面积和服务用房的面积相对总建筑面积的比例有一个相对稳定的值，因此平面效率也含有一个经验数值。以购物中心为例，E值的浮动范围一般在60%～70%之间。在该区间中，数值的高低与主力店所占面积的大小、空间设计的特色和定位等诸多因素有关。

表8-2为某一大型购物中心各商业楼层的面积统计表，除了每层建筑面积的统计数据之外，各业态的出租面积及各层的平面效率都在表中得以体现。一层由于公共空间（中庭）所占面积较大，平面效率比上面几层略低一些，其余楼层平面效率都在60%～70%之间。地上总体平面效率为64.2%，属于合理范围，这也从侧面反映出平面布局比较经济有效。

表8-2 某13万 m² （地上面积）购物中心各层面积统计表

楼 层	建筑面积 / m²	商业出租面积 GLA / m²							平面效率
		总计	零售	百货店	影院	溜冰场	美食 / 餐饮	超市	
一层	26000	14500	8500	5500			500		55.7%
二层	23500	15500	6500	6500			2500		66.0%
三层	25500	17000	6500	6800	400		3300		66.7%
四层	23000	14500	4000		1000	4500	5000		63.0%
五层	25000	17000	2000		6500		8500		68.0%
六层	7000	5000					5000		71.4%
地上总计	130000	83500	27500	18800	7900	4500	24800		64.2%
地下一层	32000	7500	3000	3500			1000		地下室由于机房和停车面积较大，一般不计算商业的平面效率，商业总量根据项目情况进行调整
地下二层	30000	6500	1000				500	5000	
地下三层	30000								
地下总计	92000	14000	4000	3500			1500	5000	

四、商业建筑设计的团队合作

与一般建筑不同的是，商业建筑远非设计、建成、使用这样的程序那么简单，它是一个系统工程，包括策划、调研、设计、建造、运营、维护、改造等一系列过程。就设计而言，最终设计成果也是多方合作、倾力打造而成的结果。建筑师在其中的作用是创意提出和表达者，但仅有建筑师的努力，远远不够，还需要业主、商业顾问、交通顾问、机电顾问等各方面的配合和协助。商业建筑设计的团队主要包括以下人员（图8-4）：

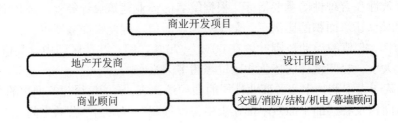

图8-4　商业建筑设计的团队构成

（一）地产开发商

地产开发商不仅是商业地产的所有者，同时也主导从策划、招商到开业、聘请管理公司甚至自主运营管理的全过程。

（二）设计团队

负责商业建筑的各方面设计内容，包括总体规划、建筑设计、室内设计、景观设计、灯光设计、标识设计，甚至施工现场的监督等。设计团队往往由多家设计公司构成。

（三）商业顾问

在策划和设计前期，通过市场调研等手段为业主和设计公司提供商业报告，作为设计的基础。在设计进程的中后期，同时配合业主进行招商等工作。著名的商业顾问公司有世邦魏理仕（CBRE）、汉博集团（HB）等。

（四）交通、消防、结构、机电和幕墙顾问

交通、消防、结构、机电和幕墙顾问为设计单位提供技术上的攻关和支持，他们对于大型购物中心的设计至关重要。在商业地产中，著名的顾问公司有何黄交通顾问公司（Ho Wang SPB Limited）、奥雅纳工程顾问公司（ARUP）等。

第二节　商业建筑设计规划及步骤

一、商业定位

商业建筑在最初规划时应进行清晰的商业定位，切忌盲目操作或生搬硬套。原则上是在适应当地基本消费层次的基础上适当超越，以应对未来消费力提升的可能。

商业定位主要包括定位目标客户、商场档次以及业态类型与组合。目标客户位于哪个年龄段？是当地居民还是游客？档次体现商场在未来建设运营上的投入，是为高端客户还是普通市民？目标客户和档次的确定直接关系到商家的选择和组合。以时尚型年轻人作为目标客户的购物中心，会加入更多的快速时尚品牌，如 H&M、C&A、WE、GAP、UNIQCO、ZARA 及家居巨头 MUJI 等。北京、上海、天津等地的"大悦城"、香港朗豪坊等城市型购物中心常以此来定位。全家型购物中心则以家庭活动人群或全客层作为其目标客户，强调一站式购物消费，集休闲、娱乐、餐饮等功能于一体，特别强调儿童活动（儿童乐园）、家庭活动（影城、餐饮）等内容，消费层次为中等。针对高收入人群的商场则会引入更多的国际一线品牌，如 LV、PRADA 等；店面分割相对较大较深，如香港时代广场、上海恒隆广场及台北京华城等。

要进行清晰的商业定位，离不开前期大量的准备工作。准备工作主要包括两个方面：商业市场调查和城市规划研究。

市场调查可以查找当地商业统计资料、统计年鉴、商业发展报告，以及通过市场调查问卷等手段进行，目的是确定商圈和自身的竞争优势、目标市场等，以避免同质化竞争。市场调查常包含以下内容：

（1）城市人口的构成与密度。

（2）收入与购买力。

（3）周边商业发展成熟度和潜在竞争商户（规模、商品品类、营业额）等。

城市规划研究是另一个决定商家投资方向、力度和未来前景预测的重要依据。充分利用城市规划发展方向，是大型商业项目成功的一条捷径。城市规划研究包含的主要内容有：

（1）城市未来发展方向和核心区。

（2）城市商业网点布局。

（3）城市功能分区（住宅、商业、市政、金融等分区）。

（4）城市交通设施建设与布局等。

二、总体规划

商业建筑的前期总体规划非常重要，可以说是设计中的关键一环，应给予足够的重视。而且，总体规划应找专业的商业建筑设计公司来做。有些商业地产开发商请销售策划公司对项目进行商业定位，并给出各层楼面布局。这样的策划可以作为一个参考，但不能代替专业的商业建筑设计公司的工作。专业设计公司能帮助开发商对项目同时进行可行性研究与分析，进而对设计任务书中规定的商业总量和要求进行修正。

总体规划包括基地分析和总平面布局。基地分析主要包括分析场地位置、地理条件、用地规划条件、场地周边既有建筑、周边景观、外部交通条件等。在场地全面分析的基础上，再进行总平面布局。总平面布局主要包括以下几个方面：

（1）出入口选择：根据主要人流方向、可达性、可视性等设定主入口位置。

（2）商场位置与体量：商场主体位置与其他物业的布局关系、体量大小、层数与高度。

（3）主力店位置：在进行总平面布局时，必须对主力店位置进行初步考虑，从而为后续设计工作打下基础。

（4）交通停车规划：对商场的后勤货运通道、停车场设置、地下停车库入口、地面下客区等进行初步规划。

总体规划确认后，商场的规模、体量才算初步确定下来，开发商可以以此为蓝本进行项目投资的初步测算。完善的总体规划是成功的商业建筑设计的重要基础。

三、动线设计

对于一个大型商场尤其是购物中心来说，商业"动线"相当于整个项目的骨架，它确定了项目的出入口、空间序列及特色区域。它应在整个平面设计展开之前就被充分考虑。动线设计主要包含两方面内容："路径"设计和"节点"设计。如果以构建"场所"的角度来看，它们也可以被理解为：城市"街道"和"广场"两种空间设计。路径应是简洁、导向性强且富有趣味性的；节点则是路径上的特色区域，就像音乐篇章中的休止符。

在进行动线设计时，一方面应注重它的功能性作用，即它把大小各异的店铺串接起来，保证人们能顺利、方便地到达每个店铺，少走尽端路、回头路等。另一方面它又是构成顾客体验的"线索"。在做商场的设计构思时，动线构思是一个很好的工具和思路，用以建构空间序列。捷得（Jerde）建筑事务所曾把构架分析作为"体验建筑"的一种设计方法。这一构架也可以被理解为商业动线。该事务所的维尔马·巴尔曾在他的著作《零售和多功能建筑》中指出："虽然一般零售业项目的建筑师和开发商们喜欢选择简单而导向性强的流线，但是捷得却善于创造那种简单清晰之中又蕴含着神秘和探险趣味的构架分析图，里面包含一系列的体验和不同的空间。捷得用这样的构架分析图来与客户说明游客如何到达，如何购物，地段周边的开发潜能以及项目的核心所在。"因此，如果从场所运营的角度来看动线设计的话，它构建的是顾客从商场入口进入那一刻起到走出商场的完全的体验过程。这个动线设计应是有效的，同时也是吸引人的、激动人心的。捷得设计的Beijing Mall就采用了一种多层次相互交织的曲线形成的构架，如图8-5所示。

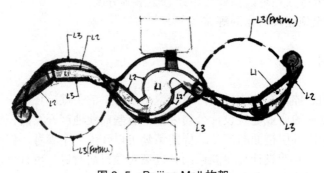

图8-5　Beijing Moll 构架

四、平面设计

商业建筑的平面设计与别的公共建筑平面设计有很大的不同，它在很早的阶段，如项目的规划研究阶段就会与未来租户的需求结合在一起。因此租户组合与平面设计的互动贯穿于整个商业建筑的设计过程。在项目规划阶段，成熟、专业的商业地产开发商就会确定一些预期的主力租户。这些主力租户对于平面设计会产生重大影响，一般这些租户往往有自己一套成熟的设计规范和要求，对于店面大小、尺寸比例、入口位置、后勤服务区域、卸货位、配备的停车位等均有具体要求。如果设计实在无法满足租户的某些要求，就要进行协商。相对来说，非主力租户更灵活些，在早期规划阶段仅需注意一般普通店面的面积范围以及店铺进深与开间的比例关系就可以了。如果主力租户在平面完成到一定深度后业主再考虑与之洽谈的话，往往会对平面布局引起较大的修改和调整。因此对于商业建筑设计来说，为提高设计效率、推进工作进程，一些特殊要求的主力租户最好尽早确定下来，并与设计师进行沟通。商业平面在完成空间设计的同时，也要满足各方商户的需求，并平衡商户与整个商场的关系。有时为了商场整体的良好运作，有冲突的时候，也应与主力商户协商，求得其为商场的整体运作作出一些贡献，不可过分迁就，避免损害商场的整体利益。因为实践经验表明，主力店的成功不等于整个商场的成功。

五、细节推敲

在平面布局、空间设计、立面设计大体完成之后，商业建筑还应注意细节推敲。这些细节包括防火卷帘的设置，中庭栏杆扶手、栏板设计，自动扶梯的布局及其底部设计，标识和引导系统设计，商场室内家具设计、植栽布置、店面招牌位置等。好的商业建筑设计体现在设计理念从大处到小处的一以贯之、细部设计的精益求精，如在日本运河之城Hakata购物中心设计中，设计师利用购物中心内的每一区域的铺地图案进行创作，复杂而丰富多变的铺地图案缩减了这个面积为 250 万英尺^2（1 英尺^2=0.093 平方米）的项目的尺度。在美国南加州欧文光谱购物中心（Irvine Spectrum Center）中，设计师则以摩洛哥风情和 13 世纪西班牙格伦那达的阿尔罕布拉宫为主题创作了一、二两期商业空间。一期摩洛哥式商业街除了建筑带有鲜明的摩洛哥和北非国家建筑风格之外，户外家具和植物如彩色马车、商亭、棕榈树和橄榄树等也有浓厚的北非风味，广场地面色彩更是铺砌得色彩缤纷——绿松色、古铜色和紫色等。这些细节描绘让人感觉仿佛来到了一个梦幻的摩洛哥乐园（图 8-6、图 8-7）。可见购物中心的设计成功离不开精益求精的细节打造。

图 8-6 欧文光谱购物中心（一）

图 8-7 欧文光谱购物中心（二）

六、场所营造

基于"场所营造"理念设计的商业空间具有更为激动人心的力量，顾客因此被深深吸引，逗留其中，而不知疲倦。场所营造有多种手段，有的通过融入社区，与社区公共空间结合在一起，给当地居民以归属感和如家的感觉。这在一些 Shopping Village（购物"村落"）或 Life Style Cemer（生活时尚型购物中心）中采用较多。有的则通过创造令人兴奋的体验来营造独特的场所氛围，这在城市型的封闭式购物中心中运用较多，如朗豪坊购物中心位于中国香港最繁忙的旺角商业区，地块相当狭窄，裙楼以上只有 65 米 ×43 米的空间。这里通过融合商场与旺角特色街头体验，把商场一直做到 15 层。中庭顶部 100 米宽的"数码天幕"——200 多部投影机无间断地播放多媒体影片，更使朗豪坊成为旺角独一无二的充满动感的购物场所。无独有偶，美国拉斯维加斯的弗里蒙特步行街也设置了这样一个"发光天穹"，它的高度和宽度均为 100 英尺（1 英尺 =0.3 米），并覆盖整条步行街。在夜晚，"发光天穹"上的巨型投影创造出震撼人心的音乐盛典场面（图 8-8）。

图 8-8 弗里蒙特步行街的"发光天穹"

第三节　商业建筑的业态类型及设计方法

对于商业建筑来说，租户组合（Tenant　Mix）是功能规划中的一个需要重点考虑的因素，也是商场创造其自身经营特色的重要策略之一。

租户组合也称业态规划。不同经营模式的租户类型，称为不同的业态。所谓业态规划，就是如何对商业项目进行功能分区和筹划，并对各类业态进行有效的组合，以实现业态的最佳配置。对于商业建筑设计来说，"大"的业态规划分区应先确定下来，然后再进行各业态的平面布局。因此，设计单位需先取得业主方（或商业顾问公司）提供的业态规划要求，这是展开下一步设计的关键。

常见的商业业态类型有：零售、餐饮、百货、超市、影院、溜冰场、美食广场、儿童乐园、电玩中心、KTV、家居城和电子商城等。每种业态对空间、位置和规模等都有着不同的要求。下面就来探讨最有代表性的几种业态。

一、主力百货

所谓百货，是指以经营日用工业品为主的综合性零售商店。其特点是商品种类多样，兼备专业商店和综合商店的优势，便于顾客挑选，并满足顾客多方面的购物要求。主力百货是购物中心主力店中的重要一员。在我国内地百货是发展得较早的一种商业业态。目前，在一些大型和特大型城市，随着购物中心等新的商业建筑的出现，百货逐渐趋于饱和，并进入缓慢发展阶段。而在一些中小型城市中，百货依旧是一种处于蓬勃发展中的主要商业形态。我国的百货品牌比较丰富，如王府井、百盛、友谊、太平洋、久光、银泰、君太、华润和新世界等。

（一）发展趋势

在西方国家，百货经过150多年的发展历史，许多已进入衰退期。以美国零售市场为例，在1950年以后，一方面百货店之间的竞争日益激烈，另一方面廉价商店、专业商店、超市等商业形态的发展也使百货业面临困境。我国百货业距今已有百余年的发展历史。长期以来，它一直是国内最主要的零售业态。但在20世纪90年代中期，百货店经济效益明显下降，尤其是独立门面的百货店。究其原因，主要是由于进入门槛较低，竞争加剧，以及其他新兴商业业态的冲击。

在日益萧条的窘况之下，百货店必须寻找出路。随着购物中心这一商业综合体形式在国内大中城市逐渐兴起，百货业尤其是连锁百货开始与其强强联手，以获得生存机会。同时随着百货店进入购物中心，其本身也逐渐向经营内容多样化、经营方式灵活化的方向发展。在美国，大型百货一直作为一块传统的集聚人气的"磁石"而成为购物中心的主力店。再看我国，现在已建的许多购物中心中也多配有主力百货。根据市场经验，一般一个体量超过5万平方米的购物中心就需要配一家主力店（百货或大超市），如万达和沃尔玛的绑定发展及万达自行打造的主力百货"万千百货"，杭州万象城的主力店铺为尚泰百货，深圳万象城的主力百货则为芮欧

（REEL）百货等。在整合入驻购物中心的同时，百货主力店自身的经营方式也趋向灵活，如百货店里逐渐出现大量出租柜台，并以收取租金的方式来经营。另外，经营内容也更为多元。传统的百货品类（男、女装，鞋，包等）里渐渐加入了餐饮、家居等内容，还出现了仓储式百货店如 Sam's Club，百货超市联营店如吉之岛（Jusco）等新型百货形式。

另外，百货在购物中心中，也面临着另一种趋势。一些购物中心取消了主力百货这一功能，取而代之以一些次主力店和多样化的业态。这些次主力店业态涉及广泛，如小型生鲜超市（如OLE）、化妆品连锁（如 Sephora、SASA）、专业数码店（如 Sony Gallery）、电器店（如国美、苏宁）、影城、娱乐业态（如 KTV、溜冰场、Kidzania）等。这一方面与国内经济的发展和消费观念的变化密切相关，另一方面也与主力百货或大型超市的灵活性差、租金限制过大及吸引特定目标消费群体（尤其是区域型中高端定位的购物中心）有限等因素有关。上海港汇广场经过局部改造，把富安百货变成了110家自租店铺，形成无主力百货的局面，原来门庭冷落的商场在百货拆分后又获得了生机。美美百货作为国内高端百货的始创者，在近年的颓败业绩下，也提出要转型购物中心，改变原来传统百货联营的盈利模式。其将近2万平方米的重庆美美百货商场改造为了"美美时代广场"购物中心。由此可见，百货在购物中心中的地位和规模将在未来购物中心的发展历程中经历更多的变数。

（二）位置布局

百货作为购物中心的一大主力店，它起着两方面的作用：一方面，它是购物中心内吸引大量人流的引擎，百货品牌的号召力可以使大量小的零售店面获得较为稳定的客源；另一方面，由于它具有比较大的体量和规模，对消化购物中心大进深空间有积极作用。百货作为一个拥有独立品牌的大店，在购物中心中的布局常需考虑以下因素：

（1）大多数百货主力店（尤其是著名品牌）往往希望自身有良好的可视性和较长的沿街展示面，这是在研究购物中心里百货位置的首要考虑因素之一。

（2）对于占地面积较大的主力百货店由于其租金较低，尽量减少其对最佳租金位的占用，如限制主力百货在一层内外主要商业面的门面宽度等。这一点也需同上述①统筹考虑。

（3）主力百货应尽量布置在购物中心人流动线的一端，以起到拉动客流，引其深入的作用。

（4）主力百货在购物中心内部与中庭或主要人流集散点，应有连接的出入口。

百货在购物中心里的常见布局如图8-9所示。

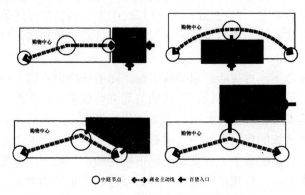

○中庭节点　◆▪▶商业主动线　▪▪▪百货入口

图8-9　百货在购物中心里的四种布局

（三）常见规模

传统百货规模在 2～6 万平方米之间，标准层面积一般不小于 4000 平方米，最大不超过 1 万平方米百货店往往为分层布局，因此其常占据地上若干层，有时也会再往地下延伸 1～2 层。除了这些"大块头"的重量级百货外，现在在一些购物中心里也出现了一种"轻量级"百货。它们同传统主力百货的最大差别在于，不是"品牌"数量的堆积，而是追求"风格化"，其规模一般为 1000～5000 平方米，可称为一类次主力店。这些号称为主题潮流百货的次主力店集结了一批小众品牌，通过其对潮流的敏感嗅觉来挑选货品，通过音乐、设计和艺术等多层面的活动激起年轻人的消费欲望，香港的连卡佛、Joyce，内地各城市万象城的 NOVO 均属此类。

（四）分层功能

百货店的分层功能与其商品构成是相互对应的。对于一个百货店来说，品类构成的丰富和因地制宜是极为重要的。当然不同的百货公司有不同的经营理念，同时不同地区也有不同的消费习惯。因此即使同一家百货公司，其品类规划也必须结合当地的消费习惯和消费能力加以调整，有时也需在适当引导和提升当地的消费力的基础上进行筹划。如果在品类构成中有约 20％的商品高于当地消费水平，而约 80％的商品是迎合当地消费水平的，就是一个可以接受的合理安排。

一般百货店会在每层布局中突出某类主题和重点针对某类消费群和消费行为。下面为一种常见的百货品类组合：

B2 层：超市、美食广场、食品等。

B1 层：少女装、饰品、杂货、牛仔等（当地下室只有一层时，地下的功能会合并）。

1 层：化妆品、女鞋、女包、珠宝首饰、钟表眼镜等。

2 层：少（淑）女服饰、杂货、饰品配件等。

3 层：淑女装、女士内衣、儿童服饰用品等（可与 2 层内容合并）。

4 层：绅士服装、衬衣、领带配件、男士内衣等（可与 3 层内容合并）。

5 层：运动、休闲、高尔夫等。

6 层：家电、家居等。

7 层：美食广场、娱乐（可与 5 层、6 层内容合并）。

当层数少于 7 层时，以上若干项也会分组合并，但一般规律是化妆品、奢侈品在一层，楼上各层分别为女装、男装、运动、家居等。

（五）客流动线设计

百货的客流动线设计是为了吸引客流平衡分布至每一楼层，以达到百货整体利益的最大化。百货客流动线的设计取决于以下几方面关键因素。

1. 交通枢纽（中庭）的设置

百货的主要竖向交通设施为自动扶梯，其次是垂直客梯。自动扶梯的位置即交通核的布局对于动线组织尤为关键。对于体形方正、平面面积较小（2000 平方米左右）的百货可以在中心区范围内设置；而对于体形偏长且平面面积较大的百货，可分散设置多组自动扶梯。为有效组织中庭及其四周的商品布局和人流活动，较大型百货的短边不宜小于 50m，长宽比不宜超过 3：1，介于 1：2～1：1 之间则更佳。自动扶梯是采用交叉式（剪刀式）还是并排式，主要取决于商业利益的最大化和客流的方便性。交通核周边也是最佳的产品展示区，应充分利用其人流量大所带来的广告效益。

2. 回游动线的组织

在百货布局中，有边厅和中岛区之分。在边厅和中岛区之间的"回"字形动线通常作为主动线，是最重要也是很少变动的动线。该动线构成了百货平面的结构骨架，是交通的主动脉。中岛区与自动扶梯间及中岛区之间的走道常常构成次动线，它虽然比较窄，但也十分重要，大量的商业活动在次动线上发生，因而能创造巨大的销售量。

3. 走道宽度的设计

合理的走道宽度是明晰主次动线、引导人流的重要因素。依据国家标准《商店建筑设计规范》，并结合百货规划实际运作的经验，主通道即主动线宽度应控制在 4 厘米左右（少数情况为 3 米），而次通道即次动线应控制在 3 米左右（不小于 2 米）较为合理。

二、超市

除了主力百货之外，购物中心中另一大主力店为超市。根据超市的定义，它是销售食品、日用百货等商品的大型自选商店或商场。超市的品类多样，包括传统的大卖场，如沃尔玛、家乐福、麦德龙、伊腾洋华堂等；高端精品超市，如 OLE、Taste、Great BHG、C-Mart 等；社区生鲜超市，如家乐福旗下的冠军超市、顺义北农旗下的康一品生鲜超市等。

（一）发展趋势

从 20 世纪 90 年代开始，沃尔玛、家乐福等世界知名连锁超市纷纷进军中国零售市场，当时超市在国内呈现迅猛的发展势头。但是经过十几年的迅速发展后，随着同质化趋势的加剧，经营模式相近的超市品牌之间的竞争也越演越烈。

在此前提下，超市发展出现了两大态势。一方面是市场集中度逐步提高，少数连锁巨头控制着整个行业的大量份额。其中大型区域性大卖场（Hypermarket）就有着强大的聚客力。另一方面又有一些超市向专业化方向发展，提供差别化、个性化服务。经营品种也从过去大而全向精而专转变。出现的专业卖场有的偏向电子产品（如国美、苏宁），有的则侧重经营化妆品（如屈臣氏、莎莎、丝芙兰）、体育用品（如麦德龙）。

另外，一些新型的超市经营业态也在逐步出现，如沃尔玛旗下会员制仓储式大型超市 Sam's club 店等，还有引入先进 GMS——综合百货超市零售经营模式的吉之岛、伊腾洋华堂等。这种综合百货超市的零售经营模式是传统大型综合超市的一大发展方向，即超市的百货化。超市与百货的强强联手，一方面可以延续大众消费者平价消费的需求，另一方面又可以适应消费者品牌化消费的趋势。超市的百货化有两种实现途径：一种是在超市内部即收银线以内增加百货商品或专柜，如服装类、化妆品类；另一种是在超市外部即收银线以外对超市功能进行延伸，增加娱乐、餐饮等功能，如设置美食广场等。

（二）位置布局

由于超市占用场地面积较大，且租金较低，消费群体的目的性比较强，在购物中心里常设在地下一、二层，偶尔也会设置于地面上高层区。来往超市的顾客借助于交通工具的要求较强，因此超市的布局与停车场、公共交通站点应有较方便的连接。有的超市通过离超市出入口不远的直达坡梯及一组垂直客梯到达地下车库，如昆明顺城街商业综合体地下一层的大卖场就设有坡梯直通地下二层车库；有的则直接与车库在平层连接，如深圳益田假日广场就是通过平层连接使顾客能方便到达车库。

（三）常见规模

购物中心里的超市随其定位和产品特点在规模上会有较大变化。精品超市的面积常在3000平方米左右，至少在2500平方米以上。普通的服务于周边居民的超市面积在6000平方米以下即可。6000平方米以上的则为大型超市，可提供较大区域内居民的一站式购买需求。大卖场的面积最大，占地约20000平方米，单层约10000平方米，一般在5000平方米以上，总经营面积在10000～15000平方米之间。其停车配置要求约每10000平方米200个专用车位。

（四）空间及配置要求

大卖场平面的标准比例为7：4，柱距8～10m，营业空间应尽量开敞、规整，减少柱墙等结构阻碍，净高为3.5～4米。

至于配货，要求两部3吨以上货梯，地面一层或地下不少于500平方米的专用卸货区；超市若多于一层，需设置两部12度的坡梯。

超市的货品进出流程如图8-10所示。

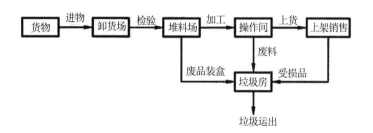

图8-10　超市商品进出流程图

在布置超市各功能用房时，一般原则是将操作间与营业厅结合布置，并靠近营业厅的商品出入口；垃圾处理间和商品管理办公室分置于进口两侧，与卸货平台和堆料场相靠近（图8-11）。

（五）布局与出入口设计

超市的布局主要涉及出入口设计、主通道与货架设计，以及卸货与后勤区设计。

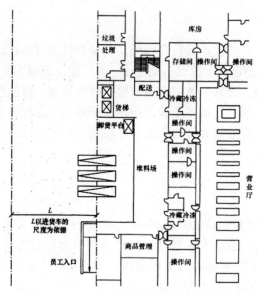

图 8-11 超市功能房布置

超市出入口设计应能方便顾客出入超市，减少对其他购物人流的干扰。超市出口与入口应分开，出口处设置一定数量的收银台（图 8-12）。《超市购物环境标准》规定："收银台应设有足够的收银通道，每 1000 平方米卖场设有的收银台不少于 5 个。"另外，在收银区外侧可设置与购物中心地下街互通的超市柜外区。因此，在超市出入口设计中如何充分利用出口与入口及相关设施的布置有效疏导人流是至关重要的。

超市里顾客的购物顺序有一定的特点。一般顾客倾向于首先购买生鲜食品等购买频率高的商品。为引导顾客逛完整个超市，在商 v 品布局时宜把生鲜食品如肉制品、果蔬等放在最深入的地方，并结合设置操作加工间，与后面的卸货场相连（图 8-13）。

超市的主通道应结合超市大小规模、开间与进深关系来布局。较大型超市一般应至少设置一条主通道，以避免主通道形成人流通过瓶颈而过于拥挤。同时应避免过长的货架设计，600平方米以上超市主通道宽度应在 2 米以上，若结合货品展示，应再适当放宽；副通道也要在1.2 ～ 1.5 米之间。购物通道宽度的具体数值以满足购物者的行动方便和员工推平板车运货的要求为原则（图 8-14 和图 8-15）。

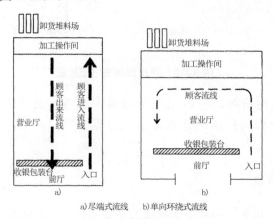

a)尽端式流线 b)单向环绕式流线

图 8-12 超市入口设计

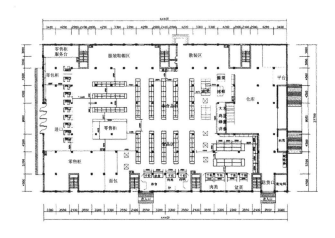

图 8-13　超市商品摆放设计

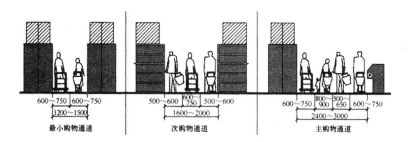

图 8-14　超市购物通道设计

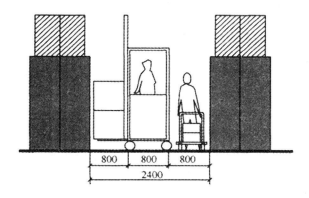

图 8-15　机械上货购物通道

　　另外，超市内部货架宽度一般采用 600 毫米，两组平行货架之间构成次要通道，货架的端头之间构成主通道。柱网大小与货架的布置有一定的关系（图 8-16）。

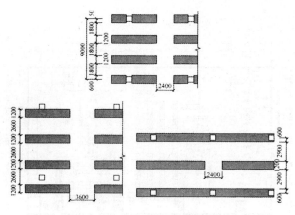

图 8-16　柱网大小与货架布置

三、电影院

近年来，随着国内外电影市场的再度繁荣和 3D 电影等新的电影片型的出现，电影院已基本成为各大购物中心的必备主力店之一。购物中心里的多厅影院已逐渐成为市场的主角，并逐步取代传统的独立式单厅影院。以上海为例，各大商业中心或购物中心均配有一定规模的多厅影院，如港汇广场 6 楼的永乐电影城，梅陇镇广场购物中心 10 楼的环艺电影城等。多厅影院的出现与现代人多样化的电影消费需求密切相关。传统的单厅影院由于放映场地有限，只能去追逐有最大票房的影片放映，而多厅影院则可充分满足不同观众对不同类型电影的观看需求，充分适应了当代多元化的电影发展趋势。多厅影院由于从影片节目的数量和时间上都为观众提供了更大的选择空间，又为影院自身提供了充分利用各种资源进行规模化经营的条件，因而构成了电影放映市场的新格局。

（一）发展趋势

全世界第一座多厅电影院（达 6 张银幕）是由美国经典电影有线电视台（AMC）于 1969 年在美国内布拉斯加州奥马哈建立的 Six west 影院，后更名为 West road Theatre。亚洲的第一家综合性影院是于 1992 年由国际院线集团 Golden Village 在新加坡建立的 GV Yishun 影院。它是当时亚洲最大的综合娱乐影院，共有 10 张银幕，还结合了购物、娱乐和餐饮等设施。

中国影院的多厅时代可以追溯到 20 世纪 90 年代初，如常州亚细亚影城、广州天河电影城等。1997 年开始，外资院线进入中国，环艺、鑫禾、嘉禾先后在上海、武汉、重庆建立了真正现代化的多厅影院。近年来，多厅影院进一步发展完善，出现了真正成熟的现代化的多厅院线，如北京的新永安影城、华星影城和深圳的城市广场等。

尽管如此，国内目前的多厅影院数量依旧不能满足人们日益增长的消费需求，因此就全国范围来看，多厅影院的发展依然潜力巨大。另外随着大制作电影的不断出现，拥有数字 3D 和超大屏幕的影院 IMAX 也是一个重要的发展方向。在成都，两座新的 IMAX 放映厅——太平洋新益州影城和新影联正天影城均具有 7 层楼高、20 多米宽的超大屏幕，拥有水晶般清晰的画面和极度逼真的六声道加超低音声音效果。

（二）位置及规模

电影院作为购物中心的重要主力店，对购物中心的最大贡献就是聚集客流，延长顾客在购物中心的逗留时间，进而促进冲动型消费，因此电影院的位置、布局应充分发挥其拉动人流的作用。一般购物中心的高层是人流较少企及的地方，若把电影院置于高层，将有利于提升高处的人气，进而提高整个楼层的租金水平。电影院一般置于购物中心顶部两层，偶尔也有置于地下一层的。多厅影院需要的结构柱跨一般不少于 12 米，因此置于多层购物中心上方对于采取减柱等结构改变的方式也比较有利。电影院所占的层高较高，相当于普通商业的两个楼层高度，一般在 10 米以上。有些 IMAX 的层高甚至更大，超过 18 米。

对于多厅影院来说，一般不能少于三个厅，总座位数量不能少于 500 座，否则难以维持和经营。每厅的座位数量不宜低于 60 座（除了"Gold Class"贵宾式的豪华小厅），也不宜超过 500 座。影厅太小，不能体现规模效益，也会影响影厅观赏效果。影厅的数量也不宜超过 12 个，因为过多的影厅难以保证有足够的片场供应，反而不经济。

观众厅数量的合理范围为 4～10 厅，总容量基本在 600～1500 座之间。《电影院建筑设计规范》对电影院规模进行了分级，不同规模的电影院及其对应的购物中心见表 8-3。

表 8-3 不同规模的电影院及其对应的购物中心

类 型	座位数	厅 数	平均每厅座位数／座	面积／m²	对应的购物中心规模（GLA）／m²
特大型	≥1801	≥11	164	≥6001	≥80001
大型	1201～1800	8～10	150～180	5000～6000	60000～80000
中型	701～1200	5～7	140～170	3000～4500	40000～60000
小型	≤700	4	175	2500	20000～30000

注：大中型电影院为购物中心较为常见的配置

（三）常见布局

多厅影院观众厅的尺寸大小参照《数字立体声电影院的技术标准》规定，长度不宜大于 30m，长度与宽度的比例宜为（1.5±0.2）：1。

一般观众厅的类型主要有几种，小厅、中厅、大厅和 VIP 厅等。它们的面积、座位数及长宽值见表 8-4。

表 8-4 观众厅规模分析表

类 型	座位数	长／m 宽／m	面积／m²
小厅	80～150	（13～20）×（8～11）	150～250
中厅	150～250	（18～24）×（10～15）	250～350

类　型	座位数	长 /m　　宽 /m	面积 / m²
大厅	250～400	（24～30）×（15～17）	350～450
贵宾厅	30	（9～11）×18	150～200

具体布置到购物中心平面中时，各类型放映厅的尺寸大小宜与柱网确立起合理的关系以 8.4 米 ×8.4 米柱网为例，各类型放映厅的大小与柱网尺寸间的关系如图 8-17 至图 8-19 所示。

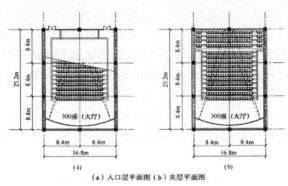

（a）入口层平面图（b）夹层平面图

图 8-17　电影院大厅布局

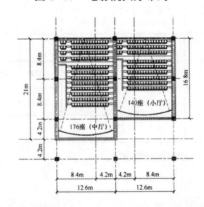

图 8-18　电影院中、小厅布局（夹层平面图）

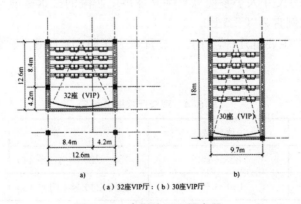

（a）32座VIP厅：（b）30座VIP厅

图 8-19　电影院 VIP 厅布局

（四）空间要求

多厅影院主要由大堂（休息厅区）、放映厅区及后勤疏散区三部分构成。一般放映厅占影院总面积的60%左右，大堂（休息厅）占10%左右。图8-20为某10厅影院平面布局图，该影院使用面积约为6000平方米，其中放映厅面积为3663米，大堂面积为650平方米。

多厅影院各部分空间要求如下：

（1）放映厅的层高要求：大厅净高不小于9.5米；中厅净高不小于8米；小厅净高不小于6.5米。

（2）进场、散场走道：净高宜在3.2～4.5米之间，理想高度为4.2米。

（3）大堂、休息厅：净高在5.5米以上，理想高度为8米，为取得良好的空间效果，大堂高度常设两层通高。

（4）放映机房：净高在3.6米以上；净深（后墙面无设备时）对35毫米胶片至少为3.6米，对70/35毫米胶片至少为4.2米。

多厅影院的空间布局应考虑观众从商场进入大堂购票、等候休息、入场看电影、散场再回到商场的行为路线。因此多厅影院有时在商场一层或与影院大堂紧邻的下一层另设有售票点，方便逛商场的顾客不用到达影院内部大堂，就可以购买到电影票，并利用等候时间在商场中进行其他消费活动。在大堂附近宜设有商场晚上关门后继续运营的垂直客梯，便于非商场运营时间时观众的进场与散场。

大堂空间应尽量开敞，有条件的可以设计为两层高。除含有购票区、小卖区、休息茶位区之外，大堂还常提供用于新片发布、影迷见面的场所，以满足现代影院作为一个时尚基地的要求。大堂附近设有VIP厅（Gold Class），并附设贵宾休息室（Gold Class Lounge）等用房。

不同影厅的放映室应尽量考虑就近布置在放映厅上方的夹层空间里，形成连续的"放映走廊"。放映室的空间还应满足3.6米的净高要求。典型的放映厅与放映室位置关系如图8-21所示。

（五）入场散场流线及疏散流线

1. 放映厅的入场散场方式

放映厅的入场散场方式有两种：正进侧出和侧进侧出。应尽量避免把应急出口设在银幕后侧（图8-22）。另外，放映厅的出入位置高低也有两种：一种为高进低出，另一种为低进低出。现代多厅影院以后一种居多。

2. 多厅影院的疏散走道设计

结合放映厅的出入方式，多厅影院的疏散走道位置也有两种：一种与入口层同层（低进低出），另一种在入口层下一层（高进低出）。

疏散走道宽度应根据疏散人数来确定，并与疏散梯段宽度相对应。

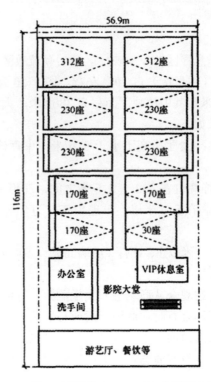

图 8-20　某 10 厅影院（6000m^2）的平面布局图

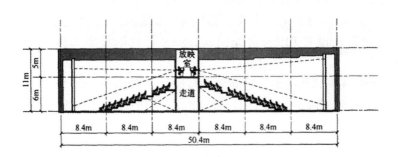

图 8-21　影院放映室的布局

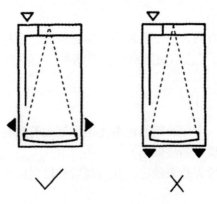

图 8-22　电影厅出入口设置

3. 疏散要求

多厅影院应独立划分防火分区。对于高层商业建筑中的多厅影院，地上防火分区面积不应超过 2000 平方米（带自动灭火系统的可达 4000 平方米），且满足以下要求：

（1）袋形走道的安全疏散距离应为 20m。双向疏散的安全疏散距离即两个安全出口之间间距应不大于 80 米。

（2）放映厅内任何一点至最近的疏散出口的直线距离不宜超过 30 米。

（3）放映厅内疏散走道的净宽度每 100 人不小于 0.80 米，且不宜小于 1 米。边走道的最小净宽度不宜小于 0.80 米。

（4）放映厅的疏散出口和厅外疏散走道的总宽度，平坡地面每 100 人不小于 0.65 米，阶梯地面每 100 人不小于 0.80 米，最小净宽度不应小于 1.40 米。

（六）　IMAX 厅设计

IMAX 厅是目前国内比较热门的一种影院类型。它以震撼且令人身临其境的视听效果吸引了众多的年轻观众。世界上第一家 IMAX 影院是位于加拿大多伦多的 Cincsphere　IMAX 影院，1971 年建造。银幕长 24 米，高 18 米，观众座位数目为 752 座。美国是拥有最多 IMAX 影院的国家。截至 2009 年年底，全世界有超过 400 家 IMAX 影院，其中半数以上在美国。我国近年来也兴建了不少 IMAX 影院，如中国科学技术馆 IMAX 巨幕影院（银幕高 22 米、宽 29.58 米，银幕总面积 650 平方米，座位数 632，是亚洲最大的 IMAX 矩形幕），中国科学技术馆 IMAX 球幕影院（球幕直径 30 米，座位数 442，是世界最大的 IMAX 球幕），苏州科技文化艺术中心（银幕高 13.3 米，宽 21.3 米，银幕总面积 83 平方米，座位数 384）等。截至 2010 年 5 月初，全世界最大的临时性 IMAX 影院是位于上海世博会会场内沙特阿拉伯馆的三维画面 IMAX˜院，银幕面积达到 1600 平方米。

IMAX 影院与普通影院差别很大。IMAX 影院的银幕巨大，一般的 IMAX 影院的银幕可达五层楼高，截至 2010 年 4 月，全世界最大的 IMAX 影院银幕有九层楼高（29.42 米）。根据形状的不同，IMAX 影院银幕分为矩形幕和球形幕两种，标准 IMAX 幕尺寸指矩形幕，而球形幕的直径可达 30 米。球形幕主要放映全天域电影（IMAX　Dome）。球形幕电影采用鱼眼镜头拍摄，使左右视野 180 度的景物能成像于平坦的胶片上，放映时再用另一个鱼眼镜头让全景重现银幕。标准的矩形 IMAX 球幕为 22 米宽、16 米高，一般都不小于这个尺寸。因此，IMAX 影院内部需要比较高的空间去容纳大面积的银幕，高度由四层楼到八层楼不等，为了避免前排的观众阻挡后排观众的视线，IMAX 影院的观众席位需要分布在坡度比较大的斜坡上。这两方面的因素都要求 IMAX 影院内部需要有足够大的空间和足够高的高度。因此在建造符合标准的 IMAX 影院的时候，往往需要对传统电影院作出工程浩大的装修改建，或者干脆建造新的 IMAX 影院。

IMAX 影院成本昂贵，在发达的国家和地区，建造一个 IMAX 影院的成本是 100-150 万美元。由于建造费用昂贵，电影院的投资者往往与电影发行商预先谈好或者预先签订今后若干时期内的 IMAX 电影放映合同，然后才投资和动工兴建 IMAX 影院。因此对于商业开发项目，是否兴建 IMAX 影院，应慎重考虑。一些业主可以考虑建造巨幕厅（图 8-23）而非标准的 IMAX 厅，来提供比普通影厅更好的视觉和听觉效果。

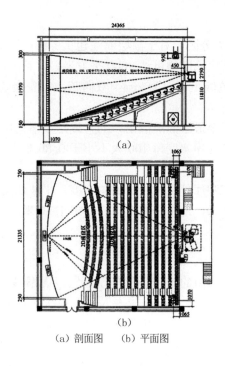

(a) 剖面图　　(b) 平面图

图 8-23　巨幕厅

四、溜冰场

溜冰场作为吸引大量青少年惠顾的娱乐健身场所,也是大型购物中心的重要主力店之一(图 8-24)。成功经营的溜冰场一年可接纳的人数达 50 万, 为周边的商业带来充沛的客流。国内的一些新建购物中心里已设有溜冰场这一业态, 如杭州万象城中的真冰溜冰场——冰纷万象已达到了奥林匹克标准, 深圳海岸城购物中心里也设有溜冰场——冰 FUN 海岸滑冰场。

在购物中心设溜冰场的灵感主要来源于北美地区。1970 年竣工的购物中心——Houston Galleria 是第一个兴建溜冰场的购物中心, 之后一些购物中心也纷纷效仿, 如美国达拉斯的三个购物中心(Galleria, Preston Wood 和 Plaza of the American)、亚特兰大的 Omni 购物中心、旧金山的时尚岛, 加拿大艾伯塔的西埃德蒙顿购物中心(West Edmonton Mall)和我国香港 Taiko Shing 区的城市广场等。

如今, 购物中心里的溜冰场已成为家庭或娱乐活动中的一项主力。对于商场来说, 设置溜冰场有助于延长顾客逗留时间, 吸引更多的人频繁光顾。而且设计溜冰场也有助于增强商业空间的特点和戏剧性。但建造溜冰场的费用是昂贵的, 同时场地在未来是否可以另作他用也是开发商担心的一个问题。在溜冰场的使用过程中, 也可能产生噪声及能耗等问题, 其对商场的整体运营产生的负面影响, 需要投资者进行综合权衡和考虑。

另外维持一个室内溜冰场运转所需的客户群也是庞大的, 因此溜冰场常常考虑设置在区域级以上的购物中心里。按照经验做法, 一般一个溜冰场的正常运营需在 8 千米范围内有 2.5 万居住人口或在 45 路程范围内有 30 万人口的支撑。[1]

图 8-24　溜冰场

（一）位置布局

溜冰场在购物中心的位置最常见的有两种。一种是溜冰场位于地下商业层，如深圳益田假日广场就把溜冰场设在地下二层，冰面上空五层通高，观众可在地下二层以上的每一层凭栏俯瞰。设在购物中心最下一层的溜冰场，可结合溜冰场上空的中庭开口，给溜冰场以上的商业楼层带来活跃气氛。另一种是溜冰场位于顶部第二层，如杭州万象城、深圳万象城等均在此位置设置了溜冰场。这种布局的优势在于，可以把人流引向商场高层区，提升高层商铺的租金水平，另外溜冰场的二层挑空空间周边可设置美食广场等餐饮功能，为用餐和休憩者提供独特的视野。溜冰场也同时成为人们进行社交活动、家庭娱乐的最佳场所。但不管以哪种方式来设置，溜冰场作为一个具有吸引力的场所，宜处于购物中心比较核心的位置。

（二）常见规模和布局平面

购物中心里的溜冰场规模分为两种，一种是达到奥林匹克标准的真冰溜冰场（可用于花样滑冰），另一种是投资相对较少的休闲型溜冰场。前者尺寸为 60 米 ×30 米，冰面面积为 1800 平方米；后者尺寸为 56 米 ×26 米，冰面面积约为 1450 平方米。若需进行冰球活动，场地最大尺寸为 61 米 ×30 米。一些偏重娱乐性的溜冰场，尺寸可以更小，如 1000 平方米以下的微型冰场。除了普通的长方形冰面，也有圆形冰面，如设置在英国 Broadgate——一家经济金融中心的圆形溜冰场，直径 22 米，周边环绕着商店、餐馆等设施。

溜冰场除了冰面本身外，还配有其他用房，如机房等辅助用房（冷冻机房、空调机房、变配电室，造冰机或雪窖，储存间等），为顾客设置的换鞋处、储物柜、洗手间、冰鞋租借及修补处，为工作人员设置的接待台、管理办公室等。溜冰场的附属用房面积与冰面的比例需达到 2：3 甚至 1：1。如深圳华润万象城，其冰面面积为 1800 毫米（60 米 ×30 米），而溜冰场的总面积（包括附属用房）达到了 3600 平方米；深圳益田假日广场的全明星冰场，其冰面面

① ［英］杰兰特·约翰，基特·坎贝尔.游泳馆与溜冰场设计手册【M】.苏柳梅、马文艳译.大连：大连理工大学出版社，2003：194。

积为 900 平方米，总面积也达到了 1500 平方米众多的附属用房常需紧邻溜冰场的一条长边，因此溜冰场设计中应考虑至少一条长边用于设置所有的设备及服务用房。另三条边则可释放出来与中庭空间或酒吧、咖啡、餐饮等店面相接（图 8-25 至图 8-26）。

对于溜冰场设计来说，棘手问题大多集中在结构处理、能耗问题、噪声控制等方面。结构处理牵涉到溜冰场大跨度无柱空间的设计，尤其是当溜冰场位于商场的最底层时，其上部商业用房将要面对大悬挑的挑战。

对于能耗来说，在溜冰场内为保持一个清新的环境所需的温度与在购物中心内创造一个舒适易控的环境所需的温度是完全不同的，尤其是溜冰场所在层，如何与周边其他购物餐饮环境进行必要的隔热处理是一个问题。另外位于高层的溜冰场占用大面积的混凝土地面，会导致冷凝问题的产生，因此在设计时需注意人工溜冰场楼板处的构造层次。很多商场中的滑冰场冰面会设在低于商业广场 1 米的地方，这不仅使顾客可清晰看见溜冰场对面，也提供了一个"蓄冷池"，并与 1 米高的玻璃等安全屏障一起，有助于保持溜冰场、美食广场和商场其他功能之间的不同环境温度。溜冰场不宜在其顶部设置大面积天窗，以免受到阳光的直射，另外侧面采光也应尽量避免对冰面的直射，如尽量避免日晒等。对溜冰场长年运营的巨大能耗，英国等国家常使用热循环技术，通过对冷冻冰面的能源再利用来加热购物中心的其他部分。

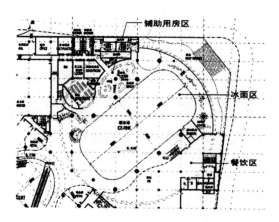

图 8-25　某溜冰场布局图

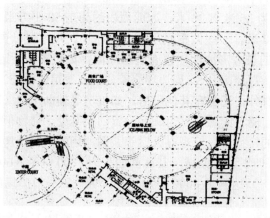

图 8-26　某溜冰场上层布局图

五、美食广场

随着现代人工作压力的增大、生活节奏的加快以及年轻人喜爱快餐速食的特点，各大购物中心里的餐饮业都较为发达。餐饮在购物中心里的安排经常是点、面结合。点就是在各层之间点状分布的餐饮店；面则是指在一个面积较大的区域形成专门的美食区，也称作美食广场。

美食广场（图8-27）作为一种提供丰富食品选择的主力店，在实现租金收益的同时，也形成了购物中心拉动人流的又一磁石。尤其是在毗邻商务区的商业综合体内，美食广场甚至起到为办公族提供一日三餐的作用。

我国内地引入美食广场这个概念是在20世纪90年代初从外资百货商场开始的，当时在马来西亚百盛北京店、我国台湾太平洋百货上海店等开始出现美食广场这个新型的餐饮业态。它们有统一规划、统一招商、统一管理、分块经营的特点，且规划设计精良。如今经过二十年左右的发展，美食广场在国内已与多类业态整合起来，很多商业业态都会考虑租售美食广场。欧美、日韩的百货公司多会在商场顶楼或地下室保留美食广场且生意兴隆。国内一些大卖场也常与美食广场合作经营或自营美食广场，甚至百脑汇、赛博数码、颐高数码电脑城、苏宁电器、红星美凯龙家居城、IKEA等也都配有自营美食广场。相比之下，购物中心里发展起来的主题性美食广场（Food　Court）是最引人注目的。

图8-27　美食广场

（一）位置布局

美食广场作为一个占据较大租用面积的主力店，在购物中心里的位置设计需考虑两方面的因素。一是如何拉动人流。通常情况下，美食广场要么位于地下室要么位于顶层，或两者兼有。如上海的来佛士广场是在地下室和顶层都设置了美食广场；香港的时代广场、旺角新世纪等将美食广场安排在顶层；青衣城则在中庭地面层制造了一个极为壮观的餐饮场面，成为商场的一大特点。安排在地下层和高层的美食广场对于拉动人流起了巨大作用。顾客在就餐前后，必定会在购物中心内行走，随时都有可能购物，因此为整体商业带来了巨大收益。二是如何与购物中心内的其他业态形成互动。购物中心里位于地下室的美食广场常与超市等业态形成互补。有些百货、超市等业态会有自营的美食广场，如香港的一田百货、Juson等。位于顶层的美食广场则会策略性地布置在溜冰场上空的周边，以充分发挥美食和休闲活动的互动效应。

（二）规模和平面布局

目前，我国内地的购物中心项目引进的美食广场品牌通常有大食代、食通天、福将坊、新膳海等。美食广场的主流面积在 2000～2500 平方米。个别优秀的大型美食广场可达 4000～7000 平方米，如 4000 平方米的大食代上海美罗店和 6000 平方米的厦门新食尚 SM 店。

与内地相比，香港、台湾地区由于各类餐厅密集、竞争激烈且租金高，美食广场规模通常较小，在 1500～3000 平方米之间，多数在 2000 平方米之下。而菲律宾、泰国等东南亚国家的美食广场规模则要大许多，5000 平方米以上的不在少数。相对于这些主力美食广场，我国内地超市、大卖场自设的美食广场面积通常为 700～1200 平方米。

美食广场在平面布局上的特点为：众多美食摊点分布在中心座椅区周围，采取统一收银和结算的方式。近来国内还出现了一些升级版的美食广场，如上海环球金融中心地下二层来自日本的和伊授桌号称亚洲最高档的美食广场。这里除了熟食店 Bottcga、筑地银章鱼丸子小吃店外，其实是中、日、意几个餐厅以及一个酒吧的组合，而不是一个个分散的美食摊点。不同餐饮区在家具、装饰风格上都有区隔，并自成特色。

美食广场的商户通常由美食街（包括各类中式小吃以及异域特色餐点）和轻食柜（特色甜点、刨冰、冰淇淋、鲜榨汁为主的水吧）两大区域组成。为了增加租金收入，部分美食广场也开辟了独立的店中店区域（通常是大牌连锁快餐和高档特色餐饮等），而前者由于常需热炒，对于配送、厨房设置的要求较高，一般都布置在靠墙和座椅区的周边，水吧相对来说对厨房要求不高，可灵活设置在座椅区中间。

美食广场在顶层设置时，应考虑与公共空间如中庭产生互动，以活跃购物中心的气氛，提升人气（图 8-28）。

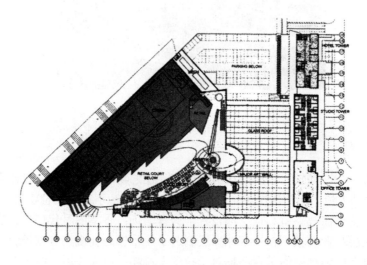

图 8-28 美食广场设置

六、除主力店外的零售与餐饮店面

一个购物中心基本的商业业态可划分为三大类：购物、餐饮和娱乐。一般来说，购物、餐饮、娱乐的面积比为 52 ： 18 ： 30，但还需根据当地的市场情况、商家资源以及项目定位予以调整。现在有些商业项目会在购物这一块中拿出 15% 左右的面积用于文化、健身、服务和培训等内容。

（一）尺度要求

零售店铺的面积以 100 ～ 200 平方米居多，也有少数次主力店达到 1000 ～ 2000 平方米的规模。普通的零售店铺一般占据一开间，最多不超过两开间，进深在 8 ～ 12 米居多，即店面理想比例为 1 ： 1 ～ 1 ： 1.5，进深至多不超过 18 米，长宽比应尽量控制在 1 ： 2 之内。对于餐饮店铺来说，其面积一般比零售店铺大些，可以拥有较大的进深。大众型餐饮的面积一般为 50 ～ 200 平方米，商务型餐饮的面积为 150 ～ 1000 平方米。除了单层店铺外，一些购物中心中还设有源于欧洲的 IndoorBoulevard 的面积为双层复式商铺，如香港的圆方 Elements 购物中心内就设有该类租铺。

（二）消化进深的方法

理想的商业建筑平面应使大小店铺都拥有较为合理的满足租户要求的尺度。但现实情况是，由于场地特殊性、建筑规模等制约因素，商业平面往往并不能理想化地与大小租户一一对应。尤为棘手的是一些平面进深较大的商场。设计中如何利用好大进深，有效组合大小店铺来满足未来租户要求是一个难题。依据笔者的经验，对于此类大进深商场的处理方法主要有两种，一种是尽量把进深较大的空间安排用于餐饮，但其合理性还需根据业态组合布局要求而定。另一种是采用"口袋式设计"的方法，即用大小店铺组合来消化进深（图 8-29）。

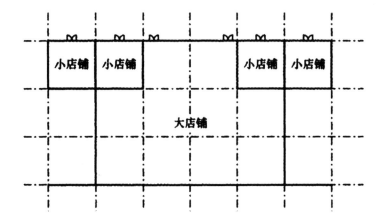

图 8-29　口袋式设计

第九章　居住建筑设计

第一节　居住建筑设计概述

一、居住建筑发展概况

居住是人类生活的四大要素（衣、食、住、行）之一，人的大约三分之二的时间是在居住建筑及其周围环境中度过的。因此，居住建筑是与人们日常生活关系最为密切的建筑类型，是人类生存活动和社会生活必需的基本物质空间。

我们研究居住建筑设计，首先就要了解居住建筑的发展概况，这有助于我们全面理解居住建筑的设计及其建设过程中遇到的相关理论与实践问题。由于住宅建筑是居住建筑的主体组成部分，在我国社会经济发展中占有极为重要的地位，所以，我们可以通过研究住宅建筑的发展轨迹来了解居住建筑的发展概况。

我国真正意义上的现代住宅发展应该以 1949 年新中国的建立为起点，这不仅因为新中国成立前住宅建设的匮乏，更重要的是新制度的建立导致的对住宅问题的政策性干预，必然促使住宅建设走向一个新的时期。为了叙述方便，我们按时间顺序对住宅建筑的发展轨迹作一分析，以便找出各个时期的一般特征；在空间上则以住宅建筑方面具有代表性的大中城市为背景。

（一）20 世纪 50 年代——内廊式住宅

新中国成立初期，住宅设计大体是按照欧美的生活方式进行平面布局：以起居室为中心组织其他空间，多为低层，一般为砖木结构，少量为钢筋混凝土结构。

20 世纪 50 年代中期引入了苏联单元式设计手法，取消了以起居室为中心的套型模式，改为内走廊式布置，增加了独立房间，改善了厨卫条件，当时十分强调加大进深，减小开间尺寸，以降低造价和节约用地，但由于面积标准较高，被迫使多个家庭合用一套住宅，使用非常不便。图 9-1 为内廊式住宅套型平面，厨房厕所多户合用。

（二）20 世纪 60 年代——简易住宅

20 世纪 60 年代，国家受自然灾害的影响，出现了一批简易住宅，缩小了建筑物的开间与进深，厨房及厕所的尺寸也极小，并不分地区、条件，广泛采用"浅基薄墙"等节约措施，住宅的简易程度已不能满足人的基本生活需求与房屋的基本要求，形式也相对简单，如上海市首批建造的 2 万户工人住宅，平面为二层宿舍式，套型基本为一室户，部分为二室户，一梯多户，合用厨房，卫生间设在底层（见图9-2）。

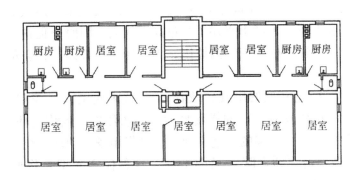

图9-1 内廊式住宅平面

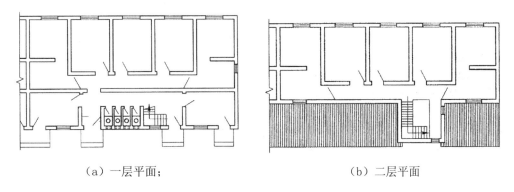

（a）一层平面；　　　　　　　　　　　　（b）二层平面

图9-2 上海某工人住宅

（三）20世纪70年代——"小方厅型"住宅

20世纪70年代，为解决大城市土地缺乏，而住宅又非常急需的矛盾，在北京和上海等大城市兴建了少量高层住宅，同时也促进了高层建筑技术体系的积极探讨。但由于受建筑标准控制的原因，大多居住条件差，设备简陋，居住满意度较低。

随着70年代末我国人口控制计划的有效实施，我国家庭人口结构向小型化发展，在同样套型标准的居住中，人均居住面积有很大提高。人们已不再满足多种功能混在一起的住宅平面，于是将用餐活动从"居室"中分离出去的"小方厅型"住宅套型开始受到青睐（见图9-3）。这种住宅套型是将原来的交通空间放大，使之成为能够容纳一张餐桌的"小厅"，并进而变为小明厅。实际上这个交通空间已发生了质的变化：由单纯的交通空间演变为交通与用餐兼备的复合空间，是住宅内部"食寝分离"的一种尝试。同时，在这一时期也注意了住宅的系列化成套设计，特别强调模数参数，以定型基本单元组成不同体型的组合体；开始加大进深缩小面宽的设计，以达到节约用地的目的。但由于受当时唐山大地震的影响，特别强化住宅的抗震性能，给平面布局的灵活性带来一定的限制。

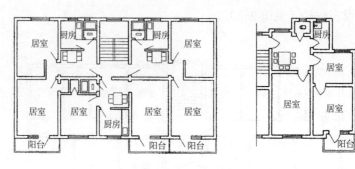

图 9-3 "小方厅型" 住宅

（四）20 世纪 80 年代——"大厅小卧"住宅

1984 年全国开展了"砖混住宅新设想方案竞赛"，首次要求提高砖混住宅的工业化水平，以 30% 为基本系列，推行双轴线定位制，以保证住宅内部的装饰装修制品、厨卫设备、隔墙、组合家具等建筑配件走上定型化和系列化的道路。方案设计中首次引入了"套型"的概念，把人们的起居、接待客人等活动逐渐从居室中分离出来，实现"居寝分离"，以致原来的小厅逐渐变成明厅、大厅，卧室由于功能变少而变小。从此，"大厅小卧"的住宅套型开始得到发扬，并逐渐向现代起居生活迈进（见图 9-4）。

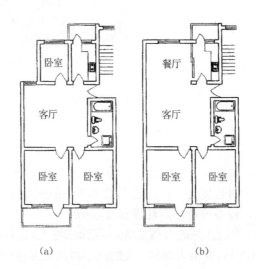

(a)　　　　　　　(b)

图 9-4 "大厅小卧"的住宅套型

1987 年举办了"中国'七五'城镇住宅设计方案竞赛"，此次竞赛由于受现代生活居住行为模式的影响，"大厅小卧"住宅套型模式得到普遍重视和应用。特别重视了室内使用功能，利用有限的面积，创造出丰富实用的空间，如对厨房、卫生间的设计受到特别关注。但还存在着一些问题：如把大厅看作是小厅面积的扩大；为了节地而片面加大进深，使室内功能空间的使用功能和采光通风效果下降；以小开间的概念设计大开间，只不过是机械地扩大开间来达到空间的灵活性；高层住宅设计成了多层住宅的叠加，忽略了高层的结构选型、套型平面布置等问题。

（五）20 世纪 90 年代——商品住宅

20 世纪 90 年代初，在以"我心目中的家"为主题的全国首届城镇商品住宅设计竞赛中，人们开始认识到商品住宅的特征，探讨商品住宅的套型设计模式，以更新设计观念。重视对中、小套型的平面组合、室内空间的灵活度和适用度的增强以及室内外居住环境的创造。建筑师精打细算，在每一平方米的利用上下工夫，以满足商品市场的需求。

（六）21 世纪——追求舒适度的住宅

21 世纪初以来，住宅设计逐步由追求数量向讲究质量，由粗放型向精品型转变（见图 9-5、图 9-6）。套型模式开始追求适应性、舒适性和居住的安全性问题，以及充分利用面积和空间、节地节能、改善厨卫功能、能源利用、地方风貌、新结构材料应用等方面，出现了利用空间的众多手法，如变层高、复合空间、坡屋顶以及四维空间等。

图 9-5　万科十七英里住宅　　　　　　图 9-6　杭州某院落住宅

通过对半个多世纪以来住宅建设的发展历程的分析，我们可以清晰地认识到，居住建筑和居住环境的发展建设水平与整个国家的经济发展是紧密结合在一起的，并涉及社会文化、地域文脉、民俗风情等客观因素。同时我们也应该注意到，由于地域发展的不平衡以及同一时空条件下不同层次需求的并存，历史的实际情况并不像在纸上描述的那样明确。

二、居住建筑类型划分

居住建筑是为满足家庭长期（或短期）定居生活的需要而建造的居住空间设施，并且会随着社会的发展和人们居住方式的变化而不断变化。一般根据居住对象和需求的不同，我们可以把居住建筑类型划分为以下两大类。

（一）适用于家庭长期定居的居住建筑

这类是为满足家庭长期定居生活的需要而建造的居住空间设施——住宅建筑，它是使用最普遍而又最古老的建筑类型。由于生活习惯、地形气候、文化民俗等方面的原因，我国各地的传统民居建筑在建筑群体组合、院落空间布局、材料构造处理，以及适应地形气候等方面呈现出明显的地域性的差别，创造了独特而璀璨的民居建筑文化（见图9-7）。

现代城市住宅在满足住户基本生存需求的同时，开始注重住宅的品质和环境建设，以迎合现代人的精神文化需求。近年来，随着城市化进程的加快，现代农村住宅建筑模仿城镇住宅建筑的现象越来越突出，失去了其传统的空间特色与韵味，需引起广大设计师们的重视。

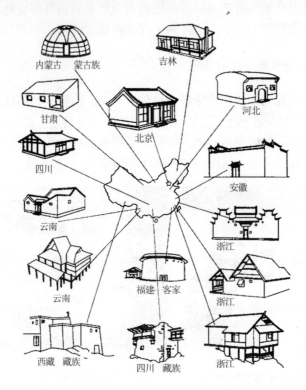

图9-7 我国形式多样的传统民居

（二）适应社会不同需求的居住建筑

这类建筑又包括以下五种。

1. 居住综合体

居住综合体建筑是以居住功能为主，兼有商务办公、商业服务等城市综合性功能的居住建筑类型。它是在现代城市步入后工业化时代的过程中，城市空间形态与社会居住方式发展相结合的产物，其功能、空间、形式具有很强的开放与包容的特征。

2. 老年住宅

根据相关资料表明，我国在21世纪初已进入老龄化时代，全国各地也相继新建了多种形式的老年住宅，如养老院、居家养老型、老年社区等，但特别成功的案例较少。由于老年人生理、心理特点与一般人有很大的差异，具体设计时需更多地关注他们的切身感受。

3. 青年公寓

它是为满足城镇青年社会群体对居住空间的共同需求，而采取集约化建造的居住设施，主要为单身企业职工、机关职员和大学生等人员提供生活、学习和住宿的场所。随着社会的发展进步，其服务功能在不断地完善，建筑形式也日趋丰富。

4.灵活可变性住宅

所谓可变性住宅就是挖掘住宅平面空间和结构的潜力，通过改变空间的数量、形状和尺寸等，使得住宅满足家庭人口规模和结构的变化以及不同家庭的不同居住需求，成为一个家庭的"长效"商品。灵活可变性住宅适应了我国人多资源少的实情，能大大提高住宅的耐久性和使用价值。

5.SOHO 住宅

它是为满足在家办公的商务白领群体的需要而建造的居住空间设施，是以计算机网络技术为生存基础的信息革命所带来的生产生活方式的重大转变，促进了家庭模式的多样化。图9-8所示为北京现代城 SOHO 住宅。

图 9-8 北京现代城 SOHO 住宅

三、居住建筑发展趋向

在当代，居住建筑的发展可以说代表了一个国家或地区整个经济社会的发展水平，也推动着当地建筑业的发展。随着社会经济发展水平的提高和居住生活方式的变迁，居住建筑正不断向着更广泛和更深入的领域拓展，具体可以归纳为以下几个方面。

（一）居住需求多元化

在居民生活水平日益提高的 21 世纪，人们的个性化倾向逐渐明显，居住建筑的发展建设应注重以人为本的原则。面对社会不同阶层、不同收入水平的住户提出的不同居住需求，无论是传统的满足基本生活的需求，还是个性化的独特要求，我们都应该积极地回应，充分地去满足。

相应地，住户对居住建筑的选择也会多元化，对于经济条件好的家庭，可以选择别墅、排屋等面积宽裕、环境优美的住宅；追求时尚且经济条件尚可的家庭，可选择城市中心街区的另类住宅；经济条件一般的可选择经济适用型住宅等等。有些需求或许现在还没有被大众所接受或预知，我们也要在居住建筑设计时有所考虑并努力地探索。

（二）居住舒适度高

居住建筑的高舒适度体现在两个方面：一是指住宅套内居住的舒适度，在满足居住功能要求的前提下，注重精细化设计，充分地利用每一平方米的面积和空间，改善厨卫功能，追求住宅套型空间的适应性和可变性；二是指居住环境的舒适度，从建筑选址、自然环境的利用到室外景观的建设，都应以营建一个优美的、积极的、舒适的，并能体现文化氛围的居住环境为目标；要把空气、绿色、阳光引入室内，充分考虑住户的使用需求和心理感受，让居住更舒适。

（三）生态环保

设计建造生态的、低能耗的居住建筑，应该是21世纪建筑师们共同努力的目标。国外建筑师如杨经文、柯里亚等已探索出多种生态住宅的设计方法和途径，并取得了成功。他们运用生物气候学原理和本国传统建筑经验，使得居住建筑既降低了能耗又保持了当地特有的生活习俗，这很值得我们学习。我们应充分利用科技手段，对居住区的环境设计、废弃物的收集和处理、建筑材料的选用以及建筑节能设计、室内物理环境设计等进行综合考虑（见图9-9），努力减少对资源和能源的消耗，降低对环境的污染，创造一个健康、舒适、安全、美观的生态居住区。

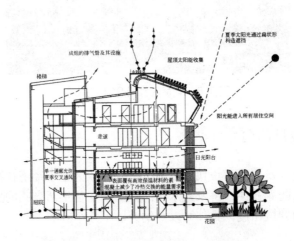

图9-9　国外某住宅室内生态模式

（四）尊重文脉与体现地域特色

在新中国建立后的很长一段时间内，由于受当时的历史经济条件的限制，新村式的居住区建设在城市改造中被大量使用，破坏了城市原有的结构与肌理，使得在长期历史积累中形成的城市文脉被割裂与淹没，城市的地域特色在逐渐消失。于是，各种促进中心城区复兴和追求地域特色的居住区规划设计理念也应运而生，如新城市主义、新地域主义等。尊重文脉与体现地域特色还体现在居住建筑的造型、院落空间、环境设计等方面，在现代结构、材料、形体的基础上，居住建筑融入地方传统的建筑语汇，以现代的手法加以改造、变形、重组，使之具有鲜明的时代特点，并透出地方风格。因此，无论是居住区规划还是居住建筑单体设计，尊重文脉与体现地域特色是今后必然的一个发展趋向。

（五）技术含量高

从居住生活层面来看，安全的防护体系、良好的信息环境以及快捷自动化的物业服务，都需要技术含量的提升；从居住建筑的建造方式来看，国家对住宅产业化建设也提出了许多重要的政策与措施，如住宅结构体系、节能墙体、厨卫技术、管线技术、施工技术以及保障技术等等，取得了较好的实际效果。未来居住建筑的发展，必然需要最新科技成果、高技术含量的支撑。

第二节　住宅套型设计

一、住宅套型及相关因素

套型是指按不同使用面积、居住空间组成的成套住宅类型，满足住户不同人口规模、结构、生活方式以及它们的变化所需要的基本物质单位的类型。住宅建筑应能提供不同的套型居住空间供各种不同户型的住户使用。户型是根据住户家庭人口构成（如人口规模、代际数和家庭结构）的不同而划分的住户类型。套型则是指为满足不同户型住户的生活居住需要而设计的不同类型的成套居住空间。

住宅套型设计的目的就是为不同户型的住户提供适宜的住宅套型空间。这既取决于住户家庭人口的构成和家庭生活模式，又与人的生理和心理对居住环境的需求密切相关。同时，也受到建筑空间组合关系、技术经济条件和地域传统文化的影响和制约。

（一）套型与家庭人口组成

不同的家庭人口构成形成不同的住户户型，而根据不同的住户户型则需要有不同的住宅套型设计。因此，在进行住宅套型设计时，首先必须了解住户的家庭人口构成状况。住户家庭人口构成通常可按以下三种方法进行归纳分类。

1. 户人口规模

户人口规模指住户家庭人口的数量。如1人户、2人户乃至多人以上户。表9-1为人口普查资料反映的我国特定时间段城镇和乡村各种住户人口规模所占总住户百分比。住户人口数量的不同对住宅套型的建筑面积指标和床位数布置需求不同。并且，在某一预定使用时间段内，某一地区的不同户人口规模在总户数中所占百分比将影响不同住宅套型的修建比例。

表 9-1　我国家庭户人口规模百分比（根据 2000 年人口普查资料整理）

类别	1 人户	2 人户	3 人户	4 人户	5 人户	6 人户	7 人及以上户	户人均数
城市	10.68%	21.60%	40.22%	15.75%	7.78%	2.42%	1.55%	3.03
镇	10.16%	18.62%	33.89%	20.39%	10.64%	3.78%	2.52%	3.26
乡村	6.93	14.85%	24.90%	26.47%	16.65%	6.51%	3.69%	3.68

从世界各国情况看，家庭人口减少的小型化趋势是现代社会发展的必然。我国解放初户均人口为 4.5 人，1985 年全国人口普查城镇户均人口 3.78 人，至 2000 年进一步降低到城镇户均人口 3.15 人左右。

2. 户代际数

户代际数指住户家庭常住人口的辈份代际数。如 1 代户、2 代户乃至 3 代及以上户。住户家庭中代际数的多少将影响其对套内空间的功能需求，而住户群体中各类户代际数在总户数中所占百分比也将影响不同住宅套型的需求。表 9-2 为人口普查资料反映的特定时间各种住户代际数在总户数中所占百分比。

表 9-2　我国家庭户代际数百分比（根据 2000 年人口普查资料整理）

类别	1 代户	2 代户	3 代户	4 代户及以上户
城市	28.38%（含单身 10.68%）	58.13%	13.16%	0.33%
镇	25.22%（含单身 10.16%）	59.66%	14.56%	0.56%
乡村	18.21%（含单身 6.93%）	59.72%	21.13%	0.94%

住户家庭成员由于年龄、生活经历、所受的教育程度等的不同，对生活居住空间的需求有所差异，既有秘密性的要求又有代际之间互相关照的需要。在住宅套型设计中，既要使各自的空间相对独立，又要使其相互联系、互相关照。应该看到，随着社会的发展，多代户家庭趋于分化走势，越来越多的住户家庭由多代户分化为 1 代户或 2 代户。在我国，由于传统观念及伦理道德的影响，多代户仍保有一定比率。

3. 家庭人口结构

家庭人口结构指住户家庭成员之间的关系网络。由于性别、辈分、姻亲关系等的不同，可分为单身户、夫妻户、核心户、主干户、联合户及其他户。表 9-3 为某特定时间我国城镇各种家庭结构在总户数中所占百分比。从发展趋势看，核心户比例逐步增大，主干户保持一定比例，联合大家庭减少。

表9-3 我国城市家庭人口结构百分比（根据2000年人口普查资料整理）

城市	1人户	2人户	3人户	4人户	5人户	6人户	7人户	8人以上户	合计
单身	10.68%								10.68%
夫妻		16.58%							16.58%
核心户		5.02%	38.88%	10.95%	2.51%	0.56%	0.16%	0.12%	58.20%
主干户			0.69%	4.56%	5.15%	1.73%	0.70%	0.56%	13.39%
联合户			0.66%	0.24%	0.12%	0.13%			1.15%
合计%	10.68%	21.60%	40.23%	15.75%	7.78%	2.42%	0.86%	0.68%	100

注：核心户是指一对夫妻和其未婚子女所组成的家庭。主干户是指一对夫妻和其已婚子女及孙辈在所组成的家庭。

家庭人口结构影响套型平面与空间的组合形式。在套型设计中，既要考虑使用功能分区的要求，又要顾及户内家庭人口结构状况，从而进行适当的平面空间组合。

需要指出的是，以上三种家庭人口构成的归纳分类，在住宅套型设计中都应同时作为考虑因素。既要考虑户人口规模，又要考虑户代际数和家庭人口结构。并且，家庭人口构成状况随着社会和家庭关系等因素变化而变化。在进行套型设计时，应考虑这种变化带来的可适应性问题。

（二）套型与家庭生活模式

住户的家庭生活行为模式是影响住宅套型平面空间组合设计的主要因素。而家庭生活行为模式则由家庭主要成员的生活方式所决定。家庭主要成员的生活方式除了社会文化模式所赋予的共性外，还具有明显的个性特征。它涉及家庭主要成员的职业经历、受教育程度、文化修养、社会交往范围、收入水平以及年龄、性格、生活习惯、兴趣爱好等诸方面因素，形成多元的千差万别的家庭生活行为模式。按其主要特征可以归纳分类为若干群体类型。

1. 家务型

小孩处于成长阶段或经济收入不高，文化层次较低，以家务为家庭生活行为的主要特征，如炊事、洗衣、育儿、手工编织等。在套型设计中，需考虑有方便的家务活动空间，如厨房宜大些，并设服务阳台等。

2. 休养型

我国人口的老龄化问题已提上议程。退休人员的增加，人均寿命的延长，子女成人后的分家，使孤老户日益增多。这类家庭成员居家时间长，既需要良好的日照、通风和安静的休养环境，又需要联系方便的交往环境。老年人身体机能衰退，生活节奏缓慢，自理能力差，易患疾病。在套型设计中，需要居室与卫生间联系方便，厨房通风良好且与居室隔离，并应设置方便的室内外交往空间。

3. 交际型

文艺工作者、企业家、干部、个体户等家庭主要成员，由于职业的需要，社交活动多，其居家生活行为特征有待客交友、品茶闲聊、打牌弈棋、家庭舞会等需求。对套型的要求是需要较大的起居活动空间，并需考虑客人使用卫生间问题。起居厅宜接近入口，并避免与其他家庭成员交通流线的交叉干扰。

4. 职业型

随着社会的发展变化，一部分家庭主要成员可以在家中从事工作，进行某些适宜的成品或半成品加工，在套型设计中需设置专门的工作空间。在小城镇临街的低层住宅中，甚而形成居家与成品加工带销售的户型，常设计为前店后宅或下店上宅的套型模式。

5. 文化型

从事科技、文教、卫生等职业的人员，在家中伏案工作时间多，特别是随着网络技术的发展，出现了在家中网上办公。弹性工作制的出现特别是现代信息技术的发展，使得这部分家庭主要成员在家工作、学习与进修的时间越来越多，在套型设计中需要考虑设置专用的工作学习室。

家庭生活行为模式是以社会文化模式所赋予的共性和家庭生活方式的个性所决定的。随着社会的发展，这些共性和个性都在发展变化之中，如何在相对固定的套型空间中增加灵活可变性和适应性，是套型设计中值得探索的问题。

（三）套型与人的生理需求

住宅套型作为一户居民家庭的居住空间环境，首先其空间形态必须满足人的生理活动需求。其次，空间的环境质量也必须符合人体生理上的需要。

1. 按照人的生理需要划分空间

首先，套型内空间的划分应符合人的生活规律，即按睡眠、起居、工作、学习、炊事、进餐、便溺、洗浴等行为，将空间予以划分。各空间的尺度、形状要符合人体工学的要求，如厨房的空间既要考虑设备尺寸的大小，又要充分满足人体活动尺度的需要，尺寸过小使人活动受阻，感到拥挤；尺寸过大，又使人动作过大，感到费劲和不方便，人体活动的基本尺度如图9-10所示。

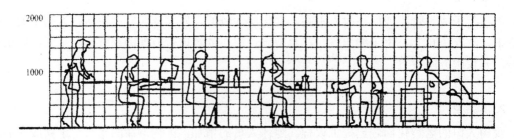

图9-10　人体活动尺寸

其次，对这些空间要按照人的活动的需要予以隔离和联系，如作为睡眠的卧室，要保证安静和私密，不受家庭内其他成员活动的影响。作为家庭公共活动空间的起居室，则应宽大开敞，采光通风良好，并有良好的视野，便于起居和家庭团聚及会客等活动，且与各卧室及餐厅、厨房等联系方便。套型应公私分区明确，动静有别。

2. 保证良好的套型空间环境质量

居住者对住宅套型空间环境质量的生理要求，最基本的是能够避风雨、御暑寒、保安全。进一步则是必要的空间环境质量以及热、声、光环境等卫生要求。

（1）室内空气质量

从空间环境质量来看，首先要保证空气的洁净度，也就是要尽可能减少空气中的有害气体如二氧化碳等的含量。这就要求有足够的空间容量和一定的换气量。根据我国预防医学中心环境监测站的调查和综合考虑经济、社会与环境效益，一般认为每人平均居住容积至少为25平方米。同时，室内应有良好的自然通风，以保证必需的换气量。除此之外，空气中的相对湿度与温度等因素也会影响人的舒适度。

（2）室内热环境质量

从室内热环境方面看，人体以对流、辐射、呼吸、蒸发和排汗等方式与周围环境进行热交换达到热平衡。这种热交换过大或过小都会影响人的生理舒适度。要保持室内环境温度与人体温度的良好关系，除了利用人工方式如采暖、空调等调节室内环境温度外，在建筑设计中处理好空间外界面，采取保温隔热措施，调适室内外热交换，节约采暖和空调能耗均十分重要。在相同的空间容积情况下，空间外界面表面积越小，空间内外热交换越少。因此，减少外墙表面面积是提高建筑热环境质量的重要途径。另一方面，外界面材料本身的保温隔热性能、节点构造方式、开窗方位大小、缝隙密闭性等也是改善空间内部热环境质量的重要条件。在炎热地区，尤其需注意房间的自然通风组织。

（3）室内光环境质量

从室内光环境方面看，人类生活的大部分信息来自视觉，良好的光环境有利于人体活动，提高劳作效率，保护视力。同时，天然光对于保持人体卫生具有不可替代的作用。创造良好的光环境除了用电气设备在夜间进行人工照明外，白昼日照和天然采光则需依靠建筑设计解决。住宅日照条件取决于建筑朝向、地理纬度、建筑间距诸多因素。一般说来，每户至少应有一个居室在大寒日保证一小时以上日照（以外墙窗台中心点计算）。我国《住宅设计规范》（GB 50096—2011)中的住宅室内采光标准规定了各直接采光房间的采光系数最低值和窗地面积比，见表9-4。

表9-4　住宅室内采光标准

房间名称	采光系数最低值（%）	窗地比（Ac/Ad）
卧室、起居室（厅）、厨房	1	1/7
楼梯间	0.5	1/12

注：（1）窗地面积比值为直接天然采光房间的侧窗洞口面积 Ac 与该房间地面面积 Ad 之比。

（2）本表系按Ⅲ类光气候区单层普通玻璃钢侧窗计算，当用于其他光气候区时或采用其他类型窗时，应按现行国家标准《建筑采光设计标准》的有关规定进行调整。

（3）距楼地面高度低于 0.50m 的窗洞口面积不计入采光面积内。窗洞口上沿距楼地面高度不宜低于 2 米。

（4）室内声环境质量

从室内声环境方面看，住宅内外各种噪声源对居住者生理和心理产生干扰，影响人们的工作、休息和睡眠，损害人的身体健康。住宅建筑的卧室、起居室（厅）内的允许噪声级（A声级）昼间应≤50分贝，夜间应≤40分贝。分户墙与楼板的空气声的计权隔声量应≥40分贝，楼板的计权标准化撞击声压级宜≤75分贝。要满足这些规定，必须在总图布置时尽量降低室外环境噪声级，同时合理地设计选用套型空间外界面材料和构造做法（包括外墙、外门窗、分户墙和楼板等）。对于住宅内部的噪声源，应尽可能远离主要房间。如电梯井等不应与卧室、起居室紧邻布置，否则必须采取隔声减振措施。

另外，在选择决定住宅室内装修材料时，应了解材料特性，避免或尽可能减少装修材料中有害物质对室内空气质量和人体的危害，创造良好的室内居住空间环境。

（四）套型与人的心理需求

人们对居住环境的需求，首先是从使用功能考虑的，即要满足人们生活行为操作的物质和生理要求。但是随着社会发展进步，人们在选择和评价套型居住环境时，逐渐将心理需求作为重要的考虑因素。当然，人的心理需求不是孤立的，而是建立在物质功能和生理需求之上的。人们对于居住空间环境的共同心理需求可以归纳为以下几方面。

1. 愉悦感与舒适性

健康的人体，随时都会通过视觉、嗅觉和触觉等生理感觉器官获得对所处环境的各种感觉。感觉是人们直接了解、认识周围环境的出发点。在此基础上，产生知觉与记忆、思维与想象、注意与情感等心理活动。人对于环境产生的情感评价是对客观事物的一种好恶倾向。由于人们的民族、职业、年龄、性别、文化素养、习惯等不同，对客观事物的态度也不同，产生的内心变化和外部表情也不一样。一般而言，能够满足或符合人们需要的事物，会引起人们的积极反应，产生肯定的情感，如愉快、满意、舒畅、喜爱等。反之，则引起人们的消极态度，产生否定的情感，如不悦、嫌恶、愤怒、憎恨等。建筑师的责任就是要很好地为住户提供能够产生肯定情感的良好居住空间环境。当然，这需要住户的参与配合才能较好地实现。

2. 安全感与心理健康

人类生存的第一需要就是安全。现代意义上的安全感应是包括生理和心理在内的安全感觉，应使居住者在居住环境中时时处处感到安全可靠、舒坦自由。当人们在生活中遇到与行为经验（安全可靠性）相悖或反常的状况时，会出现心理压力过大，注意力分散，工作效率降低，疲劳感和危险感增加等现象。居住环境对于居住者的心理健康影响极大，消极的环境要素使人产生消沉、颓废的不良心理。而积极的环境要素则可使人产生鼓舞、向上的健康心理。这对于少年儿童的成长尤为重要。

3. 私密性与开放性

家是人类社会的基本细胞。它本身就具有不可侵犯的私密性特征。而卧室、卫生间、浴室更是居住者个人的私密空间。开放性和私密性是一对矛盾，人对居住空间环境既有私密性要求又有开放性要求。家作为社会基本细胞存在于社会大环境中，需要与外界联系、邻里沟通、社会交往。传统的院落空间为若干人家共同使用时，邻里交往方便，而住户的私密性较差。现在的单元式住宅其住户的私密性较好，但缺少一定的开放性，邻里交往较差。

4. 自主性与灵活性

住宅作为人的生活必需品，居住者具有使用权或所有权，理所当然地对其具有支配权和自主权。住户对于自家居住空间环境的自主性心理取向十分强烈。希冀按照自己的意愿进行室内设计、装修和家具陈设。这就要求建筑师提供的住宅套型内部具有较大的灵活可变性，以满足住户的自主性心理。同时，还需考虑随着住户的心理需求变化进行空间环境变化的可能性。

5. 意境与趣味

人们的生活情趣多种多样，具有按各自兴趣爱好美化家庭环境的心理愿望。居住空间环境的意境和趣味是人的生活内容中不可或缺的因素。随着社会物质文明和精神文明的发展进步，人们文化素质也相应提高，对居住空间环境的意境和趣味性的追求越来越强烈。建筑师应为住户的创造留有较多的余地。

6. 自然回归性

现代工业文明和城市的快速发展，使人与自然的关系逐渐疏远。满目的钢筋混凝土森林，混乱的交通秩序，污浊的空气，恶劣的生态环境对人的生理和心理健康构成极大的威胁，也唤起了人们向大自然回归的愿望。一个屋顶花园，一点阳台绿化以及一池盆栽，都可以或多或少满足人们这种回归自然的心理，起到调适人与自然关系的作用。

二、住宅套型的功能设置

（一）居住空间

居住空间是一套住宅的主体空间，它包括睡眠、起居、工作、学习、进餐等功能空间，根据住宅套型面积标准的不同包含不同的内容。在套型设计中，需要按不同的户型使用功能要求划分不同的居住空间，确定空间的大小和形状，并考虑家具的布置，合理组织交通，安排门窗位置，同时还需考虑房间朝向、通风、采光及其他空间环境处理问题。

居住空间的功能划分，既要考虑家庭成员集中活动的需要，又要满足家庭成员分散活动的需要。根据不同的套型标准和居住对象，可以划分成卧室、起居室、工作学习室、餐室等。

1. 卧室

卧室的主要功能是满足家庭成员睡眠休息的需要。一套住宅通常有一至数间卧室，根据使用对象在家庭中的地位和使用要求又可细分为主卧室、次卧室、客房以及工人房等。在一般套型面积标准的情况下，卧室除作睡眠空间外，尚需兼作工作学习空间。

2. 起居室

起居室的主要功能是满足家庭公共活动，如团聚、会客、娱乐休闲的需要。在住宅套型设计中，一般均应单独设置一较大起居空间，这对于提高住户家庭生活环境质量起到至关重要的作用。当住宅面积标准有限而不能独立设置餐室时，起居室则兼有就餐的功能。

3. 工作学习室

当套型面积允许时，工作学习室可从卧室空间中分离出来单独设置，以满足住户家庭成员工作学习的需要。随着社会的发展，越来越多的家庭成员需要户内工作学习空间。

4. 餐室

在面积标准较低的住宅套型设计中，餐室难以独立设置，就餐活动通常在起居室甚至在厨房进行。随着生活水平的提高，对就餐活动的空间质量要求也相应提高，独立设置就餐空间特别是直接自然采光的就餐空间已逐步成为必要。

（二）厨卫空间

厨卫空间是住宅功能空间的辅助部分又是核心部分，它对住宅的功能与质量起着关键作用。厨卫内设备及管线多，其平面布置涉及到操作流程、人体工效学以及通风换气等多种因素。由于设备安装后移动困难，改装更非易事，设计时必须精益求精，认真对待。

1. 厨房

厨房是设备密集和使用频繁的空间，又是产生油烟、水蒸气、一氧化碳等有害物质的场所。在住宅套型设计中，它的位置和内部设备布置尤为重要。

厨房的操作流程一般为：食品购入—贮藏—清洗—配餐—烹调—备餐—进餐—清洗—贮藏。应按此规律根据人体工效学原理，分析人体活动尺度，序列化地布置厨房设备和安排活动空间。特别是厨房中的洗涤池、案台和炉灶应按洗—切—烧的程序来布置，以尽量缩短人在操作时的行走距离。

厨房的平面尺寸取决于设备布置形式和住宅面积标准。我国常用厨房面积在 3.5 ~ 6 平方米之间为宜。其设备布置方式分为单排形、双排形、L 形、U 形，其最小平面尺寸如图 9-11 所示。单排布置设备时，厨房净宽不小于 1500 毫米；双排布置设备时，其两排设备的净距不应小于 900 毫米。

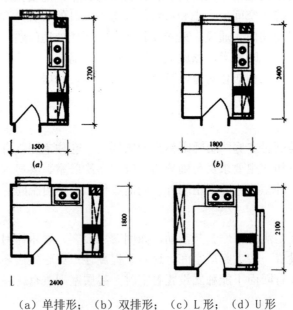

（a）单排形； （b）双排形； （c）L 形； （d）U 形

图 9-11 厨房最小平面尺寸及设备布置形式

2. 卫生间

从广义来看，住宅卫生间是一组处理个人卫生的专用空间。它应容纳便溺、洗浴、盥洗及洗衣四种功能，在较高级的住宅里还可包括化妆功能在内。在我国，住宅卫生间从单一的厕所发展到包括洗浴、洗衣的多功能卫生间。随着生活水平的提高，多功能的卫生间又将分离为多个卫生空间。

卫生间基本设备有便器（蹲式、坐式）、淋浴器、浴盆、洗脸盆、洗衣机等，卫生间功能空间可以划分为 2～4 个空间，标准越高，划分越细。从居住实态调查分析，多数住户赞成将洗脸与洗衣置于前室，厕所和洗浴放在一起，有条件时可将厕所和洗浴也分开单独设置。在条件许可时，一户之内也可设置多个卫生间，即除一般成员使用的卫生间外，主卧室另设专用卫生间。各种卫生间布置如图 9-12 所示。

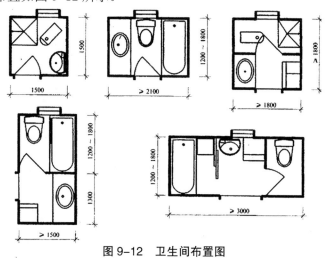

图 9-12 卫生间布置图

（三）辅助空间

一套住宅，除考虑其居住部分和厨卫部分空间的布置外，尚需要考虑交通联系空间、杂物贮藏空间以及生活服务阳台等室外空间及设施。

交通联系空间包括门斗或前室、过道、过厅及户内楼梯等，在面积允许的情况下入户处设置门斗或前室，可以起到户内外的缓冲与过渡作用，对于隔声、防寒有利。同时，可作为换鞋、存放雨具、挂衣等空间。前室还可作为交通流线分配空间。门斗的设置尺寸其净宽不宜小于 1200 毫米，并应注意搬运家具的方便。

住户物品的贮藏需求因户而异，涉及人口规模、生活、习惯嗜好、经济能力等。在一套住宅中，合理利用空间布置贮藏设施是必要的，如利用门斗、过道、居室等的上部空间设置吊柜，利用房间组合边角部分设置壁柜，利用内墙体厚度设置壁龛等。

三、住宅套型的空间组织

套型空间组织的方式有多种多样，应充分考虑各种影响因素，才能使得设计的套型满足住户的要求。这些影响因素包括社会经济发展水平、居住标准、户型类别、功能分区、朝向通风和生活习惯等等。因此，套型空间组织是千变万化的，其空间效果也是异彩纷呈的。

（一）餐室厨房型（DK型）

DK型是指炊事与就餐合用同一空间（图9-13）。这种套型适用于建筑面积相对较小，家庭人口少的住宅。DK式空间缩短了餐厨之间的距离，既方便又省时省力。DK合一后的空间尺度应比单一的厨房有所扩大，使得家人可以同时入内就餐、做家务活，并使得家人之间可以利用短暂的餐厨活动交流思想与感情。采用DK式空间，必须注意油烟的排除以及采光通风等问题。

D·K型是指将就餐空间与厨房适当隔离，并相互紧邻。这种形式使得就餐空间与燃火点分开，避免了油烟污染，而且就餐空间可以作为家庭的第二起居空间，在不用餐时，可作为家务、会客等活动空间。当厨房带有服务阳台时，可将阳台作为燃火点，而将原厨房改为餐室（图9-14），这种情况往往在对原有套型进行改造时出现。

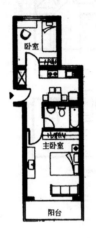

图9-13　DK型

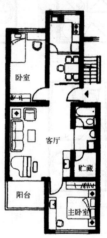

图9-14　D·K型

（二）小方厅型（B·D型）

这种套型是将用餐空间与睡眠空间分离，而起居等活动仍与睡眠合用同一空间。其平面特征为用小方厅联系其他功能空间，小方厅同时兼作就餐和家务活动空间（图9-15）。这种套型往往在家庭人口多、卧室不足、生活标准较低的情况下采用。

（三）起居型（LBD型）

这种套型是将起居空间独立出来，并以起居室为中心进行空间组织。起居室作为家人团聚、会客、娱乐等的专用空间，避免了起居活动与睡眠的相互干扰，利于形成动、静分区。起居室面积相对较大，其中可以布置视听设备、沙发等，很适合现代家庭生活的需要。其形式主要有以下3种。

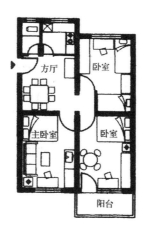

图 9-15　B·D 型

（1）L·BD 型（图 9-16）

这种形式仅将起居与睡眠分离。

（2）L·B·D 型（图 9-17）

这种形式将起居、用餐、睡眠均分离开来，相互干扰最小，但要求建筑面积较大。

（3）B·LD 型（图 9-18）

这种形式将睡眠独立，起居、用餐合一。在平面布置中可将起居室设计成 L 形，用餐位于 L 形起居室的一端，相互之间既分又合，节省面积。

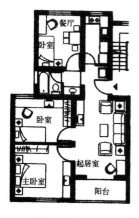

图 9-16　L·BD 型

图 9-17　L·B·D 型

图 9-18　B·LD 型

（四）起居餐厨合一型（LDK 型）

这种套型是将起居、用餐、炊事等活动设在同一空间内，并以此空间为中心进行空间组织。家庭成员的日常活动都集中在一起，利于家庭成员之间的感情交流，家庭生活气氛浓厚。但由于我国的生活习惯与国外不同，烹饪时油烟很大，易对起居室产生污染，所以这种套型多见于国外住宅（图 9-19）。

图 9-19 LDK 型

（五）三维空间组合型

三维空间组合型是指套内的各功能空间不限在同一平面内布置，而是根据需要进行立体布置，并通过套内的专用楼梯进行联系。这种套型室内空间富于变化，有的还可以节约空间。

1. 变层高住宅

这种住宅是进行套内功能分区后，将一些次要空间布置在层高较低的空间内，而将家庭成员活动量大的空间布置在层高较高的空间内（图 9-20）。这种住宅相对来说比较节省空间体积，做到了空间的高效利用，但室内有高差，老人、儿童使用欠方便，且结构、构造较复杂。

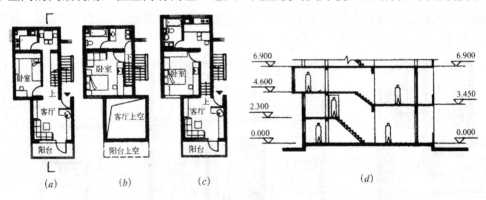

（a）底层平面图；（b）夹层平面图；（c）二层平面图；（d）剖面图

图 9-20 变层高住宅

2. 复式住宅

这种住宅是将部分用房在同一空间内沿垂直方向重叠在一起，往往采用吊楼或阁楼的形式，将家具尺度与空间利用结合起来，充分利用了空间，节约空间体积（图 9-21）。但有些空间较狭小、拥挤。

（a）下层平面图；（b）夹层平面图；（c）剖面图

图 9-21　复式住宅

3. 跃层住宅

跃层住宅是指一户人家占用两层或部分两层的空间，并通过专用楼梯联系。这种住宅可节约部分公共交通面积，室内空间丰富（图 9-22）。在一些坡顶住宅中，将顶层处理为跃层式，可充分利用坡顶空间。在进行套型空间组织时，除考虑其内部空间组合方式外，还须研究其与户外空间的关系。

（a）跃层一层平面；　　　　（b）跃层二层平面

图 9-22　跃层户型示例

城市中的住宅往往层数多、间距小，如何能使得住户享受到大自然的阳光、空气和绿色，是衡量居住环境质量好坏的标准之一。与户外空间的交流，可以通过门、窗、阳台、庭院等媒介进行。位于底层的住户，内部空间与庭院有较方便的联系，庭院也成为家庭活动的组成空间之一。位于楼层的住户，可以利用阳台（部分阳台可以是两层的）、露台、屋顶退台等达到与室外环境的接近，享受到自然的情调，图9-23为几种室内空间与户外关系的示例。

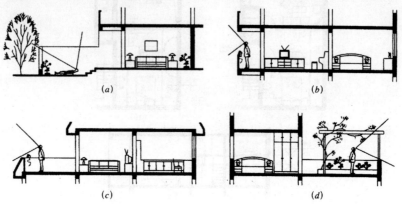

（a）底层院子；（b）阳台；（c）退台；（d）室外露台、绿化

图9-23　与户外空间关系示例

第三节　住宅造型设计

一、住宅的整体形象设计

居住建筑的整体性设计是指用同一或相近元素贯穿或渐进变化于整个群体或单体，这一元素可以是构成手法、建筑材料、建筑色彩、建筑细部等。不论是一种或几种元素的综合，这种共同的元素出现的频率要足以使居住建筑的造型给人以统一的感受与整体的控制力。

（一）体量与形体组织

居住建筑具有特定的套型平面结构，建筑的层数因结构、技术的约束具有典型区间性。套型平面结构可分为板式、点式、L形、蝶式、异型；常见的居住建筑高度为2～3层、6层、11层、18层等。套型结构和建筑高度两方面影响着建筑的体量，低、多层和高层居住建筑有其各自的形态体量特征（见图9-24至图9-26）。

在确定形体的基本体量后，造型设计才完成第一步。通过对建筑的立面元素的不同组织，相同的体量给人带来的视觉效果有很大差别。形体组织的一般方式是确立造型的基本构成，竖向的形态构成主要是上下分段（材质、色彩），如三段式、二段式、整体不分段式、混合式。立面的构图分水平构图，竖直构图，面状无方向性、散点构图，单元重复或渐变、混合式构图等。

图 9-24　多层居住建筑的形态

图 9-25　低层居住建筑的形态

图 9-26　高层居住建筑的形态

（二）材质与色彩设计

1. 材质设计

居住建筑外部材质应具有足够的结构强度和抗腐蚀性，经济、美观，符合造型设计目的与意图。按照其在建筑物中的作用又可分为结构性材料、维护性材料和装饰性材料。按照物质构成分，常用的材质有：石材、面砖、玻璃、涂料、金属、竹木、混凝土、清水砖等，如图 9-27 和图 9-28 所示。

图 9-27　木材为主的外墙

图 9-28　面砖为主的外墙

造型设计中选定特定材质后，需要对其组织方式做进一步设计。材质的组织方式包括确定材料的尺寸、肌理、构成方式，如选择面砖作为造型的墙面材料后，需对面砖的尺寸与肌理加以明确，然后设计特定的拼贴方式。

当使用多种材质时，需协调相互之间的关系，处理好材质的衔接过渡，如图9-29所示。对于过渡区域的衔接，不同材质因其形状、肌理、厚度与施工方式有差异，如不加处理直接相接，通常会产生不良构造和外观，常见的处理手法如增加线脚或覆盖构件，使不同材料过渡自然美观。

图 9-29 某住宅立面的多种材料衔接

居住建筑的外墙表面材料最为常用的是涂料、面砖和石材。一般情况下，单位面积的涂料的价格低于面砖，面砖的价格低于石材，但也不乏价格昂贵性能优良的涂料和面砖，而某些类型石材价格甚低。外墙涂料施工方便、色彩多样、耐久性良好且维护方便，因此深受欢迎；面砖防水性能优良，外观细腻，形式和组织方式多样，同样得到广泛使用；而石材表面坚硬，线条挺括，纹理尊贵大气，耐久性极好，更是在住宅的底部和高端住宅中普遍使用。

大尺度的面砖和石材逐渐从湿贴转变成干挂，虽然在成本上有所增加且加大施工难度，但因有效避免泛碱、增强安全性并有利于外保温体系的实施，加之能与工业化拼装体系相融合，干挂立面成为主要发展方向之一。

鉴于外墙材质处于快速发展之中，在居住建筑的设计过程中，设计师既要做到对传统材料实现创新性使用，又要了解技术发展的动向，加强与材料研发和供应机构的合作，及时了解行业动态，将性能优良、价格适合、外观美观的新材料应用于设计之中。

2. 色彩设计

根据色彩理论得知，建筑的色彩因其色相、明度、色调而产生不同的知觉效应，如温度感、重量感、距离感、尺度感、注目感、疲劳感、明暗感、混合感、性格感、软硬感等。建筑的造型设计过程中通过对不同色彩的对比与调和达到不同设计目标。

建筑色彩的应用并非是一种纯形式设计，在居住建筑的造型设计过程中，还要考虑到建筑所处的环境、居住建筑的居住功能、使用者的爱好与倾向等诸多因素。大量的居住建筑选用浅色暖色调，就是考虑到人们更倾向于把居住生活定位于温馨亲切的基调，过于冷酷、深色的住宅会给人以压抑、沉闷的感受。当然，对于特定定位的居住建筑，其色彩亦可不拘一格，如某小区定位于年轻时尚群体，在简洁背景下施以鲜艳的红色和黄色调，形成富有朝气和活力的建筑形象。

色彩设计还要注意从色彩构图进行考虑，如对色彩的对称和均衡、比例与韵律、对比与呼应、主次处理等加以深入推敲。相同建筑形体材料、色彩置换后发生巨大变化，这种做法也常用于城市更新中的建筑物改造。色彩的形成既可以由材质的自然色形成，也可通过涂料加以修饰。

对于居住建筑而言，常采用基调加局部的处理方式。色彩设计的重点部位为墙体、窗户、阳台及屋顶，确定了上述四部分的色彩及其关系基本上就确定了建筑的总体色彩基调，然后对局部色彩加以协调和细化设计便形成统一而丰富的色彩体系。

二、住宅的立面构图设计

（一）水平构图

水平线条划分立面，容易给人以舒展、宁静、安定的感觉，尤其是一些多层、高层住宅，常常采用阳台、凹廊、遮阳板、横向的长窗等来形成水平阴影，与墙面形成强烈的虚实对比和有节奏的阴影效果；或是利用窗台线、装饰线等水平线条，创造材料质地和色泽上的变化。例如，图 9-30 中带形窗等水平线条划分立面，给人以宁静感，图 9-31 中连续不断的阳台、凹廊形成水平分割线条，图 9-32 中水平遮阳板、窗台线、花槽等水平线脚分割立面的效果。

图 9-30　法国萨伏依别墅　　图 9-31　上海华盛路住宅 1977 年

图 9-32　法国巴黎某住宅

（二）垂直构图

有规律的垂直线条和体量可令建筑物形成节奏和韵律感，如高层住宅的垂直体量以及楼梯间、阳台和凹廊两侧的垂直线条等，均能组成垂直构图（图 9-33）。

（a）北京亚运村汇园公寓　　　　（b）德国鲁尔某住宅

图 9-33　垂直线条构图

　　塔式住宅为垂直的体型，对这种体型的住宅加以水平分割处理，可以打破垂直体型的单调。将遮阳板、阳台、凹廊等水平方向的构件组合处理后，可以得到垂直方向的韵律。

（三）成组构图

　　住宅常常采取单元拼接组成整栋建筑。在这种情况下，外形上的要素，例如窗、窗间墙面、阳台、门廊、楼梯间等往往多次重复出现，这就是自然形成的住宅外形上的成组构图。这些重复出现的种种要素并无单一集中的轴线，而是若干均匀而有规律的轴线形成成组构图的韵律（图 9-34）。

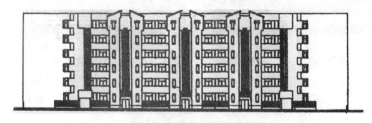

（a）成都棕北小区住宅

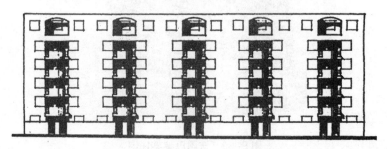

（b）上海某多层住宅

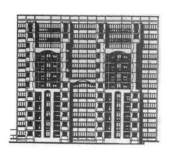 

（c）法国巴黎高层住宅改建　　　　（d）加拿大列治文某多层公寓

图 9-34　成组构图

（四）网格式构图

网格式构图是利用长廊、遮阳板或连续的阳台与柱子，组成垂直与水平交织的网格。有的建筑则把框架的结构体系全部暴露出来，作为划分立面的垂直与水平线条（图 9-35）。网格构图的特点是没有像成组构图那样节奏分明的立面，而是以均匀分布的网格表现生动的立面。网格内可能是大片的玻璃窗、空廊或阳台，也可能是与网格材料、色彩、质感对比十分强烈的墙面，墙面中央是窗。

（a）德国汉诺威某多层住宅　　　　（b）德国杜伊斯堡内港多层住宅

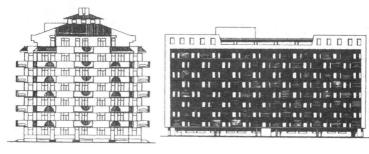

（c）加拿大温哥华某多层公寓　　（d）日本东京东云居住区高层住宅

图 9-35　网格构图的住宅

（五）散点式构图

在住宅建筑外形上的窗、阳台、凹凸的墙面或其他组成部分，均匀、分散地分布在整个立面上，就形成散点式构图（图9-36）。这种构图方案一般可能表现得比较单调，但如果利用色彩变化，或适当利用一些线条与散点布局相结合，即可打破这种单调的立面。在一些错接或阶梯式住宅中，由于不便把整栋住宅的阳台、窗、墙或其他组成部分组织在一起，只有在其复杂、分散的体量上进行这种散点处理。某些跃层式住宅的外形，由于内部处理使得阳台是间隔出现，而非连续地大片布置在立面上，从而也会在立面上形成散点状的阳台布局，打破了一般常见的成组构图处理手法。这种散点布置的阳台，如在阳台栏板上施以不同色彩会更为生动。垂直体型的塔式住宅也可以不加水平线条处理，而任其自然地分散布置窗、阳台等，这种分散布置也给住宅外形以生动的效果（图9-37）。

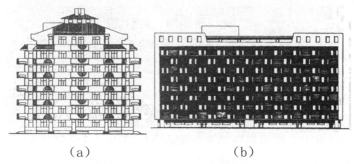

（a）　　　　　　　　　　　　　　　　（b）

（a）利用阳台形成散点构图（无锡芦庄点式住宅）；（b）利用材料对比与质感组织散点式立面（英国拜晚浦桥大街公寓）

图9-36　多层住宅的散点式构图

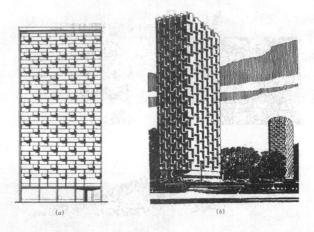

（a）跃层式住宅间歇出现的阳台形成散点（巴西沙奥派洛住宅）；（b）以悬挂的外墙板与叠落的阳台形成散点（法国格列诺伯的塔式住宅）

图9-37　高层住宅的散点式构图

（六）自由式构图

现在，随着住宅多样化的发展趋势，越来越多的住宅不拘泥于简单的形式，或将以上各种构图手法混合使用，或采用自由式构图以体现住宅的个性，或由于某些特殊的原因而形成了特殊的外形，令住宅的造型和立面更加丰富多彩。还有许多顺坡建造的住宅，亦可组成各种韵律，表现出节奏感（图9-38）。此外，还有按照规划、地形的需要设计的曲线形带状住宅，形成柔和而弯曲的优美外形（图9-39）。

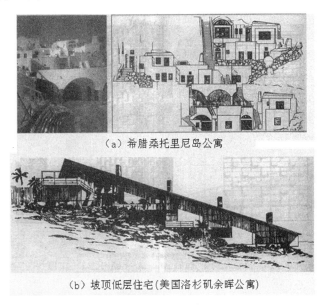

（a）希腊桑托里尼岛公寓

（b）坡顶低层住宅(美国洛杉矶余晖公寓)

图9-38　顺坡建造的住宅

图9-39　曲线形住宅（深圳白沙岭住宅）

三、住宅的细部造型设计

（一）入口的设计

　　在新中国成立后的很长一段时间，居住建筑始终维持在保证居住生活的基本功能，对于人口等空间的舒适性考虑不足，入口通常结合楼梯通道设置，仅具有通行功能。随着居住建筑品质的提升，门厅等入口空间逐渐受到重视。对于公寓而言，入口既是整个单元的共同通道，又是单元的外部形象，如图 9-40 所示。常见的处理手法是通过附加部分强化入口的引导性，也可外加完整的门厅，有架空层的建筑则将入口部分结合架空部分加以处理。

居住建筑的入口虽然在整体建筑中所占的比例不大，却是建筑从户外到户内的过渡空间（图9-41），是住户进出必经之所。因此，入口的造型设计涉及塑造可识别性和居民对建筑的认同感。另外，在入口设计中要注意尺度的适宜性，对进出时发生的行为特征充分考虑，同时还要对信报收发等功能设施加以考虑。

图 9-40　某高层住宅入口　　　　　图 9-41　某联排住宅入口

（二）裙房及底部的设计

裙房及底部是居住建筑最靠近地面的部分，同时也是人们日常生活中与外立面接触最紧密的部分，因而需要对其做重点处理，可采取提高用材等级、强化细部设计等方法。

从视觉需要出发，裙房与建筑的底部一般会选择相对厚重的材质。基座部分用色较为沉稳，块材的尺度也较大，由此形成端庄稳重的形象。与此同时，在建筑性能上，底部的防水防潮防污能力也得以提升。常见的底部用材包括花岗岩、砂岩、板岩等天然石材和文化石等人造石，根据建筑的整体形态设计选择合适色彩和肌理的材料。

全部用花岗岩、砂岩等天然石材塑造建筑底部的成本较高，往往应用在投入成本较高的居住建筑之中，对于成本控制较高的项目，可采用较大尺寸的墙体砖、文化石或者仿石涂料来替代。

虽然三段式的传统形态处理方式仍被广泛使用，但当前的居住建筑设计也有相当多样的其他处理方式，如建筑底部和上部通体采用相对统一的材料（图 9-42）；底部与上部的区分不是一刀切，上下材料穿插组合等（图 9-43）。

图 9-42　采用通体石材墙面的居住建筑　　　　图 9-43　底部材质与上部穿插组合

（三）阳台与窗户的设计

阳台和窗户是居住建筑的重要组成部分，也是其造型设计中设计最为自由、最有潜力的部位。通过对这些部位的位置、形状、材质和虚实等方面的变化，可以在很大程度上影响建筑的整体形象，如图9-44、图9-45所示。

| 图 9-44　装配式阳台 | 图 9-45　异形阳台 |

从密闭性上分，阳台可分为封闭式阳台和开敞式阳台；从形态上看，封闭式的阳台和墙面形成相对完整的界面，整体性较好；而开敞式阳台则呈现线状或点状分布在墙面上，形式较为生动活泼（图9-46），在设计中往往需要根据建筑的形态特征确定不同的形式或者将两者组合使用。由于封闭式阳台通过开闭窗户，可以适应不同天气条件下的使用，而开敞性阳台则受气候影响较大，因而在居住建筑交付使用后，居民往往会将开敞式阳台自行封闭，与设计的初衷相背离。因此，在设计阶段应考虑这一因素，在虚实上要控制好实体部分和通透部分的比例，尽可能减少因封闭而产生对建筑整体形态的破坏。

从阳台和墙面的关系分，阳台可分为凸阳台、凹阳台和半凸半凹阳台，凸阳台视野较好，凹阳台私密性较好，从形态的角度出发，则要注意不同的阳台类型对建筑整体形态的影响。

阳台部分既可以用和墙面统一的材料与色彩，也可特意加以区分，这取决于设计的意图。此外，按照我国规范的规定，两个自然层以上高度的阳台算作露台而不计建筑面积，当前，一些住宅利用了该规范规定而设计出相当多该类型的阳台，对丰富居住建筑的外部形态起到了较大的作用，如图9-47所示。

| 图 9-46　附于墙面点缀式的凸阳台 | 图 9-47　双层挑高阳台 |

　　窗户可分为平窗和凸窗，前者安装基准面为墙体，后者外凸于墙体。凸窗亦称飘窗（图9-48），最初起源于解决紧凑型小套型的舒适性问题，通过外挑窗台以扩大室内空间和视野，现在已得到广泛应用，转角部分的凸窗能将其特点发挥至最大化。

　　窗户部分的形态设计除了平凸的选择外，还需结合功能确定尺寸和位置。窗户由固定部分和开启部分构成，在开启的方式上分为平开式和推拉式，前者对材料性能要求较高，但密闭性较好，开启部分效率高，窗框划分形式相对多样，已逐渐成为居住建筑主流的开启方式。部分住宅的窗户采用落地式窗户以形成更好的视野（图9-49），但在设计时应注意考虑节能问题。

图9-48　凸窗　　　　　　　　　　　图9-49　落地窗

　　窗户常常结合空调室外机位统一处理立面，窗户和空调室外机位的关系有上下式和左右式两种，上下式关系可以保证开窗宽度不受影响，但室外走管可能对外立面形成一定影响，且空调机位的高度较小，窗户和室外机位置的百叶窗上下间隔布置；左右式会占用部分窗户面宽，但空调机上下高度自由，可实现多机布置，垂直向的百叶窗可形成连续的立面元素。

（四）顶部的设计

　　与大多数建筑相类似，居住建筑的顶部是建筑的符号性语言，特定的屋顶形式往往成为居住建筑的个性化特征，如图9-50、图9-51所示。屋顶也是建筑天际线构成中的重要部位。

图9-50　丰富的传统住宅风格顶部　　　　图9-51　简洁的现代风格住宅顶部

居住建筑的顶部可分为平屋顶、坡屋顶和平坡结合三种。平屋顶常见于简洁的现代风格住宅和高层住宅，坡屋顶更多地应用于风情类住宅、低多层公寓和独立式住宅等。

坡屋顶可分为单坡、双坡、四坡和曲坡等类型。各种风格的坡顶形式、用材用色、坡度、屋脊檐口细部和附加元素差异较大（图9-52、图9-53），塑造出的风格也大相径庭。因此，在坡顶设计前要熟悉和了解各个风格类型的特征才能正确运用该形式语言，如地中海风格坡顶主要由双坡顶构成，覆以红色陶瓦，坡度相对较为平缓，脊部和檐口都有特定构件形成的细部，顶部坡顶的方向各异，布局升起突出，高度错落有致，建筑顶部除坡顶外，还结合露台和构架，形成风味浓郁的居住建筑形态。而英式法式风格的坡顶则相对厚重，坡度较陡，并附加各种样式的老虎窗以充分利用高耸的屋架内部空间，另外常附加传统民居中的烟囱作为形态构成要素。

图9-52 相对平缓的坡顶　　　图9-53 相对较陡的屋顶

在简洁的现代风格住宅和高层住宅中，平屋顶是主要的顶部形式。在设计过程中，平屋顶既可结合楼梯间、楼顶跃层部分，设计部分构架和遮阳构件以丰富顶部造型，也可将顶部的附加部分加以隐藏，以相对完整统一的顶部形态来表现简洁纯粹的形态特征。在平屋顶的形体处理上，应注重形态生成的逻辑性，一般由下部延伸，通过适当的细部变化自然结束，避免尺度夸张的飘板和构件生硬地加在顶部。

第四节　多层与高层住宅设计

一、多层住宅设计

多层住宅指4～6层的住宅。多层住宅是我国城镇住宅中最具代表性的一种居住形式，量大面广，使用时间长，适宜一般的生活水平。与低层及高层住宅比较，多层住宅有如下特点：

（1）多层住宅土地利用率相对高，用地较低层住宅节省，尺度比高层住宅宜人。

（2）与高层住宅相比，公摊面积较少，无须增加消防前室、电梯、强弱电井等的面积和投资，而且结构相对简单，造价相对经济。

（3）多层住宅与户外联系不及低层住宅方便，缺乏属于自己的私家庭院，大多数住户远离地面，与自然环境接触减少，而且底层和顶层的居住条件相对不理想，设计时应注意特别处理。

多层住宅是由若干套型通过水平和垂直交通的联系加以组合叠加，因此在设计时通过灵活地利用楼梯和走廊组织不同的入户方式，就可以形成多种多样的住宅平面类型。常见的平面基本类型有梯间式、点式、走廊式和花园台阶式等。

（一）梯间式多层住宅设计

梯间式住宅是以楼梯为中心布置住户，由楼梯平台直接进入分户门的单元式住宅。这种住宅一般可以服务一至四户。其特点是平面布置紧凑，公共交通面积少，户间干扰少，也能适应多种气候条件，因此是一种较普遍的多层住宅平面类型。但由于同一楼层中公共交往空间的减少，往往缺乏邻里交往，而且多户时难以保证每户均有良好的朝向和通风，因此服务户数有限。根据气候条件、居室面积等的不同要求，目前常用的梯间式住宅有一梯两户、一梯三户、一梯四户等形式。

1. 一梯一户

一梯服务一户，平面布置灵活，可以保证良好的朝向和采光、通风条件，户间干扰少。但公共交通面积比例加大，而且建筑体量与其他类型较难协调，一般较少采用，适用于面积较大的多室套型（见图 9-54）。

2. 一梯两户

一梯两户是多层住宅中最常采用的类型（见图 9-55），在满足住宅的功能要求方面具有明显的优点：由于一梯仅服务两户，户间干扰少；每户都有两个相对的朝向，便于组织通风；占建筑全进深，户门一般在中部，便于组织户内交通；单元较短，拼接灵活。

一梯两户住宅的楼梯间布置，可以朝北，也可以朝南，由入口位置及住宅群体组织而定。楼梯间可沿单元轴线布置在中间，也可以偏于一侧在房屋外缘，入户在中间时，户内交通线路较短，因而采用更多。

相对于一梯三户和一梯四户，一梯两户的每户平均公共交通面积指标较高，因此更适用于平均每户建筑面积较大的住宅，既减少公共交通面积的比例，又保证较高居住水平的优势。

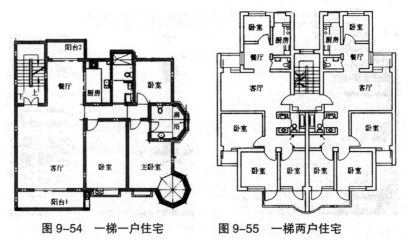

图 9-54　一梯一户住宅　　　　图 9-55　一梯两户住宅

3. 一梯三户

一梯每层服务三户的住宅，楼梯使用率较高，每户都能有良好的朝向。但中间的一户常常只能是小户型，而且是单朝向，较难组织通风（在尽端单元可通过转角风适当改善）（图9-56）。在南方为改善中间一户的采光通风效果，常将其适当外凸形成T字形平面，或用在转角单元设计成异形平面（见图9-57）。

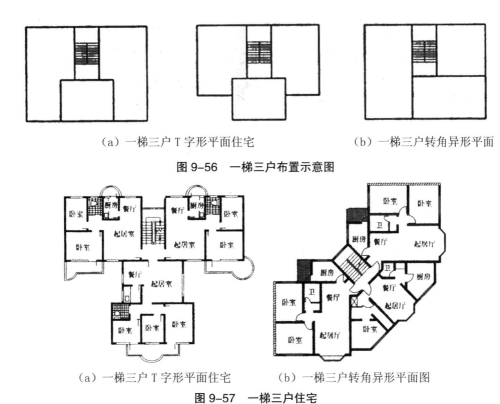

（a）一梯三户T字形平面住宅　　　　　　（b）一梯三户转角异形平面

图9-56　一梯三户布置示意图

（a）一梯三户T字形平面住宅　　　（b）一梯三户转角异形平面图

图9-57　一梯三户住宅

4. 一梯四户

一梯每层服务四户的住宅，楼梯使用率高，每户平均公共交通面积少，而且每户都尽可能争取好朝向。一般将少室户布置在中间而形成单朝向户（图9-58），通风较难组织，可利用开口、错位布置或设天井等适当改善通风条件（图9-59）。多在居住要求不高的地区采用，近年由于布局上的先天不足而居住要求普遍提高，一般较少采用。

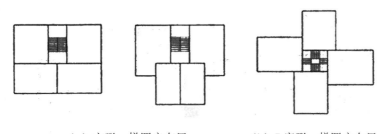

（a）方形一梯四户布局　　　　　　（b）T字形一梯四户布局

图9-58　一梯四户布置平面图

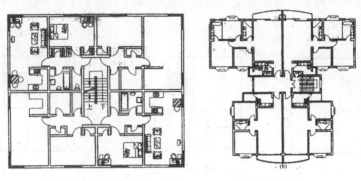

（a）方形一梯四户布局　　　　（b）T字形一梯四户布局

图 9-59　一梯四户布置示意图

5.异形梯间式

居住区的规划设计中，除行列式外，常采用周边式、自由式排列住宅，多种平面组合需要通过单元的错接、转角等连接处理打破单调的行列式布局。

错接单元一般为一梯两户，在楼梯间两侧作前后错位拼接组合，与道路或布局结合紧密，平面布置灵活，与楼梯间朝向关系密切。错接单元也可结合地形做成半错层的形式（图 9-60）。

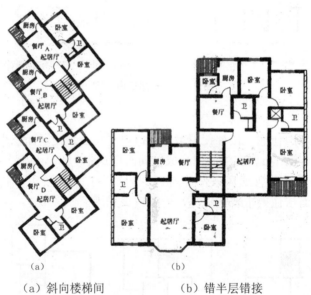

（a）　　　　　　　　（b）

（a）斜向楼梯间　　　　（b）错半层错接

图 9-60　错接单元住宅

转角单元一般为一梯两户或一梯三户布置，通常用在住宅单向组合的尽端作转角组合，也常用于错接组合的错接部分，因此除常见的直角转角外，还可根据需要形成多种角度（如135°、120°）的转角（见图 9-61），丰富住宅的群体组合，便于形成建筑群体空间。

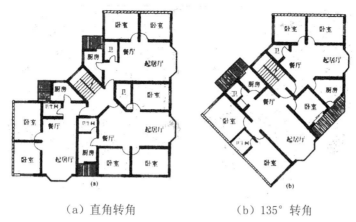

（a）直角转角　　　　　　　（b）135°转角

图 9-61　转角单元住宅

内天井式单元也是一种特殊的梯间式单元，从节约用地角度出发，增加住宅进深，通过开天井解决采光和通风问题也是常用的方法（图 9-62），近年来随着居住需求的提高一般较少采用。

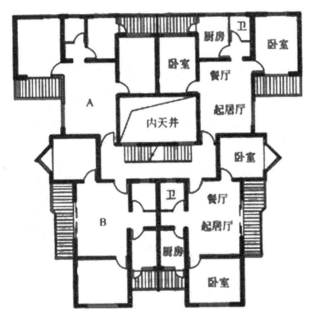

图 9-62　内天井式住宅

（二）点式多层住宅设计

点式住宅又称独立单元式住宅，其平面外形的面宽和进深尺寸较接近，是一种特殊的多层住宅形式。

点式住宅在建筑群体布置中有较大的优势，建筑外形尺寸小，便于因地制宜见缝插针地兴建，而且常结合环境布置，作为活跃要素丰富群体组合，并有利于增强群体的空透感和空间的渗透，有利于形成富于变化的天际线（图 9-63）。在坡地环境中还可沿等高线灵活布置，节省土石方工程量。

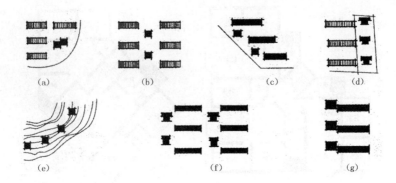

（a）在零星空地插建； （b）在过宽的间距中插建； （c）利用斜路三角地； （d）狭长用地中布置； （e）坡地沿等高线布置； （f）"点条结合"的住宅组群； （g）代替一般尽端单元

图 9-63　点式住宅结合环境布置

在单体设计上，点式住宅外墙四面临空，容易使每户都具有良好的日照、采光、通风条件，也具有比其他类型更好的视野条件。但点式住宅外墙较多，不利于节能。对于一梯多户或面积较大的住宅较难布置，易出现朝向差的房间，因此在平面设计中应注意，在满足平面使用要求的基础上，力求使建筑体型简洁，结构整齐合理。

点式住宅形式丰富，可以是方形、圆形、三角形、T 字形、Y 字形、风车形等多种形式。当采用一梯三户或四户布置时，为争取户户朝南，常采用的平面形式有 T 字形、Y 字形、工字形、风车形或蝶形等平面形式。

1.T 字形

T 字形平面是一梯三户点式住宅最典型的平面形式，平面布局紧凑，能争取每户良好的朝向，厨房、卫生间通常都能直接采光通风（图 9-64）。这种类型的平面开窗应注意相邻两户间的视线干扰，保证私密性。

T 字形平面也可设计成一梯四户，一般前后各布置两户，在建筑后部伸出两肢，以争取良好朝向，通常前面两户布置成小室户型。

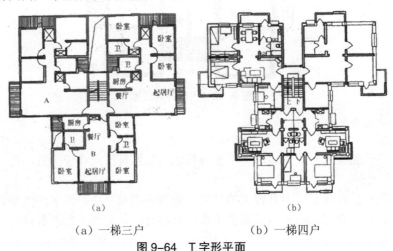

（a）一梯三户　　　　　　（b）一梯四户

图 9-64　T 字形平面

2. 工字形

工字形平面是一梯四户点式住宅的常用形式,通常运用其左右对称的特点来紧凑组织平面,可做点式,也可横向拼联,具有一定的灵活性。相对其他形式面宽较小,用地节约。为使后面两户南向减少遮挡,常将后面两肢伸出加宽,形成倒工字形,以满足日照要求(图9-65)。

3.Y字形

Y字形平面是T字形的变体,改变相邻两户的夹角,也是常见的点式住宅形式(图9-66)。Y字形平面在体型变化上更为丰富,可与行列式的条形住宅形成强烈对比,翼间夹角加大有利于扩大视野。由于夹角非直角,Y字形平面在设计中应注意不规则房间的利用,尽量布置成大空间或辅助房间,并力求结构的规整简单。

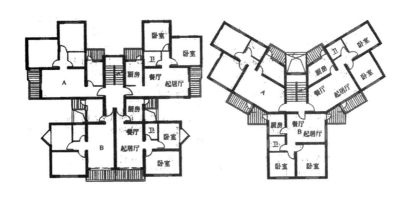

图 9-65　工字形平面　　　　图 9-66　T字形平面

4. 风车形

风车形平面通常设计成一梯四户(图9-67),临空面较多,暗面积减少,有利于采光通风设计。凹口间距较小,常将厨房或卫生间等次要房间布置于此。风车形平面常有一户不能获得较好朝向,一般采用三户朝南一户朝东的户形。设计中应注意开窗位置,避免户与户间的视线干扰。

5. 方形

方形平面布局方正,墙体结构整齐,外墙面积减少,有利于节能。一般布置成一梯两户,保证每户拥有良好的居住条件。方形平面户数增加则可能出现朝向不利的户型(图9-68),设计时应注意。

(三)走廊式多层住宅设计

走廊式多层住宅除利用楼梯解决垂直交通外,还通过走廊解决同层住户的水平交通。每层户数较多,楼梯利用率高,户间联系方便,但存在不同程度的干扰。根据走廊长短和户数多少通常分为长廊式和短廊式两种。

1. 长廊式

长廊式是一种整体组合设计的平面形式,又称为通廊式住宅。一梯服务多户,每户均需通过公共走廊进入,因此每户均有声音和视线干扰。因水平长度长,长廊式住宅设计应符合防火和安全疏散要求，建筑安全出口的数目不应少于两个，并且安全出口或疏散出口应分散布置且应满足规范关于疏散间距的要求。

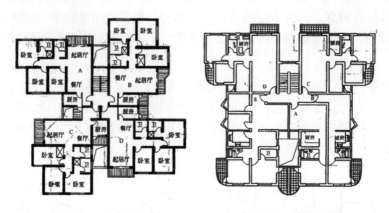

图 9-67　风车形平面　　　　　　图 9-68　方形平面

　　按照走廊在建筑中的位置，长廊式住宅可分为：外廊式、内廊式和跃廊式。

　　外廊式住宅走廊靠一侧外墙布置，另一侧集中布置住宅套型。外廊式平面使每户均有良好的采光和通风，外廊光线明亮，功能上可加以利用，有利于邻里交往和安全防卫，宽度适当扩展还可为住户间提供空中的交流平台。除尽端住户私密性较好外，大部分住户都有来自公共空间的视线和声音干扰，设计中应注意尽量通过室内外高差设置、设计缓冲区、增加护窗板等方式提高每户的私密性。外廊式住宅在寒冷地区不利于防寒保温，因而在南方地区使用较多，多用作小室户套型或单室户套型等（图 9-69）。

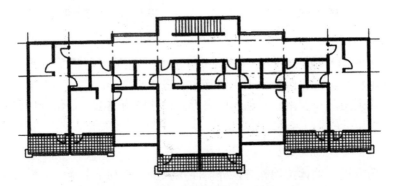

图 9-69　长外廊式住宅（上海嘉定桃园新村）

　　内廊式住宅（图 9-70）将走廊沿建筑中部布置，套型布置在两侧。楼梯服务户数多，使用效率高，建筑进深大，用地经济。但内廊式住宅的住户均为单朝向布置，通风效果差，走廊光线不好，户间干扰也比较大，因此设计标准和居住舒适性都比较低，目前已较少采用或仅用作单身公寓等特殊套型。设计时应将重点放在改善内廊布局，以减少幽暗、狭长、乏味的内廊空间。

　　跃廊式住宅是由通廊进入各户后，再由户内的小楼梯进入其他层，住宅套内空间跨越两个或两个以上楼层，即为通廊跃层式。一般隔层设置通廊，因而节省交通面积，增加服务户数，公共空间对户内的干扰减少。平面布置中多将厨房、起居室等开放空间设在通廊所在楼层，而将卧室、卫生间等私密空间布置在另一层。跃廊式适用于面积较大、居室较多的住宅，否则交通面积占户内比例偏大而不经济。

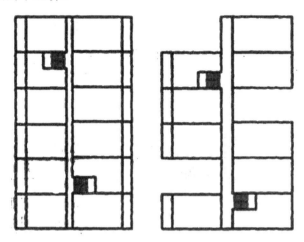

图 9-70　长内廊式住宅的楼梯布置方式

2. 短廊式

短廊式住宅其实是一种单元组合的平面形式，相对拼接户数较少，走廊较短，通过短廊和楼梯间组合形成交通核心。短廊式又分为短外廊式和短内廊式两种。

短外廊式住宅又称外廊单元式住宅，一般每层服务三至五户，以四户居多。它在具有外廊式优点的同时又相对安静，有一定的邻里交往空间，户间干扰较少。但部分住户的通风仍有一定限制。一般采用北侧外廊的形式。

短内廊式住宅也称内廊单元式住宅，一般每层服务三至四户。内廊短，居室相对安静。南向中间户型通风效果差，南方应用不多，北方应用较广。

二、高层住宅设计

高层住宅为十层及以上的住宅。高层住宅开始出现于发达国家和地区，是为解决城市发展带来用地紧张的一种手段。与多层和低层住宅相比，高层和中高层住宅有如下特点。

（1）土地利用率高。高层住宅不仅在占地较低的情况下能达到较高的容积率，容纳更多的住户，而且由于建筑密度的下降，可以获得更多的宝贵的城市室外活动空间及绿化，从而为提供舒适的居住环境创造了有利条件。

（2）居住的舒适性提高。高层住宅上层住户视野开阔，空气质量也较好，在拥挤的城市生活中显得弥足珍贵，带来居住舒适性的提高。而且电梯作为垂直交通工具，可以为居住提供更迅捷便利的交通。此外，高层住宅有利于组织规模化的管理服务，提供集中、安全的住宅环境。

（3）居住成本增加。主要是指高层住宅的公摊面积大，得房率低，获得相同使用面积需要支付更多的购房成本。而且由于高层住宅各种复杂的设备及结构系统，造价相对多层住宅高很多。此外电梯等设备的日常运行维护成本也较高。

高层住宅一般习惯于从外形上分为板式高层住宅和塔式高层住宅，板式高层住宅按平面交通组织形式又可以分为单元式高层住宅和通廊式高层住宅。

（一）单元式高层住宅的设计

单元式高层住宅由多个住宅单元组合而成，每个单元都设有独立的楼梯和电梯。这种类型的高层住宅楼梯和电梯相邻或相近布置，组成交通核心，平面通常比较紧凑，采光通风良好，公共交通面积相对（通廊式住宅）较小，户间干扰小。设计时进深不宜过大，否则户间易产生采光和视线干扰问题。

利用单元式进行组合拼接，可形成多种平面形式，如板式、T形、Y形、Z形、十字形、弧形、折线形等（图9-71）。

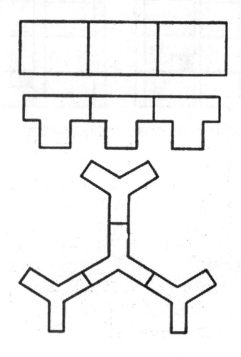

图9-71　单元式高层住宅的拼接

（二）通廊式高层住宅的设计

通廊式高层住宅是以共用楼梯、电梯通过内、外廊进入各套住房的高层住宅。通廊式可以提高每个楼层的服务户数，但户间干扰相对较大。与多层通廊式住宅相似，根据走廊的位置一般分为内廊式、外廊式和跃廊式三种。

内廊式高层住宅的住户布置在走廊两侧，空间利用率高，进深大，有利于节约用地，但各户通常只有一个朝向，采光和通风条件都较差，各户干扰也比外廊式大，走廊黑暗，因此通常只出现在低标准住宅中并逐渐被淘汰，多用于青年公寓等小户室套型。设计时可通过多种形式的组织布局增加采光面，改善走廊的空间环境。

外廊式高层住宅的走廊布置在长边的一侧，住户布置在另一侧，由于高层风力较大，规范规定高层住宅的外廊宜做封闭外廊。外廊式通风比内廊式相对好些，北廊的外廊式比内廊式高层住宅采光好，但公共交通面积大，也是属于较低标准的高层住宅，或作为青年公寓等对户型、采光、通风等都不作要求的特殊类型的住宅。

跃廊式高层住宅可以节省交通面积，并隔层设站提高电梯的运行速度和效率。住宅套型采用跃层式，通过户内小楼梯联系上下层的室内空间。还有在单元式基础上设置跃层走廊和电梯中心的跃廊单元式高层住宅。

（三）塔式高层住宅的设计

塔式高层住宅是以共用楼梯、电梯为核心布置多套住房的高层住宅。通常在开间和进深两个方向的尺寸比较接近，而住宅高度又远大于这两个方向。

塔式高层住宅以楼梯间和电梯等组成垂直交通核心，套型围绕此核心布局，没有拼接单元。四面临空，可开窗的外墙较多，有利于组织采光和通风。与板式高层住宅相比，用地节省且平面布置灵活，易与周边环境协调形成视觉空间丰富的建筑群体。

随着居住标准的提高，塔式高层住宅的户数逐渐减少，标准层面积一般在1000平方米以下，因此常按楼层进行防火分区。疏散楼梯采用两部双跑楼梯或一部剪刀楼梯形成两个安全出口。

塔式高层住宅因外形自由度大，其形式几乎囊括了所有的几何形状。北方地区需要较好的日照，因此常用T形、Y形、H形、蝶形（图9-72）等，南方地区则对通风要求较高，多采用双十字形、井字形等（图9-73）。

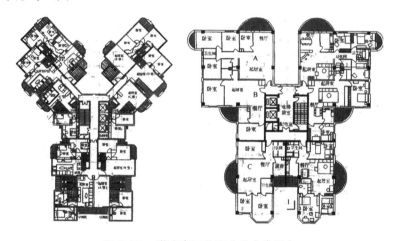

图 9-72　塔式高层住宅（北方常用）

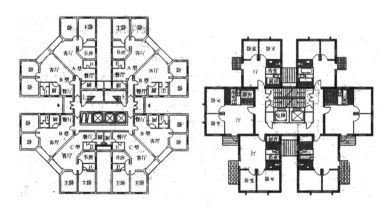

图 9-73　塔式高层住宅（南方常用）

第五节　青年、老年与农村住宅设计

一、青年公寓设计

（一）青年公寓设计概要

为了适应现代社会生产方式和生活方式的发展变化，现代人的定居生活不仅需要适合于家庭居住的住宅建筑，也需要大量供非家庭住户居住的公寓建筑，例如青年公寓、老年公寓等。青年公寓一般是指供企事业单位职工、刚毕业大学生以及年轻夫妻生活的居住建筑类型。这类住户在工作、学习和生活起居上具有许多群体性的特点和共同需求，因而对建筑的功能构成和空间形式也必然有自身的设计要求。

1. 青年公寓设计要求

青年公寓设计基本要求如下。

（1）青年公寓基地应选择在日照、通风良好，有利排水，避免噪声和各种污染影响的场地，宜靠近工作或学习地点，并有方便生活的公共服务设施，服务半径一般不宜超过250米（约3分钟步行距离），否则公寓内应配置相应的生活服务设施。

（2）建筑用地宜邻近集中绿地或小型活动场地。用地内建筑布局与相邻建筑间距，应符合国家相关消防与日照的要求，并应考虑设置非机动车存放和机动车停车位。

（3）公寓建筑布局应确保半数以上的居室能有良好朝向，并能满足相应的日照标准。在炎热地区应尽可能避免东西向布置居室；寒冷地区为避免无日照的北向居室，可酌情考虑东西向布置，以争取日照。

2. 青年公寓分类

青年公寓可以有多种分类形式。按建筑高度可分为低层、多层、中高层和高层公寓，适用于不同的城市地段环境和不同的建筑质量标准；按楼栋空间组合方式可分为走廊式和单元式两大类；按管理模式可分为自助管理式公寓、委托管理式公寓、酒店式公寓三种。自助管理式主要依靠住户自治组织进行管理，一般适用于公共活动空间较少的、服务功能简单的青年公寓；规模较大或对社会化服务要求较高的青年公寓，会委托物业管理机构进行管理；酒店式公寓则是对生活服务质量要求更高的高级公寓。

3. 建筑配套设施

在整体经济水平不高的时代，青年公寓建筑的配套设施往往十分简单。居室内除了床位和简单的桌椅家具外，基本上无其他生活家居设备，储藏空间也十分有限。公寓楼层内除了简陋的公共卫生间与盥洗室外，也很少有公共活动用房。如今，青年公寓的配套设施除符合基本要求之外，还能满足不同住户的个性化需求和不同经济收入层次的需要。公寓楼栋内配置了较为充足的储藏空间以及信息化的服务，部分还增加了独用卫生间，满足了私密性的要求；楼栋内的公共设施，可根据住户需要设置洗衣房、休息会客室、阅览室、活动室、商店以及餐饮服务用房等。

（二）青年公寓居住空间设计

青年公寓的居住空间包括居室（起居、睡眠）、卫生间（便溺、洗浴）和可按需设置的厨房空间。

1. 居室设计

居室空间可为单间，也可以是多间成组配置，形成单居室独立配套和多居室成组配套两种形式。居室内可根据需要设置单床、双床或多床，其起居和睡眠功能往往同处一室（多居室的起居空间往往较为独立）或稍作空间划分，使用方式较灵活，适用于各类社会青年群体使用。居室设计要求具体有以下几点。

（1）居室应有良好的朝向、采光、通风，不应布置在地下室，也不宜布置在半地下室。

（2）居室空间主要包括睡眠休息和起居活动两部分，两者也可同处一个开敞空间，仅用家具作适当区划或分割。

（3）居室内床位布置应符合方便室内活动和互不干扰的要求，对于多床布置的居室最小空间尺寸应满足：

①两个单人床长边的间距应不小于600毫米；

②两床床头间距应不小于100毫米；两排床之间或床头与墙之间的走道宽度应不小于1200毫米；

③储藏空间不宜小于$0.5m^3$，净深应不小于550毫米；当设固定箱架时，每个净空宽度应不小于800毫米，深度应不小于600毫米，高度应不小于450毫米；书架尺寸净深应不小于250毫米，每个净高应不小于350毫米；

④居室采用单层床时，层高应不小于2.8米；采用双层床或高架床时，层高应不小于3.6米。

2. 起居空间设计

青年公寓的起居空间根据建筑标准和居住者特点一般有两种不同的布局形式：独用式起居空间和共用式起居空间。

（1）独用式起居空间

独用式起居空间一般设置在居室内，与睡眠空间采取适当的空间功能区划，形成居室中相对确定的起居区。睡眠空间与起居空间的分隔可采用完整隔断墙形成独立的起居厅，也可采用灵活隔断设施如屏风、家具、推拉门等，形成与居室空间流通的半独立起居空间。独用式起居空间一般布置在标准相对较高的公寓建筑中，如酒店式公寓。

（2）共用式起居空间

对于多居室成组配套的青年公寓，在设计时可将各居室分散的起居空间集中起来，形成空间较大的共用起居厅，用以满足室际交往和开展多种集体起居活动的需要。这类起居空间多适用于教师公寓、同单位青年职工等供同类居住群体使用的公寓建筑，其居住者具有较多相似的生活作息和兴趣爱好，宜形成和谐融洽的生活集体。

3. 卫生间设计

（1）独用卫生间

独用卫生间一般附设于居室相邻空间，可供 1～4 人使用，类似于酒店客房的配套卫生间，卫生条件较好。当同时设有盥洗盆、坐（蹲）便器和淋浴设备时，其使用面积应不小于 3.5 平方米，并宜在厕位与淋浴位之间设置隔断，以方便同时使用。独用卫生间与居室的布置方式通常有以下三种。

①卫生间设于居室入口附近，靠近走廊。其布置优点是减少了走廊对居室的噪声干扰，居室相对安静，采光好；缺点是当走廊为内走廊时，卫生间采光通风不佳。

②卫生间设于靠外墙处。其优点是卫生间采光、通风好，但同时也减少了居室的采光面。

③卫生间设于两居室之间。其优点是利于居室内的采光和自然通风；缺点是靠近走廊一侧卫生间采光通风不佳，卫生间的开门也会对居室的家居布置产生影响。

（2）共用卫生间

共用卫生间的设计应符合以下几点要求。

①共用卫生间一般由卫生间与盥洗室两部分组成，其卫生器具数量应根据居住使用人数来确定。

②在青年公寓平面布置中，共用卫生间位置应适中，与最远居室的距离不应大于 25 米。距离过大，会使使用者非常不方便，并同时会对走廊沿途的其他居室带来较大的干扰。

③共用卫生间与盥洗室的门不宜与居室门相对布置，以避免视线干扰和卫生间异味进入居室影响居室空气环境。

（三）青年公寓楼栋空间组合设计

1. 功能布局

青年公寓楼栋空间一般由居住空间、生活服务空间、公共活动空间以及公共交通空间几部分组成。这些功能空间可以集中在一栋或几栋楼里，也可以在建筑中只设居住空间，通过公共交通空间与社区提供的生活服务空间和公共活动空间相联系。当功能较为集中设置时，一般有这样几种功能布局方式：（1）公共活动空间与服务设施均设在综合楼底层；（2）服务设施设于综合楼底层，公共空间设于楼顶层，居住单元设于中部；（3）服务设施设在综合楼底部，公共活动空间设两户综合楼中间层。

2. 公共交通组织

（1）以走廊组织空间

以走廊组织空间根据走廊在公寓平面中的位置，以走廊组织空间的方式又可分为外廊式、内廊式、内外廊结合式和双廊式四种。

外廊式：居住空间沿走廊单边布置，采光通风较好。走廊可采用南廊或北廊，南向走廊夏季可遮阳、晾晒衣物，冬季可作为室外活动场所，同时也可丰富建筑立面造型。北向走廊多采用封闭走廊，可提高楼内冬季保温性能。以外廊组织空间的缺点是建筑进深较短，不利于节约建筑用地。

内廊式：以内廊组织空间的优点是建筑平面紧凑，走廊利用率高。建筑进深大，抗震性能好，并有利于节约用地，一般适用于高层公寓。缺点是楼内使用干扰大，内廊采光通风不良；北向居室缺少日照，冬季舒适度较低。

内外廊结合式：根据建筑用地环境和使用的要求，有时设计可灵活采用内廊和外廊相结合的空间组合形式，以丰富空间和造型。

双廊式：双廊式实际上是两个外廊式加上一个内庭院的组合模式，兼有外廊式和内廊式两种形式的优点，庭院可作为室内或室外空间。

（2）以单元组织空间

以单元组织空间的公寓是以楼梯、电梯交通枢纽为核心，联系多套居住空间组成一个楼层单元。它的优点如下。

平面布局紧凑，有利于减少水平交通面积，提高建筑面积总体使用率。

单元内多居室共用起居活动空间，有利于创造具有家庭氛围的居住环境，增加居住者的归属感，促进人际关系和谐融洽。

增强了个人活动的私密性，有利于形成安静的工作、学习和休息环境。

由于单元内卫生间使用人数减少，便于打扫和维护室内环境，大大改善了室内居住卫生环境条件。

二、老年住宅设计

（一）老年住宅设计概要

1. 满足特殊居住需求

按照我国通用标准，年满 60 周岁及以上的人都称为老年人。为适应我国人口年龄结构老龄化趋势，老年人居住建筑在符合使用、安全、卫生、经济和环保等要求的同时，更应该关注老年人在生理和心理两方面的特殊居住需求。

《老年人建筑设计规范》（JGJ—1999）规定：老年人居住建筑是指老年人长期生活的包括经济供养、生活照料和精神慰藉三个基本内容的居住场所，包括老年住宅、老年公寓、干休所、老人院（养老院）和托老所，也包括普通住宅中老年人居住或使用的部分。规范同时将老年人区分为三种状态，即自理老人、介助老人和介护老人。自理老人是指生活行为完全自理，不依赖他人帮助的老年人；介助老人是指生活行为依赖扶手、拐杖、轮椅和升降设施等帮助的老年人；介护老人是指生活行为依赖他人护理的老年人。因此，老年居住建筑设计在保证老年人使用方便的前提下，应体现出对老年人健康状况和自理能力的适应性，并具有逐步提高老年人居住质量及护理水平的前瞻性。

2. 选址与场地规划要求

老年住宅的基地选择应既有益于老年人的健康，又能方便老年人日常生活和参与社会活动。

（1）选址

①中小型老年居住建筑基地选址宜与居住区配套设置，且位于交通方便、基础设施完善、临近医疗机构的地段；大型、特大型老年居住建筑可独立建设并配套相应设施；②基地宜选择在地质稳定、场地开阔、洁净安静、日照充足且有一定发展余地的地段，基地内不宜有过大、过于复杂的高差；③选址应综合考虑使用商店、邮局、银行和公共交通站点等城市公共设施的便利，以利于老年人能更多地接触和参与社会生活。

（2）场地规划

①基地内建筑密度，市区不宜大于30%，郊区不宜大于20%；②大型、特大型老年居住建筑基地用地规模应具有远期发展余地，基地容积率宜控制在0.5以下；③大型、特大型老年居住建筑规划结构应完整，功能分区明确，安全疏散出口不应小于两个；出入口、道路和各类室外场地的布置，应符合老年人活动特点，有条件时，宜临近儿童或青少年活动场所；④老年居住建筑应布置在采光通风良好的地段，应保证主要居室有良好朝向，冬至日满窗日照不宜小于2小时。

（3）场地设施

①应为老年人提供适当规模的绿地及休闲场地，并宜留有供老年人种植劳作的场地；场地布局宜动静分区，供老年人散步和休憩的场地宜设置健身器材、花架、座椅、阅报栏等设施，并避免烈日暴晒和寒风侵袭；②距活动场地半径100米内应有便于老年人使用的公共厕所；③供老年人观赏的水面不宜太深，深度超过0.6米时应设防护措施。

（4）停车场

①专供老年人使用的停车位应相对固定，并应靠近建筑物和活动场所人口处；②与老年人活动相关的各建筑物附近应设供轮椅使用者专用的停车位，其宽度不应小于3.5米，并应与人行通道衔接；③轮椅使用者使用的停车位应设置在靠停车场出入口最近的位置上，并应设置通用标志。

3.道路交通设计要求

（1）道路系统：①道路系统应简洁通畅，具有明确的方向感和可识别性，避免人车混行；道路应设明显的交通标志及夜间照明设施，在台阶处宜设置双向照明并设扶手；②道路设计应保证救护车能就近停靠在住栋的出入口。

（2）步行路：①老年人使用的步行道路应做成无障碍通道系统，道路的有效宽度不应小于0.9米；坡度不宜大于2.5%；当大于2.5%时，变坡点应予以提示，并宜在坡度较大处设扶手；②步行道路路面应选用平整、防滑、色彩鲜明的铺装材料。

4.室外台阶、踏步和坡道

（1）台阶和踏步：①台阶的踏步宽度不宜小于0.3米，踏步高度不宜大于0.15米，台阶的有效宽度不应小于0.90米，并宜在两侧设置连续的扶手；②台阶宽度在3米以上时，应在中间加设扶手，台阶转换处应设明显标志。

（2）坡道：①步行道路有高差处、入口与室外地面有高差处应设坡道；室外坡道的坡度不应小于1/12，每上升0.75或长度超过9米时应设平台，平台的深度不应小于1.5米并应设连续扶手；②独立设置的坡道的有效宽度不应小于1.50米，坡道和台阶并用时，坡道的有效宽度不应小于 0.90 米，坡道的起点应有不小于 1.50 米×1.50 米的轮椅回转面积；③坡道两侧至建筑物主要出入口宜安装连续的扶手，坡道两侧应设防护栏或护墙。

（3）扶手与铺装：①扶手高度应为 0.90 米，设置双层扶手时下层扶手高度宜为 0.65 米，坡道起止点的扶手端部宜水平延伸 0.30 米以上；②台阶、踏步和坡道应采用防滑、平整的铺装材料，不应出现积水。

5. 使用面积标准

在《老年人居住建筑设计标准》（GB/T50340—2003）中，对老年住宅最低使用面积要求作了相应规定，具体的使用面积标准可参考表 9-5。

表 9-5　老年住宅最低使用面积标准

空间组合形式	老年人住宅面积	房间名称	老年人
单室套型（起居、卧室合用）	25m²	起居室	12m²
一室一厅套型	35　m²	卧室	双人 12m²、单人 10m²
二室一厅套型	45　m²	厨房	4.5m²
		卫生间	4m²
		储藏室	1m²

（二）老年住宅居住空间设计

老年人大部分时间是需要在自己的房间里度过的，因此设计人员在居住空间布局设计时，应非常细致地考虑老年人在生理和心理上的特点，并作出相应的精心安排，一般来说，老年人住宅套型或居室宜设置在建筑物出入口层或电梯停靠层；老年人居室或主要活动房间应有良好朝向、自然采光和通风，室外宜有开阔的视野和优美的环境景观。

1. 居室设计

居室空间的大小应满足布置基本家具（床、书桌、书架、衣柜）、壁柜、卫生间、盥洗室和必要的交通空间的需要，同时还需满足轮椅使用者对交通空间的特殊要求。

（1）卧室：①老年人卧室短边净尺寸不宜小于 02.50 米，轮椅使用者的卧室短边净尺寸不宜小于 3.20 米；②主卧室宜留有护理空间；③卧室宜采用推拉门；采用平开门时，应采用杆式门把手；宜选用内外均可开启的锁具。

（2）起居室：①起居室短边净尺寸不宜小于 3 米；②起居室与厨房、餐厅连接时，不应有高差；③起居室应有直接采光、自然通风。

2. 厨房空间设计

厨房空间中操作项目繁杂，危险因素也随之增多，为避免使用功能的相互干扰，确保操作使用安全，老年人专用的厨房设计一般应符合如下要求。

（1）操作台：供轮椅使用者使用的台面高度不宜高于 750 毫米，台下净高不宜小于 700

毫米、深度不宜小于 250 毫米。

（2）吊柜：普通老年人（非轮椅乘坐者）使用的厨房吊柜柜底距地 1400～1500 毫米，乘坐轮椅的老年人使用的厨房吊柜柜底距地 1200 毫米，吊柜深度应比案台退进 250 毫米。

（3）灶具：应选用安全型灶具、安装熄火后能自动关闭燃气系统的安全装置，并应设置火灾自动报警系统。

3. 卫生间设计

由于老年人生理发生退行性变化，日常使用卫生间的次数会较一般成年人频繁，所以老年人住宅卫生间的设计有一定的特殊性，具体应符合以下要求。

（1）位置：卫生间与老年人卧室宜紧邻布置，以方便使用。

（2）入口门扇：卫生间门口净宽尺寸应不小于 800 毫米，以方便轮椅通行；卫生间门应采用推拉门或外开门，并设透光窗及从外部可开启的装置。

（3）便器：便器安装高度不应低于 400 毫米。

（4）浴盆：浴盆外缘距地高度宜小于 450 毫米，浴盆一端宜设坐台。

（5）洗脸台：宜设置适合坐姿的洗脸台，并在侧面安装横向扶手。

（6）安全抓杆：浴盆、便器旁应安装扶手；安全抓杆直径应为 30～40 毫米；安全抓杆内侧应距墙面 40 毫米；抓杆应安装坚固。

（7）地面：卫生间地面应平整。以方便轮椅使用者，地面应选用防滑材料。

（三）老年住宅交通空间设计

为维护老年人的生活自理能力，确保日常行走活动的安全，因此，应对室内外交通空间实施无障碍设计，这也是老年住宅设计的基本要求之一。

1. 建筑出入口

老年住宅建筑的出入口是老年住户从室内到室外的交通枢纽和集散空间，因此宜有相对充裕的过渡缓冲空间，其内容和设计要求一般应符合以下规定。

（1）出入口尺寸与形象：出入口净宽不应小于 1100 毫米，门扇开启端的墙垛净尺寸不应小于 500 毫米；出入口内外应有不小于 1500 毫米 ×1500 毫米的轮椅回转空间；出入口外观形象宜鲜明、醒目和独具特色，以便于老年人辨认。

（2）雨篷：老年住宅建筑出入口应设置雨篷，雨篷的挑出长度宜超过台阶首级踏步 500 毫米以上。

（3）门：出入口的门宜采用自动门或推拉门；设置平开门时，应设闭门器；不应采用旋转门。

（4）休息空间：出入口宜设置交往休息空间，并设置通往各功能空间及设施的标识指示牌。

（5）服务设施：邻近出入口宜设置安全监控设备和呼叫按钮，以及其他如保安、传达、收发、邮电、银行等服务设施。

2. 公共走廊

由于受天气和身体机能的限制，部分老年人外出行动不便，致使他们的社会交往减少，不利于身心健康。因此，在设计时应充分利用公共走廊，增加老年人的活动交往空间，促进邻里关系的和谐。以下是老年住宅公共走廊设计的相关要求。

（1）净宽：公共走廊空间应能保证老年人使用轮椅和拐杖时的安全通行，走廊净宽不应小于 1500 毫米；仅供一辆轮椅通过的走廊净宽不应小于 1200 毫米，并应在走廊两端设有不小于 1500 毫米 ×1500 毫米的轮椅回转空间。

（2）走廊转角

走廊转弯处的墙面阳角宜做成圆弧或切角。

（3）门扇开启处

门扇向走廊开启时已设置宽度大于 1300 毫米、深度大于 900 毫米的凹口，门扇开启端的墙垛净尺寸不应小于 500 毫米。

（4）墙面

门扇不应有突出物，灭火器和标识板等应设置在不妨碍使用轮椅或拐杖通行的位置上。

（5）扶手

公共走廊应安装扶手，扶手单层设置时高度为 800 ～ 850 毫米；设置双层扶手时，上层扶手应适合老年人站立和行走使用，高度为 900 毫米，下层扶手适合于轮椅者使用，高度为 650 毫米，扶手应保持连贯统一。

（6）坡道

公共走廊地面有高差时，应设置坡道并应设明显标志。

（7）交往空间

老年人居住建筑各层走廊宜增设交往空间，宜以 4 ～ 8 户老年人为单元设置。

3. 电梯

老年人住宅宜设置电梯，3 层及 3 层以上设老年人居住及活动空间的建筑应设置电梯。老年住宅的电梯设计要求应符合以下要求。

（1）门

①厅门和轿门宽度应不小于 800 毫米；对额定载重量大的电梯，宜选宽度 900 毫米的厅门和轿门；②应设置关门保护装置；③电梯的厅门和轿门不应设防水地坎。

（2）轿厢

①轿厢尺寸应可容纳担架；②轿厢内两侧壁应安装扶手，距地高度 800—850 毫米；后壁上设镜子；轿门宜设窥视窗；地面材料应防滑；③轿厢内应配置对讲机或电话，有条件时可设置电视监控系统。

（3）候梯厅

①候梯厅的深度不应小于 1600 毫米；②不应设防水地坎；首站候梯厅应设座椅，其他层站有条件也可设置座椅。

（4）操作按钮

①操作按钮和报警装置应安装在轿厢侧壁易于识别和触及处，宜横向布置，距地高度 900 ～ 1200 毫米，距前壁、后壁不得小于 400 毫米；有条件时，可在轿厢两侧壁上都安装；②各种按钮和位置指标器数字应明显，轿厢两侧壁上宜都安装；③呼叫按钮的颜色应与周边墙壁颜色有明显区别。

（5）电梯速度

电梯额定速度宜选 0.63～1.0m/s。

4. 公共楼梯

老年住宅公共楼梯的设计数量应符合相关规范的要求，其宽度应考虑老年人使用拐杖和在他人帮扶下行走的要求，公共楼梯具体设计有以下要求。

（1）形式

不应采用螺旋楼梯，也不宜采用直跑楼梯，每段楼梯高度不宜高于 1500 毫米。

（2）宽度：公共楼梯的有效宽度不应小于 1200 毫米，楼梯休息平台的深度应大于梯段的有效宽度。

（3）踏步：①楼梯踏步宽度不应小于 300 毫米，踏步高度不应大于 150 毫米，也不宜小于 130 毫米，同一梯段的踏步高度与宽度应统一；②楼梯踏步面层应采用防滑材料，以适应老年人视力下降的情况，并应采用不同材料或色彩区别楼梯踏步和走廊地面，以避免老人踩空失足的危险

（4）扶手：①楼梯应在内侧设置扶手，宽度在 1500 毫米以上时应在两侧设置扶手；②扶手安装高度为 800～850 毫米，应连续设置，扶手应与走廊的扶手相连接；③扶手端部宜水平延伸 300 毫米以上。

5. 户内过道

户内过道是连接户内各居室及户门、门厅的必要空间，其设计要求有下列几点：

（1）过道的有效宽度不应小于 1200 毫米；

（2）过道的主要部位应设置连续式扶手，暂不安装的，可设预埋件；

（3）单层扶手的安装高度为 800～850 毫米，双层扶手的安装高度分别为 650 毫米和 900 毫米；

（4）过道地面及其与各居室地面之间应避免出现高差，过道地面应高于卫生间地面，标高变化不应大于 20 毫米，门口应做小坡以不影响轮椅通行。

三、农村住宅设计

我国有 80% 的人口住在农村，如何经济合理地解决农村住房建设问题，无论从当前还是长远来看，都是一件大事。因为它不仅直接关系到广大农民居住条件的改善，而且对于节约土地、促进农村经济发展、逐步缩小城乡差别、加快乡村城市化进程和对 21 世纪初亿万农民生活实现小康水平，都有着重要意义。

（一）农村住宅的特点

新型的农村住宅建筑不同于传统的民居，它一般具有以下几个主要特点：

（1）体现农村住户根据所从事产业的性质（一般农业户、专业生产户、个体工商服务户、企业职工户）以及其他住宅功能变化的趋向，选定多层次、多元化的住宅类型与标准，以满足不同层次的居民家居生活行为的需求。

（2）突破传统格局，生产与生活空间分离，提高居住纯度，提倡建设楼房，科学合理地

确定住宅的层数与层高，以求节约土地和节省建房资金；同时，要改进和突破农村传统落后的建造技术，选择坚固耐用、施工简便的新型住宅结构。

（3）注重住宅的室内外环境质量的适居性、安全性和舒适性。住宅的朝向、间距要满足日照、通风、防灾、卫生等要求。而且，为保证住宅建筑主体与设备产品之间有机配合，必须采用国家制定的统一模数及各项标准化措施。

（4）创造与环境相协调，并充分体现不同地区、不同民族、不同用材以及不同的建造方式所形成的具有鲜明地方特色的建筑形式。同时，还要注意村镇风貌的整体性和住宅群体形态的识别性。

新型的农村住宅规划设计，应以小康型村镇住宅居住水准为目标，充分体现以现代农村居民生活为核心的设计思想，以科技为先导，创造出高度文明、设施完善、环境优美的新型农村住宅。

（二）农村住宅的平面布置

我国农村新、旧住宅少数为楼房，绝大多数是平房。平房住宅比起楼房具有使用方便、结构简单、施工简便、取材较易等优点，但占地较多。

各地区传统民居的平面组合简洁，功能分区明确，使用方便，易为农民所接受，也适应当地农村经济水平和满足农民生产、生活的实际需要。因此，新型住宅的设计应当吸取传统平面形式的优点，改掉缺点，在采光、通风、卫生等方面使之科学化（图9-74）。

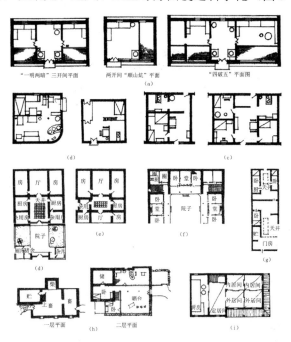

（a）民居开间形式；　（b）浙江民居东阳住宅平面；　（c）江苏江阴华西大队住宅；

（d）广东三间四廊住宅；　（e）广东四点金住宅；　（f）云南洱海白族民居；

（g）陕西关中蒲城民居；　（h）四川阿坝金川八步里藏族民居；　（i）吉林朝鲜族民居

图9-74　传统住宅平面形式

（三）农村住宅群的布置

新村建设首先应进行居民点的建筑规划。农村居民点住宅区内建筑群的布置应结合地形、环境和气候条件。常见的布局方式有沿道路或河流布置，成块布置及随地形自由布置等。

1. 沿线排列

房屋沿道路或河流排列，用地经济，布置紧凑、整齐。每栋住房都能争取到南北朝向，在南方河网与平原地区采取这种形式较多，地势平坦，排列较易，但显得呆板。其中又可分为以下两种。

（1）左右排列

当居民点沿东、西向河流或道路排列时，住房和少量的公用设施可依次相邻，左右排列在河流或道路的一边或两边，形成带状布局。

这种布置形式比较简单，农民下地距离较近，用水方便，通风采光条件好，且整齐卫生。一般在居民点规模较小，住房不多时，可采用这种布置形式。当规模较大时，居民点拉得过长，使住户相互联系不便，对于公共福利设施的布置和新村电灯、自来水管线的配备也都不利，外观上也给人以单调呆板之感，且不利于防火。

（2）前后排列

当居民点位于南、北向河流或道路旁边时，其居住建筑布置在河流的一侧或两侧前后排列，在某些河网地区甚至是一户人家一排房。它的特点是保证了住宅的居室能够获得良好的日照及通风，使用方便、整齐卫生。但是，当居民点规模较大时；住户相互联系不方便。这种排列，从外观看，带有城区居民点的特点；从发展上看，它是向成片布置过渡的基本形式。

2. 成块布置

我国北方地区的居民点是比较集中的，住宅群大多数呈块状布局。一般以生产小队为单元，这种成组的建筑群，四周以道路围成街坊，几个生活基本单元又围绕着大队一级的公共中心，构成完整的农村居民点。每个单元之间有一定距离，房屋排列也不完全是正南北向，可采用周边式、自由式或夹杂着行列式的排列布置。这种布局的特点是缩短了交通路线；便于相互联系；可以组织较好的绿化环境；保持各个单元环境安静；还可以利用集体设施布置成居民点中心。这种布置用地比较紧凑，又便于管线等设施的铺设和节省材料，适用于较大规模的居民点。

3. 自由布置

一般采用自由布置的居民点，从其地形条件来看，与沿线排列、成块布置相比较，更有其特殊性。

在为地形复杂的居民点作规划设计方案时，必须首先粗略地研究用地条件的特性，然后选标准类型的住宅，并结合地形布置。把住宅布置在自然环境良好的地段，其相邻地段的土地和水面利用不得妨碍居住地的安全、卫生和安宁。

在规划布置中要注意居住房屋不应直接临近过境公路。若因条件所限必须临近时，应以绿化隔开，以保证安全及居住地段的安静和卫生。住宅房屋距过境公路一般在 30 ～ 50 米以上较恰当。居住区内道路网不宜过密，要区分主次和尽量缩短线路，使交通便捷。另外，要充分注意节约用地。

农村居民点还应考虑绿化配置,逐步达到大地田园化。绿化不仅为居民创造一个卫生、舒适、美观的生产和生活环境,而且还可提供木材和各种经济作物。居民点内部的绿化要相互有机地结合起来,并与建筑物的布置相结合,使绿化起到遮荫,防止风沙、尘土和噪声,改善小气候条件及美化环境等作用。

此外,住宅群布局要避免形式上的千篇一律,应注意群体空间的统一和谐、灵活多样并富有变化。因地制宜地选择住宅的组合方式及院落形状,适当加宽巷路间距,以符合日照、通风、防火要求;同时做到节地、节能。道路走向明确、主次分明,避免过长的巷路,以保证居住环境的安宁。多种体型住宅,分组团布置,组团之间穿插布置小型公共建筑、绿地和水面,以利于生活使用方便。为解决标准化和多样化的矛盾,可采用构件统一、造型多样;单元统一、组合多样;或组合方式相同,而装修和色彩多样的做法,使新村外观有较好的环境艺术效果。

第十章 餐饮建筑设计

第一节 餐饮建筑概述

一、餐饮建筑的分类

餐饮建筑的种类划分可有多种方式，由于本书是专门针对营业性餐饮建筑展开讨论的，因此按其经营内容，将餐饮建筑划分为两种类型：餐馆和饮食店。

餐馆——凡接待就餐者零散用餐，或宴请宾客的营业性中餐厅、西餐馆，包括饭庄、饮馆、饭店、酒家、酒楼、风味餐厅、旅馆餐厅、旅游餐厅、快餐馆及自助餐厅等等，统称为餐馆。餐馆以经营正餐为主，同时可附有快餐、小吃、冷热饮等营业内容。供应方式多为服务员送餐到位，也可采用自助式。

饮食店——设有客座的营业性冷、热饮食店，包括咖啡厅、茶馆、茶厅、单纯出售酒类冷盘的酒馆、酒吧以及各类风味小吃店（如馄饨铺、粥品店）等等，统称为饮食店。与餐馆不同的是，饮食店不经营正餐，多附有外卖点心、小吃及饮料等营业内容。供应方式有服务员送餐到位和自助式两种。

二、餐饮建筑的分级与设施

根据我国现行的《饮食建筑设计规范》（JGJ 64—89）餐馆分为三级，饮食店分为二级。

一级餐馆——为接待宴请和零餐的高级餐馆，餐厅座位布置宽敞，环境舒适，设施与设备完善。

二级餐馆——为接待宴请和零餐的中级餐馆，餐厅座位布置比较舒适，设施与设备比较完善。

三级餐馆——以接待零餐为主的一般餐馆。

一级饮食店——有宽敞、舒适环境的高级饮食店，设施与设备标准较高。

二级饮食店——一般饮食店。

不同等级的餐馆和饮食店的建筑标准、面积标准、设施水平等见表 10-1。

表 10-1　餐饮建筑的分级及设施

级别标准 类别及设施			一	二	三
餐馆	服务标准	宴请	高级	中级	一般
		零餐	高级	中级	一般
	建筑标准	耐久年限	不低于二级	不低于二级	不低于三级
		耐火等级	不低于二级	不低于二级	不低于三级
	面积标准	餐厅面积／座	$\geqslant 1.3 m^2$	$\geqslant 1.10 m^2$	$\geqslant 1.0 m^2$
		餐厨面积比	1：1.1	1：1.1	1：1.1
	设施	顾客公用部分	较全	尚全	基本满足使用
		顾客专用厕所	有	有	有
		顾客用洗手间	有	有	无
		厨房	完善	较完善	基本满足使用
饮食店	建筑环境	室外	较好	一般	
		室内	较舒适	一般	
	建筑标准	耐久年限	不低于二级	不低于三级	
		耐火等级	不低于二级	不低于三级	
	饮食厅面积／座		$\geqslant 1.3 m^2$	$\geqslant 1.10 m^2$	
	设施	顾客专用厕所	有	无	
		洗手间（处）	有	无	
		饮食制作间	能满足较高要求	基本满足要求	

注：（1）各类各级厨房及饮食制作间的热加工部分，其耐火等级均不得低于二级。

（2）餐厨比按 100 座及 100 座以上餐厅考虑，可根据饮食建筑的级别、规模、供应品种、原料贮存与加工方式、及采用燃料种类与所在地区特点等不同情况适当增减厨房面积。

（3）厨房及饮食制作间的设施均包括辅助部分的设施。

（4）本表选自《建筑设计资料集》第 5 集。

三、餐饮建筑的布置类型

餐馆、饮食店种类众多，按其布置形式、所处位置及与周围建筑的关系，大体可分为三种布置类型：夹缝式、综合体式、独立式。

（一）夹缝式

在城市商业地段或干道旁，餐馆和饮食店穿插在其他店铺之间，鳞次栉比地布置，餐饮店的用地形状取决于左、右侧或左、右、后三侧与其毗临建筑的占地和形状，这往往是旧城区多年形成的用地格局，餐饮店就在这有限的"夹缝式"用地和空间内布局和发展，因此叫"夹缝式"餐饮店。这类餐饮店大多为中小型，是目前遍布我国城镇中数量最大的一种餐饮建筑类型，其档次多属大众化的消费水平。

夹缝式餐饮店往往只有一个立面对外，在繁华的商业街上，各式店铺千姿百态，都想取悦于顾客，餐饮店要想一枝独秀，引人注目，立面设计自然重要，需要有明显的个性特征。在夹缝式餐饮店设计中，由于用地形状不规则，空间发展制约大，设计者若能因地制宜，巧于因借，有时反而能获得独特的效果。目前这类餐饮店不少标准尚偏低，餐饮环境差，随着经济水平和人们生活质量的提高，这类餐饮店的室内环境及外立面必将相继进行改造和更新。

（二）独立式

独立式指单独建造的餐馆、饮食店，大多为低层，用地比夹缝式宽敞，左右不挨着邻近建筑，有的门前有停车场，甚至水池、雕塑小品，如北京的隆博广场、丰泽园饭庄。大多有若干个餐厅、咖啡厅，有的还有卡拉OK、台球等娱乐设施。

独立式餐饮店多建于城市干道侧、高速公路旁、公园或旅游渡假点（图10-1）。

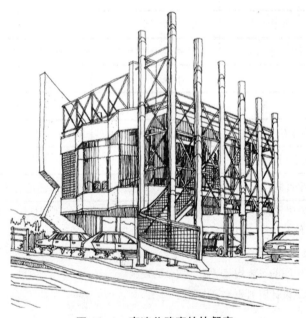

图10-1　高速公路旁的快餐店

（三）综合体式

在城市中心的繁华商业地段，地皮昂贵，随着城市商业中心区的改造和再开发，建筑往往向大型化、综合化发展，而与人们生活休戚相关的餐饮业也必然跻身其中，成为综合体的一部分。因此，在旅馆、写字楼、购物中心及各种多功能商厦都附设有餐馆、快餐厅、咖啡厅等，使人们在工作、生活、购物、娱乐之余，足不出楼就很方便地找到就餐、就饮之处及休憩、消遣的场所，适应现代化都市生活的需要。而多种物业的综合开发、综合经营，又在相互依存、相互促进中同时获得发展。

　　目前在国际上流行的购物中心的布局，是以室内步行街连接端部的大型百货商场，而在步行街上除设置中小型零售店铺外，都穿插有不少餐饮、娱乐设施，同时在百货及零售的上层，往往还设置一个大的美食广场或一条饮食街，以吸引顾客向上消费。为顾客提供餐饮及休憩场所，这是比较典型的购物中心的格局，餐饮店穿插在大型商业综合体中，成为综合体的一个组成部分（图10-2）。

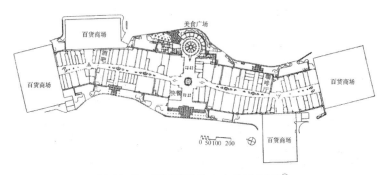

图 10-2　美国某购物中心首层平面 [①]

　　而在宾馆、写字楼及各类商厦内附建的餐饮店，一般有两种布局，一种是在平面上划出相对独立的一区，位置或是在裙房，或在高层的顶部，经营的大多是正规的中、西餐或咖啡厅（图10-3）。

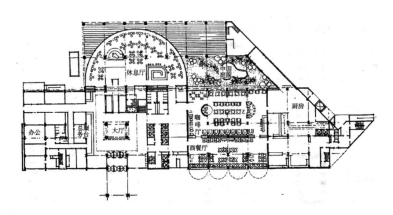

图 10-3　北京五洲大酒店 1 号旅馆首层平面

　　另一种是将餐饮融入综合体的公共大空间中，例如在中庭设咖啡厅、快餐厅、自助餐厅等，用绿化、围栏、水体、阳伞等从中庭里圈出一方餐饮空间，其图案化的餐座布局，漂亮的餐桌陈设，成了中庭的点缀，而人的餐饮活动，又使中庭更加生机盎然，成为真正的交往空间。

---

① 　该购物中心以一条室内商业步行街连接端部四个大型百货商场，餐饮店穿插布置在步行街的各种店铺中。在主人口轴线的端部是一个圆形的室内美食广场，中间是餐座，周边是各式餐饮店铺。

由于综合体的类型、规模及功能的不同，将影响餐饮店的顾客构成及经营定位。例如在香港高层写字楼区的餐饮业，中午侧重于为白领阶层提供快餐、便餐，而晚餐则经营正餐饭市，早、午后及晚餐后则经营茶楼，即"三茶二市"。在内地，一般在宾馆、写字楼的餐饮店多为高、中档，而购物中心、商住楼内的餐饮店，经营定位多为大众化。

综合体式的餐饮店大多没有外立面与即便有也是在服从主体的基础上做标牌广告，重点在于室内餐饮店入口的门脸设计及店堂内的餐饮环境设计。

四、餐饮建筑的面积指标

在《饮食建筑设计规范》里规定了餐厅及饮食厅每座最小使用面积，见表 10-2。

表 10-2　餐厅与饮食厅最小使用面积

等级	类别		等级	类别	
	餐馆餐厅（m²/座）	饮食店饮食厅（m²/座）		餐馆餐厅（m²/座）	饮食店饮食厅（m²/座）
一	1.30	1.30	三	1.00	—
二	1.10	1.10			

根据"规范"规定的餐厅与饮食厅的每座使用面积、餐厨面积比，再加上相应的公用面积、交通面积及结构面积，在《建筑设计资料集》第 5 集"饮食建筑"中确定了餐馆的建筑面积指标（m²/N）为：

一级餐馆 $4.5m^2$ / N

二级 $3.6m^2$ / N

三级 $2.8m^2$ / N

饮食店由于经营内容差别大，有的食品和饮料以外购成品为主，有的则自己制作为主（如粥品店），因此饮食制作间的组成内容差别很大，其大小也并非完全取决于座位数，所以，饮食厅与制作间的面积比（餐厨比）并无固定的比例，也就难以明确饮食店的每座建筑面积指标，设计中可根据该饮食店具体要求配置。

五、餐馆与饮食店的组成

餐馆的组成可简单分为"前台"及"后台"两部分，前台是直接面向顾客，供顾客直接使用的用房：门厅、餐厅、雅座、洗手间、小卖等，而后台由加工部分与办公、生活用房组成，其中加工部分又分为主食加工与副食加工两条流线。"前台"与"后台"的关键衔接点是备餐间和付货部，这是将后台加工好的主副食递往前台的交接点（图 10-4a）。

饮食店的组成与餐馆类似，只是由于饮食店的经营内容不同，"后台"的加工部分会有较大差别，例如以经营包子、馄饨、粥品、面条等热食为主的，加工部分类似于餐馆，而咖啡厅、酒吧则侧重于饮料调配与煮制、冷食制作等，原料大多为外购成品［图 10-4（b）］。

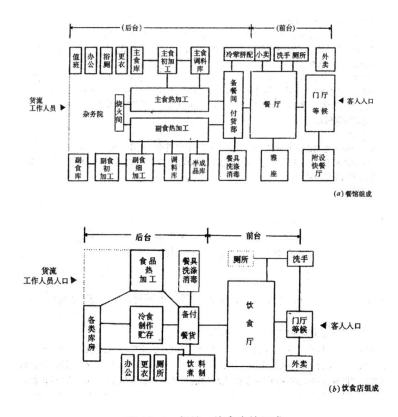

图 10-4 餐馆、饮食店的组成

第二节 餐饮建筑的设计要点

一、餐厅的设计要点

餐厅的设计，主要有以下几个要点。

（1）餐厅的面积可根据餐厅的规模与级别来综合确定。餐厅面积指标的确定要合理。面积过小，会造成拥挤；面积过大，会造成面积浪费、利用率不高，并增大工作人员的劳动强度等。

（2）餐厅空间布局应根据餐厅功能组成及相互关系，依据人的饮食行为特点和人的行为心理需求，合理地进行功能分区和人流路线组织，如可运用边界效应心理（图 10-5）。边界效应是心理学家德克·德·琼治提出的，他对餐厅座位选择的研究发现，有靠背或靠墙以及能纵观全局的座位较受欢迎，靠窗的座位尤其受欢迎，而普遍不喜欢中间的桌子。因此，在餐厅空间划分时应尽可能以垂直的实体围合出有边界的空间，使每个餐桌至少有一个侧面能依托于某个实体（墙、隔断、靠背、栏杆等），尽量减少四面临空的餐桌（图 10-6）。

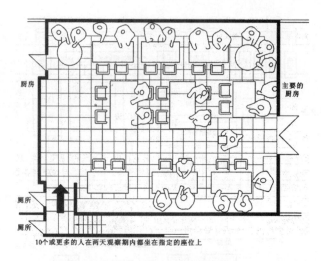

10个或更多的人在两天观察期内都坐在指定的座位上

图 10-5　空间布局的边界效应

图 10-6　依据边界效应进行空间分隔的餐厅

　　餐厅的位置应紧邻厨房，但备餐间出入口应尽量隐蔽，同时要避免厨房气味和油烟进入餐厅。大餐厅可运用多种手法划分出若干形态各异的小用餐空间，通过巧妙组合使其既相对独立又渗透融合，形成变化丰富的视觉效果。空间的分隔与限定可以利用地面、顶棚的变化，隔断、家具、陈设与绿化的围合来实现；同时注意空间围合限定的程度，应通过构架、漏窗、博古架等产生空间渗透，使其隔而不断、连通交融（图 10-7）。

　　主要人流路线要尽量避免交叉，顾客就餐活动路线与送餐服务路线应尽量避免或减少重叠。送餐服务路线不宜过长（最大不超过 40 米），并尽量避免穿越其他用餐空间；在大型多功能厅或宴会厅应以配餐廊代替备餐间，以避免送餐路线过长。

　　（3）顶棚、地面、墙面及柱等界面是构筑和限定空间的重要手段。各界面的造型设计、材料的质感、色彩、图案处理等，应注重发挥各界面组织分隔空间、加强空间风格特色、烘托特定环境氛围等作用，并与相关设备协调（图 10-8 和图 10-9）。地面还应选择耐污、耐磨、易清洁的材料。

图 10-7　餐厅空间分隔法

图 10-8　某西餐厅界面处理　　　图 10-9　某清真餐厅界面处理

　　（4）各种餐厅应有与之相适应的餐桌椅及其他家具。家具的类型、尺寸、式样、风格和布置方式应与餐厅的经营内容和特色相适应，与餐饮空间总体装饰风格协调统一。图 10-10 所示为某咖啡厅以舒适的沙发和小圆桌围合形成的休闲空间。

图 10-10　某咖啡厅室内家具

除选择餐具、酒具等实用性陈设外，可根据餐厅风格和特色，恰当选择各类艺术品、工艺品、生活用品、生产器具等来突出设计主题，强化空间风格，烘托环境气氛。图10-11中船桨、麻绳、斗笠、油灯，创造出码头船坞的渔村生活场景。图10-12为某日式餐厅一隅，塑造出极具日本园林特色的小景观。

图10-11　某中餐厅室内陈设图　　　　10-12　某日式餐厅一隅的景观

另外，绿化及山水小品无论是色彩还是形态，都大大丰富了餐饮空间的视觉效果，还能净化空气，改善环境。应根据建筑空间的装饰设计风格、空间的使用功能、气氛和意境的创造进行合理的配置（图10-13）。

图10-13　利用绿化分隔空间、烘托清新自然的室内氛围

（5）餐厅内应有良好的通风和采光效果。首先应充分利用自然采光，并考虑自然光下的光环境效果；人工照明应在满足照度的基础上，注意发挥其表现空间、限定空间、突出重点、增加空间层次、烘托环境气氛等作用，并充分考虑灯具的装饰作用。

（6）餐厅室内色彩应与空间总体风格协调统一，同时考虑色彩对人的食欲的影响。如以橙色为主的暖色具有增进食欲的作用。一般应以界面及家具色彩形成主色调，以陈设、绿化等形成色彩对比。

（7）餐厅内应设一定数量的包间或雅座，以提供更加私密的就餐、团聚、会谈空间。包间除满足就餐需要外，还应考虑团聚、会谈、娱乐的功能需要，可利用家具、界面变化等适当划分成用餐、会谈及娱乐、备餐等功能区。就餐区一般选择8人以上，甚至可以多达20余人的餐桌及餐椅；会谈娱乐区一般由沙发、茶几及电视柜等组成；另外要设置餐具柜、衣架等，高档的应设置专用备餐间。包间的设计应更加注重舒适性和艺术性，可以根据总体设计风格设置主题墙面，配置适宜的陈设品，并利用灯光、材质、色彩等烘托适宜的环境氛围（图 10-14）。

图 10-14　中式风格的包间设计

二、后厨的设计要点

餐饮建筑后厨的设计主要有以下几个要点。

第一，厨房面积应根据餐厅的规模与级别来综合确定。经营多种菜系时所需厨房面积相对较大，经营内容单一时所需厨房面积则较小。

第二，厨房应设单独的对外出入口。规模较大时，还需设货物和工作人员两个出入口。

第三，厨房应按原料处理、员工更衣、主食加工、副食加工、餐具洗涤、消毒存放的工艺流程合理布置。对原料与成品、生食与熟食应做到分别加工与存放。

第四，厨房若分层设置，应尽量在两层解决。若餐厅超过两层，相应的位置只需设置备餐间。垂直运输生食与熟食的食梯应分别设置，不得合用。

第五，备餐间是厨房与餐厅的过渡空间。在中小型餐厅中以备餐间的形式出现，在大型餐厅或宴会厅中，为避免在餐厅内的送餐路线过长，一般在餐厅一侧设备餐廊。若是单一功能的酒吧或茶室，备餐间面积较小或与准备间、操作间合并。

第六，布草间又称洗消间，其功能是对用餐器具的洗涤与消毒，一般应单独设置。

第七，厨房的各加工间应有良好的通风与排气。若为单层，可采用气窗式自然排风；若厨房位于多层或高层建筑内部，应尽可能地采用机械排风。

第八，厨房各加工间的地面均应采用耐磨、耐腐蚀、防水、防滑、易清洁的材料，处理好地面排水，同时墙面、工作台、水池等设施的表面均应采用无毒、光滑和易清洁的材料。

三、卫生间的设计要点

餐饮建筑卫生间的设计，主要有以下几个要点。

第一，顾客卫生间和工作人员卫生间应分开设置。

第二，顾客卫生间的位置应隐蔽，其前室的入口不应靠近餐厅或与餐厅相对，但要设置明确的标志。顾客卫生间可根据空间整体设计风格用少量艺术品点缀，以提高其环境质量。

第三，工作人员卫生间的前室不应朝向各加工间。

第三节　各类餐饮建筑设计

一、咖啡厅建筑设计

咖啡由发现至今已有三千余年历史，咖啡是具有兴奋作用的饮料，当今已成为西方人大众化的日常饮品，它在各国的消耗量逐年增加，咖啡厅也由此遍及全世界。

咖啡厅一般是在正餐之外，以喝咖啡为主进行简单的饮食，稍事休息的场所。它讲求轻松的气氛、洁净的环境，适合于少数几人交朋会友，亲切谈话等，由于不是进行正餐，在咖啡厅中可作较长时间的停留，是午后及晚间约会等人的好场所，很受白领工薪阶层和青年人、女士们的欢迎。

咖啡厅在各国形式多种多样，用途也参差不一。在法国，咖啡厅多设在人流量大的街面上，店面上方支出遮阳棚，店外放置轻巧的桌椅。喝杯咖啡、热红茶眺望过往的行人，或读书看报、或等候朋友。服务生则穿着黑制服白围裙，穿梭于桌椅之间，形成一道法国特有的风景。

在意大利，咖啡是在酒吧间喝的。在日本，虽然门面上都写着咖啡厅，但经营的内容彼此差别很大。我国咖啡厅很早已有，但数量不多，近几年随着生活的现代化和余暇时间增多，咖啡厅也像雨后春笋般在各地生长出来，然而目前像欧美那样很纯粹的以品尝咖啡为主的咖啡厅并不多，多数应称作冷热饮店或小吃店。

（一）咖啡厅的空间布局与环境气氛

咖啡厅在我国主要设置在城市中，一般设在交通流量大的路边或附设在大型商场和公共建筑中，咖啡厅比起酒楼、餐馆规模要小些，造型以别致、轻快、优雅为特色。

咖啡厅的平面布局比较简明，内部空间以通透为主，一般都设置成一个较大的空间，厅内有很好的交通流线，座位布置较灵活，有的以各种高矮的轻隔断对空间进行二次划分，对地面和顶棚加以高差变化，见图10-15。在咖啡厅中用餐，因不需用太多的餐具，餐桌较小，例如双人座桌面有600～700毫米见方即可，餐桌和餐椅的设计多为精致轻巧型，为造成亲切谈话的气氛，多采用2～4人的座席，中心部位可设一两处人数多的座席。咖啡厅的服务柜台一般放在接近人口的明显之处，有时与外卖窗口结合。由于咖啡厅中多以顾客直接在柜台选取饮食品、当场结算的形式，因此付货部柜台应较长，付货部内、外都需留有足够的迂回与工作空间。

咖啡厅的立面多设计成大玻璃窗，透明度大，使人从外面可以清楚地看到里面，出入口也设置得明显方便。

图 10-15 咖啡厅

咖啡厅多以轻松、舒畅、明快为空间主导气氛，一般通过洁净的装修，淡雅的色彩，结合植物、水池、喷泉、灯具、雕塑等小品来增加店内的轻松、舒适感。此外，咖啡厅还常在室外设置部分座位，使内外空间交融、渗透，创造良好的视觉景观效果（图 10-16）。

图 10-16 欧洲郊外某咖啡店

一级咖啡厅，装修标准较高，要求厅内环境优雅，桌椅布置舒适、宽敞。使用面积最低为 $1.3m^2/$ 座，若设音乐茶座或其他功能时可相应加大到 $1.5 \sim 1.7m^2/$ 座，二级咖啡厅使用面积应不少于 $1.2m^2/$ 座。

（二）咖啡厅的厨房设计

咖啡厅的规模和标准差别很大，后部厨房加工间的面积和功能也有很大区别，一些小型的咖啡馆，客席较少，经营的食品一般不在店内自己加工，冷食、点心、面包等采用外购存入冷藏柜、食品柜的作法，有的仅有煮咖啡、热牛奶的小炉具及烤箱，对厨房要求很简单，见图 10-17。大型咖啡厅多数自行加工、自行销售，并设有外卖，其饮食制作间需满足冷食制作和热食制作等加工程序的要求。冷食制作包括：冰激凌、冰点心、冰棍和可食容器的制作等。热食制作主要为点心、面包等食品和热饮料的制作，因此厨房面积比较大。自行加工的厨房应设置下列加工间：原料调配、煮浆、冰激凌、冰点心、冰棍、饮料、可食容器、点心面包等制作间。

图 10-17　咖啡厅柜台内景

　　由于咖啡厅所要求的各种原料用量不大，所以食品库房不必分类。咖啡厅所用的食器具也比一般餐厅少些，食具存放和洗涤消毒空间可相应缩小。冷食制作的卫生要求高，因此在冷食加工间和对外的付货部之间应设简单的通过式卫生处理设备，如在地面上设置喷水设施以及箅子盖板和排水沟，至此经冲鞋后方能通过。冷食、蛋糕等成品必须冷藏，除在相应的加工间设置冰箱、冷柜等之外，还可设专门的成品冷库。自行加工厨房各加工间的流线布置如图 10-18 所示。

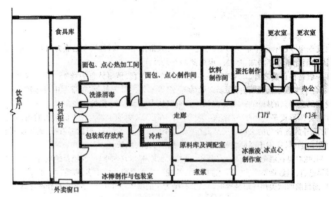

图 10-18　咖啡厅厨房各加工间的布置关系图

　　咖啡厅根据所经营的内容设置饮食制作间，制作间的大小并非取决于座位数的多少。所以制作间的面积与饮食厅的面积无固定比例，可根据实际情况自定。

　　（三）咖啡厅的发展趋势

　　当前国内外对于咖啡厅的概念已有所更新，国内一改传统冷饮店脏、乱、小的弊病，以高雅的格调装修，或是以连锁店的方式经营，呈现崭新的经营风貌。国外更是与都市的现代化生活和休闲气氛结合起来，出现多种形态并行经营的咖啡厅，如咖啡厅 +VCD 影视、咖啡厅 + 电脑网络厅，这类新型的咖啡厅符合现代青年人的口味，使他们能从中获取一块暂时属于自己精神世界的小天地，快乐地渡过时光。咖啡厅实例见图 10-19 至图 10-25。

　　"花卉 235"为日本"池坊流"艺术插花总社开设的会员制咖啡店。曲线流畅的空间和层次丰富的庭院，使咖啡厅的氛围与其设计宗旨相吻合。

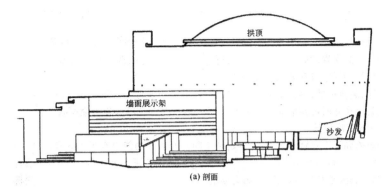

(a) 剖面

图 10-19　日本咖啡店"花卉 235"（一）

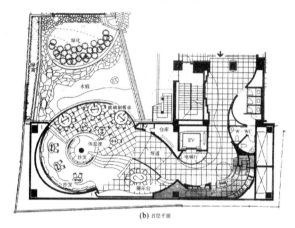

(b) 首层平面

图 10-20　日本咖啡店"花卉 235"（二）

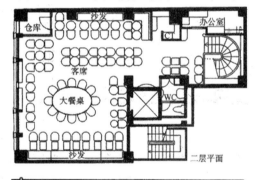

二层平面

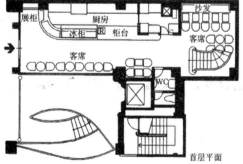

首层平面

图 10-21　日本新宿街头咖啡厅

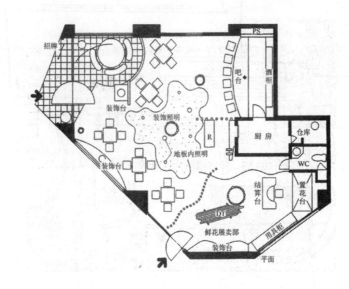

图 10-22　咖啡厅与花店并设

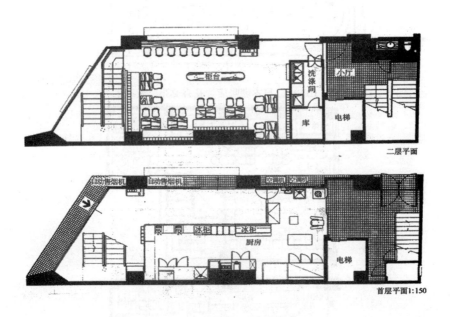

图 10-23　气氛轻松、明快的咖啡厅

此咖啡厅立面为通长大玻璃窗，入口处设楼梯直通二层室内布置简洁、明快。

（a）入口透视

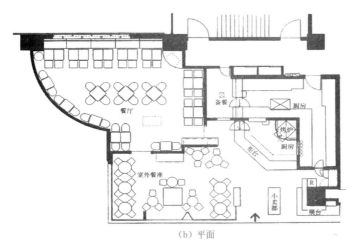

（b）平面

图 10-24　地中海风格的咖啡店

此咖啡店入口贩卖碗碟，酱菜等杂品，为小店增添了生活情趣。

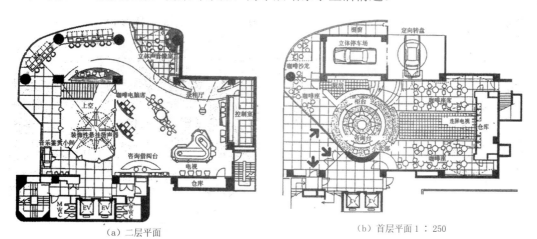

（a）二层平面　　　　　　　　　　　　（b）首层平面 1：250

图 10-25　电脑咖啡屋

为迎合青年人的需求，一层设计了大型连屏电视，二层设置了试听单间，大屏幕，及可供个人操作的电脑席。

二、酒吧建筑设计

（一）酒吧及酒吧的类型

酒吧的原文为英文的"bar"，这个英文单词的原意是"棒"和"横木"，这十分清楚地表明了其特征——是以高柜台为中心的酒馆。在译成中文时，根据其发音和经营内容而译成"酒吧"。

酒吧的类型有独立式酒吧和附设在大饭店中的酒吧，在我国一般旅游饭店中都设有酒吧，它可以为异国的游客或商务旅客解决夜晚无处排遣寂寞的困扰。独立式的酒吧以前在我国较少，但如今在一些商业闹区也逐渐流行开来，它给忙碌的现代人提供了一个下班后无拘无束、交朋会友的好场所。由于酒水、饮料的销售利润高于食品，约在60%～70%之间，因而酒水部成为餐饮部的重要组成部分，不少普通的餐厅也增设了酒吧。

近年来，为了吸引不同的消费群体，突出特色，酒吧的类型变得多种多样，它已从原来单纯的饮酒功能拓展出去，例如酒吧开始与体育、消遣、娱乐设施相结合，与音乐、文学、展示、信息等科学、文化艺术结合，归纳起来大致可以分为下列七种：

（1）音乐舞蹈类酒吧：如钢琴吧、摇滚吧、卡拉 OK 吧，与迪斯科舞厅结合的迪吧等，见图 10-26。

图 10-26　卡拉 OK、酒吧单间内景

（2）风格陈设类酒吧：其装饰陈设有特色，环境氛围给人一种独特的文化享受，如"雏鸟俱乐部""摩托车俱乐部"等。

（3）收藏展示类酒吧：以有趣的形式展现各种收藏，以营造一种特别的氛围，如有的展现各国汽车的车牌，有的陈列各种开瓶盖的"起子"等。

（4）自制自酿类酒吧：该类酒吧所售的主要酒类和饮料为本店自酿，以其饮料的独特风味来招徕顾客。

（5）诗歌文学类酒吧：给诗社、文学社、广告人或文化人提供聚会处，如"鲁迅文学沙龙"等。

（6）体育休闲类酒吧：给球迷、体育爱好者制造交流聚首的机会。常设置电视屏幕直播各种赛事，或设置台球桌、麻将桌等，使人边饮酒边进行休闲运动。

（二）酒吧的空间布局及环境气氛

酒吧的面积一般不太大，空间设计要求紧凑，吊顶较低。酒吧中的吧台通常在空间中占有显要的位置，小型酒吧中，吧台设置在入口的附近，使顾客进门时便可看到吧台，店家也便于服务管理。酒吧中除设有柜台席外，还设置一些散席，以 2～4 人座为主。由于不进行正餐，桌子较小，座椅的造型也比较随意，常采用舒适的沙发座。

酒吧是个幽静的去处，一般顾客到酒吧来都不愿意选择离入口太近的座位。设计转折的门厅和较长的过道可以使顾客踏入店门后在心理上有一个缓冲的地带，淡化在这方面的座位优劣之分。此外，设在地下一、二层的酒吧，可通过对必经楼梯的装饰设计，预示店内的气氛，加强顾客的期待感，见图 10-27。

图 10-27 酒吧入口

酒吧多数在夜间经营，适合于工薪族下班后来此饮酒消遣，以及私密性较强的会友和商务会谈。因此它追求轻松的、具有个性和隐密性的气氛，设计上常刻意经营某种意境和强调某种主题。音乐轻松浪漫，色彩浓郁深沉，灯光设计偏重于幽暗，整体照度低，局部照度高，主要突出餐桌照明，使环绕该餐桌周围的顾客能看清桌上放置的东西，而从厅内其他部位看过来却有种朦胧感，对餐桌周围的人只是依稀可辨。酒吧中公共走道部分仍应有较好的照明，特别是在设有高差的部分，应加设地灯照明，以突出台阶。

吧台部分作为整个酒吧的视觉中心，照度要求较高，除了操作面的照明外，还要充分展示各种酒类和酒器，以及调酒师优雅娴熟的配酒表演。从而使顾客在休憩中同时得到视觉的满足，在轻松舒适的气氛中流连忘返。

酒吧以争取回头客为重要的经营手段，这一方面需要经营者与顾客间建立熟悉的关系，另一方面酒吧的设计意境和气氛也是十分重要的，顾客会因为喜欢这家酒吧的氛围而常来此店。酒吧实例见图 10-28 至图 10-31。

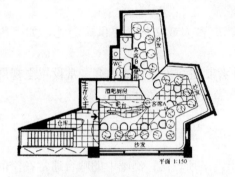

图 10-28　"雷诺"酒吧

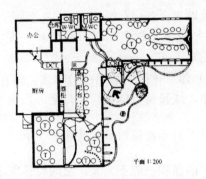

图 10-29　"木屋"酒家

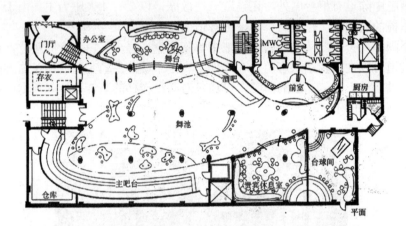

图 10-30　酒吧 + 迪厅

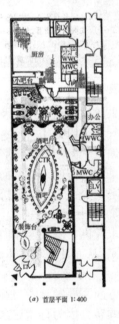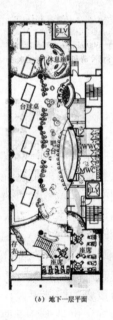

(a) 首层平面 1:400　　　(b) 地下一层平面

图 10-31　体育休闲吧

（三）酒吧吧台的设计

酒吧的特点是具备一套调制酒和饮料的吧台设施，为顾客提供以酒类为主的饮料及佐酒用的小吃。吧台又分前台和后台两部分，前吧多为高低式柜台，由顾客用的餐饮台和配酒用的操作台组成。后吧由酒柜、装饰柜、冷藏柜等组成。吧台的形式有直线型、O型、U型、L型等，比较常用的是直线型，吧台边顾客用的餐椅都是高脚凳，这是因为酒吧服务侧的地面下因有用水等要求，要走各种管道而垫高，此外服务员在内侧又是站立服务，为了使顾客坐时的视线高度与服务员的视线高度持平，所以顾客方面的座椅要比较高。为配合座椅的高度以使下肢受力合理，通常柜台下方设有脚踏杆。吧台台面高1000～1100毫米，坐凳面比台面低250～350毫米，踏脚又比坐凳面低450毫米，吧台详图如图10-32。

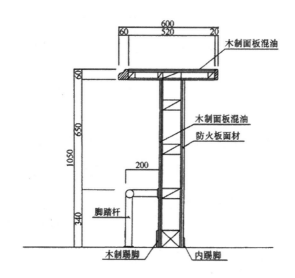

图10-32　酒吧吧台详图

吧台席多为排列式，坐在吧台席上可看到调酒师的操作表演，可与调酒师聊天对话，适合于单个的客人或两个人并肩而坐。为了使吧台能给人一种热烈的气氛，需要吧台有足够大的体量。但由于吧台与4人座的厢型客席相比，单位面积能够容纳的客人数较少，加大吧台的体量就会减少整个店容纳的客人数量。解决这一矛盾的方法是把吧台一端与一个大桌子相连，由于大桌子周围可以坐较多的客人，从而弥补了加大吧台体量给座位数带来的损失，同时也能在设计上打破一般常规吧台的形式而具有新意，见图10-33。吧台座椅的中心距为580～600毫米，一个吧台所拥有的座位数量最好在7～8个以上，如果座位数量太少，吧台前的座席就会使人感到冷清和孤单而不受欢迎。

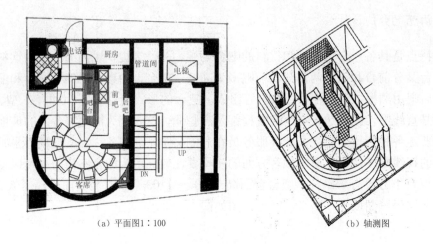

(a) 平面图1:100　　　　　　　　　　(b) 轴测图

图 10-33　吧台端头加大圆桌的实例

除了上述吧台即前吧外，后吧的设计也十分重要。由于后吧是顾客视线集中之处，也是店内装饰的精华所在，需要精心处理。首先应将后吧分为上下两个部分来考虑，上部不作实用上的安排，而是作为进行装饰和自由设计的场所。下部一般设柜，在顾客视线看不到的地方可以放置杯子和酒瓶等。下部柜最好宽 400～600 毫米，这样就能储藏较多的物品，满足实用要求。酒架详图见图 10-34。

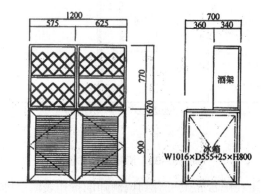

图 10-34　后吧酒架详图

作为一套完善的吧台设备，其前吧应包括下列设备：酒吧用酒瓶架，三格洗涤槽（具有初洗、刷洗和消毒功能）或自动洗杯机、水池、饰物配料盘：贮冰槽、啤酒配出器、饮料配出器、空瓶架及垃圾筒等。

后吧应包括以下设备：收款机，瓶酒贮藏柜，瓶酒、饮料陈列柜，葡萄酒、啤酒冷藏柜、饮料、配料、水果饰物冷藏柜及制冰机、酒杯贮藏柜等。

前吧和后吧间服务距离不应小于 950 毫米，但也不可过大，以两人通过距离为适，冷藏柜在安装时应适当向后退缩，以使这些设备的门打开后不影响服务员的走动。走道的地面应铺设塑料格栅或条型木板架，局部铺设橡胶垫，以便防水防滑，这样也可减少服务员长时间站立而产生的疲劳。

（四）酒吧厨房的设计

酒吧的厨房设计与一般餐厅的厨房设计有所不同，通常的酒吧以提供酒类饮料为主，加上简单的点心熟食，因此厨房的面积占10％即可。也有一些小酒吧，不单独设立厨房，工作场所都在吧台内解决，由于能直接接触到顾客的视线，必须注意工作场所要十分整洁，并使操作比较隐蔽。

吧台区的大小与酒吧的面积、服务的范围有关，此外在狭窄的吧台中配置几名工作人员是决定作业空间大小的关键因素。在满足功能要求的前提下空间布置要尽可能紧凑。在布置厨房设施时要注意使操作人员工作时面对顾客，以给顾客造成亲切的视觉和心理效果。工作人员面对顾客还易于及时把握顾客的需求，有利于提高服务质量。

酒吧厨房的具体设置分下列几个部分：

1. 贮藏部分设计

酒吧厨房的储藏主要用于存放酒瓶，除了展示用的酒瓶和当日要用的酒瓶外，其他酒瓶都应妥善地置放于仓库中，或顾客看不到的吧台内侧，此外还要保管好空酒瓶及其箱子。

2. 调酒部分设计

这是吧台内调酒师最重视的空间，操作台的长度在1800～2000毫米之间最为理想，在这个范围内将水池、调酒器具等集中配置，会使操作顺手和省力。

3. 清洗部分设计

小酒吧中直接在吧台内设置清洗池，大酒吧中把清洗池设在厨房或设单独的洗涤间，如果在吧台内洗酒具，应注意不要使坐在吧台前的顾客感觉碍眼或被溅上水。

4. 加热部分

由于酒吧的主要功能是提供酒类饮料，因此加热功能最好控制在最低限度。如果菜单上有需要加热的食物，那么只要空间上允许应尽可能另设小厨房。在吧台内烧开水或进行简单的加热时，最好使用电磁加热灶或微波炉。

酒吧厨房实例见图10-35。

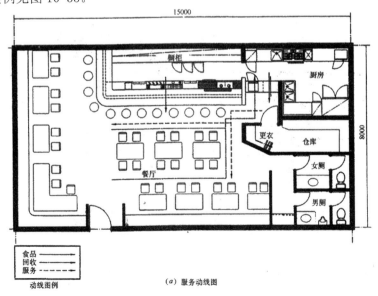

（a）服务动线图

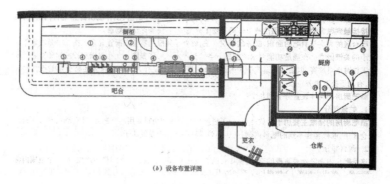

(b) 设备布置详图

①操作台；②冷柜；③冰激凌柜；④抽拉柜；⑤制冰机；⑥搅拌器；⑦粉碎机；⑧混合器；⑨洗杯器；⑩水池；⑪毛巾加热消毒柜；⑫玻璃冷柜；⑬操作台；⑭煤气灶；⑮油炸箱；⑯操作台；⑰微波炉；⑱冰箱；⑲操作台；⑳水池；㉑制冰机

图 10-35　酒吧服务动线和厨房布置详图

三、烧烤、火锅店建筑设计

烧烤和火锅都是近年来逐渐风行全国的餐饮形式。涮火锅原是我国具有很强地方色彩的饮食方式，如北京的涮羊肉和重庆的火锅。烧烤原是在韩国和日本非常盛行的餐饮形式。随着人民生活水平的提高和对饮食方式多样化的要求，火锅和烧烤店已是街头小巷随处可见的餐饮店了。

（一）烧烤、火锅店的特点

火锅和烧烤的共同特点是在餐桌中间设置炉灶，涮是在灶上放汤锅，烤则是在灶上放铁板或铁网，二者的异曲同工之处是大家可以围桌自炊自食，看着红红的炉火，听着涮、烤时发出的滋滋的声音，闻着扑面而来的香味，有一种热烈的野炊和自炊的气氛，令人兴奋和陶醉，见图 10-36。

图 10-36　烧烤店

火锅和烧烤店的盛行与现代技术的发展有一定的关系。一是有了肉片切薄机，不像过去必须聘用刀工很好的师傅，现在新来的小工也能操作，而肉片是否能切的标准和薄，是决定涮和烤是否能够达到美味的关键。二是冰箱等的功能不断进步，贮存量、保鲜程度不断提高，也使店家不再为保鲜、贮藏问题发愁。此外涮火锅、烧烤都是半自助的形式，能够省人工，并利于接待团体顾客。

涮火锅和烧烤店的另一个特点是具有季节性，一般来说冬季生意火爆，而到夏季就比较冷清。因此有些店采取到夏季改变经营内容的方式，例如成为一般的中餐店。

（二）平面布局与餐桌设计

火锅及烧烤店在平面布置上与一般餐饮店区别不是很大，稍特殊的地方是端送运输量较大，厨房与餐厅连接部分最好开两个运输口，尽可能比较便捷、等距离的向客席提供服务。餐厅中的走道要相对宽些，主通道最少在 1000 毫米以上。一些店采用自助形式，自助台周边要留有充足的空间，客流动线与服务动线应清晰明确，避免相互碰撞。

由于火锅和烧烤店主要向顾客提供生菜、生肉，装盘时体积大，因而多使用大盘，加上各种调料小碟及小菜，总的用盘量较大。此外桌子中央有炉具，（直径 300 毫米左右），占去一定桌面。因此烧烤、涮锅用的桌子比一般餐桌要大些。例如四人用桌的桌面应在 800～900 毫米 ×1200 毫米左右。

火锅、烧烤店用的餐桌多为 4 人桌或 6 人桌，对于中间放炉灶来说这样的用餐半径比较合理。2 人桌同 4 人桌比，须用的设备完全相同，使用效率就显得低。6 人以上的烧烤桌，因半径太大够不着锅灶，也不被采用，人多时只能再加炉灶。因受排烟管道等限制，桌子多数是固定的，不能移来移去进行拼接，所以设计时必须考虑好桌子的分布和大桌、小桌的设置比例。通常在中间布置条形大桌，供团体使用，也有设成柜台席的，服务员在内侧可协助涮、烤，见图 10-37。

图 10-37　火锅店

火锅及烧烤用的餐桌桌面材料要耐热、耐燃，特别要易于清扫，因油和汤常溅撒在上面，一般也不用桌布。烧烤、火锅店实例见图 10-38 至图 10-41。

(a) 室内

(b) 平面 1:250

图 10-38　采用无烟灶的烧烤店

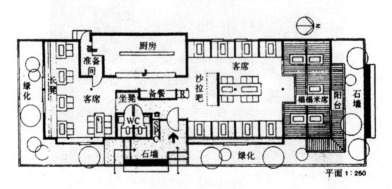

平面 1:260

图 10-39　铁板烧烤店

（三）排烟设计

火锅和烧烤店在设计上需要特别注意的是排烟问题，如果这一点处理不当，就会造成店内油烟、蒸汽弥漫，空气受到污染，就餐环境恶化，餐厅的内装修被熏染，难以清除。在我国多数的市井小店中，这一问题还未得到解决。一些店只是在天花上设几处排风扇或仅以开窗进行自然排烟，室内的空气污染得不到彻底改善，这一点有待向国外学习。

日本在 20 世纪 80 年代初生产出无烟灶，解决了排油烟的技术难题，为日本涮锅、烧烤的普及助了一臂之力。无烟灶的原理是在烟与蒸汽还未扩散前，通过强制抽风，将烟气从设在桌子下部的管道中抽走。无烟灶的燃料可以用煤气、电或炭，其实例与构造形式参见图 10-40 至图 10-41。

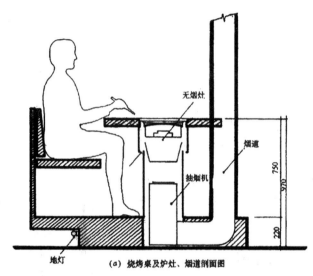

(a) 烧烤桌及炉灶、烟道剖面图

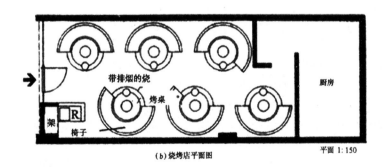

(b) 烧烤店平面图　　　　　平面 1:150

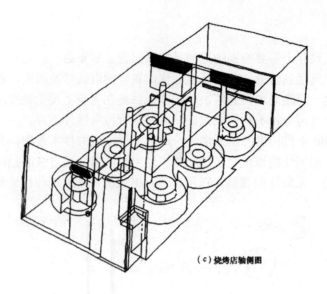

（c）烧烤店轴侧图

图 10-40　烧烤店平、剖面设计 [①]

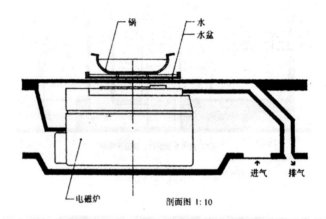

剖面图 1:10

图 10-41　桌上电磁炉构造示意图

因无烟灶的管道是从下部通行的，可由地板下或短墙内走，这使餐厅上部空间，不再出现林立的排烟罩，确保了空间的通畅感，要注意排烟管道需占据一定空间，设在矮墙内需有一定厚度，设在地板下，需把地面抬高至少 200 毫米，设计师可因势利导，利用地面抬高或设置装饰墙来丰富空间。最后从地板下、矮墙内走的管道再通过垂直烟道，排向室外。需要注意的是烟囱的高度及作法要符合国家规范，不能造成二次污染影响邻里。竖起来的烟道如果需要经由室内，可以利用假柱子等形式将它装饰起来。

在餐厅的平面布局中，餐桌的布置，人流动线及空间的划分要与空调、排烟系统的位置和走向密切结合，因受管道限制，桌子需要对正，火锅、烧烤店的平面布局一般都比较整齐。

值得注意的是，采用强制排风措施后，餐厅内的空气循环率加大了，冬季由暖气、空调机放出的热气及夏季由空调机放出的冷气，都会被同时带走。因此，烧烤、火锅店的空调功率需

① 采用下方排烟式烧烤桌，烟道做成装饰柱，伸入吊顶，再接横管将烟排走。

选择比普通店大。

日式无烟灶的排气管道是从桌子下方走的，对桌子的设计有一定要求。无烟灶通常卧在桌子中央，灶顶低于桌面，上加炉盖与桌面平齐，不进行涮、烤时可当普通桌子使用。处于桌面下部的灶具与排烟管道相接，其外部要用防热防燃材料包好，这样也就形成了桌腿。当然包藏管道的中央桌腿过粗时，用餐人放腿不舒适，所以相应加大桌面也有这方面的原因。桌腿上还设置了检修门，可以检修管道和灶具。

（四）厨房设计

火锅和烧烤店的厨房工作与一般餐厅相比，在操作和服务方面要简单些。生肉、生菜和调味汁可事先准备好，从而避免高峰时的紧张。厨房中热炒用的炉灶不多，其他机械种类也较少。主要是汤锅、饭锅。副食精加工和主食加工所用的空间可以压缩。但冰箱、冷库及解冻设备非常重要，需要占用较大的空间，一般根据一周的用量来考虑贮存面积。此外配料、摆盘等需要较大的操作面，洗涤部分的设备和空间也要配足，以保证工作迅速、顺畅。烧烤店厨房布置与流线见图 10-42。

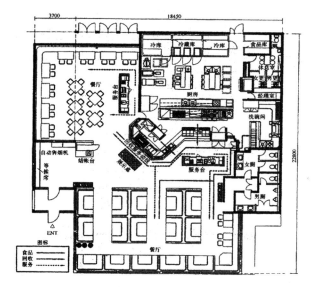

图 10-42　烧烤店的厨房布局与服务动线

四、西餐厅建筑设计

西餐泛指根据西方国家饮食习惯烹制出的菜肴。西餐起源于意大利，最早形成于古罗马时期，中世纪基本定型。13 世纪时意大利人马可·波罗曾将某些欧洲菜点的制作方法传到中国，但没有形成规模，西餐真正传入中国是在 1840 年鸦片战争之后。

鸦片战争后，各帝国主义列强蜂拥而入，西方各国菜点也随之传入中国。当时西餐在中国只是洋人的"住宅菜"，后来有了洋人饭店的西餐厅和中国人经营的"蕃菜馆"，但能吃西餐的中国人也仅限于官僚和商人，因此西餐在中国并不普及。

近年来，在我国改革开放政策的推动下，旅游事业蓬勃发展，旅游涉外饭店犹如雨后春笋遍及全国主要城市，带动了西餐厅的设置。在让外国人品尝中国的美味佳肴的同时，也准备好了他们习惯吃的西餐。富裕起来的中国人出于好奇或换换口味的需要，开始频繁的走进了西餐厅，使西餐在餐饮业中逐渐取得地位，目前小型的西式快餐厅、咖啡馆、大型的专业西餐厅已比较普遍。

（一）西餐的分类及特征分析

西餐分法式、俄式、美式、英式、意式等，除了烹饪方法有所不同外，还有服务方式的区别。法式菜是西餐中出类拔萃的菜式，其特点是选料广泛、做工精细、滋味鲜美。为了追求鲜嫩，法式菜通常烧得很生，牛扒只需七八成熟，烧野鸭则只要三四成熟就吃，特别是生吃牡蛎，是法国人喜爱的冷菜之一。用酒调味，量大而讲究，做什么菜用什么酒都有一定的规定。如清汤用葡萄酒，海味用白兰地，火鸡用香槟，水果和甜点用甜酒等。另外法式服务中特别追求高雅的形式，例如服务生、厨师的穿戴、服务动作等。此外特别注重客前表演性的服务，法式菜肴制作中有一部分菜需要在客人面前作最后的烹调，其动作优雅、规范，给人以视觉上的享受，达到用视觉促进味觉的目的。因操作表演需占用一定空间，所以法式餐厅中餐桌间距较大，它便于服务生服务，也提高了就餐的档次，高级的法式菜有十三道之多，用餐中盘碟更换频繁，用餐速度缓慢。

豪华的西餐厅多采用法式设计风格，其特点是装潢华丽，注意餐具、灯光、陈设、音响等的配合，餐厅中注重宁静，突出贵族情调，由外到内、由静态到动态形成一种高雅凝重的气氛。

西方人士的饮食习惯中，上什么菜肴食品、使用何种器皿及刀、叉、匙均有所讲究，因此杯、盘、刀、叉种类很多。西餐最大特点是分食制，按人份准备食品，新上一道菜，不是把菜肴放在桌子中央共食，而是由服务生分到每个人的餐盘中，餐盘、刀、叉具放置的范围以每一位客人使用桌面横 24 英寸、直 16 英寸为准。因此 4 人用圆桌直径为 900 ～ 1100 毫米，6 人的长方桌长边 2000 ～ 2200 毫米，短边 850 ～ 900 毫米。

目前中国的西餐厅主要经营形态有美式和欧式两种。欧式的以法式为正宗，但其烹饪及服务速度缓慢，不如美式的便捷。美式西餐是各种形式的混合体，其特点是：食物在厨房烹制、装饰后分别盛于各食盘上，然后直接端给客人食用，好处是迅速、趁热上桌，客人在用餐时也可以要求供应咖啡，边吃边饮。空间及装修也十分自由、现代化。由于美式西餐服务便捷省力，一个服务员可同时服务几桌客人，经营成本低，加之美式传入稍早，因此在中国美式西餐厅比欧式西餐厅更为普遍。

（二）西餐厅的厨房设计

西厨调理无论是欧式还是美式，烹制方法均偏于煎、炸、烤、煮。与中餐相比，产生油烟较少，厨房易于保持清洁。此外西餐厨房分工明确，厨房用具、设备名目繁多且用途专一。例如有专门的压面机、打蛋机、锯齿型电动切牛肉刀，土豆泥搅拌器等。用具、器皿、设备绝大多数为不锈钢制，易于清洗、保洁。

西餐厨房尤其是一些小餐厅或快餐厅有一些是开敞的，它使顾客在进餐的同时，可以欣赏厨师烹饪的高超手艺，加强厨师与顾客之间的交流，听见操作时锅、碗、刀、叉发出的响声，感到、闻到厨房传来的气浪、香味，很容易形成亲切热烈的家庭就餐气氛。开敞式的厨房，还能使整个餐厅显得宽敞，对于一些小型餐馆非常实用。

西餐烹饪因使用半成品较多，所以初加工等面积可以节省些，比中餐厨房的面积略小，一般占营业场所面积的1/10以上。

西餐厅实例及西餐厨房布局、设备见图10-43至图10-48。

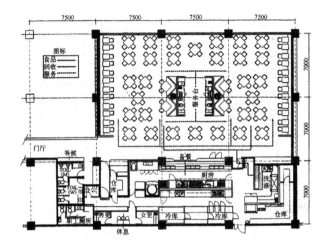

图10-43　意大利餐厅实例

图10-44　厨房柜台处透视——半开敞式厨房

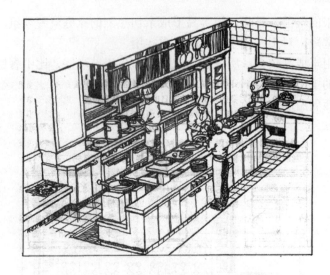

图 10-45 厨房室内透视——开敞式厨房

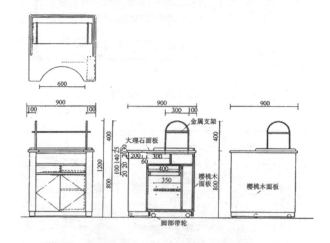

图 10-46 西餐用切面包操作台

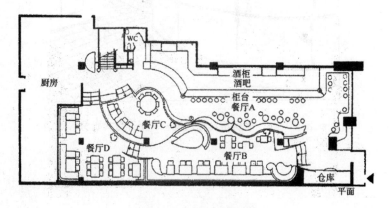

图 10-47 现代欧风餐厅

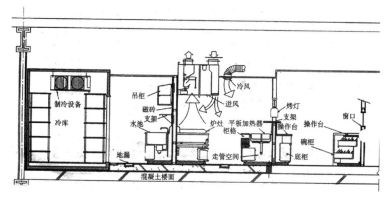

图 10-48　西餐厨房机械配置断面图

五、自助餐厅、快餐厅建筑设计

（一）自助餐厅的建筑设计

自助式餐厅最初出现于 19 世纪末的美国。它以"自选、自取"为特征，由顾客自行到餐台选取所喜爱的食物。这种餐厅近年来在我国也发展很快。

1. 自助餐的形式及自助餐的设计要点

自助餐大致可以分为两种形式，一种是客人到一固定设置的食品台选取食品，而后依所取样数付帐；另一种是支付固定金额后可任意选取，直到吃饱为止。这两种方式都比一般餐厅可以大大减少服务人员的数量，从而降低餐厅的用工成本。同时，对于消费者来说由于可以根据自己的意愿各取所需，而不必再为点菜费神，因而受到消费者的欢迎。近年来不少经营火锅、烧烤、比萨饼的餐厅也采取了自助的形式。有不少学校和机关的食堂也开始采取了由就餐者自选，然后按所选结算的自助方式。

自助餐厅在设计上必须充分考虑其功能要求。在由顾客自行选取，按所取样数结帐方式的餐厅，应在顾客选取路线的终点处设置结算台，顾客在此结算付款后将食品拿到座位食用。这种餐厅一般还在靠近出口处设置餐具回收台，顾客就餐后将餐具送到回收台。在采取顾客交纳固定费用而随意吃喝方式的餐厅，要注意餐台的设计应能使顾客可以从所需的食物点切入开始选取，而不必按固定的顺序排队等候。比起传统的一字型餐台，改良的自由流动型和锯齿型餐台更容易实现这一功能要求。另外，由于在这种形式的餐厅中顾客需要经常起身走动盛取食物，餐桌与餐桌之间、餐桌与餐台之间必须留出足够的通道，以避免顾客之间出现拥挤和碰撞。两种方式的餐厅在设计上都必须对顾客的流线有周密的考虑，避免顾客往返流线的交叉和相互干扰。自助餐厅多采用大餐厅、大空间的形式，根据具体情况也可在其中做适当的分隔。餐厅的装修应简洁明快，力求使人感觉宽敞、明亮，切忌给人以拥挤的感觉。实例见图 10-49 至图 10-50。

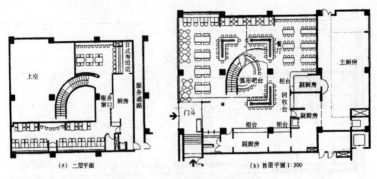

图 10-49 购餐券式自助餐厅

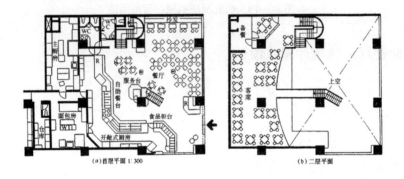

图 10-50 自助式西餐厅

2. 自助餐厅厨房的设计

对于专门经营自助餐的餐厅来说，由于对厨房的及时热炒和烹、炸的要求不高，因此除冷荤制作部分的工作量较大、面积一般不宜缩小外，烹调间以及为其服务的副食粗加工间、副食细加工间的面积都可以比同等规模的一般餐厅有所缩小，在设施上也可以相应简化。至于经营烧烤、涮火锅之类的自助餐厅，因食品的"烹调"基本上是由顾客自行完成的，这类餐厅的烹调间和辅助加工部分的空间可以大大缩小，甚至可以不设烹调间。

自助餐台位置、详图见图 10-51 和图 10-52。

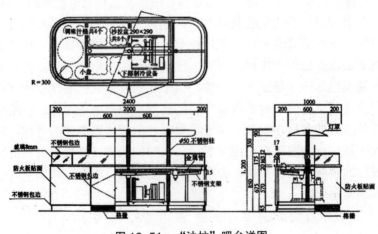

图 10-51 "沙拉"吧台详图

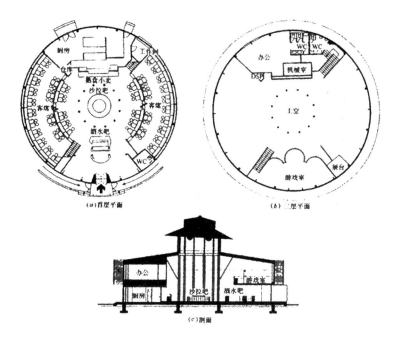

图 10-52　中间设"沙拉"吧两边设座的西餐自助餐厅

（二）快餐厅的建筑设计

1. 快餐厅的特征分析

快餐厅起源于 20 世纪 20 年代的美国。与传统餐厅相比，可以认为快餐厅是把工业化概念引进餐饮业的结果。因为快餐厅采用机械化、标准化、少品种、大批量的方式来生产食品。由于快餐业适应了现代生活快节奏、注重卫生和一定的营养要求，自出现以来发展很快。一般而言，快餐业具有以下几个特点：

第一，产品易于为大众所接受，主题产品种类少，适于大批量标准化制作。

第二，价格相对低廉。

第三，大量使用半成品食物，并使用自动和半自动的机器设备，以减少现场操作时间，提高运营效率。

第四，通常采用连锁店的方式经营，以实现规模经营和提高市场占有率。

在我国，快餐业是在改革开放之后从无到有发展起来的。先是洋快餐独领风骚，随后中式快餐也逐渐发展起来。从"肯德基""麦当劳"打入中国，到"荣华鸡""红高粱"与之"分庭抗礼"，快餐厅的经营形式已逐步被大众接受。随着生活水平的提高和实行双休日，人们在外就餐的比重不断增加，快餐业在我国发展前景远大。

2. 快餐厅的空间布置及设计要点分析

快餐厅空间布置的好坏直接影响到快餐厅的服务效率。一般情况下，将大部分桌椅靠墙排列，其余则以岛式配置于房子的中央。这种方式最能有效地利用空间。靠墙的座位通常是 4 人对座或 2 人对座，也有少量 6 人对座的座位。岛式的座位多至 10 人，少至 4 人，这类座位比较适于人数较多的家庭或集体用餐时使用。

由于快餐厅一般采用顾客自我服务方式，在餐厅的动线设计上要注意分出动区和静区，按照在柜台购买食品—端到座位就餐—将垃圾倒入垃圾筒—将托盘放到回收处的顺序合理设计动线，避免出现通行不畅、相互碰撞的现象。如果餐厅采取由服务人员收托盘、倒垃圾的方式，应在动线设计上与完全由顾客自我服务方式的有所不同。

快餐厅的室内空间要求宽敞明亮，这样既有利于顾客和服务人员的穿梭往来，也能给顾客以舒畅开朗的感受。色调应力求明快亮丽，店徽、标牌、食品示意灯箱以及服务员服装、室内陈设等都应是系列化设计，着重突出本店的特色。见图 10-53 的麦当劳快餐店。

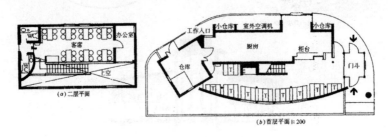

图 10-53　麦当劳快餐店

第十一章　其他专题设计

第一节　办公建筑设计

办公建筑通常是指供机关、团体和企事业单位办理行政事务和从事各类业务活动的建筑物。建筑物内供办公人员办公的房间称为办公室；以此单位集合成一定数量的建筑物则可以称为办公建筑。

一、办公建筑的类型划分

办公建筑的类型依据不同的标准有着不同的划分方法，具体如下。

（一）按照使用对象分类

办公建筑按照使用对象的划分，如表 11-1 所示。

表 11-1　办公建筑按照使用对象的划分

类别	使用对象
行政办公楼	各级党政机关、人民团体、事业单位和工矿企业的行政办公楼
专业性办公楼	为专业单位办公使用的办公楼，如科学研究办公楼（不含实验楼），设计机构办公楼，商业、贸易、信托、投资等行业办公楼
商务写字楼	在统一的物业管理下，以商务为主，由一个或数个单元办公平面组成的租赁办公建筑
综合性办公楼	公寓式办公楼：由统一物业管理，根据使用要求，可由一种或数种平面单元组成。单元内设有办公、会客空间和卧室、厨房和厕所等房间的办公楼
	酒店式办公楼：提供酒店式服务和管理的办公楼

（二）按照办公形式分类

办公建筑按照办公形式，可划分为以下三类：
（1）建筑高度 24 米以下的为低层或多层办公建筑；

（2）建筑高度超过 24 米的而未超过 100 米的为高层办公建筑；

（3）建筑高度超过 100 米的为超高层办公建筑。

（三）按照建筑高度分类

办公建筑按照办公高度的划分，有以下四类。

（1）单间式办公室：以一个开间或多个开间组成的办公室，一般为双面布房或单面布房形式；

（2）开放式办公室：大空间办公空间形式；

（3）单元式办公室：由接待空间、办公空间、专用卫生间以及服务空间等组成的相对独立的办公空间形式；

（4）公寓式办公室：指在单元式办公室的基础上设置卧室、会客室及厨房等房间的办公室。

二、办公建筑的选址及总平面布置原则

（一）办公建筑的基地选址

办公建筑的基地选址可从以下三个方面出发：

其一，办公建筑基地的选择，应符合当地总体规划的要求。

其二，办公建筑基地宜选在地质条件有利、市政设施完善、交通和通信方便的地段。

其三，办公建筑基地与易燃易爆物品场所和产生噪声、尘烟、散发有害气体等污染源的距离，应符合安全、卫生和环境保护有关标准的规定。

（二）办公建筑的总平面布置原则

办公建筑的总平面布置原则主要表现在以下几个方面。

（1）总平面布置应布局合理、功能分区明确、用地节约、交通组织顺畅，并应满足当地城市规划的有关规定和要求（图 11-1）。

（2）总平面布置应进行环境和绿化设计。绿化与建筑物、构筑物、道路和管线之间的距离，应符合有关标准的规定。

（3）当办公建筑与其他建筑共建在同一基地内或与其他建筑合建时，应满足办公建筑的使用功能和环境要求，分区明确，宜设置单独出入口。

（4）总平面应合理布置设备用房、附属设施和地下建筑的出入口。后勤、货物及垃圾等物品的运输应设有单独通道和出入口。

（5）基地内应设置机动车和非机动车停车场（库）。

（6）总平面设计应符合现行《城市道路和建筑物无障碍设计规范》的有关规定。

（7）覆盖率与容积率的指标：办公建筑基地覆盖率一般应为 25%～40%。低、多层办公

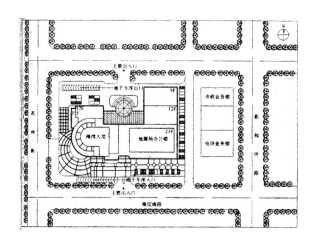

图 11-1　办公建筑的总平面设置

建筑基地容积率一般为 $1 \sim 2$；高层、超高层建筑基地容积率一般为 $3 \sim 5$；用地紧张的地区，基地容积率应按当地规划部门的规定来确定。

（三）办公建筑设计的功能分析

办公建筑应根据使用性质、建设规模与标准，确定各类用房。一般由办公用房、公共用房、服务用房和设备用房等组成。

办公建筑应根据使用要求，结合基地面积、结构选型等情况按建筑模数选择开间和进深，合理确定建筑平面，提高使用面积系数，并宜留有发展余地。体形设计不宜有过多的凹凸与错落。外围护结构热工设计应符合现行《公共建筑节能设计标准》中有关节能的要求。办公楼的功能组成示意图如图 11-2 所示。

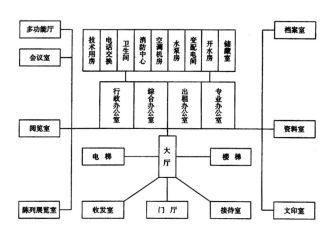

图 11-2　办公楼的功能组成示意图

四、办公用房的设计

办公用房包括：普通办公室和专用办公室。专用办公室包括设计绘图室和研究工作室等，办公用房宜有良好的朝向和自然通风，并且不宜布置在地下室。

（一）普通办公室

普通办公室宜设计成单间式办公室、开放式办公室或半开放式办公室，特殊需要可设计成单元式办公室、公寓式办公室或酒店式办公室（图 11-3）。值班办公室可根据使用需要设置，有夜间值班室时，宜设专用卫生间。普通办公室每人使用面积不应小于 4 平方米，单间办公室净面积不应小于 10 平方米。

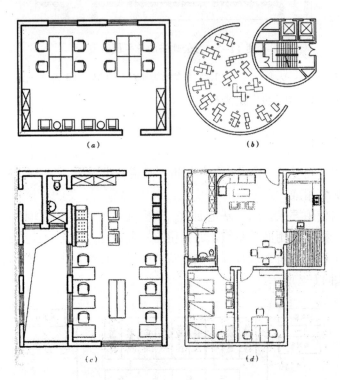

（a）普通办公室；（b）开放式办公室；（c）单元式办公室；（d）公寓式办公室

图 11-3 办公室平面布置图

（二）专用办公室

设计绘图室宜采用开放式或半开放式办公室空间，并用隔断、家具等进行分隔；研究工作室（不含实验室）宜采用单间式，自然科学研究工作室宜靠近相关的实验室。设计绘图室，每人使用面积不应小于 6 平方米；研究工作室每人使用面积不应小于 5 平方米。

五、公共用房的设计

公共用房一般包括会议室、对外办事厅、接待室、陈列室、公共厕所、开水间等。

会议室。会议室根据需要可分设中、小会议室和大会议室，中、小会议室可分散布置（图11-4）。

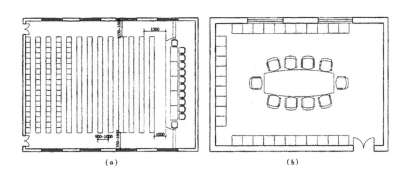

（a）大会议室平面　　　　　　（b）小会议室平面

图11-4　会议室平面布置图

对外办事厅。对外办事大厅宜靠近出入口或单独分开设置，并与内部办公人员出入口分开。

接待室。接待室根据使用要求设置，专用接待室应靠近使用部门，行政办公建筑的群众来访接待室宜靠近主要出入口。高级接待室可设置专用茶具间、卫生间和储藏间等。

陈列室。陈列室应根据需要和使用要求设置，专用陈列室应对陈列效果进行照明设计，避免阳光直射及眩光，外窗宜设避光设施。

公用厕所。公用厕所应设供残疾人使用的专席设施，距离最远工作点不应大于50米，应设前室，公用厕所的门不宜直接开向办公用房、门厅、电梯厅等主要公共空间。宜有天然采光、通风；条件不允许时，应有机械通风措施。卫生洁具数量应符合现行《城市公共厕所设计标准》的规定。

开水间。开水间宜分层或分区设置。宜直接采光通风，条件不允许时应有机械通风措施；应设置洗涤池和地漏，并宜设洗涤、消毒茶具和倒茶渣的设施。

六、服务用房的设计

服务用房应包括一般性服务用房和技术性服务用房，一般性服务用房为档案室、资料室、图书阅览室、文秘室、汽车库、非机动车库、员工餐厅、卫生管理设施间等；技术性服务用房为电话交换室、计算机房、晒图室等。

（一）档案室、资料室、图书阅览室

档案室、资料室、图书阅览室等可根据规模大小和工作需要分设若干不同用途的房间，包括库房、管理间、查阅间或阅览室等；档案室、资料室和书库应采取防火、防潮、防尘、防蛀、防紫外线等措施；地面应不起尘、易清洁，并有机械通风措施；档案和资料查阅间、图书阅览室应光线充足、通风良好，避免阳光直射及眩光。机要室、档案室和重要库房等隔墙的耐火极限不应小于 2 小时，楼板不应小于 1.5 小时，并应采用甲级防火门（图 11-5）。

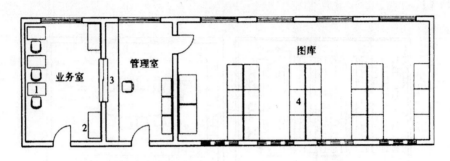

1—阅览室；2—卡片柜；3—整理台；4—图纸柜

图 11-5　资料室、档案室、图书阅览室平面布置图

（二）文秘室和卫生管理设施间

文秘室应根据使用要求设置，位置应靠近被服务部门。应设打字、复印、电传等服务性空间（图 11-6、图 11-7）。

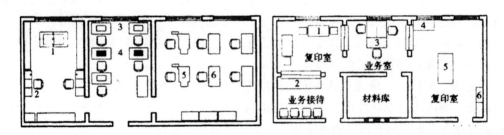

1—文印机；2—文印台；3—校对台；　　　　1—小复印机；2—桌子；3—办公桌；

4—蜡板台；5—铅字打字桌；6—电脑打字桌　　4—整理台；5—打复印机；6—备件柜

图 11-6　打字文印室平面设置图　　　　图 11-7　复印室平面设置

垃圾收集间应有不向邻室对流的自然通风或机械通风措施，垃圾收集间宜靠近服务电梯间。宜在底层或地下层设垃圾分级集中存放处，存放处应设冲洗排污设施，并有运出垃圾的专用通道。

每层宜设清洁间，内设清扫工具存放空间和洗涤池，位置应靠近厕所间。每层应设清扫工具存放室和清洗水池。

七、交通部分的设计

5 层及 5 层以上办公建筑应设电梯，超高层的办公建筑的电梯应分层分区停靠。门厅内可附设传达、收发、会客、接待、问讯、展示等功能房间（场所）（图 11-8），根据使用要求也可设商务中心、咖啡厅、警卫室、电话间等。楼梯、电梯厅宜与门厅邻近。

　　严寒和寒冷地区的门厅应设门斗或其他防寒设施，有中庭空间的门厅应组织好人流交通，并应满足防火疏散要求。综合楼内的办公部分的疏散出入口不应与同一楼内对外的商场、营业厅、娱乐、餐饮等人员密集场所的疏散出入口共用。门厅办公用房的组成，应根据办公楼的性质和规模来确定（图 11-9）。

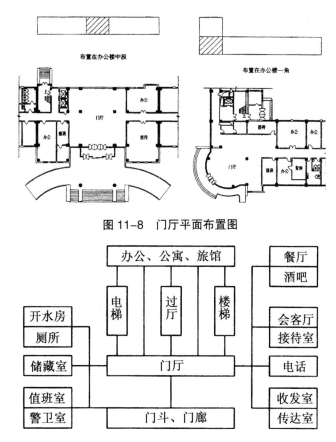

图 11-8　门厅平面布置图

图 11-9　门厅用房的组成

　　走道最小净宽不应小于表 11-2 的规定，走道地面有高差，当高差不足两级踏步时，不宜设置台阶而应设坡道，其坡度不宜大于 1：8。

表 11-2　走道最小净宽（m）

走道长度	走道净宽	
	单面布房	双面布房
≤ 40	1.30	1.40
> 40	1.50	1.80

　　注：内筒结构的回廊式走道净宽最小值同单面布房走道。

八、门窗的设计

（一）门的设计

门洞口宽度不应小于 1.00 米，高度不应小于 2.10 米，机要办公室、财务办公室、重要档案库、贵重仪表间和计算机中心的门应采取防盗措施，室内宜设防盗报警装置。办公建筑的开放式、半开放式办公室，其室内任何一点至最近的安全出口的直线距离不应超过 30 米。

（二）窗的设计

底层及半地下室外窗宜采取安全防范措施，高层及超高层办公建筑采用玻璃幕墙时应设有清洁设施；外窗不宜过大，可开启面积不应小于窗面积的 30%，并应有良好的气密性、水密性和保温隔热性能，满足节能要求。全空调的办公建筑外窗开启面积应满足火灾排烟和自然通风要求。

九、办公楼平面布置的形式

办公楼根据使用性质、房间组成、建筑材料、结构形式等进行全面的功能组合，常用平面布置形式如图 11-10 ～图 11-14 所示。

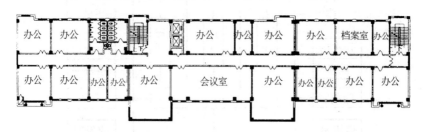

图 11-10　内走道办公楼

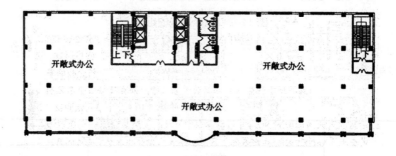

图 11-11　大空间办公楼

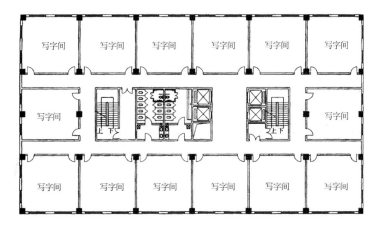

图 11-12　双走道办公楼

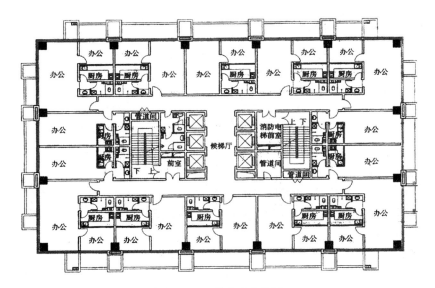

图 11-13　公寓式办公楼

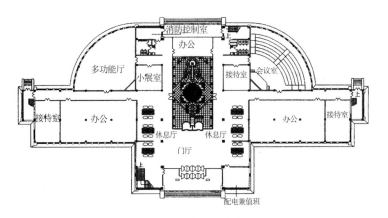

图 11-14　内天井式办公楼

第二节　旅馆建筑设计

一、旅馆的基本概念及分类

旅馆是供旅客居住和开会的综合性建筑。随着社会经济的发展以及人们社会活动范围的扩大，旅馆的功能发生了很大的变化。现代旅馆不仅具有住宿、就餐、宴会等功能，同时还有娱乐、健身、会议、购物等功能。

旅馆依据不同的标准，具有不同的分类方式，如下面所示。

（一）按照使用功能分类

1. 旅游旅馆

旅游旅馆是供人们旅行、游览时使用的旅馆。旅游旅馆设有客房，各类餐厅、游泳池、健身房、舞厅、酒吧、浴室、保龄球等，以及商务中心、银行、商店、洗衣房、医务所、车库等。

2. 假日旅馆

假日旅馆主要为节假日旅游服务，供旅客团聚、休憩等。

3. 会议旅馆

会议旅馆主要提供召开各种会议服务，除有客房外，设有一定数量的先进设备的大、中、小会议室和满足会议需要的配套设施，如展览、新闻报道、录音、录像、复制等设备。有的标准高的会议旅馆还备有国际会议所需的同声传译和其他声像设备。

4. 汽车旅馆

汽车旅馆为自己驾驶汽车的旅客提供住宿服务，主要组成部分为客房、餐厅、停车位和洗车场。停车位的位置应靠近客房，为客人提供住宿、餐饮、停车、加油等服务。这类旅馆多修建在公路干线附近。

5. 招待所

招待所为非营利性质，多为某一机构作接待用，不对外开放。有些中型和大型招待所除客房和餐厅外，还设有供开会用的各种会议室和接待室。

6. 中转接待旅馆

中转接待旅馆建在航空港、火车站、船码头、长途汽车站等交通枢纽地区，要满足客人中转、候机、候船的旅馆，可以提供食宿或钟点休息。这类旅馆以短时间接待为特点，提供当地船期、车次和航班等服务。

7. 商务旅馆

商务旅馆是供常驻商务机构居住和办公的全套间旅馆。客房包括居住和办公两部分，除客房与餐厅外，还应设有供商务机构使用的邮电、商店等各种设施。

8. 国宾馆、迎宾馆

在政治、文化中心，如北京、上海和各省会城市，设有接待来访贵宾的高级宾馆，这类宾馆设有满足各级官员进行礼仪、社交、会见、会谈、会议和签约的场所，还有良好的通信设施，并能提供记者招待会、新闻发布会等临时性服务。

9. 俱乐部

俱乐部主要接待观光游览、度假等娱乐的客人。有的酒店自身也建娱乐场，有的位于水边，俱乐部设有滑水、帆板、划船等运动设施，有的也开展高尔夫球、骑马等活动。

（二）按照旅馆设备与设施标准分类

按照设备与设施标准，旅馆可分为以下几个类别。
（1）经济旅馆——设备与设施较为简单，住宿费用较为经济，如招待所等。
（2）舒适旅馆——设备与设施相对较好，旅客使用较为舒适，如一般假日旅馆。
（3）豪华旅馆——设备与设施齐全，可以满足旅客的居住、就餐、健身、游憩等各种需求。如旅游旅馆等。
（4）超豪华旅馆——设备与设施齐全，能满足旅客高端的住宿、餐饮、健身、会见、会议等服务。一般应设有供国家元首使用的客房（总统客房），如国宾馆、迎宾馆等。

（三）按照旅馆规模分类

按照规模，旅馆通常可划分为小型旅馆、中型旅馆、大型旅馆和特大型旅馆四个类别。小型旅馆——客房间数小于 200 间的旅馆。
中型旅馆——客房间数 200～500 间的旅馆。
大型旅馆——客房间数 500～1000 间的旅馆。
特大型旅馆——客房间数大于 1000 间的旅馆

（四）按照旅馆所在环境分类

按照旅馆的所在环境，旅馆主要有以下几个类别：
（1）市区旅馆——位于市中心或市区，便于满足旅客游览市容、购物等需求。
（2）乡村旅馆——位于乡村，便于旅客接受自然的陶冶，体察民俗、乡民的生活，领略田园自然风光。
（3）机场、车站旅馆——位于机场、火车或汽车站附近，便于旅客旅行中转或滞留时使用，例如中转接待旅馆。

（4）路边旅馆——即汽车旅馆。

（5）名胜旅馆——位于距风景名胜等旅游点较近的地方，便于旅客游览、休憩。为了保护风景名胜区的环境和自然生态，旅馆一般不建在风景名胜区的保护范围之内。

（6）体育旅馆——靠近滑雪场、河流、海滨浴场等地，便于旅客进行滑雪、漂流、游泳等各项体育活动，如俱乐部等。

（五）按照旅馆建筑的层数分类

按旅馆建筑的层数，旅馆可划分为以下几类。

（1）低层旅馆——1～3层的旅馆。

（2）多层旅馆——建筑总高度小于24米的旅馆。

（3）高层旅馆——建筑总高度超过24米的旅馆。

（4）超高层旅馆——建筑总高度超过100米的旅馆。

二、旅馆的分级及选址

（一）旅馆的分级

旅馆按其服务对象不同，功能由简单到复杂，功能组成由少到多，差别是很大的。按建筑组成部分的多少及其质量标准高低以及设备、设施条件，将不同的旅馆分为若干等级。现行《旅馆建筑设计规范》，根据旅馆的使用功能，按建筑质量标准和设备、设施条件，将旅馆建筑由高到低划分为一、二、三、四、五、六级6个等级。同时规定旅馆设计除尚应符合国家现行有关标准和规范外，其功能要求还应符合有关标准的规定。

目前我国旅馆等级的规定如表11-3所示。

表11-3 我国旅馆等级规定

规范标准名称	颁布	等级
旅游旅馆设计暂行标准	国家计划委员会	一、二、三、四（级）
旅馆建筑设计规范	建设部、商业部、旅游局	一、二、三、四、五、六（级别）
国家旅游涉外饭店星级标准	国家旅游局	一、二、三、四、五（星）

（二）旅馆的选址

选择建设旅馆要注意以下几个方面：

第一，基地的选择应符合当地城市规划要求，并选择交通方便、环境良好的地区。

第二，在国家或地方的各级历史文化名城、历史文化保护区、风景名胜地区及重点文物保护单位附近，基地的选择及建筑布局，应符合国家和地方有关管理条例和规划的要求。必须注意不破坏原有环境、保护的文物。

第三，休养、疗养、观光、运动等旅馆，应与风景区、海滨、山川及周围环境相适应。

第四，城市旅馆应与车站、码头、航空港及各种交通线路联系方便。

第五，在城镇的基地应至少有一面临接城镇道路，其平面布局应满足客货运输、防火疏散及环境卫生等要求。

不同类型的基地，适合建设的旅馆如表 11-4 所示。

表 11-4 旅馆选址参考表

基地类型	位置	基地选择因素	特点
城市中心	城市主要商业区 城市中心广场	适合建造商务、旅游、城市中心高级旅馆	金融业集中 商业集中
名胜风景区	海滨、矿泉等 旅游名胜区内	适合建造休养、海滨、矿泉名胜及游乐场旅馆	环境宜人 气候舒适
交通线附近	靠近机场、码头、车站及公路干线	适合建造机场、车站、中转及汽车旅馆	—

三、旅馆设计的要点分析

旅馆的设计，有以下几个要点。

（1）依据旅馆的规模、类型、等级标准及功能等要求，进行设计时，满足功能，分区明确。

（2）体形设计简洁有利于节能，做好建筑围护结构的保温和隔热。

（3）室内应尽量利用天然采光。

（4）依据防火规范，满足人员疏散的要求。

（5）按照有关规定进行无障碍设计，方便残疾人使用。

（6）按照抗震规范做到结构安全。

（7）根据旅馆环境条件，进行建筑的空间及环境设计，使其与周围建筑协调统一。

客房是旅馆建筑使用部分中最基本和最重要的主要房间。

四、旅馆客房的设计

（一）旅馆客房设计的要求

旅馆客房的设计，要符合以下几个方面的要求。

1. 满足使用功能的要求

客房的主要功能是供旅客起居、睡眠和工作。除少数低标准客房外，还应有客房独用的卫生间（图 11-15）。高级客房设有起居功能的起居室。套间客房的举例如图 11-16 所示。

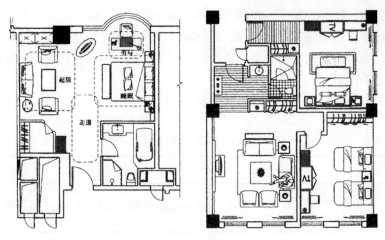

图 11-15 客房的功能活动区域分析　　　　图 11-16 带套间的客房

2. 满足客房功能选择和家具的布置

客房家具及功能布置，应符合人体尺度，便于维修。图 11-17 所示为标准客房举例。

3. 客房的朝向选择和尺度要求

客房设计应根据所在地区的气候与地形、环境特点及条件、景观条件，争取良好的朝向。在我国大部分地区，尽量使客房朝向南、南偏东或南偏西；朝向大海或风景优美的方向。

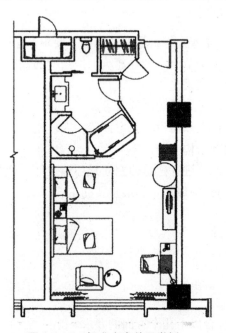

图 11-17 标准客房单元举例

客房平面长宽尺寸的比，不宜超过 2：1，客房的净高不宜小于 2.40 米。

4. 满足客房的室内环境要求

客房的室内环境设计要有保证合适温度、相对湿度的设施及通风系统。风速、空气含尘量以及允许噪声级等应满足国家规定。

客房内应按功能区设置照明灯具和电源插座，根据客房标准和档次设置电视、电话和宽带等设施。

客房卫生间应设大便器、洗面器、洗浴器（浴缸、喷淋或浴缸带喷淋）等设施。

（二）旅馆客房的类型

同类型的旅馆，应满足不同旅客对客房的需求，睡眠、起居功能，有的还具有办公、进行商务活动等功能。

客房的类型可分为以下几种。

1. 多床间、双床间客房、单人床间及双人床间客房

多床间客房属于低标准的客房，一般放置 2～4 张单人床（不宜多于 4 张）。客房不附设卫生间时，应使用集中的公共卫生设施。多床间常用于各类招待所和低档次的旅馆（图11-18）。

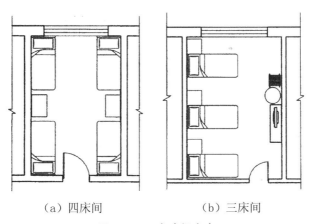

（a）四床间　　　　　　　　（b）三床间

图 11-18　多床间客房

双床间客房也称标准间客房，放置两张单人床，可供 1～2 人使用，设三件卫生洁具的卫生间。双床间客房是最常用的客房类型，其面积为 16～38m²（图 11-19）。

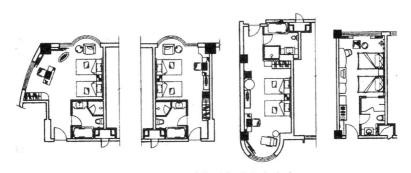

图 11-19　双床间（标准间）客房

单人间客房也称单床间客房，放置一张单人床，供一人使用。设施齐全，经济适用，为一般标准的客房（图11-20）。

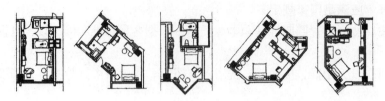

图 11-20　单人间客房

双人床间客房，包括一个双人床间客房和两个双人床间客房两种，客房内放置一张或两张双人床，适合家庭客或一人使用（图11-21）。

2. 套间客房

（1）普通套间客房

套间客房，通常由卧室和起居室两间套组成，卧室为双床间或双人床间；起居室用于起居、会客和休息等。这种客房，起居与睡眠分区明确，使用方便，适用于较高标准的客房。普通套间客房如图11-22所示。

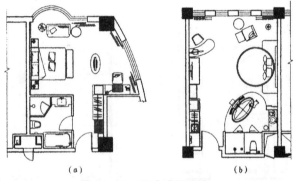

（a）　　　　　　　　　　（b）

图 11-21　双人床间客房

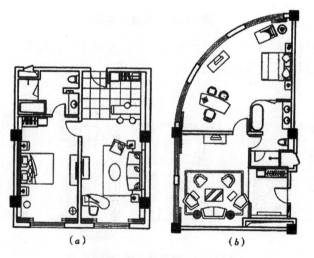

（a）　　　　　　　　　　（b）

图 11-22　普通套间客房

（2）灵活套间客房

这种套间客房，起居和睡眠空间用隔断分隔，需要时将客房分成两个使用空间，必要时拉开隔断整间使用。灵活套间客房，面积利用率高，使用灵活（图 11-23）。

（3）三套间客房

三套间客房一般由起居室、工作室和卧室三间组成，也可由两个卧室和一个起居室组成（图 11-24）。

（4）跃层式套间客房

跃层式套间客房，起居室与卧室分别在上下层，两者由客房室内楼梯联系。这种客房功能分区明确，私密性强，适用于较高标准的客房。

跃层式套间客房，又可分为跃层式两套间客房和套间客房（图 11-25）。

图 11-23　灵活套间客房

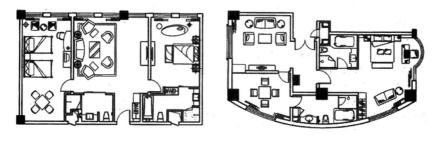

图 11-24　三套间客房

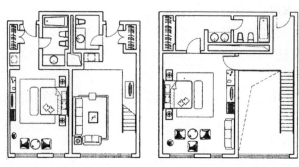

（a）二套间

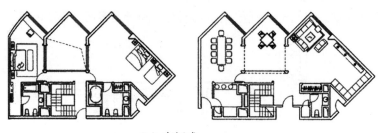

（b）套间式

图 11-25　跃层式套间客房

（5）豪华套间客房

豪华套间客房也称总统套间客房，一般是由 5 间以上客房组成的套间式客房，空间布局灵活；设置专用电梯及工作室、会客、保安、秘书等用房。豪华套间客房，适用于国家总统及高级商住用房（图 11-26）。

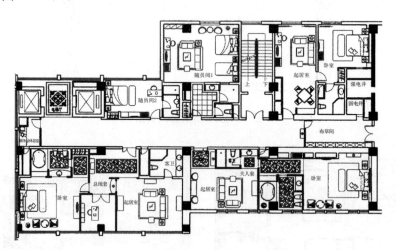

图 11-26　豪华套间客房

五、旅馆公共部分的设计

旅馆的公共部分包括交通和为旅客服务的各种房间和空间。交通系统包括门廊、门厅、过厅、走廊和楼梯等；各种公共服务房间或空间包括餐饮部分、多功能厅、会议室、商店、酒吧、美容美发室及各种康乐设施。

（一）大堂的设计

大堂是旅客进出旅馆的重要空间。包括总服务台、休息会客区、外币兑换、邮电通信、物品寄存及预订机票、大堂酒吧等服务设施，并应在大堂内或附近设置卫生间。表 11-5 是大堂组成的举例。

表 11-5　大堂组成举例

门厅入口	旅馆主入口以及大宴会厅、康乐设施和商店等辅助入口（中小型旅馆可不设）
前台服务	登记、问询、结账、银行、物品寄存、贵重物品寄存等
公共交通	门廊、走廊、电梯、楼梯等
休息	休息座位、绿化、艺术品、喷水池、饮料供应（大堂酒吧）
商店	书报、礼品、花店、旅游纪念品店、服装店和百货店等
辅助设施	卫生间、行李寄存、旅馆服务、大堂经理台、商务中心及行李房

大堂的设计需满足以下几个要求：

（1）大堂的各部分必须满足使用功能要求，各组成部分之间应既有联系又不互相干扰。公共部分和内部用房必须分开，应有独立的通道及卫生间。

（2）大堂内交通流线应明确，必须人流组织合理，流线简单，应避免人流互相交叉和干扰（图 11-27）。

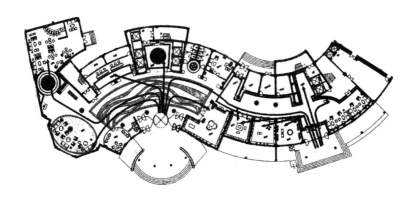

图 11-27　大堂人流示意图

（3）大堂的总服务台和电梯厅、楼梯间位置应明显。总服务台应满足旅客登记、结账和问询等功能。

（4）大型或高级旅馆的行李房应靠近总服务台和服务电梯，行李房大门应充分满足行李搬运和行李车进出的要求。

（5）大堂设计应满足建筑设计防火规范的要求，包括外门的总宽度、电梯厅的面积和必要的防火卷帘等。

（二）门廊的设计

旅馆的门廊应根据旅馆的规模和等级进行设计，一般应由雨篷和台阶组成，规模较大或等级较高的旅馆还应设置车行坡道。

门廊是一个室内外的过渡空间，在功能上应满足防雨和旅客出入的使用要求。一般旅馆的室内外高差不宜过大，一些高层旅馆中，为了使门廊体量与建筑体量相适应，也有设置较大台阶的设计。在空间处理上都应作为重点，既应起到画龙点睛的作用，又要使之与整个建筑协调统一。图 11-28 是不带车行坡道的门廊剖面示意图。

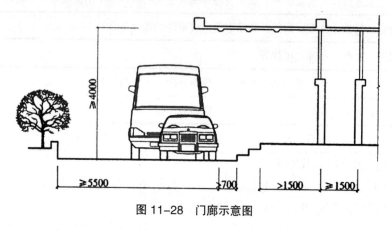

图 11-28　门廊示意图

（三）餐饮部分的设计

旅馆餐饮部分主要包括：中餐厅、风味餐厅、西餐厅、酒吧、咖啡厅、快餐厅等。按照旅馆的等级，一、二级旅馆建筑应设不同规模的酒吧间、咖啡厅、宴会厅、西餐厅和风味餐厅；三级旅馆建筑应设不同规模的餐厅及酒吧间、咖啡厅和宴会厅；四、五、六级旅馆建筑应设餐厅。酒吧服务台类型，如图 11-29。

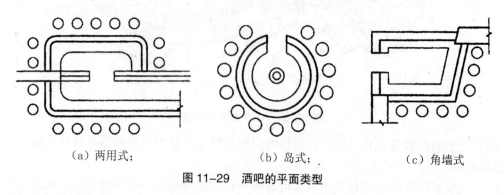

（a）两用式；　　　　　　　（b）岛式；　　　　　　（c）角墙式

图 11-29　酒吧的平面类型

中餐厅是旅店的主要餐饮场所，平面布置可分为两种，对称式（宫廷式）和自由式布置（园林式）。宫廷式这种布局严谨，平面相对比较规整；园林式这种布局采用自由结合特点，平面相对灵活（图 11-30）。

西餐厅的平面布局常采用较为规整的方式，酒吧柜是主要景点之一，根据其风格决定西餐厅平面布置。西餐厅一般层高较大，就餐特别，其布置要求突出西餐厅浪漫、幽雅、宁静、舒适的就餐环境（图 11-31）。

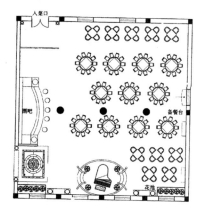

图 11-30 某饭店中餐厅

图 11-31 某饭店西餐厅

六、旅馆厨房的设计

（一）旅馆厨房的组成

厨房包括有关的加工间、制作间、备餐间、库房及职工服务用房等。

主食加工间——包括主食加工间和主食热加工间。

副食加工间——包括粗加工间、细加工间、热加工间、冷荤加工间及风味餐厅的特殊加工间。

饮品制作间——包括原料研磨配制、饮料煮制、冷却和存放用房等。

备餐间——包括主食备餐、副食备餐、冷荤拼配间及小卖部等。冷荤拼配间与小卖部均应单独设置。

食具洗涤消毒间与食具存放间——食具洗涤与消毒间应单独设置。

烧火间——当燃料为柴、煤时应设置烧火间。

各类库房——一般应包括主食原料库、副食原料库、调料库等。

工作人员的更衣、淋浴、厕所等。

（二）旅馆厨房的设计要点

旅馆厨房的设计需要注意以下几个方面。

（1）厨房的面积同样可根据餐厅的规模与级别来综合确定，一般按 0.7～1.2 平方米/座计算，餐厅经营菜肴多的所用厨房面积相对较大，若经营菜肴较单一，所需厨房面积相对较小。

（2）厨房应设单独对外出入口，规模较大时，还需设货物和工作人员两种出入口。

（3）厨房应满足原料处理、主食加工、副食加工、工作人员更衣、餐具洗涤消毒等功能的工艺流程，合理进行平面布置（图11-32）。

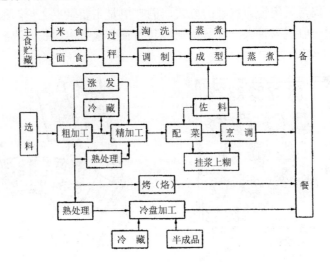

图 11-32　厨房平面设置

（4）副食初加工中肉禽与水产品的工作台与清洗池均应分隔设置。粗加工的原料应能直接送入细加工间，避免回流，同时还要考虑废弃物的清除。

（5）当厨房与餐厅不在同一楼层时，垂直运输熟食和生食的食梯应分别设置，不得合用。

（6）热加工间应采用机械排风或直接通屋面的排风竖井以及带挡风板的天窗等有效的自然排风设施。

（7）在产生油烟处，应加设附机械排风及油烟过滤的排烟装置和收油装置；产生大量蒸汽的设备，除加设机械排风设备外，还应设置防止结露和作好凝结水的引泄措施。

（8）当餐厅及其他房间位于厨房热加工间上层时，热加工间外墙洞口上方应设宽度不小于1.00米的防火挑檐或高度不小于1.20米的窗槛墙。

（9）工作人员卫生间的前室不应朝向各加工间。

（10）厨房各加工间的地面均应采用耐磨、不渗水、耐腐蚀、防滑和易清洗的材料制作，并应处理好地面排水问题（通常采用带算子的排水沟）。

（11）厨房各加工间的墙面、隔断及各种工作台、水池等设施的表面，均应采用无毒、光滑和易清洁的材料。

七、旅馆的平面组合及总平面设计

（一）旅馆平面组合的基本功能分析

功能是构成建筑的第一要素，因而进行功能分析是进行平面组合和空间设计的前提。基本功能分析通常采用功能分析图进行。图11-33中表明了旅馆的组成部分及其相互之间的关系。

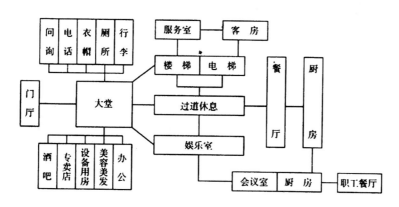

图 11-33 旅馆基本功能分析图

（二）旅馆标准层设计

当前的旅馆多数为多层或高层建筑。旅馆的平面组合，应从标准层开始。在标准层中主要是客房，还有为客房服务的辅助及交通部分。图 11-34 是旅馆标准层的功能分析。

旅馆标准层的设计需注意以下几个要点：

（1）每层客房间数宜采用一个服务员服务客房数的倍数（16 间左右）进行设计。

（2）标准层设计应考虑周围环境因素，客房朝向南向或风景优美的方向。

（3）平面形式应结合地形、朝向、景观、结构、造价等因素考虑，平面尽可能规整，以节约能源。

（4）楼梯的数量、宽度和走廊的宽度，除应满足使用要求外，还应满足现行《建筑设计防火规范》或《高层民用建筑设计防火规范》中规定的要求。

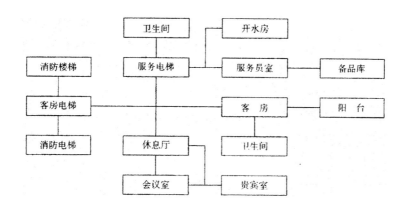

图 11-34 旅馆标准层的功能分析图

旅馆常用的标准层平面形式包括板式、塔式、中庭式及混合式。以上四种形式的平面举例分别如图 11-35、图 11-36 所示。

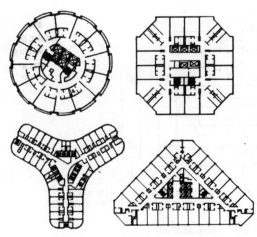

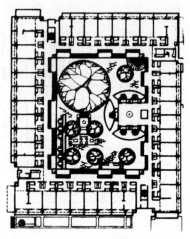

图 11-35　塔式标准层图　　　　11-36　中庭式标准层

旅馆除标准层外，应将门厅、餐厅、厨房等组合在首层，或将餐厅设置在二、三层。也有将厨房和餐厅设置在顶层的。

（三）旅馆的总平面设计的要点

旅馆除主体建筑外，还包括停车场、广场、庭院、绿化用地、杂物堆放场地等。有些旅馆的辅助部分也可能不组合在主体建筑之内，有的名胜古迹和风景区设计旅馆时，可结合周围环境布置游泳池、露天茶吧等。

1. 旅馆出入口设计的要点

旅馆的出入口包括主要出入口、辅助出入口、职工出入口、货物出入口、垃圾污物出口等，有些大型、高级旅馆还设有团体出入口。

（1）主要出入口的位置应显著，宜面向主干道。

（2）规模大、标准高的旅馆应设置辅助出入口，用于出席宴会／会议及商场购物等的非住宿人员使用。

（3）职工出入口：用于职工上下班出入，位置应隐蔽，常设在职工工作区域附近。

（4）货物出入口：用于旅馆货物出入。

（5）垃圾污物出口：位置应隐蔽并应处于下风向。

2. 旅馆广场、停车场设计的要点

根据旅馆的规模大小进行相应的广场设计，供车辆停放、回转，应使车流顺畅，出入车辆不应相互交叉。

根据旅馆标准、规模、基地条件和城市规划的要求，设置足够的停车场地，当用地紧张时，可以考虑地下停车场。

3. 旅馆技术经济指标

旅馆技术经济技术经济指标包括容积率、覆盖率、空地率和绿化系数。

容积率是总建筑面积与基地面积的比值，地下室面积不计入总建筑面积之内；通常多层旅馆的容积率为 2 ～ 3，高层旅馆的容积率为 4 ～ 10。

覆盖率为建筑的水平投影面积与用地面积的百分比。

空地率为用地范围内的空地面积与用地面积的百分比。空地率与覆盖率之和应为 100%。

绿化系数是用地范围内的绿化面积与用地面积的百分比。

（四）旅馆总平面的布置方式

1.集中的布置方式

集中式的总平面布置适用于用地紧张的基地。这种方式建筑体形紧凑，有利于节约能源，但应注意停车场地的布置、绿化组织和整体空间效果（图 11-37）。

2.分散的布置方式

分散布置的总平面适用于基地较大、等级高的旅馆。这种布置方式可使旅馆的各部分功能分区合理，但不宜太分散，须注意节约能源。这种形式用于迎宾馆、度假村等旅馆的平面布置形式（图 11-38）。

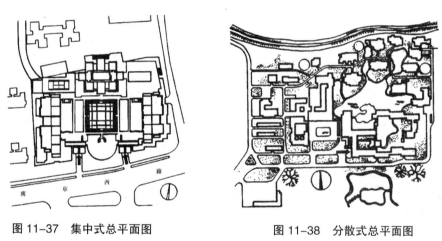

图 11-37　集中式总平面图　　　　　　　图 11-38　分散式总平面图

第三节　幼儿园建筑设计

一、幼儿园

（一）幼儿园建筑的类别划分

托儿所、幼儿园是对幼儿进行保育和教育的机构，接纳三周岁以下幼儿的为托儿所，托儿所以养为主；接纳三至六周岁幼儿的为幼儿园，幼儿园教、养并重，两者共同促进幼儿在德、智、体、美等方面和谐发展。

托儿所、幼儿园建筑根据不同的标准，具有不同的分类方式。

1. 按受托方式划分

托儿所、幼儿园按受托方式划分，主要有以下几个类别。

（1）全日制托儿所、幼儿园。全日制托儿所、幼儿园指幼儿一天中早来晚归，幼儿白天在幼儿园、托儿所生活的幼托方式。孩子在所或园里吃一顿午饭，有的一日三餐均在托儿所或幼儿园里吃。

（2）寄宿制托儿所、幼儿园。寄宿制托儿所、幼儿园指收托的婴、幼儿昼夜都生活在托儿所或幼儿园内，每半周、一周或节假日回家与父母团聚。

2. 按管理方式划分

托儿所、幼儿园按管理方式划分，有以下几个类别。

（1）独立管理的托儿所或幼儿园。独立管理的托儿所或幼儿园即托儿所和幼儿园单独设置，分别自成一个独立单位。大部分托、幼机构采用这种方式。这种托、幼机构性质单一，设备少，投资小，管理方便，卫生保健工作简便。

（2）混合管理的托、幼机构。混合管理的托、幼机构即托儿所与幼儿园联合设置，甚至还包括哺乳班。这种形式总体投资相对经济，但由于婴幼儿数量多，对防病隔离较为不利，管理较难。

3. 按建筑方式划分

托儿所、幼儿园按建筑方式划分，有以下三个类别。

（1）在单独地段设置的独立托幼建筑。在单独地段设置的独立托幼建筑适用于新建托幼机构。由于设置在单独地段，与外界相对分隔，可以免受外界干扰，便于管理和进行功能分区，能保证一定的活动场地与绿化。

（2）附属于其他建筑的托幼建筑。附属于其他建筑的托幼建筑适用于规模不大的日托制托幼机构，但要保证儿童有一个不受干扰的活动场地。

（3）利用原有建筑改建的托幼机构。利用原有建筑改建的托幼机构适用于各大城市的旧城区。利用旧房改建或扩建为托儿所、幼儿园，可以节省投资。改建时一般将原有建筑的内部空间进行重新组合，而外部空间作相应变化，使之形成适宜托幼建筑的环境。

（二）托儿所、幼儿园建筑的规模

托、幼建筑规模的大小除考虑本身的卫生、保育人员的配备和经济合理等因素外，尚与托、幼机构所在地区的居民居住密度、合理的服务半径有关（服务半径一般以 500 米左右为宜）。

幼儿园的规模（包括托幼合建的）见表 11-6。

表 11-6　幼儿园的规模（包括托幼合建）

规模	班数	人数
大型	10～12 班以上	300～360 人

规模	班数	人数
中型	6～9班	180～270人
小型	5班以下	150人以下

幼儿园规模不宜过大，以6～9班的中型幼儿园为宜。托儿所规模不超过5个班为宜。

托儿所、幼儿园每班人数：托儿所——乳儿班及托小、中班15～20人，托儿大班21～25人；幼儿园——小班20～25人，中班26～30人，大班31～35人。

托儿所、幼儿园的建筑面积及用地面积托儿所、幼儿园的建筑面积及用地面积见表11-7。

表 11-7　托儿所、幼儿园的建筑面积及用地面积

名称	建筑面积（m^2／人）	用地面积（m^2／人）
托儿所	7～9	12～15
幼儿园	9～12	15～20

二、幼儿园建筑的房间组成及面积

（一）托儿所、幼儿园建筑的房间组成

托、幼建筑的房间组成应根据托儿所、幼儿园的性质、分类、规模、标准及地区的差异与条件，以及主办托儿所、幼儿园单位的要求等因素确定。一般应设置下列用房：

1. 幼儿生活用房

这是托、幼建筑的主要组成部分。幼儿生活用房可分为乳儿单元（由乳儿室、喂奶室、配乳室、卫生间、贮藏室等组成）；托儿单元（由活动室、卧室、卫生间、贮藏室等组成）；幼儿活动单元（由活动室、卧室、贮藏室等组成）。

2. 服务用房

这是托儿所、幼儿园的保教、管理工作用房，一般包括医务保健室、隔离室、晨检室、办公室、资料兼会议室、教具制作兼陈列室、传达室、值班室及职工厕所等房间。

3. 供应用房

这是托儿所、幼儿园必不可少的辅助用房，一般由幼儿厨房、主副食库房、炊事员休息室、卫生间及开水、消毒室、洗衣房等组成。随着幼儿教育事业的发展，为开发智力，进一步促进幼儿身心健康成长已备受重视，幼儿园可设置电教室、计算机室、音乐教室、美工室及图书室等专用房间。

（二）托儿所、幼儿园建筑的面积确定

房间面积大小的确定，一般应根据房间的容纳人数及活动情况、家具及其布置、设备占用面积、交通面积等主要因素决定。此外，还与各个时期国家对教育事业发展所制定的有关政策及经济条件等因素有关。

根据建设部、国家教委 1987 年部颁标准《托儿所、幼儿园建筑设计规范》（JGJ39—87）规定，幼儿园主要房间面积不应小于表 11-8 的规定。

表 11-8　幼儿园主要房间的最小使用面积（m^2）

规模 / 房间名称			大型	中型	小型
幼儿生活用房	活动室		50	50	50
	寝室		50	50	50
	卫生间		15	15	15
	衣帽贮藏间		9	9	9
	音体活动室（全园共用面积）		150	120	90
服务用房	医务保健室		12	12	10
	隔离室		2×8	8	8
	晨检室		15	12	10
供应用房	厨房	主副食加工	45	36	30
		主食库	15	10	15
		副食库	15	10	
		冷藏室	8	6	4
		配餐室	18	15	10
	消毒间		12	10	8
	洗衣房		15	12	8

注：（1）全日制幼儿园活动室与卧室合并设置时，其面积按两者面积之和的 80% 计算；

（2）全日制幼儿园（或寄宿制幼儿园）集中设置洗、浴设施时，每班的卫生间面积可减少 2 平方米。寄宿制托儿所、幼儿园集中设置洗浴室时，面积应按规模的大小确定；

（3）厨房面积包括主、副食加工间及主食库、副食库、冷藏室、配餐间等，各部分为最小使用面积；

（4）幼儿生活用房部分除音体活动室为全园共用面积外，其他房间面积均为每班最小使用面积；

（5）实验性或示范性幼儿园，可适当增设某些专业用房和设备，其使用面积按设计任务书的要求设置；

（6）本表根据《托儿所、幼儿园建筑设计规范》（JGJ39—87）编制。

根据 1988 年 7 月国家教委、建设部颁布的《城市幼儿园建筑面积定额（试行）》规定，不同规模城市幼儿园面积定额见表 11-9，寄宿制幼儿园在表 11-9 所规定的建筑面积定额的基础上增加或扩大用房面积，见表 11-10，乳儿班主要房间的设置及其最小使用面积应符合表 11-11 的规定。

表 11-9 城市幼儿园建筑面积定额

房间名称		每间使用面积（m²）	6班（180人）		9班（270人）		12班（360人）	
			间数	使用面积小计（m²）	间数	使用面积小计（m²）	间数	使用面积小计（m²）
一、幼儿生活用房	合计面积		804		1166		1548	
	活动室	90	6	540	9	810	12	1080
	卫生室	15	6	90	9	135	12	180
	衣帽教具贮藏室	9	6	54	9	81	12	108
	音体活动室		1	120	1	140	1	180
二、服务用房	合计面积		209		265		313	
	办公室		1	75	1	112	1	139
	资料兼会议室		1	20	1	25	1	30
	教具制作兼陈列室		1	12	1	15	1	20
	保健室		1	14	1	16	1	18
	晨检、接待室		1	18	1	21	1	24
	值班室		1	12	1	12	1	12
	贮藏室		1	36	1	42	1	48
	传达室		1	10	1	10	1	10
	教工厕所		1	12	1	12	1	12

房间名称			每间使用面积（m²）	6班（180人）		9班（270人）		12班（360人）	
				间数	使用面积小计（m²）	间数	使用面积小计（m²）	间数	使用面积小计（m²）
三、供应用房		合计面积		98		118		142	
	厨房	主副食加工间（含配餐）		1	54	1	61	1	67
		主副食库		1	15	1	20	1	30
		烧火间		1	8	1	9	1	10
	开水、消毒间			1	8	1	10	1	19
	炊事员休息室			1	13	1	18	1	23
使用面积总计				1111		1549		2003	
每生使用面积				6.17		5.74		5.56	
			平面系数	使用面积／建筑面积		使用面积／建筑面积		使用面积／建筑面积	
活动室（楼房）			K=0.61	985／1615		1400／2295		1807／2962	
晨检接待、传达室和生活用房（平房）			K=0.81	126／158		119／186		176／220	
建筑面积合计（m²）				1773		2481		3182	
每生建筑面积（m²／生）				9.9		9.2		8.8	

注：（1）幼儿园的规模与表中所列规模不同时，其使用面积可用插入法取值；

（2）规模小于6班时，可参考6班的面积定额适当增加；

（3）托儿所分托儿班和乳儿班，托儿班的生活用房最小使用面积同幼儿班生活用房。

（4）办公室包括园长室、总务财会室、教师办公室和保育员休息、更衣室等。

表 11-10　寄宿制幼儿园增加或扩大用房面积（m²）

房间名称		增加或扩大面积			备注
		6班	9班	12班	
卧室		54	54	54	每班增加一间54m²卧室，相应减少表11-9中分班活动室面积36m²
隔离室		10	13	16	供病儿临时观察治疗、隔离使用
集中浴室		20	30	40	供全园幼儿分批进行热水洗浴及更衣用
洗衣烘干房		15	24	30	供洗涤、烘干幼儿衣被等使用
扩大保健室		4	4	4	指各种规模均增加的使用面积
扩大教工厕所		6	6	6	指各种规模均增加的使用面积
厨房扩大部分	主、副食加工	6	6	6	指各种规模均增加的使用面积
	烧火间	2	2	2	
扩大保育员、炊事员休息室		按增加的保育员、炊事员人数，每人分别增加使用面积2m²和2.5m²			

注：本表根据《城市幼儿园建筑面积定额（试行）》编制。

表 11-11　乳儿班主要房间最小使用面积（m²）

房间名称	使用面积
乳儿室	50
喂奶室	15
配乳室	8
卫生间	10
贮藏室	6

注：本表引自《托儿所、幼儿园建筑设计规范》（JGJ39—87）。

三、幼儿园建筑基地的选择

　　四个班以上的托儿所、幼儿园应有独立的建筑基地，并应根据城镇及工矿区的建设规划合理安排布点。托儿所、幼儿园的规模在三个班以下时，也可设于居住建筑物的底层，但应有独立的出入口和相应的室外游戏场地及安全防护设施。

　　托儿所、幼儿园应根据要求对建筑物、室外游戏场地、绿化用地和杂物院等进行总体布置，做到功能分区合理、管理方便、朝向适宜、游戏场地日照充足，创造符合幼儿生理特点的环境空间。由于托儿所、幼儿园的保育和教育的对象为幼儿，基地选择更应给予特别关注。一般应遵循如下原则：

（1）远离各种污染源，并满足有关卫生防护标准的要求。

（2）方便家长接送，避免城市交通的干扰，做到功能分区合理，创造符合幼儿生理、心理特点的环境空间。

（3）日照充足，场地干燥，排水通畅，环境优美或接近城市绿化地带。

（4）能为建筑功能分区、出入口、室外游戏场地的布置提供必要条件。

四、幼儿生活用房设计

（一）活动室的设计

活动室是供幼儿室内游戏、进餐、上课等日常活动的用房，幼儿大部分时间都生活在这里。

1. 面积与形状

活动室面积应根据每班幼儿人数以及开展各种活动的需要来确定。活动室设计应有足够的使用面积、合理的体型和尺寸，以适应幼儿进行多种活动、游戏及作业的要求。每间活动室的使用面积为 50 ～ 60 平方米，且不应小于 50 平方米。

活动室的平面形式应满足幼儿教学、游戏、活动等多种使用功能的要求。活动室平面形式应活泼、多样，富有韵律感，以适应幼儿生理、心理的需求。活动室形状常用的有矩形、方形、六边形、八边形、扇形和局部曲折形等。采用矩形时，长宽之比不宜大于 2。

2. 家具与设备的设计

为了开展各种活动，活动室要配置很多家具，包括桌、椅、黑板、玩具柜、书架等，它们都是根据儿童的尺寸设计的（图 11-39 ～图 11-42）。

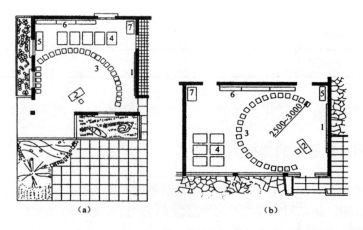

(a)   （b）

1—黑板；2—风琴；3—椅子；4—桌子；5—积木；6—玩具框；7—分菜桌

图 11-39　活动室平面布置图

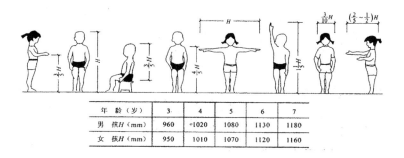

年　龄（岁）	3	4	5	6	7
男　孩H（mm）	960	≈1020	1080	1130	1180
女　孩H（mm）	950	1010	1070	1120	1160

图 11-40　幼儿身量尺度

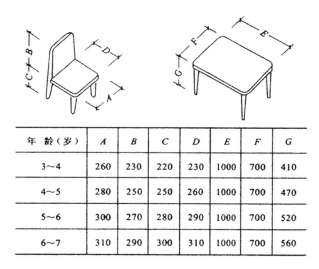

年　龄（岁）	A	B	C	D	E	F	G
3～4	260	230	220	230	1000	700	410
4～5	280	250	250	260	1000	700	470
5～6	300	270	280	290	1000	700	520
6～7	310	290	300	310	1000	700	560

图 11-41　幼儿桌椅尺寸

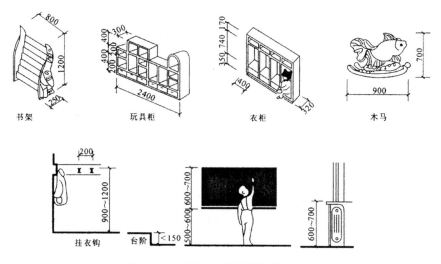

图 11-42　活动室家具设备及其尺寸

3. 卫生与安全的设计

活动室应有良好的朝向和日照条件：冬至日满窗日照不少于 3 小时，夏季应尽量减少日光直射，否则应有遮阳设施。天然采光可以用侧窗和天窗（图 11-43），光线应均匀柔和，要避免眩光和直射光，窗地面积比不小于 1/5。单侧采光的活动室，其进深不宜超过 6.0 米。室内要组织好自然通风，使夏季有穿堂风，冬季无寒风侵袭。活动室自然通风示意见图 11-44。

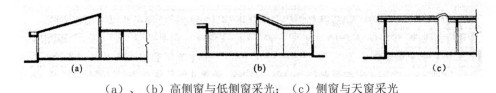

（a）、（b）高侧窗与低侧窗采光；（c）侧窗与天窗采光

图 11-43　活动室的采光方式

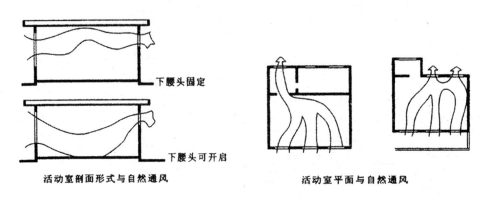

图 11-44　活动室自然通风

活动室的设计必须遵守防火规范的有关规定：房间最远一点到门的直线距离应小于 14 米。门最好有两个，门宽大于 1.2 米。如只有一个门时，宽度应大于 1.4 米，最好外开。在有蚊蝇的地方，门窗应装纱。室内装修、家具等设计应符合幼儿使用的特点，富有童趣，保证安全并易于做清洁。室内宜采用暖色、弹性地面。墙面应采用光滑易清洁的材料，墙下部最好做 1.0 ~ 1.2 米高木墙裙或油漆墙裙，所有棱角处都应做成圆角。不应设弹簧门和门槛。在距地 0.6 ~ 1.2 米高度内，门不要装易碎玻璃，并在距地 0.7 米处装拉手。外窗窗台距地面高度不宜大于 0.6 米。楼层无室外阳台时，外窗在距地 1.3 米高度范围内要加护栏。

（二）寝室的设计

寝室是供幼儿睡眠的房间。每间寝室的使用面积一般为 50 ~ 60 平方米，且不小于 50 平方米，全日制幼儿园可以将寝室与活动室合并设置，其面积可按两者面积之和的 80% 计算。

寝室的主要家具是床。幼儿床的尺寸见图 11-45。在将寝室与活动室合并设置的全日制幼儿园中，为节省面积，可以采用轻便卧具、活动翻床，也可在活动室旁布置一个小间安放统铺。床的布置要求见图 11-46。

寝室的卫生与安全要求与活动室基本相同，但天然采光要求可略低，窗地面积比不小于

1/6，窗上要装窗帘。

（三）卫生间的设计

幼儿使用的卫生间应分班设置，使用面积不小于 15 平方米。

卫生间至少应设置大便器（槽）4 个（位）、小便槽 4 位，盥洗龙头 6～8 个，淋浴 2 位，污水池 1 个。此外，还酌情设毛巾及水杯架、更衣柜、浴盆等。各种卫生设备的大小应符合幼儿尺度。卫生器具尺度见图 11-47。卫生间平面布置见图 11-48。

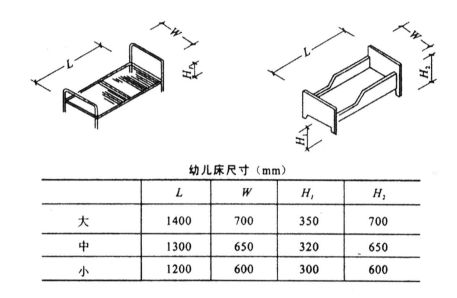

幼儿床尺寸（mm）

	L	W	H_1	H_2
大	1400	700	350	700
中	1300	650	320	650
小	1200	600	300	600

图 11-45　幼儿床的尺寸

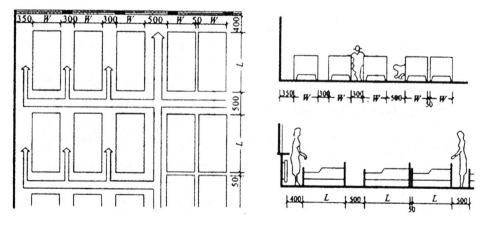

图 11-46　床的布置要求

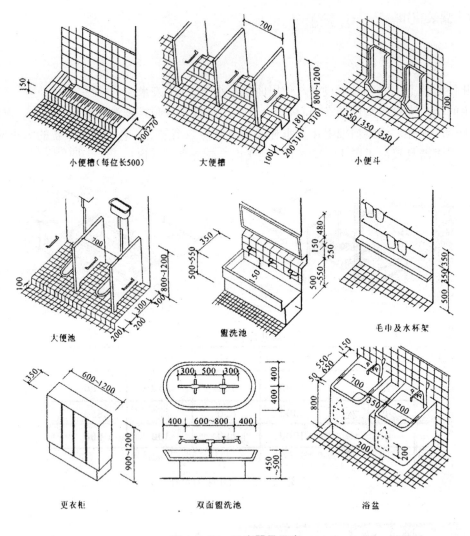

图 11-47 卫生器具尺度

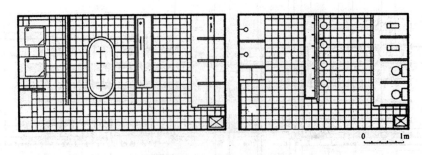

图 11-48 卫生间平面布置

卫生间应采用易清洗、不渗水并防滑的地面，设排水坡和地漏。墙裙一般用瓷砖。

供保教人员使用的厕所可以另行设置，也可以在班内分隔设置，其要求与一般公共建筑相同。

（四）音体室与贮藏间的设计

1. 音体室的设计

音体室供同年级或全园 2 ～ 3 个班儿童共同开展各种活动用，如集会、演出、放映录像、开展室内体育活动及开家长座谈会等。

音体室的面积分大、中、小三类，每类使用面积分别不应小于 150 平方米、120 平方米、90 平方米。音体室的平面可以是矩形，也可以采用其他形状。音体室平面形状与平面图分别见图 11-49 和图 11-50。

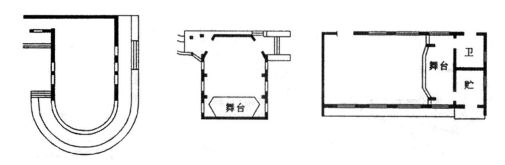

图 11-49　音体室平面形状

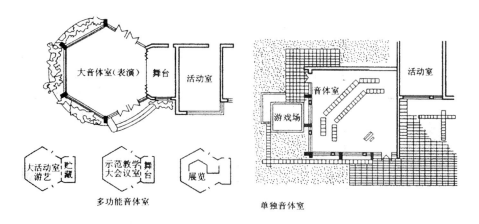

图 11-50　音体室平面图

室内可以设小型舞台，应考虑演出和放映的有关要求。音体室与活动室、寝室应有适当隔离，以防噪音干扰。

音体室使用人数多，宜放在底层；如放在楼层，应靠近过厅和楼梯间。音体室至少应设两个门。音体室的其他要求和活动室基本相同。

2. 贮藏间的设计

除全园的仓库外，每班应设贮藏间。贮藏物品包括衣帽、被褥、床垫等，其使用面积应不小于 9 平方米。

贮藏间内可设壁柜、搁板，也可放存物家具。贮藏间要注意通风。

（五）乳儿用房的设计

对一岁半以下婴儿应设乳儿班，其生活用房设置与其他班级不同。乳儿班的家具与设备见图 11-51。乳儿班平面布置见图 11-52。

1. 乳儿室的设计

乳儿室是托儿所中供乳儿班婴儿玩耍、睡眠等日常活动用房，是乳儿班的主要使用房间。乳儿室的使用面积为 50 ~ 60 平方米。其家具与设备主要为婴儿床。

乳儿室的卫生与安全要求同幼儿寝室，但最好有通向室外平台或阳台的门，以便将婴儿床推到户外，让婴儿接受日光浴。乳儿室宜放在建筑物端部或靠近入口处，尽量减少外界干扰。

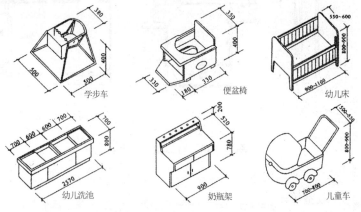

图 11-51　乳儿班的家具与设备

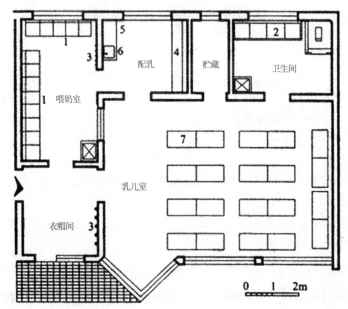

1—椅子；2—洗手盆；3—衣钩；4—奶瓶架；5—消毒器；6—洗涤池；7—婴儿床

图 11-52　乳儿班平面布置

2. 喂奶室的设计

为避免母亲进入乳儿室带入病菌，因此应设喂奶室。

喂奶室使用面积应大于 15 平方米。

喂奶室应紧靠乳儿室，并设门和观察窗与乳儿室相通，以便母亲探望。喂奶室应靠近出口，最好有专用出入口，以减少对其他房间的干扰。室内应设洗涤池，并要防止冬季寒风吹入室内。

3. 配乳室的设计

配乳室供调奶、热奶和配制食品用。

配乳室的使用面积不小于 8 平方米。室内设备有各类加热器箱、消毒柜、奶瓶架等。

当使用有污染的燃料时，应有独立的通风、排烟系统。配乳室应紧靠乳儿室布置。

4. 卫生间和贮藏间的设计

乳儿卫生间使用面积不小于 10 平方米。卫生间内设倒便池、污洗池、婴儿洗浴池等。婴儿洗浴池也可兼洗衣用。另外，还可以配置洗衣烘干机等。为方便保教人员，可辅设一个成人蹲位。

贮藏间的使用面积不小于 6 平方米。贮藏的物品有婴儿衣服、尿布、床单、睡袋等。

五、服务用房设计

托儿所、幼儿园的服务用房包括医务保健室、隔离室、晨检室、办公室、会议室、传达值班室、职工厕所、贮藏室等。

服务用房按性质可分为行政办公和卫生保健两大类。

（一）行政办公用房的设计

行政办公用房指用于管理、教学和对外联系的使用空间，具体如下：

园长室——建筑标准高的可设计成套间式。

办公室——包括会计室、出纳室、总务室等。

教师备课室——墙上宜设黑板，以便备课。有时备课室也可兼作图书阅览室。

休息室——供职工午休、进餐等，也可兼作会议室、贮藏室。

传达、值班室——在入口附近，可与主体建筑合建，也可单独建。最好为套间式，以便值班人员夜间休息。

贮藏间——存放家具、清洁用具或其他杂物用。

职工厕所——根据男、女职工人数设置。

（二）卫生保健用房的设计

卫生保健用房有医务保健室、隔离室、专用厕所和晨检室。医务保健室 1 间，使用面积应为 10～12 平方米；隔离室 1～2 间，每间至少 8 平方米；专用厕所 1 间，至少设一个便池、一个污洗池。这些房间共同组成一个保健单元，位于建筑物端部，并有专用出入口，环境安静清洁，最好还有户外活动场地。保健单元及医务室平面布置见图 11-53。

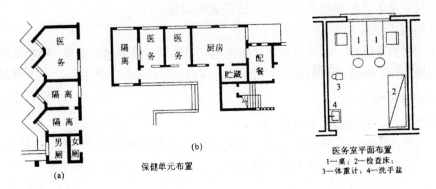

图 11-53 保健单元及医务室平面布置

晨检室靠近托儿所、幼儿园的入口布置，目的是检查进园儿童健康状况，避免传染疾病。晨检室的使用面积根据大、中、小规模应分别大于 15 平方米、12 平方米和 10 平方米。晨检时要脱去外衣，因而需设挂衣设备或更衣室，室内冬季要采暖。晨检与更衣布置见图 11-54。

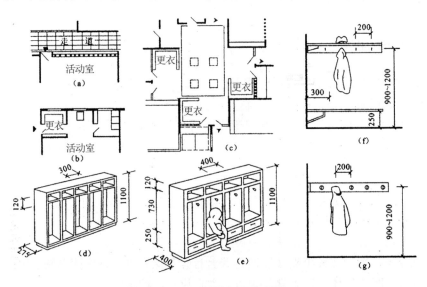

图 11-54 晨检与更衣布置

六、供应用房设计

供应用房是为幼儿和职工提供饭食、用水及洗衣等的配套设施，包括厨房、消毒间、洗衣房、烘干室、锅炉房和浴室等。

厨房由加工间、主食库、副食库、配餐间、冷藏间等组成。加工间应注意通风排气。地面应防滑耐冲洗，设排水坡和地漏。当托儿所、幼儿园为楼房时，宜设置小型垂直提升食梯。门、窗应装纱扇。

寄宿制幼儿园宜专设洗衣室，室内设洗衣池或放置洗衣机。当有锅炉房时，可装高密度采暖管道于烘干室,对衣物进行烘干,也可在洗衣室外设晾晒场地。有条件的,可设专用的消毒间。

浴室包括男、女更衣室和淋浴间,供职工使用。其要求与其他公共建筑相同。

七、幼儿园建筑空间组合设计

(一)托儿所、幼儿园空间组合的原则

托儿所、幼儿园空间的组合,需要遵循以下几个原则。

(1)空间布置应功能分区明确,避免相互干扰,以方便使用与管理。幼儿园平面功能关系见图11-55。托儿所平面功能关系见图11-56。

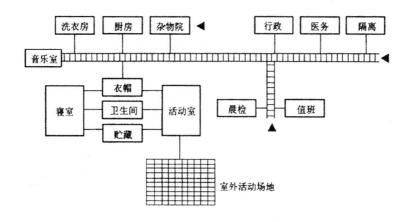

图11-55　幼儿园平面功能关系图

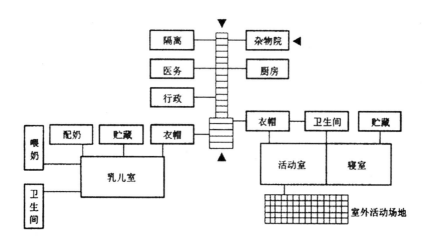

图11-56　托儿所平面功能关系图

(2)活动室、寝室、卫生间每班应为单独使用的单元。活动室、寝室应有良好的日照、采光、通风条件。各主要用房采光窗地比不应小于表11-12的规定。

表 11-12　窗地面积比

房间名称	窗地面积比
音体室、活动室、乳儿室	1/6
寝室、喂奶室、医务保健室、隔离室	1/6
其他房间	1/8

（3）组织好交通系统，并保证安全疏散。除执行国家建筑设计防火规范外，尚应满足以下要求：

其一，主体建筑走廊净宽度不应小于表 11-13 的规定。在幼儿安全疏散和经常出入的通道上不应设有台阶，必要时可设防滑坡道，其坡度不应大于 1：12。

表 11-13　走廊最小净宽（m）

房间名称	双面布房	单面布房或外廊
生活用房	1.8	1.5
服务用房、供应用房	1.5	1.3

其二，楼梯踏步高不大于 50 毫米，宽度不小于 260 毫米。除设成人扶手外，在靠墙一侧还应设幼儿扶手，其高度不大于 600 毫米。栏杆垂直杆件的净距不大于 1100 毫米。梯井大于 200 毫米时，必须采取安全措施。栏杆扶手要防止攀、滑。室外楼梯和台阶必须防滑。

其三，活动室、寝室、音体室都应设双扇平开门，宽度不应小于 1.2 米。疏散通道不应使用转门、弹簧门和推拉门。

其四，隔离室应与儿童生活用房有适当距离。厨房宜在主导风的下风向，靠近对外供应出入口，并有杂物院。

其五，建筑的空间组合必须与总平面设计和室外场地设计配合，并为形成良好的建筑形象创造条件。

（二）儿童生活单元设计

1. 乳儿班单元的设计

乳儿班单元由乳儿室、喂奶室、配乳室、贮藏室、衣帽间、卫生间组成。有时还增加收容室、观察室。乳儿班单元平面举例见图 11-57。

2. 全日制托儿单元的设计

全日制托儿单元主要由活动室、衣帽间、贮藏间、卫生间组成。全日制托儿单元功能组成与平面举例分别见图 11-58 和图 11-59。

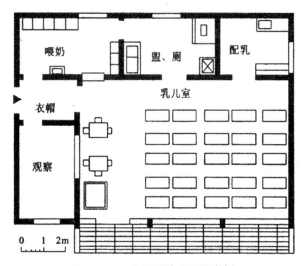

图 11-57　乳儿班单元平面举例

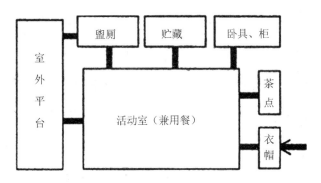

图 11-58　全日制托儿单元功能组成

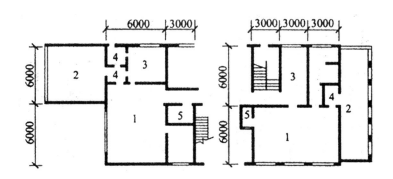

1—活动室；2—平台；3—接收室；4—门斗；5—茶点

图 11-59　全日制托儿单元平面举例

3. 寄宿制托儿单元的设计

　　寄宿制托儿单元与全日制托儿单元相比，应增加寝室贮物间与浴室，面积柏应也增大。寄宿制托儿单元功能组成与平面举例分别见图 11-60 和图 11-61。

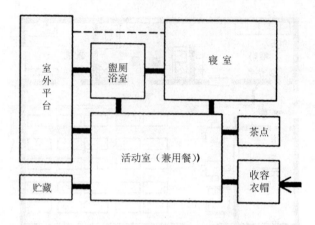

图 11-60 寄宿制托儿单元功能组成

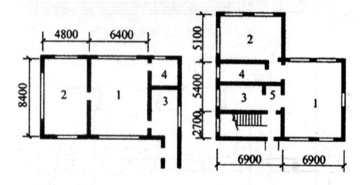

1—活动室（兼用餐）；2—卧室；3—接收室；4—卫生间；5—橱柜

图 11-61 寄宿制托儿单元平面举例

4. 全日制幼儿单元的设计

全日制幼儿单元功能组成与平面举例分别见图 11-62 和图 11-63。

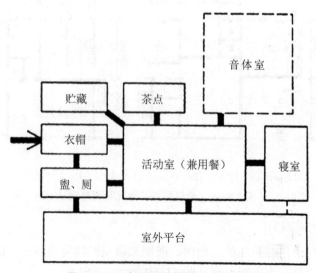

图 11-62 全日制幼儿单元功能组成

5.寄宿制幼儿单元的设计

寄宿制幼儿单元功能组成与平面举例分别见图11-64和图11-65。

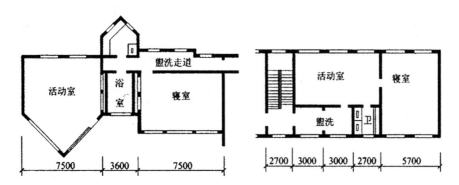

图 11-63　全日制幼儿单元平面举例

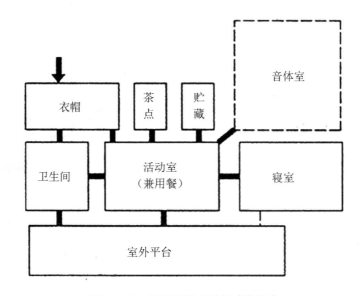

图 11-64　寄宿制幼儿单元功能组成

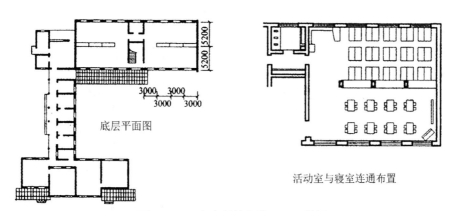

底层平面图

活动室与寝室连通布置

图 11-65　寄宿制幼儿单元平面举例

6. 儿童生活单元平面组合原则

儿童生活单元平面组合原则有以下几个。

（1）生活单元的组合应以活动室（乳儿室）或游戏室为中心布置其他房间，卧室应靠近活动室，二者联系要直接、方便；

（2）单元内各房间宜互相贯通，便于管理；

（3）应保证活动室有良好的朝向（尽量朝南），卧室也应有较好的朝向，避免大量直射阳光照射，并应组织穿堂风；

（4）盥洗、厕所宜靠近儿童活动单元的出、入口或班活动场地内，应方便使用且应有直接采光、通风；

（5）生活单元平面布置应尽量紧凑，减少交通面积。

7. 儿童生活单元组合类型及特点分析

因生活单元各房间的联系方式不同，儿童生活单元组合类型按联系方式分为穿套式、走道式和分层式三种（图11-66），其组合方式及特点见表11-14。

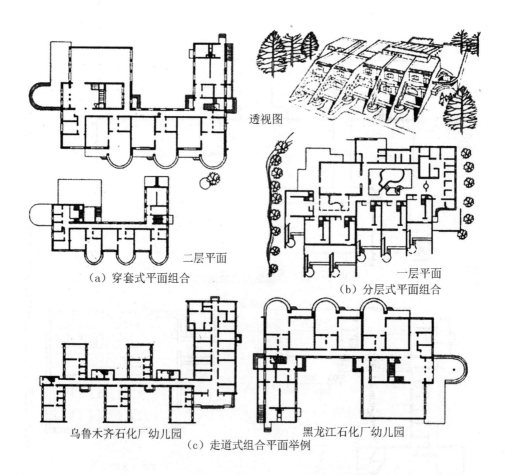

透视图

（a）穿套式平面组合

二层平面

一层平面

（b）分层式平面组合

乌鲁木齐石化厂幼儿园

黑龙江石化厂幼儿园

（c）走道式组合平面举例

图 11-66　儿童生活单元组合类型（按联系方式分类）

表 11-14

	穿套式	走道式	分层式
组合特点	活动室与盥、厕、贮相套，卧室（游戏室）又与活动室套穿	活动室、卧室、盥、厕、贮等幼儿基本生活空间均独立设置并通过走廊或厅联系各个基本空间	幼儿基本生活空间均通过楼梯厅（间）联系，常用空间如活动室、盥、厕等布置在底层；使用频率低的卧室等则设在楼上
优点	面积紧凑，使用方便，便于管理，利于保温，结构简单	各室均相对独立使用，采光、通风、日照均能满足要求	各空间使用较方便，卧室设在二层较安静
缺点	盥、厕、贮与活动室相套，对活动室的通风、采光、日照均不利，而且厕所的臭气易溢入活动室	进深浅，面宽长，增加了交通面积，但是外廊适用于南方地区，设内廊则适用于寒冷地区，且外廊可作衣帽间及室内活动空间（雨天活动用）	占用面积较前两种大。当各班活动室并联在一起设置时，相互间影响较大
图例	图 11-66（a）	图 11-66（c）	图 11-66（b）

儿童生活单元组合类型按单元形式又分为矩形幼儿活动单元 [图 11-67（a）]、方形幼儿活动单元、扇形幼儿活动单元 [图 11-67（b）]、六边形幼儿活动单元 [图 11-67（c）]、以六边形为母题的幼儿活动单元组合和八边形幼儿活动单元。

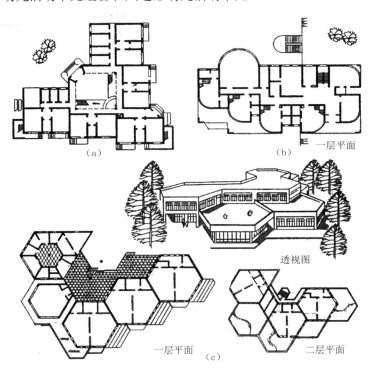

图 11-67 儿童生活单元组合类型（按单元形式分类）

（三）托儿所、幼儿园平面组合方式设计

托儿所、幼儿园平面组合方式很多。从平面形状来看，有一字形、工字形、曲尺形、风车形、圆形等。从儿童生活单元与其他房间的组合关系和交通组织来看，可大致分为走道式组合［图 11-66（c）］、大厅式组合（图 11-68）、单元式组合（图 11-69）、庭院式组合（图 11-70）和混合式布置（图 11-71）。

（四）层数与层高

托儿所、幼儿园的层数一般不宜高于 3 层。根据防火安全的要求，在一、二级耐火等级的建筑中，不应设四层及四层以上；三级耐火等级的建筑中，不应设三层及三层以上；四级耐火等级的建筑中，不应超过一层。当平屋顶作为室外游戏场地和安全避难场地时，屋顶应有防护设施。

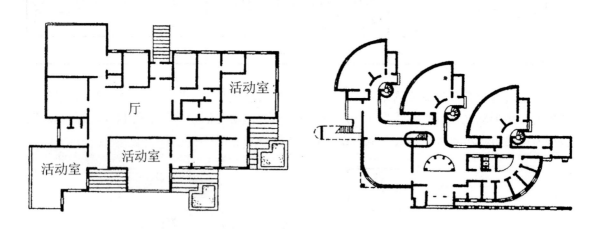

图 11-68　大厅式组合　　　　　　　　　　图 11-69　单元式组合

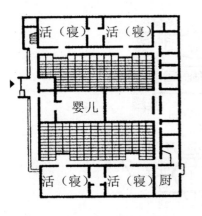
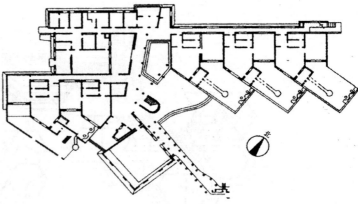

图 11-70 庭院式组合　　　　　　　　图 11-71　混合式布置

　　厨房和锅炉房应设在底层，最好为单层建筑。

　　活动室、寝室、乳儿室室内净高应大于 2.8 米。音体室室内净高应大于 3.6 米。厨房室内净高应大于 3.0 米。锅炉房的面积和高度应根据锅炉的要求确定。厨房和锅炉房宜设天窗。

参考文献

[1] 邢双军. 建筑设计原理 [M]. 北京：机械工业出版社，2008

[2] 鲍家声. 建筑设计教程 [M]. 北京：中国建筑工业出版社，2009

[3] 田云庆，胡新辉，程雪松. 建筑设计基础 [M]. 上海：上海人民美术出版社，2006

[4] 张青萍. 建筑设计基础 [M]. 北京：中国林业出版社，2009

[5] 李延龄. 建筑设计原理 [M]. 北京：中国建筑工业出版社，2011

[6] 牟晓梅. 建筑设计原理 [M]. 哈尔滨：黑龙江大学出版社，2012

[7] 杨青山，崔丽萍. 建筑设计基础 [M]. 北京：中国建筑工业出版社，2010

[8] 冯美宇. 建筑设计原理 [M]. 武汉：武汉理工大学出版社，2007

[9] 陈冠宏，孙晓波. 建筑设计基础 [M]. 北京：中国水利水电出版社，2013

[10] 亓萌，田轶威. 建筑设计基础 [M]. 杭州：浙江大学出版社，2009

[11] 周立军. 建筑设计基础 [M]. 哈尔滨：哈尔滨工业大学出版社，2008

[12] 李雪. 建筑文化与设计 [M]. 北京：中国建筑工业出版社，2012

[13] 黎志涛. 建筑设计方法 [M]. 北京：中国建筑工业出版社，2008

[14] 朱瑾. 建筑设计原理与方法 [M]. 上海：东华大学出版社，2009

[15] 李宏. 建筑装饰设计 [M]. 北京：化学工业出版社，2010

[16] 梁雯. 建筑装饰 [M]. 北京：中国水利水电出版社，2010

[17] 蔡绍祥. 室内装饰材料 [M]. 北京：化学工业出版社，2010

[18] 张清丽. 室内装饰材料识别与选购 [M]. 北京：化学工业出版社，2012

[19] 焦涛，李捷. 建筑装饰设计 [M]. 武汉：武汉理工大学出版社，2010

[20] 苗壮. 室内装饰材料与施工 [M]. 哈尔滨：哈尔滨工业大学出版社，2000

[21] 郭东兴，林崇刚. 建筑装饰工程概预算与招投标 [M]. 广州：华南理工大学出版社，2010

[22] 吴锐，王俊松. 建筑装饰装修工程预算 [M]. 北京：人民交通出版社，2010

[23] 周一鸣，李建伟. 建筑装饰设计 [M]. 北京：中国水利水电出版社，2010

[24] 朱向军. 建筑装饰设计基础 [M]. 北京：机械工业出版社，2008

[25] 童霞，李宏魁. 建筑装饰基础 [M]. 北京：机械工业出版社，2010

[26] 席跃良. 环境艺术设计概论 [M]. 北京：清华大学出版社，2006

[27] 赵小龙. 居住建筑设计 [M]. 北京：冶金工业出版社，2011

[28] 朱昌廉，魏宏杨，龙灏. 住宅建筑设计原理 [M]. 北京：中国建筑工业出版社，2011

[29] 邓雪娴，周燕珉，夏晓国. 餐饮建筑设计 [M]. 北京：中国建筑工业出版社，1999

[30] 广州市建艺文化传播有限公司. 办公空间建筑与室内设计 [M]. 天津：天津大学出版社，2010

[31] 周宇. 办公建筑室内设计 [M]. 北京：中国建筑工业出版社，2011

[32] 李艾芳. 国外当代旅馆建筑设计精品集 [M]. 北京：中国建筑工业出版社，2004

[33] 蒋玲. 博物馆建筑设计 [M]. 北京：中国建筑工业出版社，2009

[34] 郭逢利. 博物馆建筑设计 [M]. 北京：中国水利水电出版社，2011

[35] 付瑶. 幼儿园建筑设计 [M]. 北京：中国建筑工业出版社，2007

[36] 黎志涛. 幼儿园建筑设计 [M]. 南京：东南大学出版社，2002

[37] 王祖远，王瑞，郭婵姣. 紧密结合建筑设计课程的数字技术教学 [J]，华中建筑（科技核心期刊），2009，（7）：244 ～ 249

[38] 王祖远，郭婵姣. 工业建筑的艺术化表达——以广州市粮食储备加工中心项目为例 [J]. 工业建筑（中文核心）.2013，（4）：85 ～ 86